manual de obras rodoviárias e pavimentação urbana

Elci Pessoa Jr.

2ª edição

Copyright © 2019 Oficina de Textos
1ª reimpressão 2021

Grafia atualizada conforme o Acordo Ortográfico da Língua Portuguesa de 1990, em vigor no Brasil desde 2009.

CONSELHO EDITORIAL Arthur Pinto Chaves; Cylon Gonçalves da Silva; Doris C. C. K. Kowaltowski; José Galizia Tundisi; Luis Enrique Sánchez; Paulo Helene; Rozely Ferreira dos Santos; Teresa Gallotti Florenzano

CAPA E PROJETO GRÁFICO Malu Vallim
PREPARAÇÃO DE FIGURAS Victor Azevedo
DIAGRAMAÇÃO Douglas da Rocha Yoshida
FOTO CAPA Nick Fewings (www.unsplash.com)
PREPARAÇÃO DE TEXTO Hélio Hideki Iraha
REVISÃO DE TEXTO Natália Pinheiro Soares
IMPRESSÃO E ACABAMENTO BMF gráfica e editora

Dados Internacionais de Catalogação na Publicação (CIP)
(Câmara Brasileira do Livro, SP, Brasil)

Pessoa Junior, Elci
Manual de obras rodoviárias e pavimentação urbana / Elci Pessoa Jr. -- 2. ed. -- São Paulo : Oficina de Textos, 2019.

Bibliografia
ISBN 978-85-7975-333-6

1. Obras rodoviárias 2. Pavimentação urbana 3. Rodovias - Projetos e construção I. Título.

19-28333   CDD-625.7

Índices para catálogo sistemático:
1. Obras rodoviárias e pavimentação urbana : Execução e fiscalização : Engenharia 625.7

Maria Alice Ferreira - Bibliotecária - CRB-8/7964

Todos os direitos reservados à OFICINA DE TEXTOS
Rua Cubatão, 798
CEP 04013-003   São Paulo-SP – Brasil
tel. (11) 3085 7933
site: www.ofitexto.com.br
e-mail: atend@ofitexto.com.br

A apresentação de um livro não pode prescindir da apresentação de seu primeiro leitor, o seu autor. E um livro do Elci Pessoa Júnior terá passado, já na origem, pelo crivo de um leitor exigente, minucioso e erudito. Que é engenheiro, mas também advogado; consultor de engenharia, mas também funcionário de Tribunal de Contas; conhecedor profundo do Brasil e de seus problemas, mas também um profissional atuante no exterior; professor e acadêmico, mas também com muita bagagem prática. Alguém que, pela riqueza e abrangência de conhecimento, acompanhadas de generosidade de espírito, sabe que muito também tem a aprender e, assim, muito nos ensina e nos instiga a ir além em cada página de seu livro.

José Leomar Fernandes Júnior
Professor Titular da USP de São Carlos

Por sua completude, o livro constitui, de fato, verdadeiro manual de obras rodoviárias e pavimentação urbana. Desenvolvido de maneira didática, proporciona fácil utilização prática para todos os atores envolvidos com o tema, nas fases de execução, fiscalização e controle.
A qualificação e a capacidade do autor não permitiriam outro resultado que não a excelência constatada através da utilização de sua obra, que tem gerado resultados efetivos na melhoria da qualidade das rodovias não apenas no Brasil, mas mundo afora.

Anderson Uliana Rolim
Presidente do Ibraop – Instituto Brasileiro de Auditoria de Obras Públicas

"Escolha sempre o caminho que pareça o melhor, mesmo que seja o mais difícil; o hábito brevemente o tornará fácil e agradável."
Pitágoras

Ao meu pai, brilhante Engenheiro Rodoviário, de quem herdei o entusiasmo pela profissão, e à minha mãe, exemplo ímpar de dedicação à família, pelo apoio incondicional que sempre me garantiram ao longo de todos esses anos.

À minha doce Adriana, fonte inesgotável de amor, ternura e paz, que tanto me incentivou a "pôr no papel" essas experiências e que segue ao meu lado, garantindo-me suporte emocional e estímulo para a realização de cada projeto.

E ao meu filho, Arthur Elci, grande orgulho da minha vida e parte indissociável do meu coração, a quem dedico não apenas esta, mas todas as obras da minha vida.

Apresentação

A presente obra, uma destacada publicação com enfoque e conteúdo tão necessários a todos aqueles que se deparam, no dia a dia, com a tarefa de executar, fiscalizar ou supervisionar obras rodoviárias e de pavimentação urbana, somente poderia ser de iniciativa deste autor e engenheiro experiente, amigo e companheiro de longa data nas atividades relacionadas aos Tribunais de Contas e ao Instituto Brasileiro de Auditoria de Obras Públicas (Ibraop), do qual é Vice-Presidente.

A qualificação e a vivência prática do autor, com atuações diretas em empreiteira, órgão público contratante e Tribunal de Contas, significarão um diferencial para o leitor, pois este manual é na verdade um guia orientativo que observa os inúmeros procedimentos que devem ser adotados pelos profissionais para que possam bem desempenhar as suas tarefas nesse segmento importante das obras de infraestrutura, seja nas empreiteiras, nas empresas de consultoria, nos órgãos públicos contratantes ou nos órgãos de controle interno e externo.

Nesta excelente produção técnica, com um enfoque prático e um texto objetivo, direto e simples, sem, no entanto, fugir da qualidade técnica necessária, com rigorismo das respectivas normas, o autor apresenta e detalha aspectos relacionados às recomendações aos profissionais fiscais e executores, sobre a revisão geral do projeto básico e a sua compatibilidade com o respectivo orçamento, os processos de desapropriação, o canteiro de obra, as licenças ambientais, os cronogramas, as mobilizações, a terraplenagem, os serviços de pavimentação, os serviços de drenagem e proteção, a sinalização e até o que observar no momento do recebimento da obra.

Apresentar esta obra foi uma honra a mim atribuída gentilmente pelo autor, e a minha certeza é que ele terá sucesso nessa empreitada, no sentido de auxiliar e bem orientar os profissionais que atuam, de alguma maneira, na execução de obras públicas ou privadas no segmento rodoviário.

Pedro Jorge R. de Oliveira
Diretor Técnico do Ibraop
Autor do livro *Obras públicas: tirando suas dúvidas*

Prefácio

Esta obra traz orientações efetivamente práticas a Engenheiros que atuam diretamente na execução, fiscalização ou supervisão de obras rodoviárias e de pavimentação urbana.

Não se tem, evidentemente, a pretensão de esgotar todos os tipos possíveis de serviços inerentes a essas obras, mas sim de abordar os aspectos mais relevantes dos trabalhos executados com maior frequência.

Nesse sentido, este manual discorre sobre os procedimentos relacionados a cada uma das fases de execução das obras, desde a emissão da ordem de serviço, quando precisam ser revisados pontos específicos do projeto básico/executivo e da planilha orçamentária, até os procedimentos que antecedem o termo de recebimento da obra.

O texto destaca, em cada tópico, as atividades que devem ser pessoalmente desempenhadas tanto pelos Engenheiros que atuam nas empreiteiras quanto pelos Engenheiros que exercem a fiscalização dos serviços – empresas de consultoria e Administração Pública. São cuidados que devem ser observados para uma boa condução dos serviços, de modo a assegurar a qualidade e a economicidade dos empreendimentos, evitando a ocorrência de irregularidades, que vêm, com cada vez mais frequência, sendo objeto de questionamento pelos órgãos de controle interno e externo.

A concepção desta publicação não visa "desperdiçar palavras" nem enveredar o leitor para textos essencialmente acadêmicos, mas sim trazer à tona apenas a teoria necessária e suficiente à boa aplicação prática em campo.

São Paulo, agosto de 2013
O Autor

Lista de siglas e abreviaturas

AASHTO: American Association of State Highway and Transportation Officials
AAUQ: Areia Asfáltica Usinada a Quente
Abeda: Associação Brasileira das Empresas Distribuidoras de Asfaltos
ABNT: Associação Brasileira de Normas Técnicas
ANM: Agência Nacional de Mineração
ANP: Agência Nacional do Petróleo, Gás Natural e Biocombustíveis
ART: Anotação de Responsabilidade Técnica
ASTM: American Society for Testing and Materials
BDCC: Bueiro Duplo Celular de Concreto
BDI: Benefícios e Despesas Indiretas
BDMEP: Banco de Dados Meteorológicos para Ensino e Pesquisa
BDTC: Bueiro Duplo Tubular de Concreto
BGTC: Brita Graduada Tratada com Cimento
BSCC: Bueiro Simples Celular de Concreto
BSTC: Bueiro Simples Tubular de Concreto
BTCC: Bueiro Triplo Celular de Concreto
BTTC: Bueiro Triplo Tubular de Concreto
Caltrans: California Department of Transportation
CAP: Cimento Asfáltico de Petróleo
CAUQ: Concreto Asfáltico Usinado a Quente
CCR: Concreto Compactado a Rolo
CBR: *California Bearing Ratio*
CBUQ: Concreto Betuminoso Usinado a Quente
CGCIT: Coordenadoria Geral de Custos de Infraestrutura de Transportes
CI: Comunicação Interna
CIF: *Cost, Insurance and Freight*
Cofins: Contribuição para o Financiamento da Seguridade Social
Conama: Conselho Nacional do Meio Ambiente
Confea: Conselho Federal de Engenharia e Agronomia
Contran: Conselho Nacional de Trânsito
DAD: Descida d'água de Aterros em Degraus
Daer: Departamento Autônomo de Estradas de Rodagem
DAR: Descida d'água de Aterros tipo Rápido
DCD: Descida d'água de Cortes em Degraus
DER: Departamento de Estradas de Rodagem
DMM: Densidade Máxima Medida
DMT: Densidade Máxima Teórica
DMT: Distância Média de Transporte
DNER: Departamento Nacional de Estradas de Rodagem
DNIT: Departamento Nacional de Infraestrutura de Transportes
DNPM: Departamento Nacional de Produção Mineral
EAI: Emulsão Asfáltica para Imprimação
EDA: Entrada para Descida d'Água
EIA: Estudo de Impacto Ambiental
FGV: Fundação Getulio Vargas
FHWA: Federal Highway Administration
FIC: Fator de Influência de Chuvas
FIT: Fator de Interferência do Tráfego
FWD: *Falling Weight Deflectometer*
GPS: *Global Positioning System*
Ibama: Instituto Brasileiro do Meio Ambiente e dos Recursos Naturais Renováveis
Ibraop: Instituto Brasileiro de Auditoria de Obras Públicas
ICMS: Imposto sobre Circulação de Mercadorias e Serviços
IG: índice de grupo
Inmet: Instituto Nacional de Meteorologia

INSS: Instituto Nacional de Seguridade Social
IP: Índice de Plasticidade
IRI: *International Roughness Index*
ISC: Índice de Suporte Califórnia
ISF: Instrução de Serviços Ferroviários
ISO: International Organization for Standardization
LL: Limite de Liquidez
LP: Limite de Plasticidade
NBR: Norma Brasileira
NCAT: National Center for Asphalt Technology
OAC: Obra de Arte Corrente
OAE: Obra de Arte Especial
PEAD: Polietileno de Alta Densidade
PIS: Programa de Integração Social
PMF: Pré-Misturado a Frio
P.I.: Proctor Intermediário
P.M.: Proctor Modificado
P.N.: Proctor Normal
SATCC: Southern Africa Transport and Communications Commission

SCC: Sarjeta de Canteiro Central de Concreto
Sicro: Sistema de Custos Rodoviários
STC: Sarjeta Triangular de Concreto
STG: Sarjeta Triangular de Grama
SZC: Sarjeta Trapezoidal de Concreto
SZG: Sarjeta Trapezoidal de Grama
RBV: Relação Betume/Vazios
Rima: Relatório de Impacto Ambiental
TCE: Tribunal de Contas do Estado
TCU: Tribunal de Contas da União
TSD: Tratamento Superficial Duplo
TSS: Tratamento Superficial Simples
TST: Tratamento Superficial Triplo
Usace: United States Army Corps of Engineers
VAM: Vazios do Agregado Mineral
VDR: Valor de Resistência à Derrapagem
VMD: Volume Médio Diário (de tráfego)
VPA: Valeta de Proteção de Aterro
VPC: Valeta de Proteção de Corte
WMA: *Warm Mix Asphalt*

Nota: recomenda-se ainda consultas ao *Glossário de termos técnicos rodoviários* (DNER, 1997g).

Sumário

1 Orientações gerais..15
   1.1   Aos Engenheiros Fiscais 15
   1.2   Aos Engenheiros Executores 16

2 Fase preliminar..17
   2.1   Revisão geral do projeto básico/executivo..17
   2.2   Verificação da compatibilidade do projeto com a planilha orçamentária...............34
   2.3   Coleta e arquivamento dos documentos iniciais.......................................36
   2.4   Análise da equipe técnica mobilizada pela empreiteira...........................36
   2.5   Análise dos equipamentos mobilizados pela empreiteira.......................37
   2.6   Inspeção no laboratório da obra..37
   2.7   Verificação do andamento dos processos de desapropriação................46
   2.8   Verificação da necessidade de remanejamentos de interferências 46
   2.9   Análise da necessidade de desvios ou limitações de tráfego 46
   2.10 Arquivamento contínuo de documentos 46
   2.11 Definição do local da placa da obra..47
   2.12 Quadro de acompanhamento físico dos serviços 47
   2.13 Instalação e leituras do pluviômetro 47
   2.14 Alterações e adaptações de projeto 48
   2.15 Escolha de local para alojamentos de pessoal..49
   2.16 *Layout* do canteiro de obras..50
   2.17 Obtenção de licenciamento ambiental 52
   2.18 Inspeção preliminar em fontes de materiais...53
   2.19 Planejamento: cronograma e histograma...54
   2.20 Mobilização de pessoal e equipamentos 56

3 Serviços preliminares e terraplenagem..59
   3.1   Caminhos de serviço 59
   3.2   Desmatamentos...66
   3.3   Nivelamento primitivo...70
   3.4   Escavações, carga e transporte..71
   3.5   Procedimentos em bota-foras...90
   3.6   Seções de aterro...92
   3.7   Regularização e reforço de subleito 103

4 Serviços de pavimentação..105
   4.1   Operações nas jazidas.. 105
   4.2   Camada de sub-base 117
   4.3   Camada de base 120
   4.4   Critérios de medição para sub-base e base 125
   4.5   Imprimação 126

4.6	Pintura de ligação	134
4.7	Tratamentos superficiais	137
4.8	Concreto asfáltico usinado a quente	146
4.9	Recuperação de defeitos em revestimentos asfálticos	157
4.10	Critérios de medição para itens de restauração de pavimentos	167
4.11	Aquisição de ligantes asfálticos	171
4.12	Placas de concreto	174

5 Serviços de drenagem e proteção do corpo estradal 184

5.1	Drenos	185
5.2	Colchões drenantes	191
5.3	Bueiros e galerias	193
5.4	Sarjetas e valetas	198
5.5	Meios-fios	199
5.6	Entradas e descidas d'água	200
5.7	Proteção vegetal	201

6 Serviços de sinalização 203

6.1	Aspectos preliminares	203
6.2	Sinalização horizontal	204
6.3	Sinalização vertical	207

7 Recebimento da obra 210

Bibliografia 213

Sobre o autor 221

[As figuras com o símbolo ◩ são apresentadas em versão colorida no final do livro.]

Os diversos profissionais que atuam durante a execução das obras devem ter em mente que formam uma equipe que, ao cabo dos serviços, terá garantido a realização dos objetivos de todas as partes envolvidas, devidamente alinhados ao tempo da contratação, quais sejam: edificar-se um empreendimento com a qualidade, o prazo e o custo acordados.

Cada um, é claro, tem atribuições próprias, mas devem os Engenheiros, Fiscais ou Executores, perceber que elas não são conflitantes entre si, mas sim complementares, para que os interesses envolvidos possam convergir. A interação entre esses profissionais, portanto, é condição fundamental para que cada um possa desempenhar plenamente suas funções.

1 Orientações gerais

1.1 Aos Engenheiros Fiscais

O Engenheiro Fiscal deve assumir uma postura proativa durante todo o processo de execução das obras. Nesse sentido, precisa permanecer atento a todos os fatos ocorridos durante as obras, de modo a antecipar-se aos possíveis problemas e procurar solucioná-los antes que causem algum tipo de transtorno.

Assim, deve procurar antever, em especial, problemas com desapropriações; remanejamentos de redes elétricas, de distribuição de água e gás, coletoras de esgoto, de telefonia etc.; e restrições ao tráfego de pessoas e veículos nas regiões circunvizinhas à obra. Precisa, portanto, manter estreita relação com as equipes de desapropriação, levando-lhes as prioridades da obra e monitorando o célere andamento dos processos. De modo análogo, deve ser diligente junto às empresas e concessionárias de serviços públicos, visando à solução dos empecilhos, sempre que possível, antes mesmo que estes venham a retardar o andamento da obra.

O Engenheiro Fiscal precisa deter pleno e prévio conhecimento de tudo o que será executado na obra. Não se trata, pois, de ser um observador do que está sendo executado, mas, ao contrário, um ator ativo durante toda a construção.

Ele deve ter acesso a todos os projetos disponíveis e ciência *prévia* sobre qualquer alteração ou adaptação que se pretende realizar ao tempo da execução dos serviços, seja ela proposta pela empreiteira, pelo Projetista ou pela empresa de supervisão, devendo em todos os casos manifestar-se, ainda que informalmente (nos casos mais simples e sem impacto significativo), sob pena de perder o controle do que virá a ser executado. Tal manifestação, por sua vez, precisa ocorrer com a brevidade que a situação requer, de modo a não obstar o bom andamento dos serviços.

Enfim, deve o Engenheiro Fiscal procurar conduzir ativamente o andamento dos serviços, de forma célere e assegurando sua qualidade, custos mínimos e menor transtorno possível à população.

Durante a execução da obra, é papel do Engenheiro Fiscal, quer conte ou não com o auxílio de uma empresa de consultoria, inspecionar pessoalmente, e de perto, o controle tecnológico dos serviços executados, evitando apropriar quaisquer itens sem que os necessários ensaios hajam sido procedidos e devidamente avaliados. Para isso, deve lhe ser assegurado não apenas vista aos resultados dos ensaios, mas também o acompanhamento direto de sua execução, que deverá ser feito na amostragem mínima sugerida nos capítulos seguintes deste manual, que tratam de forma específica dos procedimentos de fiscalização durante cada etapa da obra.

Diligente também deve ser o Fiscal quando da elaboração ou análise (caso haja técnicos auxiliares ou empresa de consultoria contratada) dos quantitativos lançados nos boletins de medição. Tais dados serão assinados pelo Engenheiro Fiscal, que atestará sua fidedignidade e, portanto, assumirá a responsabilidade cabível. Assim, deverá assegurar-se pessoalmente de que cada item de serviço foi adequadamente apropriado, realizando, para tanto, sua conferência na amostragem sugerida nos capítulos seguintes deste manual.

Em suma, ele deve ter em mente que está investido no papel de preposto do dono da obra, que o elegeu em razão dos conhecimentos técnicos de que dispõe para bem conduzir o andamento dos serviços de modo a assegurar seus interesses, entre os quais, por se tratar da Administração Pública, destacam-se especialmente: qualidade; economicidade; celeridade; e menor transtorno possível à população. Nesse papel, o Engenheiro Fiscal precisará, de ofício, realizar todos os procedimentos e verificações necessários. Não obstante, deve consultar ou dar ciência prévia a seu superior imediato sempre que a medida a ser tomada repercutir em impactos de maior relevância.

1.2 Aos Engenheiros Executores

Prepostos que são das empresas construtoras, os Engenheiros Executores devem envidar todos os esforços para assegurar a consecução do principal interesse de suas empresas na execução das obras: a realização do lucro.

Não obstante, as ações nesse sentido encontram limitações éticas e técnicas que não devem ser tratadas como obstáculos a serem vencidos, mas como sinalizadoras dos limites dos caminhos a serem percorridos. Assim, "atalhos" devem ser evitados, uma vez que maculam não só a integridade pessoal e profissional dos Engenheiros, como também a imagem de suas companhias no mercado, o que dificulta sua própria manutenção em médio e longo prazos – nenhuma empreiteira deseja ter seu nome vinculado a obras de má qualidade ou a falcatruas apontadas por órgãos diversos de controle, como Tribunais de Contas, Controladorias Internas, Polícia Federal e Ministérios Públicos, entre tantos outros.

Na busca, portanto, pela obtenção do maior lucro possível, os Engenheiros Executores devem primar pela eficiência máxima durante a obra, para a qual são imprescindíveis dois pressupostos: planejamento para redução de custos e celeridade na execução.

Em respeito ao escopo prático desta publicação, o planejamento aqui recomendado não é mais aquele que seria ideal – construído com a devida antecedência e com base em um projeto de obra moderno e preciso –, mas aquele que é possível dentro da realidade de cada obra, isto é, com as limitações de um projeto muitas vezes de má qualidade e sob a pressão de prazo para o início de cada etapa da obra.

O que se recomenda, pois, é que o Engenheiro Executor procure sempre estar um passo à frente da execução dos serviços, ou seja, que tenha em mãos um plano de ataque da obra para que possa tomar, em tempo hábil, todas as providências necessárias à garantia da maior celeridade possível dos serviços, bem como à aquisição de insumos ao menor preço.

Para isso, além das usuais diligências junto a órgãos e concessionárias de serviços públicos, já comentadas na seção anterior, ele deve elaborar um cronograma físico-financeiro real, levando em consideração a data em que foi dada a ordem de serviço (e, a partir daí, todos os feriados e dias de baixa produtividade, como períodos chuvosos).

De posse desse cronograma e da base de custos da empreiteira para a execução da obra (produtividades consideradas), o Engenheiro Executor deve elaborar histogramas de equipamentos, mão de obra e insumos, no intuito de se manter alerta quanto aos períodos de mobilização e desmobilização de cada equipamento, operários, bem como para a aquisição dos diversos insumos, que muitas vezes exigem pedidos com antecedência.

Além disso, é importante que os Engenheiros Executores revisem bem os projetos das obras, alertando os Engenheiros Fiscais para eventuais necessidades de alterações visando: a) pequenas adequações do projeto às condições verificadas em campo após sua elaboração; b) suprir omissões; c) corrigir equívocos que possam comprometer a qualidade dos serviços executados.

Por fim, os Engenheiros Executores devem ter em mente sua responsabilidade técnica pela boa realização dos serviços, responsabilidade esta que transcende, inclusive, os limites contratuais e de hierarquia nas empresas, uma vez que, técnicos que são, não têm permissão para executar obras que sabem que irão ruir. Nesse mesmo sentido, devem resguardar os interesses de suas próprias companhias, pois estas também podem ser responsabilizadas por darem consecução a projetos sabidamente subdimensionados.

Enfim, sublinhando o que fora comentado preliminarmente, o Engenheiro Executor deve envidar todos os seus conhecimentos e diligências para garantir o maior lucro possível na execução do empreendimento; no entanto, não pode, para tal fim, ultrapassar quaisquer limites éticos ou técnicos.

2 Fase preliminar

Neste capítulo serão abordados os procedimentos a serem seguidos pelos Engenheiros desde o momento em que recebem a designação de acompanhar uma obra, normalmente logo após a emissão da ordem de serviço, até as providências preliminares à sua execução.

Assim, entre outros, deve o *Engenheiro Fiscal* realizar no mínimo os seguintes procedimentos:
- revisão geral do projeto básico/executivo;
- verificação da compatibilidade do projeto com a planilha orçamentária;
- coleta e arquivamento dos documentos iniciais;
- análise da equipe técnica mobilizada pela empreiteira;
- análise dos equipamentos mobilizados pela empreiteira;
- inspeção no laboratório da obra;
- verificação do andamento dos processos de desapropriação;
- verificação da necessidade de remanejamentos de interferências;
- análise da necessidade de desvios ou limitações de tráfego;
- arquivamento contínuo de documentos;
- definição do local da placa da obra;
- quadro de acompanhamento físico dos serviços;
- instalação e leituras do pluviômetro;
- alterações e adaptações de projeto.

No mesmo período, por sua vez, *além da observância a todos os pontos* já citados, os *Engenheiros Executores* deverão cuidar das seguintes providências:
- escolha de local para alojamentos;
- *layout* do canteiro de obras;
- obtenção das licenças de construção;
- inspeção preliminar em fontes de materiais;
- planejamento: cronograma e histograma;
- mobilização de pessoal e equipamentos.

Passa-se, então, ao detalhamento de cada um desses procedimentos.

2.1 Revisão geral do projeto básico/executivo

O Engenheiro Fiscal deve analisar preliminarmente o projeto com os seguintes enfoques:
- elementos mínimos do projeto básico;
- análise básica do estudo de tráfego;
- localização das instalações de usinas e pátios de pré-moldados;
- soluções de terraplenagem;
- soluções de pavimentação.

2.1.1 Elementos mínimos do projeto básico

Deve-se observar se o projeto básico disponível contém todos os elementos necessários para atender ao disposto na Lei de Licitações, conforme especificações constantes na Orientação Técnica OT-IBR 001/2006 do Instituto Brasileiro de Auditoria de Obras Públicas (Ibraop).

Tal norma visa uniformizar nacionalmente o entendimento acerca da definição de projeto básico trazida pela Lei de Licitações e vem sendo ratificada por diversos

Tribunais de Contas das cinco regiões do País, nestes se incluindo, por exemplo:

- Tribunal de Contas da União (TCU) (Acórdão nº 632/2012-Plenário);
- Tribunal de Contas do Estado do Espírito Santo (TCE-ES) (Resolução TC nº 227/2011);
- Tribunal de Contas do Estado de Goiás (TCE-GO) (Resolução Normativa nº 006/2017);
- Tribunal de Contas do Estado de Mato Grosso (TCE-MT) (Resolução Normativa nº 39/2016-TP);
- Tribunal de Contas do Estado de Pernambuco (TCE-PE) (Resolução TC nº 0003/2009);
- Tribunal de Contas do Estado do Paraná (TCE-PR) (Resolução nº 04/2006);
- Tribunal de Contas do Estado do Tocantins (TCE-TO) (Instrução Normativa nº 5/2012).

Além disso, os conceitos trazidos na OT-IBR 001/2006 são também prestigiados na Decisão Normativa nº 106/2015 do Conselho Federal de Engenharia e Agronomia (Confea).

A OT-IBR 001/2006, portanto, traz uma relação objetiva de todos os elementos que devem constar num projeto básico para que ele possa ser recebido como tal.

Assim, caso constate a ausência de qualquer elemento, o Engenheiro Fiscal deve solicitar à empresa projetista que complemente as informações necessárias. Esse procedimento precisa ser realizado com a máxima brevidade e sem prejuízo do regular caminhamento da obra. Em situações excepcionais, sugere-se que as complementações mais urgentes sejam realizadas diretamente pelo Engenheiro Fiscal, pela empresa de consultoria encarregada da fiscalização e pelos demais membros da equipe técnica de engenharia envolvidos na execução e no acompanhamento da obra, sendo anotadas as respectivas responsabilidades técnicas sobre isso.

2.1.2 Análise básica do estudo de tráfego

Os métodos de dimensionamento de rodovias adotados no País têm utilizado como parâmetro básico o número N calculado.

Como se sabe, o tráfego de uma rodovia ou via urbana normalmente é composto de veículos de diferentes pesos, capacidades de carga e quantidades de eixos. Assim, o cálculo do número N é um artifício utilizado para padronizar a quantidade de passagens desses veículos, convertendo-se cada uma no equivalente a um eixo padrão, de peso convencionado em 8,2 tf.

O número N, então, é o número de repetições do eixo padrão acumulado durante todo o período de vida útil da rodovia.

Em apertada síntese, preliminarmente os veículos são contados um a um, durante um determinado período, estabelecendo-se o tráfego atual da via. Tal contagem deve discriminar os tipos de veículos padronizados pelo Departamento Nacional de Infraestrutura de Transportes (DNIT, 2006k), conforme a ficha ilustrada na Fig. 2.1, sugerida pelo órgão.

Num momento seguinte, há a conversão da quantidade de cada veículo em número de passagens do veículo padrão, de peso convencionado em 8,2 tf, por intermédio de fatores de equivalência estabelecidos pela American Association of State Highway and Transportation Officials (AASHTO) e pela United States Army Corps of Engineers (Usace).

Em conformidade com a Instrução de Serviço para Estudo de Tráfego em Rodovias (IS-201), constante nas *Diretrizes básicas para elaboração de estudos e projetos rodoviários*, do antigo Departamento Nacional de Estradas de Rodagem (DNER, 1999a), o estudo de tráfego deve compreender as seguintes atividades:

- estabelecimento das zonas de tráfego;
- coleta de dados de tráfego;
- coleta de dados complementares da região (dados socioeconômicos, polos geradores de tráfego, entre outros);
- elaboração das matrizes de geração de viagens;
- elaboração das matrizes de distribuição de viagens;
- avaliação de sistemas viários alternativos;
- análise da distribuição modal;
- alocação das viagens na malha;
- determinação dos fluxos de tráfego;
- determinação das taxas de crescimento;
- realização das projeções de tráfego;
- carregamento dos sistemas propostos;
- avaliação dos resultados;
- dimensionamento dos elementos do sistema.

Caso se trate de áreas urbanas, a Instrução de Serviço a ser observada é a IS-230, também constante nas *Diretrizes básicas para elaboração de estudos e projetos rodoviários* (DNER, 1999a), segundo a qual o estudo deve compreender as seguintes atividades:

- coleta de dados;
- classificação funcional da rede viária existente;
- elaboração de sistemas viários alternativos;
- elaboração da rede matemática referente à malha viária em estudo;
- projeções de tráfego;
- carregamento dos sistemas propostos;
- avaliação dos resultados;
- dimensionamento dos elementos do sistema.

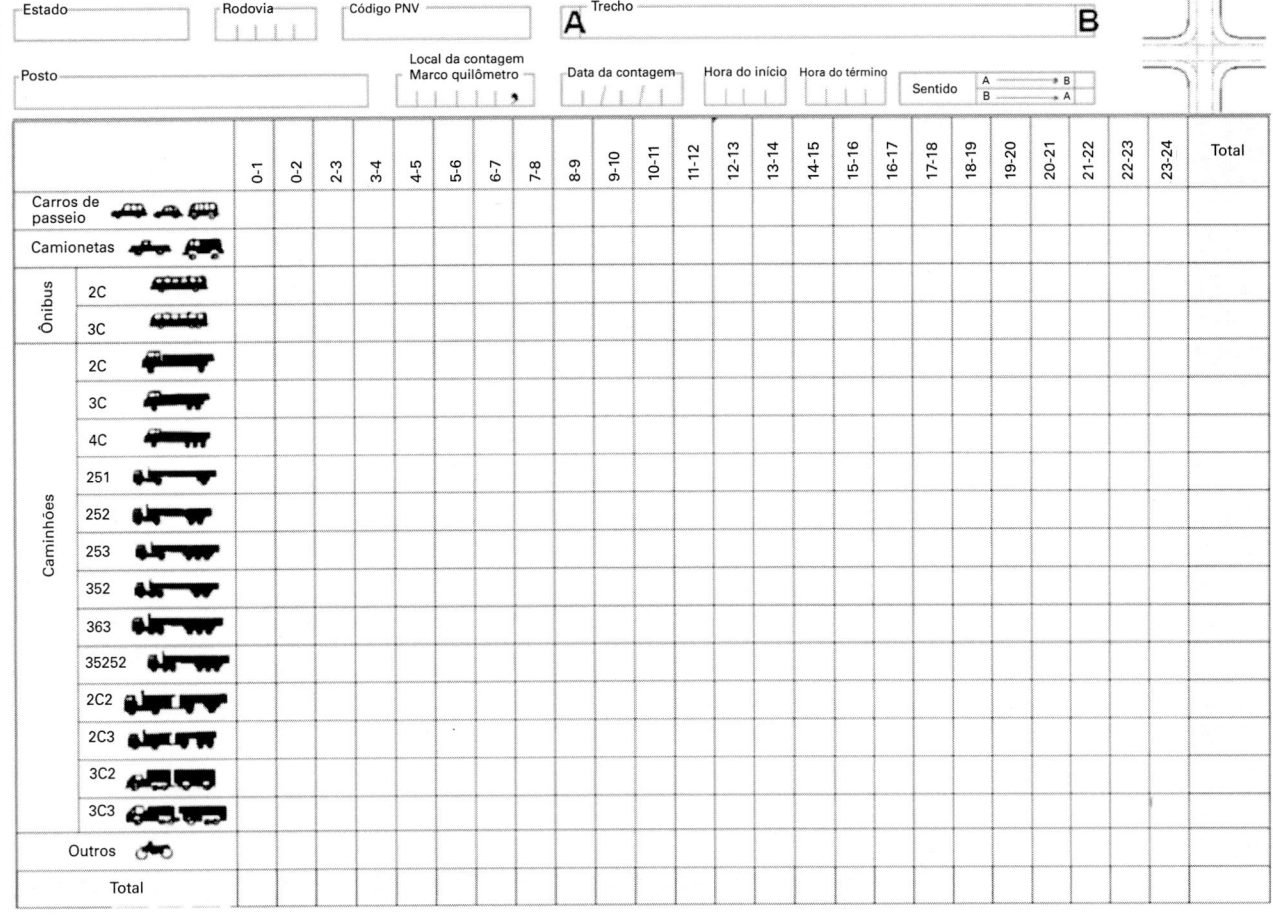

Fig. 2.1 *Ficha de contagem volumétrica de tráfego*

Não obstante a existência das diversas variáveis que influenciam a determinação do número N, ao receber o projeto para execução da rodovia o Engenheiro Fiscal deve se certificar minimamente de que os seguintes cuidados foram observados pelo calculista (note-se que esse não é mais o período oportuno para a revisão detalhada do projeto, a qual deve ocorrer sempre ao tempo do recebimento deste pela Administração):

- Houve realmente contagem de tráfego?
- Foram observadas as séries históricas do tráfego na região e, a partir delas, calculadas as taxas de crescimento?
- Foi considerado o tráfego gerado pela rodovia? Trata-se de um fluxo de veículos que não pode ser obtido apenas pela observação da série histórica da via, mas também pela análise do tráfego que será desviado para ela após sua pavimentação. Observar, por exemplo, se a via a ser pavimentada encurtará ou melhorará as condições de tráfego para veículos que se utilizavam anteriormente de outras rotas.

Caso haja alguma inconformidade relevante, o Fiscal deverá imediatamente convocar o Projetista para que se manifeste sobre a inconsistência, uma vez que isso tem impacto direto sobre todo o dimensionamento da rodovia e pode implicar, inclusive, mudanças no tipo ou nas espessuras do revestimento ou das camadas de base e sub-base.

2.1.3 Localização das instalações de usinas e pátios de pré-moldados

Visando economizar nos custos de transporte local de materiais como brita, base com mistura em usina, massa asfáltica, concreto usinado e peças de concreto pré-moldado, entre outros, o projeto deve prever, sempre que possível, a instalação de usinas e pátios de pré-moldados em local o mais equidistante possível das extremidades do trecho, posto que a locação inadequada de tais itens pode levar a uma superavaliação do custo da obra.

Não obstante, determinadas instalações devem seguir a localização de outras, independentemente de se situarem no centro do trecho. É o caso, por exemplo, do britador, que deve ser instalado em local próximo à pedreira.

Mais detalhes sobre o assunto serão fornecidos na seção 2.16.

2.1.4 Soluções de terraplenagem

É de todo recomendável que, tão logo mobilizada, a equipe de laboratório que atuará na obra seja enviada aos empréstimos indicados no projeto para a checagem da conformidade e da exatidão desses dados.

Isso evita que qualquer lapso eventualmente cometido ao tempo do projeto comprometa a qualidade, o custo e o bom andamento dos serviços. Note-se inclusive que, não raramente, entre a elaboração do projeto e o início da execução da obra, decorre-se tempo suficiente para que os locais indicados tenham fornecido material para outras obras próximas, de modo que o solo remanescente não necessariamente possui as mesmas características estudadas de início e muito menos o mesmo volume útil disponível.

A equipe de laboratório, portanto, precisa realizar uma nova sondagem e executar os devidos ensaios em *todos* os empréstimos indicados, de modo a aferir:

- a qualidade do solo existente – norma DNIT 107/2009-ES, item 5.1 (manter-se atento a possíveis atualizações das diversas normas rodoviárias, disponibilizadas no site do DNIT: <http://ipr.dnit.gov.br/normas-e-manuais/normas/coletanea-de-normas>);
- a quantidade de material disponível em cada um deles (volumes úteis);
- a densidade *in natura* em cada um deles;
- sua localização exata em relação ao trecho (estaca de entrada e distância fixa).

Qualquer divergência relevante em relação aos dados de projeto deve ser imediatamente reportada à equipe de engenharia (Construtor e Fiscal) para a busca de soluções alternativas em tempo hábil – antes que o empréstimo seja demandado para a execução de algum aterro. Daí a necessidade de urgência nesses estudos de conferência iniciais.

Conhecer a quantidade real de material disponível (volume útil) em cada empréstimo é de suma importância para que se possa avaliar a exatidão (e a atualização) das informações constantes no Quadro de Distribuição de Materiais – também conhecido como Quadro de Origens e Destinos ou Quadro de Distribuição de Massas – apresentado no projeto.

Esse quadro demonstra toda a movimentação de terra a ser executada na obra, evidenciando de onde vem e para onde vai cada volume escavado e calculando, para cada movimento, sua respectiva distância média de transporte (DMT). Um exemplo desse elemento de projeto pode ser visto na Tab. 2.1.

Se o volume realmente existente em um determinado empréstimo, por exemplo, for inferior ao previsto em projeto, isso pode implicar o redirecionamento de material de um outro empréstimo para certos aterros, alterando, portanto, a logística de transporte previamente delineada.

Ter conhecimento prévio dessas alterações pode evitar relevantes prejuízos financeiros, como ilustrado na situação hipotética do Quadro 2.1.

O Quadro de Distribuição de Materiais deve ainda ser conferido no que se refere às taxas de empolamento consideradas pelo Projetista para estimar os volumes de escavação em cada empréstimo a partir dos correspondentes volumes de aterro demandantes. Infelizmente, costuma-se observar para isso a utilização de um percentual único (e sem lastro em estudos locais específicos) para todas as ocorrências do projeto, quando, na verdade, deveria ser usado o empolamento médio específico de cada empréstimo para esses cálculos.

Sugere-se ainda observar a distribuição dos empréstimos ao longo do trecho, verificando-se a eventual existência de outros locais que também possam ser utilizados, o que reduziria os custos de execução da obra.

De modo análogo ao comentado quanto aos empréstimos, recomenda-se que a equipe de laboratório também realize sondagens no eixo da rodovia para se certificar de que a qualidade do subleito corresponde efetivamente àquela considerada no Relatório do Projeto e, por conseguinte, também utilizada na elaboração do Quadro de Distribuição de Materiais. Os objetivos específicos dessas sondagens são:

- Verificar se os trechos de corte indicados no Quadro de Distribuição de Materiais para o transporte a seções de aterros apresentam solos com qualidade suficiente para tal. Caso contrário, isso poderia trazer a necessidade de busca por mais empréstimos, implicando alterações no Diagrama de Brückner e no Quadro de Distribuição de Materiais.
- Verificar se o subleito nos trechos de aterro tem o material previsto em projeto, no que tange ao CBR (*California Bearing Ratio*) mínimo e à expansão máxima. A análise pode indicar a correção, para mais ou para menos, dos volumes de rebaixos para substituições de materiais, implicando alterações no Diagrama de Brückner e no Quadro de Distribuição de Materiais.

Ainda quanto à distribuição dos materiais de terraplenagem, é necessário averiguar se solos provenientes de cortes, com qualidade suficiente para serem utiliza-

Tab. 2.1 Quadro de Distribuição de Materiais

Origem do material escavado								Destino do material escavado			
Localização		Dist. fixa (km)	Descrição	Volume escavado (m³)			Solo mole	DMT (km)	Localização		
Estaca	Estaca			1ª categ.	2ª categ.	3ª categ.			Estaca	Estaca	Descrição	Volume compactado (m³)
391 + 0,00	399 + 10,00		Corte 8	1.771,230				0,210	399 + 10,00	412 + 0,00	Aterro 10	1.540,200
275 + 0,00	275 + 0,00	2,600	Empréstimo 1	4.325,035				5,590	412 + 0,00	437 + 0,00	Aterro 10	3.760,900
452 + 15,00	471 + 0,00		Corte 9	3.257,375				0,343	437 + 0,00	452 + 10,00	Aterro 10	2.832,500
471 + 0,00	480 + 0,00		Corte 9	1.135,740				0,215	480 + 0,00	492 + 10,00	Aterro 11	987,600
275 + 0,00	275 + 0,00	2,600	Empréstimo 1	7.347,465				7,125	492 + 10,00	510 + 0,00	Aterro 11	6.389,100
510 + 0,00	522 + 10,00		Rebaixo	1.800,000				2,675	650 + 0,00	650 + 0,00	Bota-fora 1	1.800,000
522 + 0,00	545 + 0,00		Corte 10	2.070,000				0,350	510 + 0,00	522 + 0,00	Aterro 11	1.800,000
275 + 0,00	275 + 0,00	2,600	Empréstimo 1	14.556,125				8,735	545 + 0,00	618 + 10,00	Aterro 12	12.657,500
633 + 0,00	661 + 0,00		Corte 11	6.233,000				0,425	618 + 10,00	633 + 0,00	Aterro 12	5.420,000
633 + 0,00	661 + 0,00		Corte 11	5.024,235				0,625	661 + 0,00	695 + 10,00	Aterro 13	4.368,900
1.015 + 0,00	1.015 + 0,00	1,900	Empréstimo 2	7.881,985				7,935	695 + 10,00	731 + 0,00	Aterro 13	6.853,900
731 + 0,00	772 + 0,00		Corte 12	1.382,400				2,030	650 + 0,00	650 + 0,00	Bota-fora 1	1.382,400
731 + 0,00	772 + 0,00		Corte 12	2.945,840				0,600	772 + 0,00	791 + 0,00	Aterro 14	2.561,600
1.015 + 0,00	1.015 + 0,00	1,900	Empréstimo 2	8.789,105				5,965	791 + 0,00	832 + 10,00	Aterro 14	7.642,700
832 + 10,00	867 + 0,00		Corte 13	994,980				0,410	867 + 0,00	873 + 10,00	Aterro 15	865,200
832 + 10,00	867 + 0,00		Corte 13			624,000	460,000	3,995	650 + 0,00	650 + 0,00	Bota-fora 1	1.084,000
1.015 + 0,00	1.015 + 0,00	1,900	Empréstimo 2					4,425	872 + 10,00	905 + 0,00	Aterro 15	3.567,100

Resumo do material de 1ª categoria:

	Volume (m³)
Escavação, carga e transporte de mat. 1ª categ., DMT entre 0 m e 200 m	0,000
Escavação, carga e transporte de mat. 1ª categ., DMT entre 200 m e 400 m	8.234,345
Escavação, carga e transporte de mat. 1ª categ., DMT entre 400 m e 600 m	7.227,980
Escavação, carga e transporte de mat. 1ª categ., DMT entre 600 m e 800 m	7.970,075
Escavação, carga e transporte de mat. 1ª categ., DMT entre 2.000 m e 2.500 m	1.382,400
Escavação, carga e transporte de mat. 1ª categ., DMT entre 2.500 m e 3.000 m	1.800,000
Escavação, carga e transpo·te de mat. 1ª categ., DMT maior que 3.000 m	42.899,715
Total de escavação, carga e transporte em material de 1ª categ.	69.514,515

Resumo do material de 2ª categoria:

Escavação, carga e transpo·te de mat. 2ª categ., DMT maior que 3.000 m	460,000
Total de escavação, carga e transporte em material de 2ª categ.	460,000

Resumo do material de 3ª categoria:

Escavação, carga e transporte de mat. 3ª categ., DMT maior que 3.000 m	624,000
Total de escavação, carga e transporte em material de 3ª categ.	624,000

Quadro 2.1 Situação hipotética

Dados de projeto

▶ Empréstimo 1, localizado na estaca 300, com volume útil de 70.000 m³ de solo a ser utilizado nos aterros entre as estacas 0 e 500.
▶ Empréstimo 2, localizado na estaca 700, com volume útil de 80.000 m³ de solo a ser utilizado nos aterros entre as estacas 500 e 800.
▶ Empréstimo 3, localizado na estaca 900, com volume útil de 60.000 m³ de solo a ser utilizado nos aterros entre as estacas 800 e 950.

Dados reais após inspeções prévias de laboratório

▶ No Empréstimo 1, só há 55.000 m³ de solo disponível, o que é suficiente apenas para o trecho entre as estacas 0 e 400.
▶ No Empréstimo 2, há de fato os 80.000 m³ de solo disponível, o que é suficiente para os aterros entre as estacas 400 e 800.

Conclusão

Se a obra fosse iniciada pelos aterros entre as estacas 400 e 500, seria imprescindível os Engenheiros saberem previamente que o material para esse trecho deveria ser transportado a partir do Empréstimo 2, e não a partir do Empréstimo 1 como previsto no Quadro de Distribuição de Materiais. Nesse caso, se a investigação de laboratório não fosse realizada, os Engenheiros seriam surpreendidos com esse fato e, portanto, teriam autorizado o transporte de material de solo do Empréstimo 1 para os aterros entre as estacas 400 e 500. Com isso, poderia faltar material do Empréstimo 1, por exemplo, para o trecho entre as estacas 0 e 100 (apenas executado em momento posterior), de modo que, a essa altura, seria necessário trazer material do Empréstimo 3 (mais distante) e, assim, despender-se um montante bem superior de recursos.

dos em aterros (observar isso nos ensaios realizados no subleito dos respectivos trechos), estão sendo destinados a bota-fora, enquanto os aterros próximos estão sendo "abastecidos" por materiais de empréstimos mais distantes – situação que precisaria, naturalmente, ser corrigida.

A regra geral, portanto, é assegurar as menores distâncias de transporte possíveis, seja utilizando os materiais de corte, seja utilizando os materiais de empréstimo (em regra, deve-se utilizar preferencialmente os materiais provenientes dos cortes executados no próprio subleito da rodovia, obedecendo-se à movimentação de massas mais racional, determinada pelo Diagrama de Brückner), observando sempre sua qualidade e o volume disponível em cada local. De forma bem resumida, todo o processo consiste em:

- realizar sondagens no subleito da pista e nos empréstimos;
- buscar novos empréstimos, se for o caso;
- conferir e corrigir o Diagrama de Brückner;
- conferir e corrigir o Quadro de Distribuição de Materiais.

É importante também os Engenheiros observarem se o projeto atende aos atuais requisitos de controle de densidade e grau de compactação estabelecidos pela norma DNIT 108/2009-ES, que preconiza que as camadas inferiores de terraplenagem devem ser executadas com grau de compactação não inferior a 100% da densidade máxima obtida em laboratório com o Proctor Normal (P.N.); e as camadas finais, assim entendidas como os últimos 60 cm que antecedem a sub-base, com grau de compactação não inferior a 100% da densidade máxima obtida em laboratório com o Proctor Intermediário (P.I.).

O tipo de Proctor diz respeito à energia de compactação utilizada em laboratório, no ensaio de compactação, para a determinação da densidade máxima dos materiais. Como se sabe, o ensaio de compactação consiste em, mantendo-se constante a energia de compactação, adicionar água gradativamente ao material, verificando as densidades obtidas. Assim, a densidade começa a subir à medida em que sobe a umidade, mas, a partir de um determinado momento, a tendência se inverte e, com a crescente umidade, a densidade passa a cair. Com esses dados, plota-se um gráfico, relacionando as umidades (abcissas) com suas respectivas densidades (ordenadas), cujo vértice representa a densidade máxima, com sua respectiva umidade ótima.

O gráfico apresentado na Fig. 2.2 ilustra o resultado de um ensaio de compactação de solos, que aponta a densidade máxima de 1.873 kg/m³ e a umidade ótima de 13,0%.

Como se percebe, todo o procedimento é realizado mantendo-se constante uma variável, que é justamente a energia de compactação. Não obstante, sabe-se que, de forma semelhante ao acréscimo de umidade, a densidade tende a crescer com o acréscimo da energia de compactação – também até um determinado limite, que varia com cada tipo de material, pois, a partir de então, as moléculas da estrutura do material são rompidas e este passa a perder densidade.

A norma brasileira estabeleceu, então, três padrões de energia de compactação para a realização do ensaio em laboratório. Note-se que, quanto maior a energia de compactação em laboratório, maior é o rigor exigido no controle em campo da execução do aterro, posto que a energia vai se aproximando do limite que o material pode suportar (antes de romper-se). Isso porque, para se atingir em campo a densidade encontrada em laboratório, a equipe deve realizar uma quantidade de passadas de rolo compressor que deverá ser suficiente para atingir a densidade, mas com o devido cuidado para não ser excessiva a ponto de romper a estrutura do material.

Assim, de acordo com a norma DNIT 164/2013-ME, as energias que podem ser utilizadas nos ensaios de compactação são as apresentadas no Quadro 2.2.

A energia de compactação utilizada em laboratório, é claro, guarda relação com a quantidade de passadas do

Ensaio de compactação

Umidade higroscópica (%)			Características do equipamento/ensaio		Resultados	
Cápsula nº			Molde nº	1	Densidade máxima	
Peso bruto úmido			Volume do molde	2.033,00	1.873 kg/cm²	
Peso bruto seco			Peso do molde	4.280,00		
Peso da cápsula			Peso do soquete	4.536,00		
Peso da água	0,00	0,00	Espess. do disco espaçador	2 1/2"	Umidade ótima	
Peso do solo seco	0,00	0,00	Golpes/camada	12,00	13,0%	
Umidade			Nº de camadas	05		
Umidade média						

| Ponto nº | Peso | | Densid. solo úmido | Cápsula nº | Determinação da umidade | | | | | Umidade média | Densid. do solo seco |
| | Bruto úmido | Solo úmido | | | Peso | | | | Umidade (%) | | |
					Bruto úmido	Bruto seco	Cápsula	Água	Solo seco			
01	8.050	3.770	1.854							7,9	1.719
02	8.310	4.030	1.982							10,1	1.800
03	8.540	4.260	2.095							12,2	1.868
04	8.600	4.320	2.125							14,4	1.857
05	8.485	4.205	2.068							16,5	1.775
06											
07											

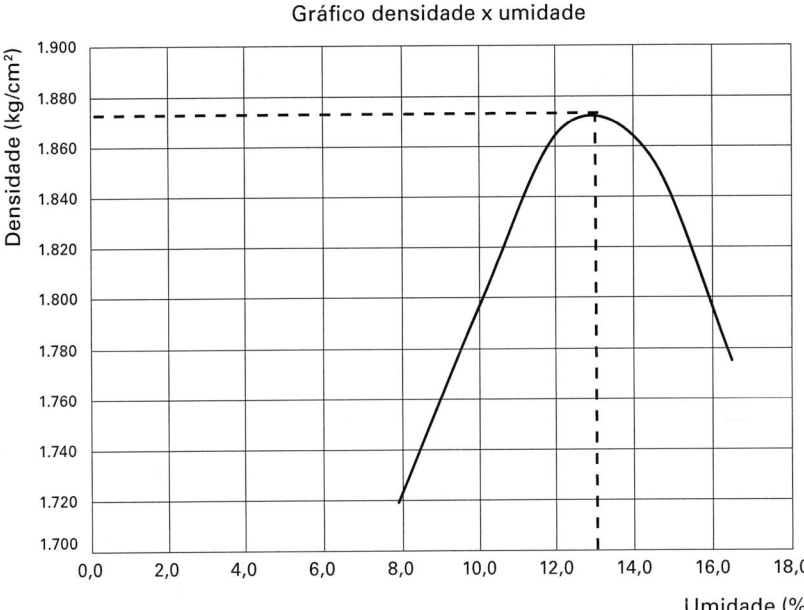

Fig. 2.2 *Gráfico de ensaio de compactação*

Obra	Trecho		Subtrecho	
Material	Local	Estaca	Camada	
Registro nº	Laboratório	Laboratorista	Visto	Observação:

rolo compressor em campo, mas dois pontos precisam ser ressaltados: o número de golpes por camada não equivale à quantidade de passadas do rolo; e o aumento em laboratório do número de golpes por camada não corresponde a uma variação linear na quantidade de passadas do rolo.

A quantidade necessária de passadas do rolo compressor para atingir-se a densidade máxima do material vai depender de duas variáveis: o tipo do material a ser compactado – há materiais que ganham densidade mais rapidamente que outros – e a eficiência do próprio equipamento, que é inerente a seu porte (peso e eficiência de

Quadro 2.2 Energias de compactação

Método	Proctor	Golpes por camada	Indicação
A	Normal	12	Corpo de aterro
B	Intermediário	26	Camadas finais de aterro e sub-base
C	Modificado	55	Base

Fonte: DNIT 164/2013-ME, DNIT 108/2009-ES, DNIT 139/2010-ES e DNIT 141/2010-ES.

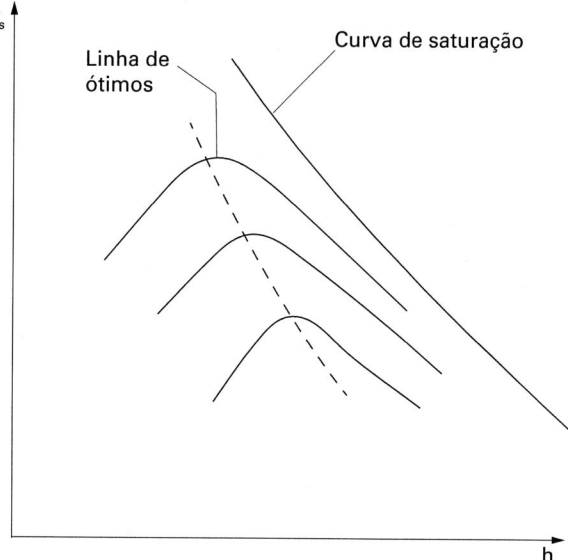

Fig. 2.3 *Curvas de compactação para diferentes energias de compactação*
Fonte: DNER (1996, p. 68).

vibração) e a seu estado de conservação. Note-se que, em laboratório, conforme já comentado, a energia de compactação, selecionado o Proctor, permanece sempre constante, independentemente do tipo de material ensaiado.

Sendo assim, a quantidade de passadas do rolo compressor deve ser determinada empiricamente em campo. Essa determinação deve ser refeita sempre que se alterar o tipo do material ou o equipamento a ser utilizado.

A norma DNIT 108/2009-ES, conforme comentado, passou a exigir que as camadas finais da terraplenagem apresentem grau de compactação igual a 100% do P.I., e não apenas os 100% do P.N., como na vigência da antiga norma DNER-ES 282/97. Não obstante, o aumento de energia de compactação, que se reflete num maior número de passadas do rolo compactador, não é suficiente para ocasionar a necessidade de aumento no preço unitário do serviço, devendo ser mantido, pois, o mesmo preço para a compactação a 100% do P.N., caso a planilha orçamentária não contemple item de serviço específico para a compactação a 100% do P.I.

A manutenção do preço é justificada porque, se por um lado a mudança do Proctor Normal para o Intermediário pode acarretar o aumento da densidade máxima de laboratório, que se reflete, em campo, no acréscimo do número de passadas do rolo compactador, por outro é de se esperar, em contrapartida, uma redução da umidade ótima do material, o que se reflete na diminuição do trabalho dos caminhões-tanques e, por conseguinte, também na abreviação dos trabalhos de homogeneização da camada – menor consumo de trator agrícola, grade de discos e motoniveladora.

Ilustrando o caso, tem-se o gráfico da Fig. 2.3.

Na prática, sem embargo do raciocínio anterior, o que ocorre é que ambos os equipamentos estarão disponíveis na frente de serviço no momento da compactação, variando apenas, e muito sensivelmente, seus coeficientes de utilização operativa e improdutiva.

Perceba-se, ainda, que variações bem mais significativas que essas podem se dar em função de diferenças de características dos próprios solos, quando submetidos a compactações – alguns podem exigir muito mais energia ou umidade que outros. Numa mesma obra é possível lidar-se com solos que requerem variação, entre si, de até três passadas de rolo, e isso considerando o controle em um mesmo Proctor.

No que tange à umidade ótima, a oscilação pode ser de amplitude ainda maior, podendo existir em uma mesma obra um solo que requer até o dobro da quantidade de água de outro para atingir sua umidade ótima. E, nesse caso, ao considerar-se que, ao longo do ano, a umidade natural (no empréstimo) pode também variar bastante, torna-se muito difícil a definição de um único custo unitário que reflita, com precisão, as operações de execução com os diferentes solos disponíveis.

A fotografia da Fig. 2.4, tirada no pátio de secagem de um laboratório, ilustra bem esse fato, ao apresentar quatro solos de características e cores bem distintas entre si oriundos de empréstimos de uma mesma obra rodoviária.

Por essa razão, considerados os diferentes tipos de solos a serem trabalhados em uma mesma obra rodoviária, para os quais deverá ser estimado um só custo para compactação, a mera alteração da energia de controle em laboratório (Proctor Normal ou Proctor Intermediário) se mostra irrelevante a ponto de gerar alteração perceptível na produção das equipes mecânicas, uma vez que o Orçamentista, ante toda essa heterogeneidade de características, não trabalha com precisão suficiente para alterar o consumo de água e de passadas dos diversos equipamentos apenas em função da alteração do Proctor.

Esse já era, inclusive, o entendimento do DNIT desde os tempos da segunda edição do Sistema de Custos Referenciais de Obras (Sicro 2), na medida em que jamais ela-

Fig. 2.4 *Solos diversos em pátio de secagem*

borou preços diferenciados para a execução, por exemplo, de sub-base (2 S 02 200 00) – que é controlada pelo Proctor Intermediário – e de base (2 S 02 200 01) – que é controlada pelo Proctor Modificado (P.M.).

Sendo assim, o que o Engenheiro Fiscal deve fazer, caso a planilha orçamentária discrimine apenas o serviço de compactação a 100% do P.N., é tão somente um aditivo contratual sem impacto financeiro, inserindo o item de compactação a 100% do P.I. com o mesmo preço da compactação a 100% do P.N. O quantitativo do item a 100% do P.I. será o volume necessário para a execução da camada final de terraplenagem (últimos 60 cm), quantidade esta que deve ser diminuída, portanto, do item previsto inicialmente para a compactação a 100% do P.N.

Ressalte-se, por outro lado, que os Orçamentistas precisam ter em mente todos esses conceitos no momento da elaboração dos preços unitários para a compactação de aterros nos Proctors Normal e Intermediário, se tiverem que diferenciá-los para efeito de licitação. Em que pese o DNIT, com o novo Sicro, atualmente apresentar preços unitários de referência diferentes para cada situação (serviços de códigos 5502978 e 5503041), cumpre aos Orçamentistas ajustar a referência de preços às condições locais de execução de cada obra e, por isso, não é necessário ter preços efetivamente diferenciados para os dois itens. Essa exigência é trazida no próprio *Manual de custos de infraestrutura de transportes* (DNIT, 2017, v. 1, p. 195, grifo nosso), que dispõe que:

> *A utilização indiscriminada dos preços divulgados pelo Sistema de Custos Referenciais de Obras – SICRO, sem o devido tratamento que a elaboração de um orçamento para contratação de obras públicas requer, independentemente do nível de detalhamento do projeto,* constitui grave erro para a correta formação dos preços das obras *de infraestrutura de transportes.*

E segue:

> *Somente com a intervenção deste profissional (orçamentista) torna-se possível que situações específicas e singularidades políticas, logísticas, sociais e econômicas possam ser incorporadas a um orçamento concreto, garantindo, assim, a acurácia desejável a uma peça importante e indispensável para contratação de obras públicas, produzida pela aplicação e condensação de amplos conhecimentos de engenharia.*

Já quanto aos bota-foras (*vide* seção 3.5), o objetivo nessa fase preliminar é verificar se outras áreas ainda poderiam ser indicadas. A regra geral é a de que haja bota-foras sempre próximos dos trechos que terão materiais descartados, e, por outro lado, a principal exceção é a existência de restrições ambientais intransponíveis.

Também deve ser verificado se o projeto exige a compactação dos materiais em bota-fora. Se isso ocorrer, observar:

- Se o Projetista especificou adequadamente a execução desse serviço, prescrevendo espalhamento, umedecimento, homogeneização e compactação – em conformidade com a composição de preço unitário do DNIT de código 4413984 (as composições do DNIT estão

disponíveis no site <http://www.dnit.gov.br/custos-e-pagamentos/custos-e-pagamentos-1>).
- Se esse item consta na planilha orçamentária. Caso contrário, deve-se questionar os órgãos responsáveis pela gestão ambiental se é realmente exigida a efetiva compactação dessas áreas – caso isso se confirme, o item precisa ser inserido à planilha orçamentária mediante aditivo de preço.
- O volume do serviço estimado na planilha orçamentária.

Quanto ao volume a ser remunerado como compactação de material em bota-fora, é importante observar, como referência, as considerações contidas na especificação de serviço ET-DE-Q00/005, do Departamento de Estradas de Rodagem de São Paulo (DER-SP), a qual menciona:

> Os materiais devem ser depositados em espessuras que permitam a sua compactação através das passagens do equipamento durante o espalhamento do material. A camada final deve receber quatro passadas de compactação, ida e volta, em cada faixa de tráfego do equipamento.

Note-se, portanto, que, em princípio, não há que se falar em compactação de todo o volume destinado a bota-foras, mas tão somente da camada final de cada um deles, posto que, até atingir-se essa cota, o material será apenas espalhado convenientemente com o trator de esteiras, de modo que o adensamento será naturalmente obtido com as passagens desse equipamento.

Sublinhe-se que a citada composição do DNIT para a compactação de material em bota-fora (código 4413984) prevê a utilização de todos os equipamentos normalmente mobilizados para a execução de uma compactação comum, tais como motoniveladora, caminhão-tanque, trator agrícola, rolo compactador etc., de modo que só devem ser remunerados a esse preço os serviços que envolverem a mobilização de tais equipamentos.

A compactação de material em bota-fora é uma especificação extraordinária que deve ser lançada na medida em que haja de fato uma exigência de órgão de proteção ambiental. Caso contrário, deve-se tão somente proceder ao espalhamento controlado do material – cujo custo, com o advento do *Manual de custos de infraestrutura de transportes* (DNIT, 2017), é agora previsto pelo DNIT, com o código 4413942, considerando como equipamento único o trator de esteiras.

Essa orientação de ordem técnica é também compartilhada pela norma da Southern Africa Transport and Communications Commission (SATCC, 1998, grifo nosso), que, no dispositivo 3306, f, assim dispõe:

> Any surplus material resulting from excavations, including any waste or oversize material bladed off the road, shall be disposed of as directed by the Engineer. However, no material shall be disposed of without the written instructions of the Engineer. *Spoil material shall not require compaction but shall, if required, be spread, shaped and given a smooth surface as may normally be obtained by careful bulldozer operations.*

Em tempo, cabe mencionar que os Engenheiros devem ainda procurar verificar se o projeto trouxe orientações e especificações detalhadas específicas para os trechos adjacentes aos bueiros e nos encontros com as pontes (*vide* seção 3.6.5).

2.1.5 Soluções de pavimentação

Preliminarmente, é recomendável analisar se o projeto ou a planilha orçamentária preveem a execução de *regularização de subleito* (*vide* seção 3.7). Se isso ocorrer, os Engenheiros precisam se certificar dos motivos que ensejaram o serviço, pois, se apenas se tratar de uma remuneração ordinária da camada final de terraplenagem, tal item não deve ser utilizado, posto que a regularização de subleito pressupõe a escarificação e a reexecução da camada, e não uma mera compactação, conforme descrito no item 5.3 da norma DNIT 137/2010-ES:

> Após a execução de cortes, aterros e adição do material necessário para atingir o greide de projeto, deve-se proceder à escarificação geral na profundidade de 20 cm, seguida de pulverização, umedecimento ou secagem, compactação e acabamento.

Perceba-se que toda a execução dos aterros, inclusive de suas camadas finais, deve ser apropriada, em volume, nos itens do tipo "compactação de aterros...".

Após isso, deve-se passar a analisar a *distribuição das jazidas ao longo do trecho*, observando-se os seguintes pontos:

1. Foram indicadas jazidas com qualidade e quantidade suficiente à demanda da obra?
   Para isso, é preciso verificar o volume de cada tipo de material necessário e confrontá-lo com a disponibilidade de cada jazida correlata. Note-se, por exemplo, que podem existir jazidas que fornecerão solo exclusivamente para camada de base ou sub-base e outras que poderão ser utilizadas para ambos os fins.

Os volumes de cada camada – base e sub-base, por exemplo – podem ser verificados na planilha orçamentária. Note-se, todavia, que se trata de volumes já devidamente compactados na pista (densidade máxima do material), de modo que, para calcular o volume equivalente que deve estar disponível para escavação nas jazidas (com densidades in natura), deve-se multiplicar essas quantidades pelo empolamento médio (vide subseção "Empolamento do material" do Cap. 3, p. 82) considerado em projeto (razão entre as densidades máximas e in natura). Já a disponibilidade e as características físicas e mecânicas do material nas jazidas indicadas estão dispostos no volume 2 dos projetos de obras rodoviárias, nos desenhos que trazem a caracterização de cada jazida, conforme mostrado na Fig. 2.5.

No exemplo apresentado nessa figura, destaca-se que a referida jazida fornecerá material para as camadas de sub-base e base e que o volume útil disponível é de 75.305,52 m³.

Todavia, em que pese o projeto informar os volumes úteis disponíveis em cada jazida, verifica-se, durante a execução das obras, que muitas vezes esse volume não reflete fielmente a realidade, seja por falha nas sondagens de projeto, seja porque, entre esse estudo e o início da execução dos serviços, a jazida foi utilizada para outras obras próximas. Por isso, recomenda-se que os Engenheiros da obra, nessa fase preliminar à execução, visitem e realizem novas sondagens em todas as jazidas indicadas, com o intuito de avaliar:

▸ suas localizações exatas em relação ao trecho (estacas de entrada e distâncias fixas);
▸ a qualidade e o volume dos materiais efetivamente existentes;
▸ a necessidade e a quantificação dos serviços de desmatamento e expurgo de material inservível.

A somatória dos volumes disponíveis em todas as jazidas deve, portanto, ser igual ou superior aos volumes demandados na planilha orçamentária. Caso contrário, a equipe de laboratório deve ser orientada no sentido de buscar novas áreas de onde possa ser escavado o material complementar.

Em passo seguinte, os Engenheiros, tendo em consideração os volumes disponíveis reais e as localizações exatas de cada jazida, devem verificar se os diagramas do projeto indicam realmente os transportes mais racionais – das jazidas para os trechos respectivamente mais próximos de cada uma. Caso contrário, devem proceder às correções cabíveis e informar as alterações para os Encarregados de Campo.

É importante ainda sublinhar que a diretriz do DNIT, após a publicação do Sicro 2017, é no sen-

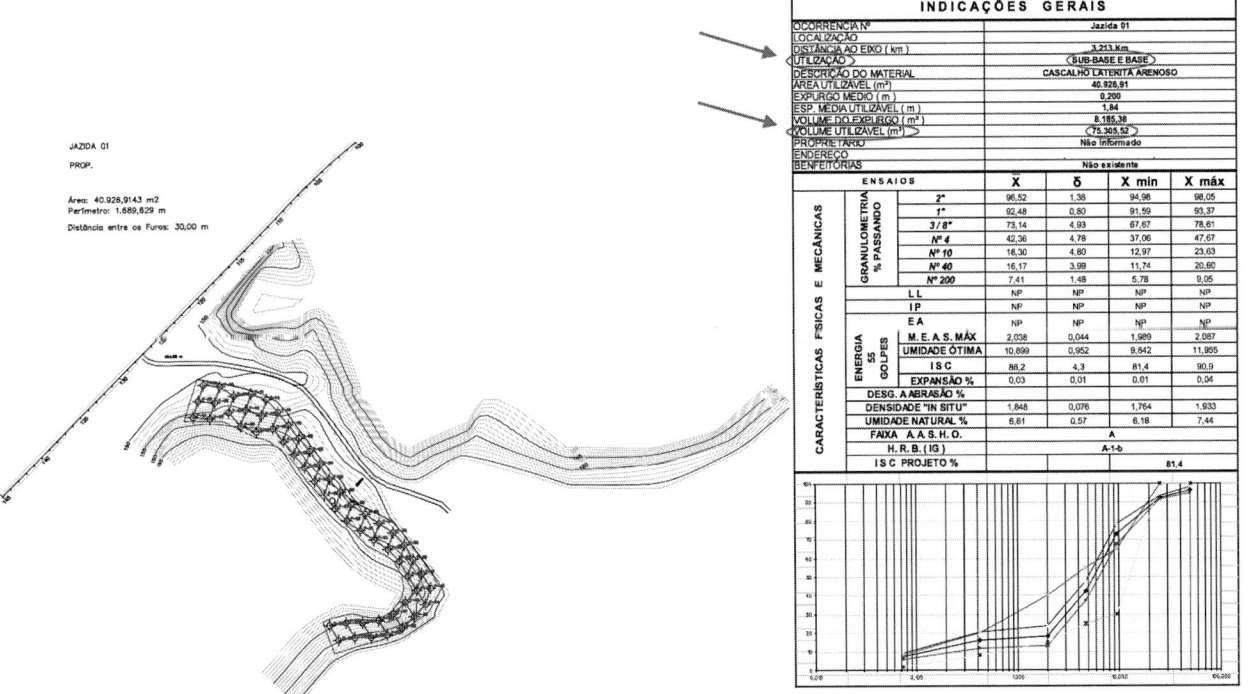

Fig. 2.5 *Caracterização de jazida em projeto*

tido de abandonar a orientação anterior (Sicro 2) de que os serviços de limpeza das jazidas e expurgo do material tenham seus custos orçados juntamente com a execução das camadas de reforço de subleito, sub-base e base. Assim, esses custos foram excluídos das antigas composições, restando aos Orçamentistas o dever de incluí-los em itens específicos de planilha – Desmatamentos (no caso de limpeza das jazidas) e Escavação, carga e transporte (no caso de expurgo do material).

As Figs. 2.6 e 2.7 apresentam composições do Sicro 2 e do Sicro 2017 que demonstram as alterações comentadas.

Assim, caso a obra tenha sido orçada em conformidade com a nova diretriz, os quantitativos efetivamente existentes de desmatamento e expurgo nas áreas de jazidas devem ser lançados em planilha orçamentária.

Caso sejam especificadas misturas de materiais para as camadas – solo-brita ou solo-areia, por exemplo –, os Engenheiros devem verificar o traço (normalmente em peso) projetado para a mistura e, por intermédio das densidades máximas da mistura e in natura do solo, determinar os respectivos volumes de solo e agregados necessários. A questão prática a seguir exemplifica esse cálculo.

Questão Prática 2.1

Para a construção de uma rodovia serão necessários 37.000 m^3 de base de solo-brita, com 40% de brita em peso. Sabendo que a densidade máxima da mistura é de 2,2 t/m^3 e que a densidade do solo, na jazida, é de 1,8 t/m^3, calcular o volume mínimo de solo que deve estar disponível, distribuído nas jazidas indicadas.

Solução

Peso total da base = volume da mistura × densidade máxima

→ Peso total da base = 37.000 × 2,2 = 81.400 t

A mistura tem 40% de brita em peso → 60% de solo em peso.

→ Peso total do solo = 60% de 81.400 = 48.840 t

Sabendo-se que a densidade média do solo, in natura, é de 1,8 t/m^3 nas jazidas indicadas, o volume a ser escavado será:

DNIT - Sistema de Custos Rodoviários
Custo Unitário de Referência   Mês: Novembro/2016
Construção Rodoviária   São Paulo
SICRO2   RCTR0320

2 S 02 200 01 - Base solo estabilizado granul. s/ mistura   Produção da Equipe: 168,00 m^3 Valores em reais (R$)

A - EQUIPAMENTO	Quantidade	Utilização Operativa	Utilização Improdutiva	Custo Operacional Operativo	Custo Operacional Improdutivo	Custo Horário
E006 - Motoniveladora (103 kW)	1,00	0,78	0,22	166,89	24,27	135,52
E007 - Trator agrícola (74 kW)	1,00	0,52	0,48	72,05	16,50	45,39
E013 - Rolo compactador pé de carneiro autop. 11,25 t vibrat. (82 kW)	1,00	1,00	0,00	113,84	16,50	113,85
E101 - Grade de discos - GA 24 x 24	1,00	0,52	0,48	3,49	0,00	1,82
E105 - Rolo compactador de pneus autoprop. 25 t (98 kW)	1,00	0,78	0,22	138,12	16,50	111,37
E404 - Caminhão basculante - 10 m^3 - 15 t (210 kW)	1,49	1,00	0,00	146,83	18,77	218,79
E407 - Caminhão-tanque - 10.000 L (210 kW)	2,00	0,54	0,46	149,65	18,77	178,90
					Custo Horário de Equipamentos	805,63

B - MÃO DE OBRA	Quantidade	Salário-hora	Custo Horário
T511 - Encarreg. de pavimentação	1,00	46,45	46,46
T701 - Servente	3,00	13,53	40,61
		Custo Horário da Mão de Obra	87,07
		Adc. M.O. - Ferramentas: (15,51%)	13,50
		Custo Horário de Execução	906,20
		Custo Unitário de Execução	5,39

D - ATIVIDADES AUXILIARES	Quantidade	Unidade	Preço Unitário	Custo Unitário
1 A 01 100 01 - Limpeza camada vegetal em jazida (const. e restr.)	0,7000	m^2	0,46	0,32
1 A 01 105 01 - Expurgo de jazida (const. e restr.)	0,2000	m^3	2,41	0,48
1 A 01 120 01 - Escav. e carga de mater. de jazida (const. e restr.)	1,1500	m^3	3,69	4,24
			Custo Total das Atividades	5,04

F - TRANSPORTE DE MATERIAIS PRODUZIDOS/COMERCIAIS	Toneladas/Unidade de Serviço	Custo Unitário
1 A 01 120 01 - Escav. e carga de mater. de jazida (const. e restr.)	1,8400	

Fig. 2.6 *Composição para serviço de base no Sicro 2*

Volume total de solo = peso total do solo ÷ densidade média in natura
→ Volume total de solo = 48.840 ÷ 1,8
→ *Volume total de solo = 27.133,33 m³*

2. Caso se preveja a utilização de brita (extraída ou comercial), verificar, mediante experiência própria do Fiscal, se no local da obra existe outra pedreira que também atenda às características físicas e mecânicas e aos volumes requeridos, proporcionando ainda menores custos de transporte.

3. Caso seja prevista a utilização de brita comercial, analisar se a quantidade de brita a ser utilizada realmente não justifica a instalação de um conjunto de britagem (ressalva-se a possibilidade de, no local, não existirem outras pedreiras disponíveis para utilização, além das comerciais indicadas).

Para tanto, deve-se comparar o custo total previsto para a aquisição dos diversos tipos de brita com aquele que seria resultante da substituição da brita comercial pela brita produzida, acrescido, nesse caso, dos custos de instalação, montagem e desmontagem do conjunto de britagem, além, evidentemente, da mobilização e da desmobilização dos equipamentos.

Os custos de instalação do conjunto de britagem podem ser estimados a partir da composição de preço referencial do Sicro, código 0903807, fazendo-se evidentemente os ajustes demandados pela situação específica de cada obra. Note-se que nessa composição já se consideram os custos com a montagem e a desmontagem do equipamento (0919009). Outras referências, como a do Departamento Autônomo de Estradas de Rodagem do Estado do Rio Grande do Sul (Daer-RS; <https://www.daer.rs.gov.br/referencial-de-obra>), também podem ser utilizadas, desde que devidamente detalhadas e adequadas à situação específica de cada obra.

Note-se, por outro lado, que a alternativa de utilização de conjunto próprio de britagem (brita produzida diretamente pela construtora) passa ainda pela análise da existência e da disponibilidade de pedreiras para exploração no local – recomenda-se consulta à Agência Nacional de Mineração (ANM), a qual, por força do Decreto nº 9.587, de 28 de novembro de 2018, veio a substituir o Departamento Nacional de Produção Mineral (DNPM) –, inclusive quanto à possibilidade de licenciamento ambiental.

4. Verificar, mediante experiência própria do Engenheiro Fiscal, se no local da obra existe

DNIT   **CGCIT**

SISTEMA DE CUSTOS REFERENCIAIS DE OBRAS - SICRO		São Paulo		FIC	0,02838	
Custo Unitário de Referência		Maio/2018		Produção da equipe		168,20 m³
4011219 Base de solo estabilizado granulometricamente sem mistura com material de jazida						Valores em reais (R$)

A - EQUIPAMENTOS		Quantidade	Utilização		Custo Horário		Custo Horário Total
			Operativa	Improdutiva	Produtivo	Improdutivo	
E9571	Caminhão-tanque com capacidade de 10.000 L - 188 kW	1,00000	0,93	0,07	183,0897	51,4372	173,8740
E9518	Grade de 24 discos rebocável de 24"	1,00000	0,52	0,48	2,2783	1,5837	1,9449
E9524	Motoniveladora - 93 kW	1,00000	0,77	0,23	181,7268	79,9115	158,3093
E9762	Rolo compactador de pneus autopropelido de 27 t - 85 kW	1,00000	0,96	0,04	141,9546	64,9594	138,8748
E9685	Rolo compactador pé de carneiro vibratório autopropelido de 11,6 t - 82 kW	1,00000	1,00	0,00	124,0372	55,9181	124,0372
E9577	Trator agrícola - 77 kW	1,00000	0,52	0,48	84,0627	32,3826	59,2563
					Custo horário total de equipamentos		656,2965

B - MÃO DE OBRA		Quantidade	Unidade	Custo Horário	Custo Horário Total
P9824	Servente	1,00000	h	20,2092	20,2092
				Custo horário total de mão de obra	20,2092
				Custo horário total de execução	676,5057
				Custo unitário de execução	4,0220
				Custo do FIC	0,1141
				Custo do FIT	-

C - MATERIAL	Quantidade	Unidade	Preço Unitário	Custo Unitário
			Custo unitário total de material	-

D - ATIVIDADES AUXILIARES		Quantidade	Unidade	Custo Unitário	Custo Unitário
4816096	Escavação e carga de material de jazida com escavadeira hidráulica	1,10000	m³	0,9300	1,0230
				Custo total de atividades auxiliares	1,0230
				Subtotal	5,1591

E - TEMPO FIXO		Código	Quantidade	Unidade	Custo Unitário	Custo Unitário
4816096	Escavação e carga de material de jazida com escavadeira hidráulica - Caminhão basculante 10 m³	5914354	2,06250	t	1,3800	2,8463
					Custo unitário total de tempo fixo	2,8463

F - MOMENTO DE TRANSPORTE		Quantidade	Unidade	DMT			Custo Unitário
				LN	RP	P	
4816096	Escavação e carga de material de jazida com escavadeira hidráulica - Caminhão basculante 10 m³	2,06250	tkm	5914359	5914374	5914389	
				Custo unitário total de transporte			
				Custo unitário direto total			8,01

Fig. 2.7 *Composição para serviço de base no Sicro 2017*

outra jazida para extração/aquisição de areia que também atenda às características físicas e mecânicas e aos volumes requeridos, proporcionando ainda menores custos de transporte.

5. Verificar as descrições dos itens de Base e Sub-base e, de acordo com o Quadro de Distribuição dos Materiais de Pavimentação no trecho, analisar se há a necessidade de inserir um item de momento extraordinário de transporte ou se, por outro lado, as distâncias são muito menores que as previstas nos itens planilhados.

O Quadro de Distribuição dos Materiais de Pavimentação, encontrado no volume 2 dos projetos das rodovias, pode ser apresentado como na Fig. 2.8.

Os Engenheiros precisam também analisar as *soluções concebidas para as camadas de sub-base e base*, devendo observar os seguintes pontos:

1. A solução prevista (brita graduada, macadame etc.) é adequada à microrregião em que se pretende executar a obra?

   Nesse sentido, observar se o solo da região tem suporte e demais características físicas suficientes para ser utilizado em camadas sem adição de brita, areia ou outra mistura. Para tanto, deve-se confrontar os ensaios realizados em jazidas e empréstimos com os requisitos previstos nas normas DNIT 139/2010-ES e DNIT 141/2010-ES (item 5.1 de ambas).

   Note-se ainda que, em situações limítrofes, pode-se recomendar a substituição do método de ensaio utilizado na tentativa de eliminar a necessidade de mistura ao solo.

   É o que ocorre, por exemplo, quando a granulometria e os índices de liquidez e plasticidade do solo existente atendem às especificações técnicas e o CBR, apesar de muito próximo do patamar exigido, encontra-se abaixo do valor mínimo especificado. Nessas condições, é possível que a simples elevação da precisão na determinação do CBR – moldando-se os corpos de prova com a energia do Proctor Modificado em vez do Proctor Intermediário – evidencie resultados ligeiramente melhores, passando-se a atingir o índice de suporte necessário.

   Além disso, recomenda-se que os Engenheiros, de posse dos dados das granulometrias dos solos e outros agregados efetivamente disponíveis (brita, areia etc.), verifiquem se é tecnicamente possível a substituição da solução de brita graduada por solo-brita, por exemplo, e qual o percentual mínimo do agregado suficiente para que a mistura atenda aos parâmetros das normas.

   Para tanto, os Engenheiros devem inicialmente, com o auxílio de uma planilha de cálculo, estabelecer os percentuais dos materiais disponíveis capazes de proporcionar a mistura mais econômica que atenda aos parâmetros de granulometria estabelecidos nas normas, conforme exemplificado na Tab. 2.2 e na Fig. 2.9.

   Após isso, devem solicitar que a equipe de laboratório proceda aos demais ensaios de caracterização da mistura calculada (CBR, limites de liquidez e plasticidade etc.) e devem verificar se os resultados atendem às exigências das normas.

2. Os materiais porventura especificados para serem adicionados ao solo, ou em substituição total deste, são os mais adequados à região?

   Se for o caso, os Engenheiros devem confrontar o custo de utilização do insumo especificado com o de outra solução que entendam ser melhor aplicável à obra. Por exemplo: em uma região onde não haja pedreiras próximas, pode ser mais vantajoso economicamente utilizar solo-cimento (ou outras alternativas, como solo-cal, estabilizantes químicos etc.) em vez de solo-brita ou brita graduada.

Quanto ao *tipo de revestimento projetado*, os Engenheiros devem permanecer atentos às seguintes questões:

1. A solução projetada é usualmente executada na região?

   Em outras palavras, vislumbra-se risco de alteração, durante o contrato, da solução indicada? Caso positivo, deve-se notificar a empresa projetista para que apresente as justificativas técnicas para a adoção da solução e, se for o caso, o estudo comparativo das soluções estudadas ao tempo do projeto.

   O Engenheiro Fiscal precisa, portanto, resguardar o Estado contra eventuais "jogos de planilha", que causam desequilíbrio na equação econômico-financeira da proposta apresentada, em função da diminuição de quantitativos referentes a soluções que se sabe que não serão executadas – os proponentes podem ter apresentado preços unitários abaixo do mercado para tais itens – e da consequente elevação dos quantitativos dos itens de planilha referentes às

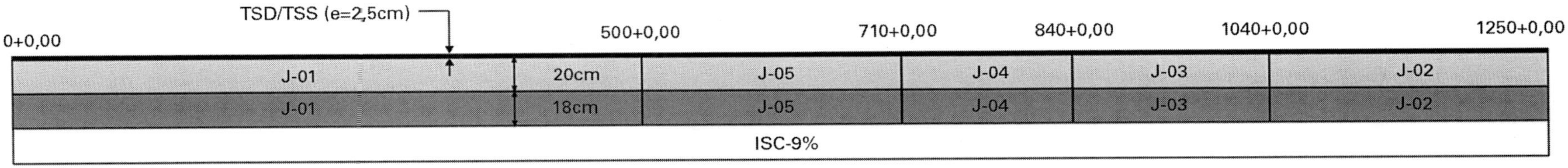

TSD/TSS (e=2,5cm)

0+0,00	500+0,00	710+0,00	840+0,00	1040+0,00	1250+0,00
J-01	20cm	J-05	J-04	J-03	J-02
J-01	18cm	J-05	J-04	J-03	J-02

ISC-9%

DISTRIBUIÇÃO DO SOLO ESTABILIZADO GRANULOM. - SUB-BASE / BASE

| ORIGEM | UTILIZAÇÃO | LOCALIZAÇÃO | | | VOLUME (m³) | VOLUME (m³) | VOLUME (m³) | PESO | DESTINO | | | DISTÂNCIA | DMT |
		ESTACA	+0,00	LADO	(IN SITU)	NECESSÁRIO	C/ EMPOL.	(t)	EST. INICIAL	EST. FINAL	+0,00	DO EIXO (km)	(km)
J-01	Base	189	+0,00	Direito	52.500,000	19.800,420	24.750,525	39.600,840	0	0,00	500	0,00	4,20	6,847
J-01	Sub-Base	189	+0,00	Direito	52.500,000	18.897,138	22.676,566	36.282,505	0	0,00	500	0,00	4,20	6,847
J-02	Base	771	+0,00	Esquerdo	18.000,000	8.281,620	10.352,025	16.563,240	500	0,00	710	0,00	9,20	15,500
J-02	Sub-Base	771	+0,00	Esquerdo	18.000,000	7.903,818	9.484,582	15.175,331	500	0,00	710	0,00	9,20	15,500
J-03	Base	771	+0,00	Esquerdo	16.800,000	7.944,000	9.930,000	15.888,000	710	0,00	840	0,00	10,20	13,580
J-03	Sub-Base	771	+0,00	Esquerdo	16.800,000	7.581,600	9.097,920	14.556,672	710	0,00	840	0,00	10,20	13,580
J-04	Base	771	+0,00	Esquerdo	12.000,000	5.163,600	6.454,500	10.327,200	840	0,00	1040	0,00	15,30	15,952
J-04	Sub-Base	771	+0,00	Esquerdo	12.000,000	4.928,040	5.913,648	9.461,837	840	0,00	1040	0,00	15,30	15,952
J-05	Base	771	+0,00	Esquerdo	15.000,000	8.341,200	10.426,500	16.682,400	1040	0,00	1250	0,00	18,20	21,520
J-05	Sub-Base	771	+0,00	Esquerdo	15.000,000	7.960,680	9.552,816	15.284,506	1040	0,00	1250	0,00	18,20	21,520

DMT base / sub-base = 12,794 km

Fig. 2.8 *Quadro de Distribuição de Materiais de Pavimentação*

soluções que de fato serão executadas. Baeta (2012, p. 306) comenta que

> superfaturamento por jogo de planilha ocorre quando há o rompimento do equilíbrio econômico-financeiro inicial do contrato em desfavor do contratante por meio da alteração das cláusulas de serviço (mudanças de quantitativos, inclusões ou exclusões de serviços etc.) e/ou das cláusulas financeiras (mudanças de preços dos serviços, prazos de pagamento, reajustamentos etc.) durante a execução da obra.

Em casos extremos, podem se fazer necessárias repactuações de preços, sob pena de a obra ser tida como irregular pelos órgãos de controle interno e externo, o que pode implicar, inclusive, a determinação de estorno de valores eventualmente pagos, além das penalidades cabíveis.

2. A solução indicada é capaz de suportar o tráfego existente e o que será gerado pela pavimentação ou melhoria da rodovia?

Preliminarmente, deve-se comparar a solução projetada com o Quadro 2.3.

Quadro 2.3 Espessura do revestimento em função do número N

N	Espessura mínima de revestimento betuminoso
$N \leq 10^6$	Tratamentos superficiais betuminosos
$10^6 < N \leq 5 \times 10^6$	Revestimentos betuminosos com 5,0 cm de espessura
$5 \times 10^6 < N \leq 10^7$	Concreto betuminoso com 7,5 cm de espessura
$10^7 < N \leq 5 \times 10^7$	Concreto betuminoso com 10,0 cm de espessura
$N > 5 \times 10^7$	Concreto betuminoso com 12,5 cm de espessura

Fonte: DNER (1996, p. 209).

É claro que esse quadro expõe apenas uma expectativa de resultados, devendo sempre prevalecer o cálculo estrutural específico para a obra. Não obstante, em situações excepcionais, os Engenheiros deverão proceder à conferência dos cálculos de dimensionamento da rodovia, seguindo o roteiro retratado no Manual de

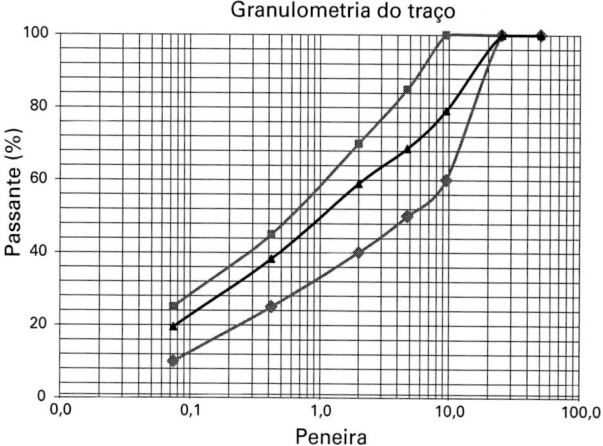

Fig. 2.9 Gráfico da curva granulométrica da mistura

Tab. 2.2 Estudo para composição granulométrica de mistura de materiais

Peneira	mm	Granulometrias			Faixa utilizada D		Análise
		Solo	Brita	Mistura calculada			
2"	50,8	100,0	100,0	100,0	100	100	OK!
1 1/2"	38,1						
1"	25,4	100,0	100,0	100,0	100	100	OK!
3/4"	19,1						
1/2"	12,7						
3/8"	9,5	99,9	65,2	79,1	60	100	OK!
nº 4	4,8	99,2	48,3	68,7	50	85	OK!
nº 10	2,0	94,5	35,3	59,0	40	70	OK!
nº 40	0,4	61,5	22,7	38,2	25	45	OK!
nº 80	0,2						
nº 200	0,1	37,5	7,5	19,5	10	25	OK!
Percentual em peso		40%	60%	100%	OK!		

pavimentação do DNER (1996, p. 204-220), para verificar a correção da estrutura projetada.

3. Caso a solução indicada para revestimento consista em concreto asfáltico usinado a quente (CAUQ), verificar se o projeto indica a temperatura de usinagem (agregados e mistura) e amassamento da mistura asfáltica, bem como sua densidade máxima, teor de ligante, granulometria e demais dados de parâmetros para controle de qualidade, definidos no traço da mistura.

Trata-se de indicações essenciais para o controle tecnológico da qualidade da usinagem e da compactação da massa asfáltica. Em caso de omissão de quaisquer desses dados, o Engenheiro Fiscal precisa notificar a empresa construtora para que apresente o traço da mistura, que deve atender a todos os requisitos das normas técnicas (*vide* seção 4.8.1).

O traço apresentado deve então ser analisado e formalmente aprovado pelo Engenheiro Fiscal, à luz não só dos requisitos gerais da norma DNIT 031/2006-ES, como também dos parâmetros constantes no traço referencial regional do órgão contratante.

É de todo recomendável que os órgãos contratantes de obras rodoviárias e pavimentação urbana elaborem traços referenciais regionalizados, para que tenham conhecimento prévio das características das misturas que podem ser obtidas com os agregados existentes em cada região sob sua jurisdição. Assim, por exemplo, um traço apresentado por um empreiteiro que traga como parâmetros uma estabilidade de 600 kgf e uma resistência à tração por compressão diametral de 0,7 MPa (resultados superiores, portanto, aos mínimos exigidos na norma DNIT 031/2006-ES) pode ser rejeitado pelo Engenheiro Fiscal se este detiver a informação de que, com os agregados disponíveis na microrregião onde será executada a obra, é possível obter-se um concreto asfáltico de melhor qualidade.

4. Caso a solução indicada para revestimento consista em CAUQ produzido em usina pré-instalada, deve-se verificar se a distância de transporte entre o local da usina e o da execução da obra, bem como as condições das rodovias utilizadas, permite que a massa quente seja lançada na pista em temperatura que atenda às recomendações constantes no projeto e na norma DNIT 031/2006-ES.

Salvo expressa disposição em projeto, não se deve acatar temperatura de massa asfáltica inferior a 140 °C no momento do início da compactação. A exigência se justifica porque, abaixo dessa temperatura, a compactação da camada até a densidade máxima – determinada com os corpos de prova produzidos para a realização do ensaio Marshall – se torna difícil ou, em determinados casos, impossível.

Assim, caso o tempo de transporte ultrapasse duas horas, pode-se fazer necessário o descarte de uma certa quantidade de asfalto que esteja na parte superior do caminhão (em contato com a lona), de modo a garantir que todo o material lançado esteja na temperatura adequada. Em situações extremas, caso o tempo de transporte ultrapasse 12 horas, o carregamento poderá estar comprometido, ou seja, toda a carga poderá estar em temperatura abaixo de 140 °C.

Se for constatado que a distância de transporte entre a usina indicada e a pista demanda um tempo que impossibilita a chegada do CAUQ em temperatura adequada, os Engenheiros (Fiscais e Executores) devem providenciar para que uma outra seja utilizada, podendo inclusive ser necessária a mobilização de uma usina móvel.

Uma solução alternativa, cujos custos devem ser analisados, é a utilização de aditivos asfálticos que possibilitam a execução de "asfaltos mornos", também conhecidos como *warm mix asphalt* (WMA), para os quais as temperaturas de usinagem e compactação chegam a ser até 30 °C inferiores às convencionais. Essa solução, inclusive, reduz o consumo de energia necessária para a usinagem e aumenta a produtividade em campo, em função do menor tempo de amassamento.

Outra solução alternativa seria a mobilização de caminhões com caçambas térmicas, que retardariam a perda de temperatura.

5. A espessura determinada para cada camada de massa asfáltica é superior ao mínimo estabelecido pela norma DNIT 031/2006–ES, item 5.2?

A norma determina que o diâmetro máximo do agregado não deve ultrapassar dois terços da espessura da camada. Isso significa, por exemplo, que, caso se utilize uma brita com diâmetro de até 20 mm, a espessura do revestimento asfáltico não pode ser inferior a 3,0 cm. Isso ocorre porque, num concreto asfáltico, à semelhança de um concreto de cimento Portland, o agregado graúdo precisa ser devidamente envolvido por argamassa para evitar que se desagregue da mistura. Se o envolvimento não for adequado, a soltura da brita ocasionará panelas (buracos) no revestimento.

6. Se for especificada a execução de massa asfáltica sobre revestimentos existentes, deve-se verificar, *in loco*, a regularidade da superfície.

É recomendável que os Engenheiros analisem a necessidade de incluir-se algum item de serviço à planilha orçamentária, tais como: tapa-buracos, remendos profundos, fresagens etc.

Isso porque é bastante comum a ocorrência de panelas (buracos), afundamentos e fissuras em revestimentos antigos, de modo que sua adequada recuperação deve ser procedida, sob pena de o novo revestimento refletir os defeitos existentes.

7. Caso seja especificado o uso de tratamento superficial duplo (TSD) na pista de rolamento e tratamento superficial simples (TSS) nos acostamentos, é recomendável que se altere a solução para contemplar TSD em toda a plataforma.

A medida visa conferir maior durabilidade ao acostamento – sobretudo em rodovias de plataformas mais estreitas (inferiores a 7,00 m) e com muitas curvas ou pequenos raios de curvatura –, uma vez que os veículos, principalmente os de grande porte, tendem a invadir o acostamento nesses pontos, comprometendo o trecho que, para isso, não foi devidamente revestido.

Porém, antes de tal providência, é necessário que se analise o impacto financeiro da medida e sua adequação aos limites legais para acréscimos e supressões contratuais estabelecidos pela Lei de Licitações e Contratos e ao orçamento do órgão executor.

8. Verificar ainda se houve previsão de execução de meios-fios rebaixados nos acessos à rodovia ou via urbana.

A ausência dessa providência pode vir a danificar o revestimento da pista, em virtude da tração dos pneus dos veículos que ingressam nela.

A Fig. 2.10 ilustra a recomendação técnica comentada.

9. Verificar se houve previsão de reforços estruturais nas pontes já existentes no trecho.

Com a restauração ou a pavimentação da rodovia, é de se esperar um acréscimo no volume de tráfego. Isso, aliado ao fato de que se utilizam modernamente *trens-tipo* mais robustos para o dimensionamento de obras de arte especiais, pode fazer com que as pontes já existentes no trecho não mais sejam aptas a suportar o novo tráfego após a conclusão das obras.

Assim, se não houve previsão de reforço estrutural e não há nada em sentido expresso que justifique tal ausência, o Engenheiro Fiscal deverá, mediante ofício à empresa projetista, solicitar esclarecimento a esse respeito, sob pena de os futuros usuários da via serem postos em risco.

2.2 Verificação da compatibilidade do projeto com a planilha orçamentária

Passando-se à verificação do orçamento básico propriamente dito, o Engenheiro Fiscal deve proceder à análise da planilha orçamentária, investigando necessari-

Fig. 2.10 *Meio-fio rebaixado em acesso à rodovia*

amente, quanto a seus quantitativos, os itens a seguir. Se houver variações significativas, ele deve elaborar uma planilha de adequação de quantitativos, a qual poderá ensejar aditivo de preço.

- Checar se há compatibilidade entre a somatória dos volumes previstos para os diversos itens de escavação, carga e transporte de material de 1ª categoria e a dos volumes previstos para os itens referentes à compactação a 95% do P.N. (parâmetro não mais admissível após agosto de 2009), 100% do P.N. e 100% do P.I. Em regra, o volume escavado, subtraído o volume previsto de bota-fora, deverá ser igual ao volume previsto para aterro. Nessa equação, deve-se considerar um empolamento entre 10% e 20% – sugere-se que o percentual para cada empréstimo seja checado em campo, conforme comentado na seção anterior, por intermédio de furos de densidade *in situ* e ensaios de compactação. Por *empolamento*, fala-se da relação entre as densidades do solo compactado na pista (que devem corresponder às densidades máximas determinadas nos ensaios de compactação) e a encontrada em terreno natural em empréstimos (densidade *in natura*). O percentual entre 10% e 20% é meramente um valor de referência, uma vez que o empolamento varia de acordo com a composição granulométrica de cada solo. Em regra, quanto mais granulado for o solo, menor tende a ser o percentual de empolamento – o *Manual de custos de infraestrutura de transportes* (DNIT, 2017, v. 1, p. 29) estima, para efeito de orçamentos, a partir de 2017, empolamentos da ordem de 10%, ao considerar densidade média *in natura* de 1,875 t/m³ e densidade máxima de 2,0625 t/m³.
- Averiguar a compatibilidade entre os volumes previstos em planilha para cada distância de transporte, nos itens referentes às escavações, e aqueles indicados no Quadro de Distribuição de Materiais (elemento necessário do projeto).
- Averiguar se a planilha orçamentária está prevendo item de "regularização de subleito", com quantitativos inerentes à remuneração da execução da última camada de terraplenagem, posto que tal procedimento não é admissível (conforme já comentado, o item 5.3, b, da norma DNIT 137/2010-ES indica a necessidade de escarificação para caracterizar a regularização de subleito).
- Nas memórias de cálculo do levantamento dos quantitativos, checar se o projeto está prevendo o pagamento de material sobressalente de sub-base e base, no intuito de garantir a perfeita compactação dos bordos. Tais volumes não podem ser apropriados nos itens correspondentes aos serviços de sub-base ou base, uma vez que não apresentam o grau de compactação exigido nas normas DNIT 139/2010-ES e DNIT 141/2010-ES, respectivamente – outrossim, deveriam ter seus custos considerados nos preços unitários para esses serviços, por representarem uma espécie de perda inevitável durante a execução das camadas.
- Verificar a existência de item referente a momento extraordinário de transporte. Em caso positivo, analisar se seu quantitativo está compatível com os volumes necessários e as distâncias das jazidas definidas no projeto. Em caso negativo, partindo-se desses mesmos dados, checar a necessidade de sua inclusão. Por fim, deve-se dedicar especial atenção ao preço unitário desse item, uma vez que inconsistências nele podem desencadear relevantes prejuízos ao longo da execução da obra.
- Ainda quanto ao momento extraordinário de transporte, deve-se analisar, também, se são compatíveis as distâncias previstas para transporte em rodovias pavimentadas e não pavimentadas, sendo estas, em conformidade com as diretrizes da CGCIT de 2017, subdivididas em rodovias em revestimento primário ou leito natural.
- Partindo-se das memórias de cálculo dos levantamentos dos quantitativos, checar a consistência dos itens referentes à imprimação e ao revestimento.
- Checar a coerência dos quantitativos previstos para a aquisição de cada ligante betuminoso. Para isso, deve-se multiplicar a quantidade de cada serviço de pavimentação envolvido (imprimação, pintura de ligação, TSS, TSD, CAUQ etc.) pelo consumo estimado do respectivo ligante betuminoso (tal consumo poderá ser estimado por intermédio das composições de preço do DNIT, como as de código 4011351, 4011352, 4011353 e 4011372), ou pelos dados reais de consumo na obra, se já conhecidos.
- Averiguar a correção da distância prevista em planilha para o transporte do ligante betuminoso. Para isso, o Engenheiro Fiscal deve, em regra, levantar a distância da obra até a distribuidora de asfalto mais próxima. Não obstante, é preciso que se observe o binômio "aquisição

+ transporte" considerado no orçamento de referência do órgão contratante, uma vez que, eventualmente, poderá ser mais viável financeiramente adquirir os ligantes em regiões mais distantes (menor custo de aquisição compensando maior custo de transporte). A relação das distribuidoras de asfalto autorizadas pela Agência Nacional do Petróleo, Gás Natural e Biocombustíveis (ANP) a exercer a atividade pode ser consultada no site da agência (http://www.anp.gov.br/distribuicao-e-revenda/distribuidor/asfaltos/relacao-dos-distribuidores-bases-e-cessoes-de-espaco).

- Verificar se os preços unitários estimados para a aquisição de ligantes asfálticos estão em conformidade com o Acórdão nº 1.077/2008-Plenário, do TCU, ou seja, se estão limitados aos preços de custo divulgados pela ANP, acrescidos de um BDI (Benefícios e Despesas Indiretas) máximo de 15%. Esse BDI diferenciado também alcança os itens referentes aos transportes dos ligantes asfálticos, por força do memorando circular do DNIT de nº 12/2012/DIREX (*vide* tópico 4.11.2).
- Verificar se os demais itens apresentam distorções de preços unitários superiores a 10%, ainda que o preço global se enquadre nos critérios de aceitabilidade estabelecidos no edital de licitação. Caso positivo, sob o risco de se terem "jogos de planilha", a situação deve ser imediatamente reportada ao Gestor do Contrato para que proceda às medidas cabíveis.

2.3 Coleta e arquivamento dos documentos iniciais

O Engenheiro Fiscal precisa munir-se dos documentos mínimos necessários à regular execução e fiscalização da obra, entre os quais se destacam especialmente:

- edital de licitação com todos os seus anexos;
- projeto básico/executivo atualizado – impresso ou em meio eletrônico;
- contrato;
- documentos demonstrativos da qualificação técnica da empresa contratada, caso tenham sido exigidos em edital;
- planilha orçamentária da empresa contratada;
- composições de preços unitários da empresa contratada, em especial as dos itens referentes à mobilização e desmobilização de equipamentos e à instalação e manutenção do canteiro de obras;
- composição do BDI da empresa contratada;
- cronograma físico-financeiro da obra;
- cópia da garantia de execução dos serviços, caso exigida em edital;
- nota de empenho;
- ordem de serviço;
- relação da equipe técnica mobilizada – verificar a compatibilidade desta com as exigências de edital;
- licenças expedidas pelos órgãos competentes, inclusive as licenças ambientais;
- anotação de responsabilidade técnica (ART) dos Responsáveis Técnicos pela execução da obra;
- ART dos Responsáveis Técnicos pela supervisão (empresa de consultoria), caso existente;
- ART do(s) Engenheiro(s) Fiscal(ais) que atuará(ão) na obra;
- matrícula da obra – cadastro específico do Instituto Nacional de Seguridade Social (INSS);
- diário de obras ou livro de ocorrências – a ser mantido no canteiro.

2.4 Análise da equipe técnica mobilizada pela empreiteira

Em conformidade com o § 10 do art. 30 da Lei nº 8.666/93, os profissionais indicados pelo licitante para fins de comprovação da capacitação técnico-profissional deverão participar da obra ou do serviço objeto da licitação, admitindo-se, porém, a substituição por profissionais de experiência equivalente ou superior, desde que aprovada pela Administração.

Sendo assim, caso os profissionais mobilizados pela empreiteira contratada não sejam os mesmos indicados formalmente ao tempo da licitação, o Engenheiro Fiscal deve solicitar suas certidões de acervos técnicos e verificar se igualmente atenderiam às condições estabelecidas no edital do certame.

A regularidade desse ponto é de fundamental importância e sua inobservância enseja o retardamento do início da obra até que seja regularizada a situação, uma vez que a empresa sequer seria habilitada no processo licitatório caso não comprovasse dispor, em seus quadros, de profissionais habilitados a executá-la. Tal retardamento é de inteira responsabilidade da empreiteira contratada, não podendo servir de justificativa para aditivos de prazo.

O Engenheiro Fiscal deve considerar, por outro lado, que a exigência da presença da equipe técnica prometida deve se dar de acordo com a demanda que cada etapa da obra requeira. Assim, não precisa ser exigida de imediato, por exemplo, a presença do Engenheiro de Pavimentação enquanto a obra ainda estiver na etapa de serviços preliminares.

Para melhor análise da mobilização desses profissionais, recomenda-se que o Engenheiro Fiscal solicite da empreiteira contratada um cronograma traçado por itens de serviço – o planejamento deve ser feito para cada item de serviço da planilha orçamentária, não se limitando, portanto, às etapas da obra, como terraplenagem, drenagem etc. –, de modo a possibilitar a emissão do *histograma de mão de obra*. Histogramas são relatórios que relacionam as quantidades de cada um dos diversos insumos da obra que serão utilizados em cada mês (material, equipamento e mão de obra).

De posse dessa peça de planejamento, o Fiscal poderá, de maneira objetiva, exigir que a empreiteira mantenha mobilizada a equipe mínima prevista para a execução dos serviços em conformidade com o cronograma físico-financeiro proposto, garantindo-se, assim, o cumprimento do prazo contratual de execução.

2.5 Análise dos equipamentos mobilizados pela empreiteira

De modo análogo ao item anterior, o Engenheiro Fiscal deve se assegurar de que toda a relação de equipamentos mínimos discriminados no edital seja de fato mobilizada para a execução da obra, sob pena de incorrer-se em irregularidade gravíssima, uma vez que, caso não dispusesse de tais equipamentos, a empresa sequer seria considerada habilitada para a execução dos serviços.

Por outro lado, a exigência de mobilização deve se dar na medida em que a obra atinja as etapas em que cada um seja efetivamente requerido.

Caso haja mobilização apenas parcial dos equipamentos, tal fato deve ser refletido nos boletins de medição, de modo que o Engenheiro Fiscal deve apropriar esse item de serviço (mobilização e desmobilização de equipamentos) conforme ele for de fato ocorrendo.

Para melhor análise da mobilização dos equipamentos, a exemplo do controle da mão de obra disponível, recomenda-se que o Engenheiro Fiscal solicite da empreiteira contratada um cronograma traçado por itens de serviço – o planejamento deve ser feito para cada item de serviço da planilha orçamentária, não se limitando, portanto, às etapas da obra, como terraplenagem, drenagem etc. –, de modo a possibilitar a emissão do *histograma de equipamentos*.

De posse dessa peça de planejamento, o Fiscal poderá, de maneira objetiva, exigir que a empreiteira mantenha mobilizados os equipamentos em quantidade suficiente para a execução dos serviços em conformidade com o cronograma físico-financeiro proposto, garantindo-se, assim, o cumprimento do prazo contratual de execução.

2.6 Inspeção no laboratório da obra

A Lei de Licitações e Contratos (Lei nº 8.666/93) dispõe em seu art. 75:

> Salvo disposições em contrário constantes do edital, do convite ou de ato normativo, os ensaios, testes e demais provas exigidos por normas técnicas oficiais para a boa execução do objeto do contrato correm por conta do contratado.

O referido texto foi transcrito para o art. 105, § 4º, do Projeto de Lei nº 6.814/2017, em tramitação no Congresso Nacional, para a atualização (substituição) da Lei nº 8.666/93.

No intuito de garantir que o controle tecnológico da obra possa ser efetivamente acompanhado – note-se que os serviços só podem ser recebidos e apropriados após sua qualidade ser certificada pelos ensaios discriminados em normas –, o Engenheiro Fiscal deve vistoriar o laboratório montado (ou indicado, em caso de terceirização do serviço) e verificar se ele dispõe de instalação adequada e dos equipamentos e utensílios que serão utilizados nos ensaios prescritos nas normas técnicas vigentes, quais sejam:

Equipamentos gerais
- estufa para aquecimento;
- fogareiro;
- extrator hidráulico de amostras CBR/Marshall;
- destilador de água (equipamento recomendável) e barrilete para armazenamento;
- balança eletrônica com capacidade mínima de 15 kg e precisão de 0,1 g, preferencialmente com função de autocalibração;
- balança eletrônica com capacidade mínima de 4 kg e precisão de 0,01 g, preparada para pesagens hidrostáticas, preferencialmente com função de autocalibração;
- balança eletrônica com capacidade mínima de 10 kg e precisão de 1 g, com bateria, para trabalhos de campo;
- balança eletrônica analisadora de umidade (item recomendável);
- jogo de pesos, com certificação, para conferências e calibrações de balanças eletrônicas;
- paquímetro, preferencialmente digital e com 300 mm;
- termômetro infravermelho;
- termômetro de mercúrio com escala mínima de até 200 °C;

- termômetro para estufa;
- termômetro bimetálico com haste metálica;
- béqueres;
- provetas;
- pipeta;
- picnômetros com rolhas esmerilhadas;
- frascos receptores para viscosímetros;
- funis;
- pinças diversas;
- cronômetro regressivo;
- repartidor de amostras (quarteador);
- cestos para pesagens hidrostáticas;
- conjunto almofariz de porcelana e mão de gral para destorroamento de amostras de solos;
- bandejas metálicas diversas, algumas preferencialmente com alças;
- bacias de plástico ou alumínio;
- sacos para coletas de amostras;
- pera de borracha com bico para limpeza ou sucção de líquidos;
- picareta e chibanca;
- enxada;
- pá;
- rastelo;
- vassoura de piaçava;
- marreta;
- facão;
- espátulas rígidas;
- espátulas flexíveis;
- colher de pedreiro;
- régua de alumínio de 3,0 m (de pedreiro);
- medidor de ângulos, preferencialmente digital (equipamento recomendável);
- nível de bolha;
- trenas (metálica e de fibra de vidro);
- linha de pedreiro;
- pregos grandes (15 cm ou mais) para fixação da bandeja em ensaios de densidade in situ;
- balde;
- frigideiras metálicas;
- escovão de aço para limpeza de corpos de prova de CAUQ;
- escovas diversas para limpeza de vidrarias e peneiras;
- pincéis e trinchas diversas;
- luvas de borracha;
- luvas de raspa de couro;
- luvas para manipulação de materiais a altas temperaturas;
- máscaras descartáveis para proteção contra pó;
- respiradores semifaciais com duplo cartucho de filtro de carvão ativado;
- máscaras de proteção facial com visor transparente;
- viga Benkelman (equipamento recomendável).

Laboratório de solos e agregados
- máquina de abrasão Los Angeles;
- aparelho de Casagrande, preferencialmente elétrico e com contador de golpes, com respectivos acessórios;
- kit para limite de plasticidade: placa de vidro; cilindro metálico de gabarito; cápsula de porcelana; cápsulas de alumínio com tampa; e espátula de aço inox com lâmina flexível;
- aparelhagem completa para ensaio de equivalente de areia;
- medidor de umidade tipo Speedy, com respectivos acessórios;
- kit para calibração do manômetro do Speedy (equipamento recomendável);
- kit para aferição de densidade in situ, com frasco de areia e demais acessórios;
- recipiente cilíndrico para calibração da densidade da areia (equipamento recomendável);
- medidor de densidade de solos não nuclear (equipamento recomendável);
- densímetros para massa específica;
- compactador eletromecânico para CBR/Proctor (equipamento recomendável);
- soquetes manuais para compactação;
- moldes cilíndricos para compactação;
- disco espaçador metálico;
- pratos perfurados com haste central para expansão;
- discos anelares de sobrecarga;
- tripés porta-extensômetros;
- extensômetros;
- régua biselada metálica;
- agitador de peneiras eletromecânico (equipamento recomendável);
- jogo de peneiras com diversas malhas.

Laboratório de asfalto
- extratora de amostras de CAUQ, com broca de 4", com respectivos acessórios;
- gerador de energia, para o caso de a extratora ser elétrica;
- medidor de densidade não nuclear para pavimentos asfálticos (equipamento recomendável);

- misturador planetário, preferencialmente com aquecedor;
- compactador Marshall elétrico (equipamento recomendável);
- soquete manual para Marshall;
- moldes metálicos para Marshall;
- prensa CBR/Marshall, preferencialmente automática e microprocessada;
- molde metálico para compressão Marshall;
- pórtico de Lottman para resistência à tração por compressão diametral;
- aparelho elétrico para banho-maria;
- forno elétrico tipo NCAT para extração de teor de ligante asfáltico, com respectivos acessórios (equipamento recomendável);
- aparelho centrifugador extrator de ligante asfáltico, tipo Rotarex;
- conjunto completo para Rice Test: picnômetro, mesa agitadora, bomba de vácuo, manômetro, conexões etc. (equipamento recomendável);
- viscosímetro tipo Saybolt-Furol, com respectivos acessórios;
- destilador para recuperação de ligante asfáltico (equipamento recomendável);
- destiladores para asfaltos diluídos e emulsões asfálticas;
- penetrômetro universal, preferencialmente automático e digital, com respectivos acessórios;
- aparelho para ponto de fulgor, com respectivos acessórios;
- aparelho medidor de ponto de amolecimento (anel e bola), preferencialmente automático;
- picnômetros para medição de densidade de produtos asfálticos;
- cesto para ensaio de adesividade;
- medidor de carga de partícula;
- proveta para sedimentação de emulsão;
- retrorrefletômetro horizontal (equipamento recomendável);
- retrorrefletômetro vertical (equipamento recomendável).

Laboratório de concreto
- esclerômetro, preferencialmente digital;
- bigorna para calibração de esclerômetro;
- prensa para corpos de prova cilíndricos;
- base metálica e enxofre para capeamento ou retífica para corpos de prova, preferencialmente;
- moldes para corpos de prova cilíndricos;
- molde para *slump*;
- prensa para corpos de prova prismáticos, em caso de obras com revestimento em placas de concreto;
- moldes para corpos de prova prismáticos, em caso de obras com revestimento em placas de concreto.

Insumos de laboratório
- areia de granulometria controlada para ensaio de densidade *in situ*;
- cápsulas de carbureto;
- papéis de filtro de 6";
- papéis de filtro de 4" para Marshall;
- papéis de filtro para Rotarex;
- papéis de filtro Whatman nº 12;
- vaselina;
- parafina;
- água destilada;
- cloreto de cálcio anidro;
- glicerina;
- solução formaldeído a 40%;
- sulfato de sódio;
- sulfato de magnésio;
- álcool a 95%;
- percloroetileno ou, preferencialmente, tricloroetileno;
- enxofre, em caso de trabalho com capeamento de corpos de prova de concreto.

As Figs. 2.11 a 2.48 ilustram alguns dos equipamentos mencionados.

Fig. 2.11 *Estufa*

Fig. 2.12 *Fogareiro*

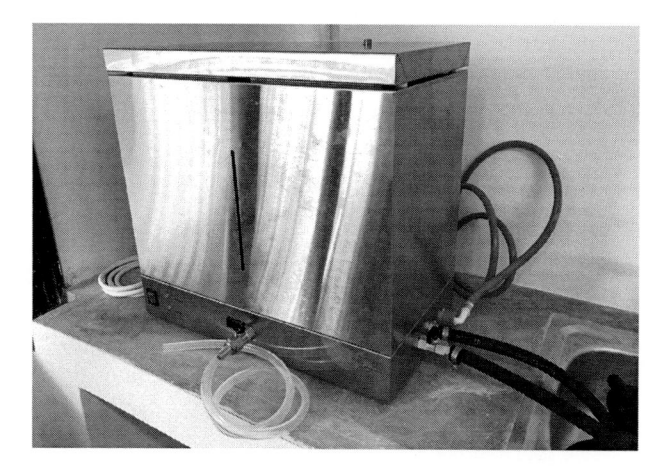

Fig. 2.13 *Destilador de água*

Fig. 2.14 *Balança para pesagem hidrostática*

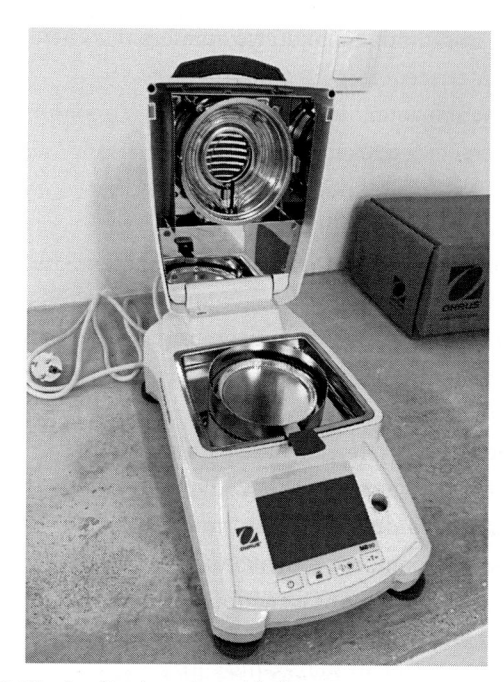

Fig. 2.15 *Analisadora de umidade*

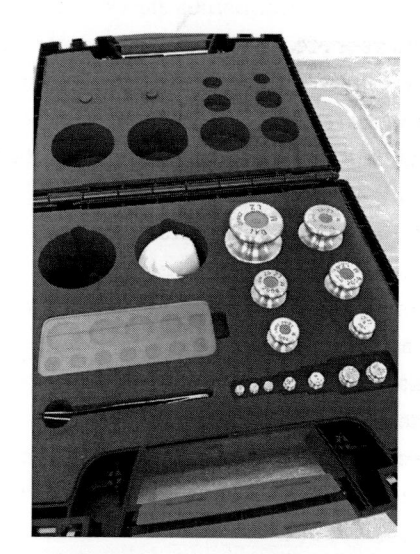

Fig. 2.16 *Jogo de pesos com certificação*

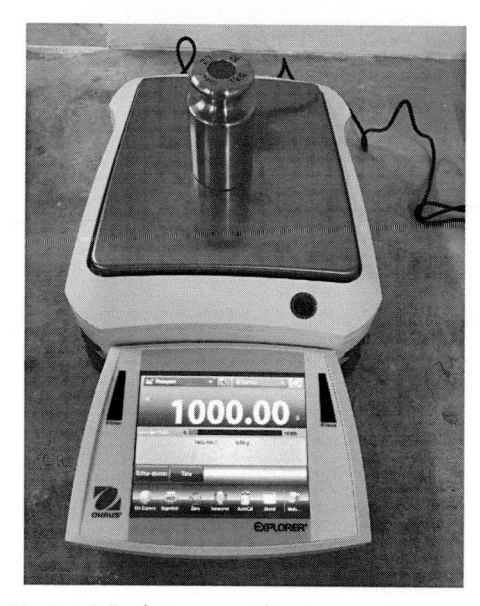

Fig. 2.17 *Precisão do peso certificado*

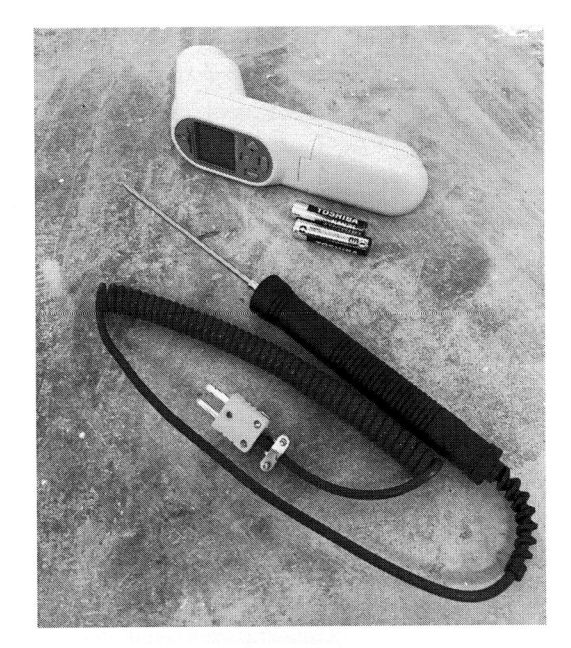

Fig. 2.18 *Termômetro infravermelho*

Fig. 2.19 *Quarteador de amostras*

Fig. 2.20 *Medidor de ângulos*

Fig. 2.21 *Viga Benkelman*

Fig. 2.22 *Aparelho de Casagrande*

Fig. 2.23 Kit *para limite de plasticidade*

Fig. 2.24 *Medidor de umidade tipo Speedy*

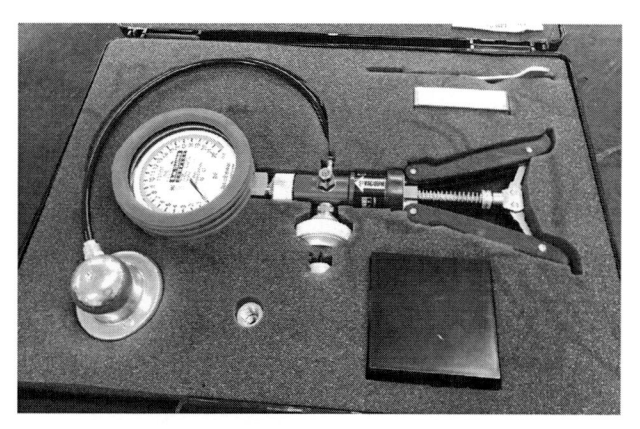

Fig. 2.25 Kit *para calibração de Speedy*

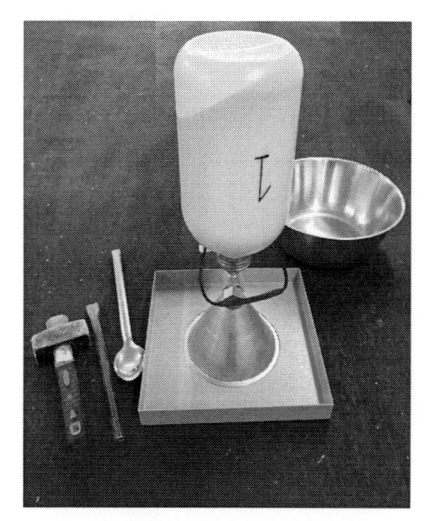

Fig. 2.26 *Frasco de areia*

Fig. 2.27 *Compactador CBR/Proctor*

Fig. 2.28 *Agitador de peneiras*

Fig. 2.29 *Jogo de peneiras*

Fig. 2.30 *(A) Extratora rotativa*

Fig. 2.30 (cont.) (B) Gerador de energia elétrica para extratora rotativa

Fig. 2.31 Medidor de densidade não nuclear para pavimentos asfálticos

Fig. 2.32 Misturador planetário com aquecedor

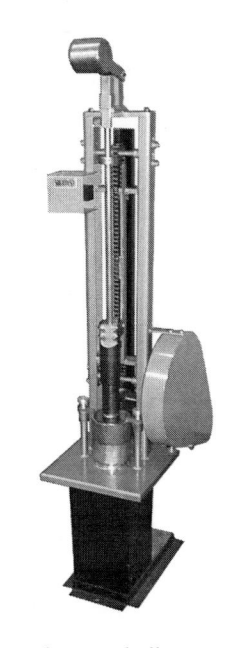

Fig. 2.33 Compactador Marshall

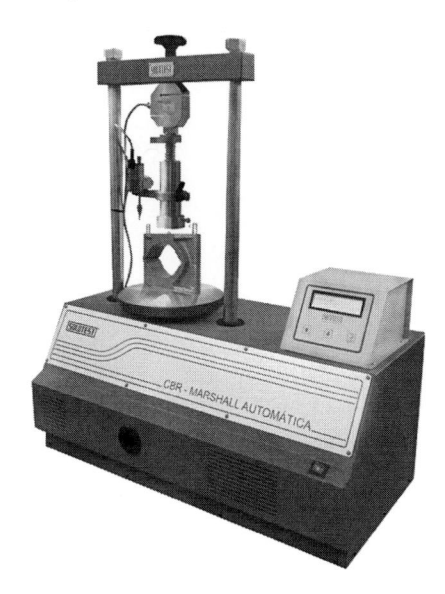

Fig. 2.34 Prensa CBR/Marshall e molde para compressão Marshall

Fig. 2.35 Pórtico de Lottman

Fig. 2.36 *Aparelho para banho-maria*

Fig. 2.39 *Conjunto para Rice Test*

Fig. 2.37 *Forno tipo NCAT*

Fig. 2.40 *Viscosímetro Saybolt-Furol*

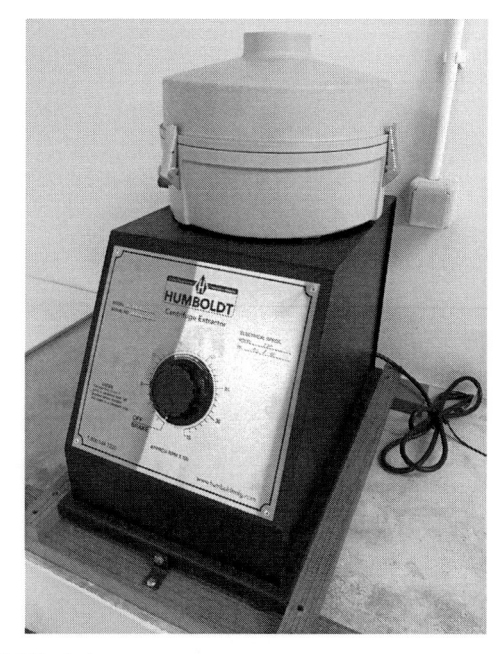

Fig. 2.38 *Rotarex*

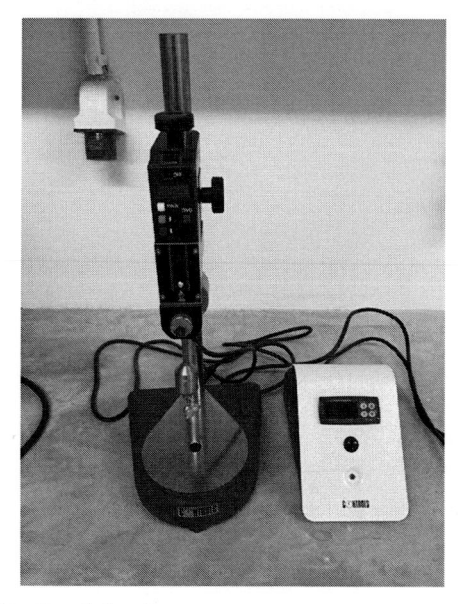

Fig. 2.41 *Penetrômetro*

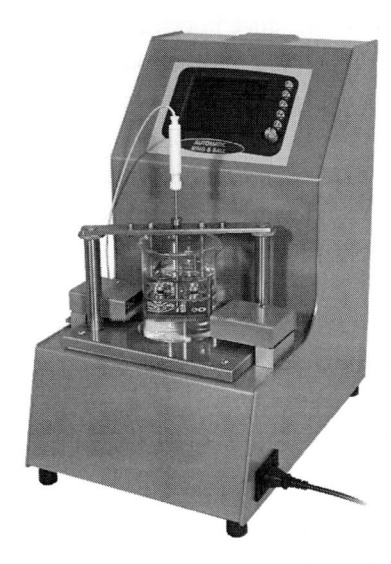

Fig. 2.42 *Aparelho medidor de ponto de amolecimento (anel e bola)*

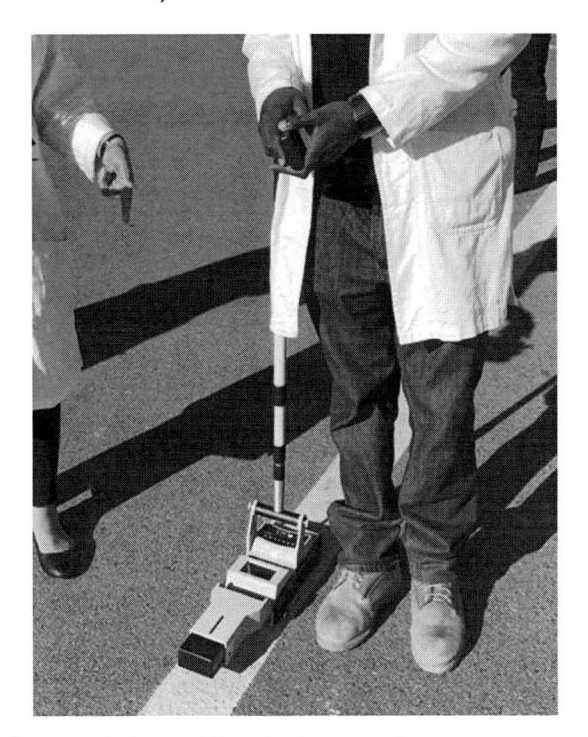

Fig. 2.43 *Retrorrefletômetro horizontal*

Fig. 2.44 *Esclerômetro*

Fig. 2.45 *Bigorna para calibração de esclerômetro*

Fig. 2.46 *Prensa para corpos de prova cilíndricos*

Fig. 2.47 *Retífica para corpos de prova*

Fig. 2.48 *Prensa para corpos de prova prismáticos*

2.7 Verificação do andamento dos processos de desapropriação

Desde o momento em que recebe a designação para acompanhar a execução de uma obra, o Engenheiro Fiscal deve manter relacionamento estreito com as equipes encarregadas dos processos de desapropriação necessários, o que deve perdurar até que todos eles sejam concluídos.

O Fiscal, conhecendo o plano de execução da obra, deve alertar as equipes de desapropriação para as prioridades dela, visando garantir que a obra siga seu ritmo normal, ainda que haja processos de desapropriação em curso.

Note-se que, não raramente, as adaptações de projeto ao tempo da obra podem causar mudanças nas áreas a serem desapropriadas, fato que deve ser comunicado, incontinente, às equipes de desapropriação.

2.8 Verificação da necessidade de remanejamentos de interferências

Durante a execução de obras rodoviárias e, mais ainda, de pavimentação urbana, é comum deparar-se com pontos de interferência no trecho. Trata-se de redes elétricas, de telefone, gás, água e esgoto, além de manilhas de drenagem, entre outras, que cruzam ou tangenciam a rodovia, dentro de sua faixa de domínio, e que precisam ser remanejadas para outros locais.

O Fiscal, portanto, deve inicialmente tomar todas as providências necessárias para que os remanejamentos já previstos no projeto sejam executados antes que a frente de serviço da obra atinja tais pontos. Para isso, deve ser diligente junto aos órgãos públicos (da administração direta e indireta) e às empresas concessionárias para que tais serviços sejam providenciados o quanto antes.

Tais comunicações devem sempre ser formalizadas por ofícios, no entanto não se encerra com eles o trabalho do Engenheiro Fiscal, que deve manter contato verbal constante até que as interferências sejam removidas, devendo reiterar todos os ofícios que não produziram ação efetiva. Caso não tenha resposta dos ofícios de reiteração, ele deve comunicar o fato ao Gestor do Contrato para que tome as medidas cabíveis em cada caso.

Caso o Fiscal tenha razões para crer que a interferência demorará além do razoável para ser removida, deve de imediato alterar o plano de execução ou elaborar um novo, juntamente com a empresa de consultoria (se houver) e a empreiteira, de modo a postergar ao máximo os serviços nos trechos comprometidos.

2.9 Análise da necessidade de desvios ou limitações de tráfego

À semelhança da seção anterior, o Engenheiro Fiscal deve, antes mesmo do início da obra, estudar bem o projeto e procurar identificar a necessidade de desvios ou limitações de tráfego no trecho ou nas regiões circunvizinhas à obra. Assim, deve ser diligente junto aos órgãos de controle de trânsito (estaduais ou municipais) de modo que promova todas as ações necessárias para tal fim.

É fundamental que esses órgãos tenham conhecimento da situação o quanto antes, uma vez que, não raramente, os desvios ou as limitações de tráfego exigem um planejamento mais minucioso e até mesmo campanhas informativas junto à população. Muitas vezes, também, a experiência dos profissionais desses órgãos contribui até para alterações nas soluções de desvios inicialmente previstas, o que pode implicar alteração no plano de execução da obra.

É importante, por fim, alertar a empreiteira contratada para a confecção e a manutenção de toda a sinalização adequada e necessária para tais desvios.

2.10 Arquivamento contínuo de documentos

O Engenheiro Fiscal deve providenciar um arquivamento físico dos documentos mais relevantes durante a execução da obra, mantendo-o organizado e sempre disponível para a fiscalização dos órgãos de controle interno e externo.

Esse arquivo deve conter, minimamente, todos os documentos mencionados na seção 2.3, além dos apresentados a seguir, à medida que forem sendo produzidos:
- boletins de medição com respectivas memórias de cálculo;
- notas de empenho e comprovantes de pagamento;
- fichas de todo o controle tecnológico realizado;
- ofícios emitidos e recebidos (relação com empreiteiro, concessionárias etc.);
- comunicações internas (CIs);
- justificativas para alterações em projetos, com toda a documentação acessória;
- processos para aditivos de preço, com toda a documentação acessória;
- processos para aditivos de prazo, com toda a documentação acessória;
- garantias de execução de serviço devidamente suplementadas, se for o caso;
- justificativas para reequilíbrio econômico-financeiro, se houver;
- ordens de paralisação e reinício, se houver;
- livros de ordem (diários de obras);
- termos de recebimentos provisório e definitivo;
- demais documentos produzidos durante a obra.

2.11 Definição do local da placa da obra

A placa da obra (Fig. 2.49) deve ser confeccionada em conformidade com as exigências estabelecidas no edital de licitação, em especial quanto às dimensões, informações e padrões de cores e logomarcas.

O Engenheiro Fiscal deve escolher, nas adjacências da obra, o local de maior visibilidade para a fixação da(s) placa(s). Para isso, precisa identificar, também, os locais de maior trânsito de motoristas e pedestres.

2.12 Quadro de acompanhamento físico dos serviços

Esse quadro deve contemplar as etapas mais relevantes de cada obra, em especial terraplenagem, sub-base, base, imprimação, revestimento, obra de arte corrente (OAC), obra de arte especial (OAE) (infra, meso e superestrutura), sinalização (horizontal e vertical) e proteção do corpo estradal.

Cada etapa deve corresponder a uma linha no quadro. As colunas indicarão o estaqueamento do trecho, numa escala de duas estacas (40 m) em campo para cada centímetro de desenho. A marcação deve ser feita colando-se fitas adesivas opacas nas cores vermelha e azul conforme o andamento dos serviços – iniciado cada serviço, deve-se colar a fita vermelha no trecho correspondente, e, ao ser concluído, sobre a fita azul deve-se colar a fita azul.

Fig. 2.49 *Placa de obra*

O quadro de acompanhamento físico, conforme demonstrado na Fig. 2.50, deve ser mantido no canteiro de obras e atualizado no mínimo uma vez a cada semana.

2.13 Instalação e leituras do pluviômetro

O pluviômetro é um instrumento bastante simples e de baixo custo que deve ser adequadamente instalado no canteiro de obras em local isolado, de modo que sua leitura reflita com fidedignidade a precipitação pluviométrica diária ocorrida no trecho.

As leituras devem ser realizadas no início das manhãs, sempre que tiverem ocorrido chuvas no dia anterior. O pluviômetro deverá então ser esvaziado e sua leitura anotada em planilha específica, que poderá subsidiar eventuais justificativas para aditivos de prazo. Ressalte-se, porém, que só servirá de justificativa para aditivos de prazo o período chuvoso em intensidade que comprometa a execução dos serviços e que exceda a média histórica da região, acrescida do desvio padrão.

Entende-se que precipitações superiores a 8 mm numa jornada de trabalho já podem ser suficientes para provocar paralisações de serviços rodoviários, mormente os inerentes à terraplenagem e à pavimentação. Além disso, a depender do período do dia em que houve a precipitação e da intensidade da chuva, pode ser necessário aguardar até quatro horas, no dia seguinte, para que o solo retorne a um teor de umidade que permita o reinício dos serviços (esse tempo pode ser abreviado com o gradeamento do material saturado).

O DNIT (2017, v. 1, cap. 10) traz o conceito de *fator de influência de chuvas* (FIC), com o qual se pretende estimar o percentual médio de dias em que a produção fica paralisada devido às chuvas, que é então levado em conta nos custos de execução dos serviços de cada obra a ser orçada. Para o cálculo do FIC, o DNIT considera a influência de

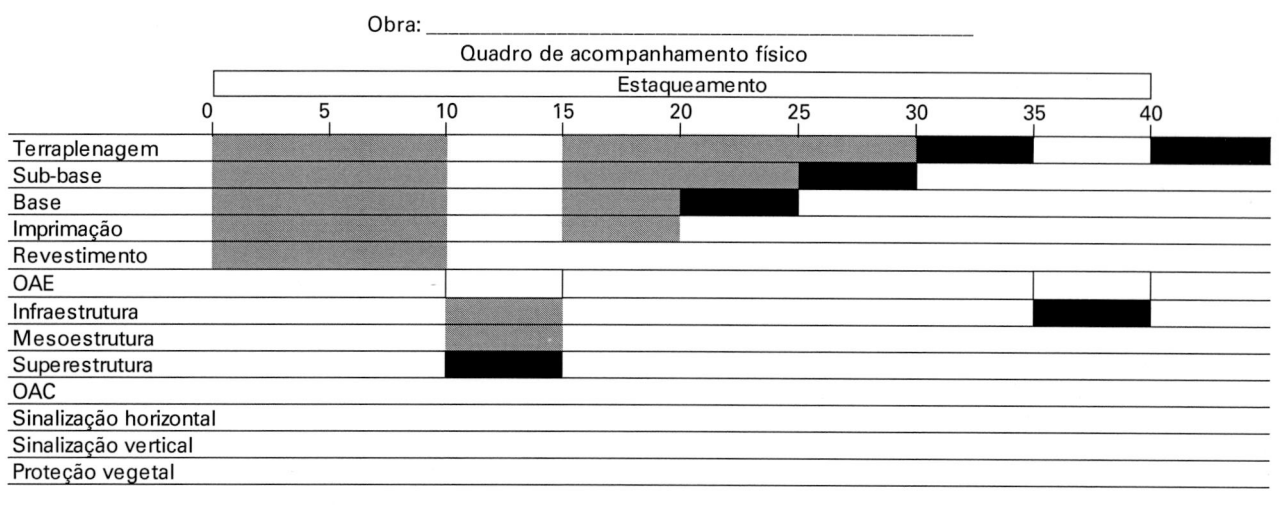

Fig. 2.50 *Quadro de acompanhamento físico de obra*

três variáveis, que podem atenuar ou agravar, para cada serviço, a quantidade de dias paralisados em razão das precipitações pluviométricas: natureza do serviço, permeabilidade do solo e escoamento superficial.

Por sua vez, relatórios das precipitações históricas, diárias ou mensais, podem ser consultados no Banco de Dados Meteorológicos para Ensino e Pesquisa (BDMEP), no site do Instituto Nacional de Meteorologia (Inmet) (http://www.inmet.gov.br/portal/index.php?r=bdmep/bdmep). Para isso, o usuário precisa realizar uma única vez um rápido cadastro pessoal no sistema, recebendo então uma senha de acesso. Uma vez logado, basta inserir o período de pesquisa, a base de consulta (horária, diária ou mensal) e a região ou o Estado (ao selecionar a opção desejada, aparecerão todas as estações disponíveis).

Um exemplo de relatório gerado pelo BDMEP é apresentado na Fig. 2.51. Note-se que os dados – estação, data, hora e precipitação – aparecem separados por ponto e vírgula, o que facilita a exportação para um formato de planilha eletrônica.

Note-se, por fim, que em dias de chuvas muito fortes, e a depender da capacidade do pluviômetro instalado, pode haver a necessidade de leituras parciais, que deverão, então, ser somadas até a hora da leitura final do dia (início da manhã do dia seguinte).

2.14 Alterações e adaptações de projeto

Caso sejam necessárias alterações ou adaptações de projeto, estas devem ser analisadas sob o prisma da adequabilidade e da economicidade. Assim, o Engenheiro Fiscal deve optar pela solução que não apenas atenda tecnicamente à situação, mas que também seja a mais vantajosa economicamente.

```
BDMEP - INMET

Estação: RECIFE CURADO - PE (OMM: 82900)
Latitude (graus): -8.05
Longitude (graus): -34.95
Altitude (metros): 10.00
Estação operante
Inicio de operação: 07/07/1961
Periodo solicitado dos dados: 01/01/2013 a 15/01/2013
Os dados listados abaixo são os que encontram-se
digitados no BDMEP

Obs.: os dados aparecem separados por ; (ponto e vírgula)
no formato txt.
Para o formato planilha XLS, siga as instruções

Estacao;Data;Hora;Precipitacao;
82900;01/01/2013;1200;5.2;
82900;02/01/2013;1200;4.2;
82900;03/01/2013;1200;29.2;
82900;04/01/2013;1200;38.2;
82900;05/01/2013;1200;1.5;
82900;06/01/2013;1200;0;
82900;07/01/2013;1200;0;
82900;08/01/2013;1200;0;
82900;09/01/2013;1200;2.9;
82900;10/01/2013;1200;0;
82900;11/01/2013;1200;0;
82900;12/01/2013;1200;0.5;
82900;13/01/2013;1200;7.6;
82900;14/01/2013;1200;4.5;
82900;15/01/2013;1200;0.4;
```

Fig. 2.51 *Pesquisa pluviométrica efetuada no BDMEP*
Fonte: dados da rede do Inmet.

O Engenheiro Fiscal deve também analisar se tais intervenções ocasionarão impactos financeiros na obra e se estes serão suficientes para gerar um desequilíbrio na equação econômico-financeira da proposta inicial, verificada ao tempo do contrato. Para isso, deve analisar os preços unitários dos serviços que serão suprimidos do contrato – quanto à existência de ágio ou descontos neles – e compará-los com os que serão aditados em sua substituição, certificando-se de que tenham a mesma relação dos suprimidos.

É importante que toda alteração ou adaptação de projeto seja devidamente documentada e arquivada, posto que revoga um documento escrito (projeto) e norteador da obra, junto com as respectivas memórias de cálculo, se for o caso.

Caso não se trate de meras adaptações dos projetos às especificidades de cada trecho, as alterações deverão ser formalmente submetidas ao autor do projeto da obra para que ele as avalize, assumindo, inclusive, a responsabilidade técnica pelas mudanças.

2.15 Escolha de local para alojamentos de pessoal

O Engenheiro Executor, de posse do histograma de mão de obra (*vide* seção 2.19) – que indica a quantidade de profissionais necessários ao longo da execução da obra –, deve providenciar a construção de alojamentos ou a locação de residências, conforme a conveniência de cada caso.

Note-se que o histograma dispõe as quantidades de cada profissional em cada mês de execução. Assim, o Engenheiro Executor deve analisar inicialmente se há variações mensais significativas nos totais de profissionais de cada nível, pois, em caso de locações de residências, deve-se contratar e distratar os imóveis levando-se em consideração a demanda de cada período. Com esse planejamento, o Engenheiro-Residente pode negociar prazos contratuais em função da demanda que terá ao longo da obra, evitando pagar multas por rescisões antecipadas. Por outro lado, caso seja necessária a construção de alojamentos, estes deverão ser dimensionados para o período de máxima demanda da obra.

Quanto ao pessoal de nível superior, em face de seu menor número e da exigência de conforto em grau mais elevado, normalmente se faz mais conveniente a locação de residências em cidades preferencialmente mais próximas do centro da rodovia.

A equipe de nível médio pode ser alojada em ambientes mais simples, com camas tipo beliche, mas exige-se ainda um padrão superior ao dos alojamentos de pessoal de nível elementar, como armários maiores, conjuntos estofados em salas de TV, cozinheira específica, móveis melhores etc. Por esses motivos, essas acomodações podem ser providas por meio de locação de imóveis, construção de ambientes específicos próximos ao canteiro de obras ou ainda locação de contêineres próprios para tal fim. A conveniência de cada uma dessas soluções deve ser analisada, em cada caso, conforme as seguintes variáveis:

- quantidade de profissionais;
- proximidade das cidades circunvizinhas à obra;
- oferta de imóveis nessas localidades;
- custos locais de locação.

O pessoal de nível elementar, ao contrário dos de nível médio e superior, normalmente é recrutado na própria localidade, de modo que se mobiliza de outras regiões tão somente uma quantidade complementar à disponibilidade local, além de casos especiais. Sendo assim, para efeito de dimensionamento da área a ser construída, os quantitativos indicados no histograma de mão de obra devem ser reduzidos da oferta local desses profissionais, uma vez que estes dispensam suas vagas em alojamento.

Não obstante, o Engenheiro-Residente deve ainda avaliar se as distâncias entre a rodovia e as cidades fornecedoras de mão de obra implicam custos de transporte superiores aos custos de construção dos alojamentos. Se esse for o caso, os alojamentos deverão ser dimensionados para o total de profissionais desse nível.

De acordo com a NR 18, instituída pelo Ministério do Trabalho por intermédio da Portaria MTB nº 3.214, de 8 de junho de 1978, com alterações posteriores, e que trata das condições e do meio ambiente de trabalho na indústria da construção, os canteiros de obras devem atender às seguintes condições:

> 18.4.1. Os canteiros de obras devem dispor de:
> a) instalações sanitárias;
> b) vestiário;
> c) alojamento;
> d) local de refeições;
> e) cozinha, quando houver preparo de refeições;
> f) lavanderia;
> g) área de lazer;
> h) ambulatório, quando se tratar de frentes de trabalho com 50 (cinquenta) ou mais trabalhadores.

Ainda segundo a mesma norma, os alojamentos devem ter área mínima de 3,00 m² por módulo cama/armário, incluindo a área de circulação, e pé-direito de 2,50 m para cama simples ou 3,00 m para camas duplas.

Quanto aos armários, ela determina:

> 18.4.2.10.7. Os alojamentos devem ter armários duplos individuais com as seguintes dimensões mínimas:

a) 1,20 m (um metro e vinte centímetros) de altura por 0,30 m (trinta centímetros) de largura e 0,40 m (quarenta centímetros) de profundidade, com separação ou prateleira, de modo que um compartimento, com a altura de 0,80 m (oitenta centímetros), se destine a abrigar a roupa de uso comum e o outro compartimento, com a altura de 0,40 m (quarenta centímetros), a guardar a roupa de trabalho;

ou

b) 0,80 m (oitenta centímetros) de altura por 0,50 m (cinquenta centímetros) de largura e 0,40 m (quarenta centímetros) de profundidade com divisão no sentido vertical, de forma que os compartimentos, com largura de 0,25 m (vinte e cinco centímetros), estabeleçam rigorosamente o isolamento das roupas de uso comum e de trabalho.

Essa norma regulamenta ainda diversos outros detalhes, como dimensões mínimas das camas e beliches, especificações para a cozinha, a lavanderia, as instalações sanitárias etc.

2.16 *Layout* do canteiro de obras

O canteiro de obras é composto de diversas unidades, tais como, entre outras:

- escritório administrativo (salas para os Engenheiros, setor pessoal, TI, salas para Engenheiros e técnicos encarregados da fiscalização dos serviços, salas de reuniões, copa etc.);
- almoxarifado;
- oficina mecânica;
- alojamentos;
- refeitórios;
- área de recreação;
- laboratórios;
- sala de topografia;
- estacionamento;
- depósitos (cimento, agregados, ligantes asfálticos etc.);
- paióis;
- britadores;
- usinas (de concreto, de asfalto, de solo e agregados etc.);
- pátios de pré-moldados.

Nem sempre, porém, é possível ou conveniente que todas as unidades sejam alocadas numa mesma área, seja por razões de conforto, técnicas ou econômicas.

Por razões de conforto, como exemplo notório, não se deve instalar os alojamentos ou os refeitórios próximos aos britadores. Assim, tais instalações devem ser situadas em locais mais isolados de barulho e poeira, bem como do fluxo constante de pessoas gerado pelo escritório administrativo.

Por outro lado, por razões econômicas e também de conforto, pode ser mais conveniente que os alojamentos em canteiros sejam substituídos total ou parcialmente por residências locadas dentro das cidades, sobretudo aqueles destinados aos dormitórios de Engenheiros e pessoal de nível técnico.

É tecnicamente recomendável, no entanto, que sempre que possível as unidades referentes a escritório administrativo, almoxarifado, oficinas mecânicas, alojamentos (ao menos os destinados aos operários de nível básico), refeitórios, áreas de recreação, laboratórios e sala de topografia ocupem uma mesma grande área física, de modo a facilitar a movimentação natural das pessoas. Todavia, deve-se proceder a uma alocação racional de cada unidade (isolar o máximo possível os alojamentos, por exemplo).

Em princípio, seria recomendável que todas as unidades fossem instaladas em local equidistante das extremidades da rodovia em execução, uma vez que minimizaria os custos de transporte, não obstante isso nem sempre poder ser feito porque a localização de algumas unidades depende da de outras.

É o caso, por exemplo, do conjunto de britagem, que deve ser instalado nas proximidades da pedreira de maior volume para minimizar os custos de transporte dos blocos de rocha detonados, bem como para viabilizar sua logística – evitar o tráfego de caminhões de grande capacidade de carga por rodovias existentes ou longos caminhos de serviço.

Note-se que o conjunto de britagem deve ser instalado fora da área que pode ser atingida por pedras lançadas pelas constantes detonações. O próprio caminho de serviço entre a pedreira e os britadores deve estar situado de modo a evitar obstruções pelas pedras lançadas, conforme a sugestão da Fig. 2.52.

Os paióis devem ser construídos próximo à pedreira, porém completamente isolados de quaisquer interferências referentes às detonações, como atritos e atingimento por pedras. Para sua construção, os Engenheiros devem observar o disposto na NR 19, instituída pelo Ministério do Trabalho por intermédio da Portaria MTB nº 3.214, de 8 de junho de 1978, com redação dada pela Portaria SIT nº 228, de 24 de maio de 2011, sobretudo no que tange à capacidade de armazenamento e aos distanciamentos (entre si, de edificações, rodovias, ferrovias e edifícios habitados).

Nesse sentido, os paióis destinados a armazenar os detonadores (iniciadores) devem obedecer aos afastamentos mínimos apresentados na Tab. 2.3.

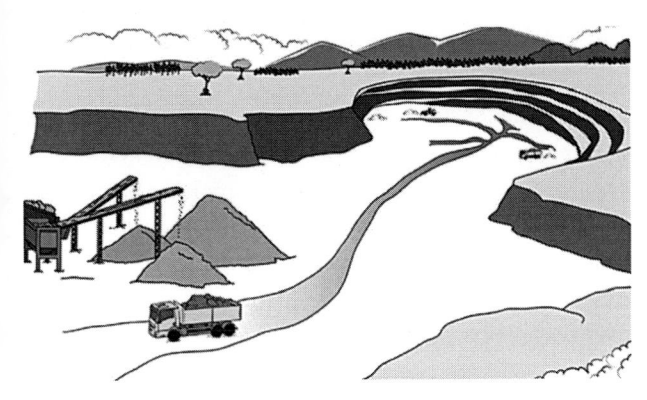

Fig. 2.52 Localização ideal do conjunto de britagem

Tab. 2.3 Afastamentos de paióis destinados a armazenar iniciadores

Peso líquido (kg)		Distâncias mínimas (m)			
De	Até	Edifícios habitados	Ferrovias	Rodovias	Entre depósitos ou oficinas
0	20	75	45	22	20
21	100	140	90	43	30
101	200	220	135	70	45
201	500	260	160	80	65
501	900	300	180	95	90
901	2.200	370	220	110	90
2.201	4.500	460	280	140	90
4.501	6.800	500	300	150	90
6.801	9.000	530	320	160	90

Observação: a quantidade de 226.800 kg é a máxima permitida em um mesmo local.

Note-se que, se for necessária a armazenagem de uma quantidade superior a 9.000 kg, deve-se construir mais de um paiol para tal fim.

Já os paióis construídos para armazenar os explosivos de ruptura, ainda em conformidade com a NR 19, devem obedecer aos afastamentos mínimos apresentados na Tab. 2.4.

Se for necessária a armazenagem de uma quantidade superior a 113.500 kg, deve-se construir mais de um paiol para tal fim. Observe-se também que é proibida a armazenagem de dispositivos iniciadores no mesmo paiol destinado aos explosivos.

Ainda de acordo com a mesma norma:

> 19.3.1. Os depósitos de explosivos devem obedecer aos seguintes requisitos:
> a) Ser construídos de materiais incombustíveis, em terreno firme, seco, a salvo de inundações;
> b) Ser apropriadamente ventilados;
> c) Manter ocupação máxima de sessenta por cento da área, respeitando-se a altura máxima de empilhamento de dois metros e uma entre o teto e o topo do empilhamento;
> d) Ser dotados de sinalização externa adequada.

Tab. 2.4 Afastamentos de paióis destinados a armazenar explosivos de ruptura

Peso líquido (kg)		Distâncias (m)			
De	Até	Edifícios habitados	Rodovias	Ferrovias	Entre depósitos ou oficinas
0	20	90	15	30	20
21	50	120	25	45	30
51	90	145	35	70	30
91	140	170	50	100	30
141	170	180	60	115	40
171	230	200	70	135	40
231	270	210	75	145	40
271	320	220	80	160	40
321	360	230	85	165	40
361	410	240	90	180	44
411	460	250	95	185	50
461	680	285	100	195	60
681	910	310	110	220	60
911	1.350	355	120	235	70
1.351	1.720	385	130	255	70
1.721	2.270	420	135	270	80
2.271	2.720	445	145	285	80
2.721	3.180	470	150	295	90
3.181	3.630	490	150	300	90
3.631	4.090	510	155	310	100
4.091	4.540	530	160	315	100
4.541	6.810	545	160	325	110
6.811	9.080	595	175	355	120
9.081	11.350	610	190	385	130
11.351	13.620	610	205	410	140
13.621	15.890	610	220	435	150
15.891	18.160	610	230	460	160
18.161	20.430	610	240	485	160
20.431	22.700	610	255	505	170
22.701	24.970	610	265	525	180

Observação: a quantidade de 9.000 kg é a máxima permitida em um mesmo local.

Os depósitos de agregados destinados à utilização em bases e sub-bases, para minimizar os custos de transporte, precisam se situar próximo às usinas dosadoras. Assim, estas devem ser instaladas, sempre que possível, perto do conjunto de britagem, por exemplo, caso se pretenda executar bases de brita graduada.

Nesse mesmo local, deve ser construído o depósito de cimento (a granel ou em sacos, conforme a demanda), se a solução for de brita graduada tratada com cimento (BGTC) ou concreto compactado a rolo (CCR). Deve-se ter cuidado na construção desses depósitos, para evitar a ação da umidade no cimento.

Se a solução da rodovia, por outro lado, contemplar camadas compostas de misturas de solos com brita, é preciso observar a predominância em peso de um e outro insumo, bem como a distribuição física das jazidas e pedreiras, de modo a instalar a usina dosadora em local (mais próximo do conjunto de britagem ou de alguma jazida) que também proporcione os menores custos de transporte.

Já se a solução contemplar a mistura de solos com cimento, em regra será mais econômico instalar a usina nas proximidades da jazida e lá construir o depósito de cimento (a granel ou em sacos, conforme a demanda).

Quanto aos depósitos de agregados, sobretudo a areia, importante é a lição de Wlastermiler de Senço (2001, p. 3), que adverte:

> Sendo a umidade do agregado limitada superiormente pelas especificações, sempre que possível esses depósitos de agregados devem ser cobertos, a fim de evitar excesso de umidade por ocasião das chuvas. Esses depósitos podem ter cobertura sumária, mesmo com utilização de sapé, devendo, no entanto, ter pé-direito elevado, para permitir a livre operação das máquinas, quer na descarga do agregado, quer na alimentação dos silos frios, os quais podem ainda situar-se sob a mesma cobertura.

Cuidados similares aos já descritos devem ser tomados quanto à localização das usinas de concreto e asfalto e de seus respectivos estoques de brita, areia, cimento Portland, cimento asfáltico etc. Note-se ainda que as usinas de asfalto precisam ser instaladas em áreas devidamente licenciadas para tal.

Sugere-se, assim, que essas usinas sejam instaladas, sempre que possível, em locais próximos aos britadores, visando também simplificar a logística de transporte.

Pela mesma razão, sugere-se que os eventuais pátios de pré-moldados sejam construídos perto das usinas de concreto, a menos que haja apenas uma OAE de grande porte, ou que uma delas seja significativamente relevante em relação às demais – nesse caso, mais eficiente será construir o pátio de pré-moldados próximo a essa OAE, visando diminuir os custos de transporte das peças prontas, normalmente mais elevados que o custo do transporte de concreto em caminhões-betoneira.

2.17 Obtenção de licenciamento ambiental

De posse do contrato para a execução da obra, o Engenheiro Executor deve orientar sua equipe para que obtenha todas as licenças necessárias ao início dos serviços.

As licenças ambientais podem ser de três tipos:
- licença prévia (LP);
- licença de instalação (LI);
- licença de operação (LO).

O Quadro 2.4 demonstra as características básicas de cada uma delas.

A licença prévia é concedida ainda na fase dos estudos iniciais para a obra – deve preceder inclusive o próprio projeto básico – e, assim, deve ser providenciada pelo órgão público contratante e já é existente ao tempo da licitação pública. Ela atesta a viabilidade ambiental do empreendimento.

A licença de instalação deve ser providenciada pela empreiteira vencedora do certame, para que se possa dar início à execução dos serviços.

No Brasil, a competência para a concessão de licenças ambientais é comum entre a União, os Estados e os municípios, de modo que, segundo a Resolução nº 237 do Conselho Nacional do Meio Ambiente (Conama), compete

Quadro 2.4 Licenças ambientais

Objeto da licença	LP	LI	LO
Empreendimentos diversos	Autoriza o início do planejamento	Autoriza o início das obras de construção para o estabelecimento das instalações e da infraestrutura	Autoriza o funcionamento do objeto da obra (prédios, pontes, barragem, portos, estradas etc.)
Atividades ou serviços	Autoriza o início do planejamento	Autoriza o início das obras de construção necessárias para o estabelecimento da atividade ou serviço	Autoriza o início da operação da atividade ou serviço

Fonte: Brasil (2004).

ao Instituto Brasileiro do Meio Ambiente e dos Recursos Naturais Renováveis (Ibama) licenciar os seguintes empreendimentos e atividades:

> I. Localizadas ou desenvolvidas conjuntamente no Brasil e em país limítrofe; no mar territorial; na plataforma continental; na zona econômica exclusiva; em terras indígenas ou em unidades de conservação do domínio da União;
> II. Localizadas ou desenvolvidas em dois ou mais Estados;
> III. Cujos impactos ambientais diretos ultrapassem os limites territoriais do País ou de um ou mais Estados;
> IV. [...]
> V. Bases ou empreendimentos militares, quando couber, observada a legislação específica.

Ainda segundo a mesma resolução, competente será o órgão ambiental estadual quando os empreendimentos forem:

> I. Localizados ou desenvolvidos em mais de um Município ou em unidades de conservação de domínio estadual ou do Distrito Federal;
> II. Localizados ou desenvolvidos nas florestas e demais formas de vegetação natural de preservação permanente relacionadas no artigo 2º da Lei nº 4.771, de 15 de setembro de 1965, e em todas as que assim forem consideradas por normas federais, estaduais ou municipais;
> III. Cujos impactos ambientais diretos ultrapassem os limites territoriais de um ou mais Municípios;
> IV. Delegados pela União aos Estados ou ao Distrito Federal, por instrumento legal ou convênio.

Por sua vez, será municipal a competência para o licenciamento ambiental de empreendimentos e atividades de impacto ambiental local e daqueles que lhe forem delegados pelo Estado por instrumento legal ou convênio.

As licenças de instalação normalmente são emitidas com condicionantes que visam prevenir a maioria dos impactos ambientais e remediar os intransponíveis. Tais medidas devem ser seguidas à risca ao tempo da execução da obra, até porque suas observações são pré-requisitos à concessão da licença de operação.

A licença de operação deve ser providenciada após a conclusão dos serviços e é a que autoriza o contratante a iniciar a utilização do empreendimento. Ela somente é concedida após a constatação da execução de todas as condicionantes estabelecidas nas licenças anteriores (LP e LI) e, por outro lado, pode também impor novas condicionantes à utilização do empreendimento.

Observe-se ainda que, caso a obra enseje escavações em materiais de 3ª categoria, deve-se obter também a licença do Exército para a aquisição e o transporte de explosivos, bem como para seu armazenamento em paióis previamente construídos no canteiro de obras.

Por sua vez, se a empreiteira precisar explorar uma pedreira ainda não utilizada, deverá conseguir a licença de exploração emitida pela Agência Nacional de Mineração (ANM).

Registre-se ainda que a Lei nº 9.605/98, que dispõe sobre as sanções penais e administrativas derivadas de condutas e atividades lesivas ao meio ambiente, assim impõe:

> Art. 60. Construir, reformar, ampliar, instalar ou fazer funcionar, em qualquer parte do território nacional, estabelecimentos, obras ou serviços potencialmente poluidores, sem licença ou autorização dos órgãos ambientais competentes, ou contrariando as normas legais e regulamentares pertinentes:
> *Pena – detenção, de um a seis meses, ou multa, ou ambas as penas cumulativamente.*

2.18 Inspeção preliminar em fontes de materiais

É bastante recomendável que os Engenheiros, sejam Fiscais ou Executores, visitem previamente todas as fontes de materiais (empréstimos, jazidas, pedreiras e areais) indicadas no projeto, analisando os volumes disponíveis e a qualidade de cada uma delas, no intuito de conferir e, se for o caso, corrigir os Quadros de Distribuição de Materiais.

Os procedimentos, que já foram detalhados nas seções 2.1.4 e 2.1.5, justificam-se sobretudo devido a falhas que não raramente se verificam nos projetos e também porque, entre o período do projeto e o início dos serviços, esses locais podem ter sido utilizados para outros fins ou seus materiais podem eventualmente ter se esgotado em virtude de utilização em outras obras na região.

Há ainda situações em que os proprietários não permitem o uso das áreas; áreas de acesso restrito em determinadas épocas do ano, em razão de alagamentos, entre outras.

Em todos esses casos, faz-se necessário substituir, sempre que possível, os empréstimos e as jazidas inservíveis por outras nas proximidades, de modo a serem mantidas com mínimas alterações as distâncias médias de transporte. Além disso, o impacto financeiro das alterações deve ser calculado para ajustes na planilha orçamentária, mediante termos aditivos de preço.

O interesse na realização desses trabalhos prévios alcança tanto os Engenheiros Fiscais quanto os Executores. O fato é que, do lado da Administração Pública, pretende-se ajustar o quanto antes quaisquer inconsistências da planilha orçamentária para que se detenha o conhecimento prévio do impacto financeiro que já compromete os limites legais para ajustes futuros no contrato, em face de alterações ou mais correções no projeto e no orçamento.

Já do lado dos Construtores, o objetivo é evitar o risco de uma má logística de transportes, que lhes traria razoáveis prejuízos financeiros, uma vez que a Administração contratante tem o dever de remunerar tão somente o transporte mais racional para os movimentos de terra. Assim, tomando-se novamente o exemplo já destacado na seção 2.1.4, eventuais transportes realizados a partir de empréstimos ou jazidas que não se apresentam como os mais próximos dos destinos não poderiam ser remunerados, devendo ser substituídos, no Quadro de Distribuição de Materiais das medições, pelos que deveriam ter sido executados (distribuição racional).

2.19 Planejamento: cronograma e histograma

Caso essas peças de planejamento não hajam sido elaboradas ao tempo da licitação pública, seja por insuficiência de tempo ou elementos de projeto, o Engenheiro Executor deve produzi-las antes mesmo do início de qualquer serviço.

Essas peças, como se verá, auxiliam o Engenheiro Executor na medida em que norteiam toda a execução da obra. Enquanto o cronograma dita o ritmo dos serviços, o histograma alerta o Engenheiro para a mobilização, em tempo hábil, de equipamentos e profissionais para cada etapa da obra, bem como para a aquisição dos diversos insumos.

O histograma normalmente não é exigido nas licitações públicas. Assim, o Engenheiro Executor pode tratá-lo como instrumento próprio, não precisando compartilhá-lo com o Engenheiro Fiscal, a menos que seja expressamente oficiado para tal.

2.19.1 Cronograma

Não se trata, aqui, de uma peça meramente formal para o atendimento de uma exigência editalícia, mas sim de um planejamento real que leva em conta o dia exato do início dos serviços; os dias úteis de cada mês; e a quantidade, em cada mês, de dias chuvosos ou de produtividade reduzida.

Para efeito de planejamento, o cronograma não pode ser sintético (etapas da obra), mas sim analítico, ou seja, deve ser elaborado para cada item de serviço da planilha orçamentária.

O tempo de duração de cada serviço é determinado pelos quantitativos a serem executados – dados encontrados na planilha orçamentária, que refletem os elementos de projeto correlacionados – e pelas produtividades das equipes disponíveis para a realização de cada um deles – dados colhidos nas composições de preços unitários, que são integrantes essenciais do orçamento da obra.

Exemplificativamente, tome-se a questão a seguir.

Questão prática 2.2

A composição de preço unitário para o serviço de execução de base de uma determinada obra indica que a equipe padrão de pavimentação é capaz de executar, aproximadamente, 168 m³ de base por hora. Sabendo-se que para essa obra serão necessários 50.000 m³ desse serviço, que duração deve ser estimada para o cronograma (mobilizando-se apenas uma equipe padrão)?

Solução

Duração = volume ÷ produtividade
Duração = 50.000 m³ ÷ 168 m³/h
Duração = 298 h ou, aproximadamente, 37 dias úteis

Como se percebe, os cálculos devem ser sempre realizados em dias úteis e, conforme o período específico da execução de cada serviço, deve ser determinada a quantidade de meses necessários – note-se que cada mês do calendário tem diferentes quantidades de dias úteis (descontam-se fins de semana, feriados e demais dias improdutivos).

Para a determinação dos dias improdutivos de cada mês devido às chuvas, estima-se que uma chuva de 8 mm durante uma jornada de trabalho já pode ser suficiente para impedir os serviços de terraplenagem. Esses dados podem variar em conformidade com a natureza do serviço, a permeabilidade do solo e o escoamento superficial na obra. Estima-se também que podem ser necessárias até mais 4 h do dia seguinte ao período chuvoso para que o material retorne à umidade adequada – além dos fatores mencionados anteriormente, esse tempo de secagem também pode variar em função da umidade relativa do ar no dia seguinte ao período chuvoso e das ações empreendidas ou não para auxiliar esse processo (gradeamento do material, por exemplo). O planejamento deve então levar em consideração as médias *diárias* históricas de precipitação pluviométrica na região da obra, o que pode ser obtido da análise dos relatórios do BDMEP (*vide* seção 2.13).

No mais, deve-se analisar as seguintes situações:
- serviços que podem ser iniciados e executados simultaneamente;

- serviços que só podem ser iniciados após o início de outros;
- serviços que só podem ser iniciados após a conclusão de outros;
- serviços que só podem ser iniciados respeitando-se um prazo após a conclusão de outros;
- serviços que precisam ser iniciados dentro de um determinado prazo após o início de outros.

Note-se que é necessário tomar os quantitativos reais a serem executados, ou seja, os quantitativos tomados após os necessários ajustes na planilha orçamentária (inclusão e exclusão de jazidas e empréstimos, por exemplo).

2.19.2 Histograma

Os histogramas são as peças de planejamento que relacionam as quantidades de equipamentos, mão de obra ou materiais que serão necessárias nos diversos períodos da obra para que se concretize o cronograma proposto.

Sua elaboração, normalmente realizada com o auxílio de *softwares* específicos para orçamentos, pode ser organizada, apenas para efeitos didáticos, em três etapas:

- Parte-se inicialmente dos percentuais de cada serviço que serão executados em um determinado período – determinação do cronograma físico. Esses percentuais são multiplicados pelos respectivos quantitativos totais (dados da planilha orçamentária), donde se obtêm as quantidades de cada serviço a serem executadas em cada mês.
- Cada uma dessas quantidades, então, é dividida pela produção da equipe e, em seguida, multiplicada pelo coeficiente de consumo de cada um dos insumos utilizados na execução dos serviços (dados das composições de preços unitários). Esses produtos representam, portanto, as quantidades dos insumos que serão utilizadas no respectivo período, em função de cada serviço.
- A partir daí, somam-se os quantitativos dos insumos idênticos que incidem nos diversos serviços, no mesmo período, de modo que esses totais correspondem às quantidades dos respectivos insumos que serão utilizadas na obra durante cada período calculado.

Para melhor compreensão, tome-se exemplificativamente a questão a seguir.

Questão prática 2.3

Com base na planilha orçamentária e nas composições de preços unitários apresentadas na Tab. 2.5 e nas Figs. 2.53 e 2.54, calcular a quantidade necessária de *tratores agrícolas* na obra num período em que, de acordo com o cronograma físico-financeiro estipulado, serão executados 30% do item 1 e 40% do item 2.

Solução

1. Observando as composições de preço, note-se que o insumo trator agrícola incide nos dois serviços da planilha orçamentária.
2. Conforme indicação do enunciado da questão, no período citado serão executados 30% do item 1 (base estabilizada) e 40% do item 2 (imprimação).
3. Assim, no período citado, serão executadas as seguintes quantidades:

   Item 1: 30% × 38.400 m³ = 11.520 m³ de base
   Item 2: 40% × 180.000 m² = 72.000 m² de imprimação
4. O consumo de tratores agrícolas para cada serviço será de:

   Item 1: 11.520 m³ ÷ 168,20 m³/h × 1 h/h (consumo do trator)
   → Item 1: 68,5 h de trator agrícola
   Item 2: 72.000 m² ÷ 1.125 m²/h × 1 h/h (consumo do trator)
   → Item 1: 64,0 h de trator agrícola
5. O total de trator agrícola no período será de: 68,5 h + 64,0 h = 132,5 h.

Note-se que a relação entre o cronograma físico e o histograma é biunívoca, ou seja, chega-se ao histograma a partir do cronograma. No entanto, os resultados devem ser analisados em conformidade com a disponibilidade de insumos (mais notadamente, de equipamentos) da empreiteira. Eventualmente, ela pode não dispor da quantidade necessária de um determinado equipamento em algum período.

Assim, o histograma pode demonstrar a inviabilidade ou a inconveniência do cronograma inicialmente proposto. Se isso acontecer, o cronograma deve ser refeito e, por conseguinte, um novo histograma deve ser calculado.

Como se percebe, o histograma é peça imprescindível para uma boa administração da obra, uma vez que alerta os Engenheiros para a necessidade de providenciar, em tempo hábil, a mobilização ou a aquisição dos diversos insumos que serão empregados no decorrer da obra, sejam eles mão de obra, equipamentos ou materiais.

Tab. 2.5 Planilha orçamentária exemplificativa

Item	Descrição	Unidade	Quantidade	Preço unitário	Preço total
1	Base estabilizada granulometricamente	m³	38.400,00	11,14	427.776,00
2	Imprimação	m²	180.000,00	0,25	45.000,00
					472.776,00

2.20 Mobilização de pessoal e equipamentos

O Engenheiro responsável pela gerência do contrato e o Engenheiro-Residente da obra precisam mobilizar todo o recurso humano necessário à execução da obra atendendo a diversas diretrizes, entre as quais:

1. Mobilizar toda a equipe de Engenheiros atendendo aos requisitos mínimos eventualmente estabelecidos no edital de licitação.

   Conforme já comentado na seção 2.4, a observância dessa exigência é de fundamental importância, uma vez que a empresa sequer seria habilitada no processo licitatório caso não comprovasse dispor, em seus quadros, de profissionais habilitados a executar a obra.

   O Engenheiro Fiscal, inclusive, não pode autorizar o início de qualquer etapa da obra sem que os profissionais com a habilitação requerida estejam presentes. O eventual retardamento da obra por esse motivo é de inteira responsabilidade da empreiteira contratada, não podendo servir de justificativa para aditivos de prazo.

2. Mobilizar e desmobilizar as equipes em conformidade com o plano de ataque planejado.

   O plano de ataque orienta o cronograma físico-financeiro, que, por sua vez, gera o histograma de mão de obra. De posse desse histograma, o Engenheiro-Residente deve cuidar para realizar, em seus devidos tempos, a mobilização e a desmobilização das equipes de acordo com as etapas alcançadas pela obra.

3. Contratar localmente tão somente as equipes de menor especialização.

   Profissionais de nível superior, técnicos encarregados das diversas equipes, operadores de máquinas e equipes de asfalto, entre outros, normalmente são mobilizados entre os quadros da própria empresa, garantindo-se que o padrão

DNIT   **CGCIT**

SISTEMA DE CUSTOS REFERENCIAIS DE OBRAS - SICRO
Custo Unitário de Referência   São Paulo   Maio/2018   FIC 0,02838   Produção da equipe 168,20 m³
4011219 Base de solo estabilizado granulometricamente sem mistura com material de jazida   Valores em reais (R$)

A - EQUIPAMENTO		Quantidade	Utilização		Custo Horário		Custo Horário Total
			Operativa	Improdutiva	Produtivo	Improdutivo	
E9571	Caminhão-tanque com capacidade de 10.000 L - 188 kW	1,00000	0,93	0,07	183,0897	51,4372	173,8740
E9518	Grade de 24 discos rebocável de 24"	1,00000	0,52	0,48	2,2783	1,5837	1,9449
E9524	Motoniveladora - 93 kW	1,00000	0,77	0,23	181,7268	79,9115	158,3093
E9762	Rolo compactador de pneus autopropelido de 27 t - 85 kW	1,00000	0,96	0,04	141,9546	64,9594	138,8748
E9685	Rolo compactador pé de carneiro vibratório autopropelido de 11,6 t - 82 kW	1,00000	1,00	0,00	124,0372	55,9181	124,0372
E9577	Trator agrícola - 77 kW	1,00000	0,52	0,48	84,0627	32,3826	59,2563
					Custo horário total de equipamentos		656,2965

B - MÃO DE OBRA		Quantidade	Unidade	Custo Horário	Custo Horário Total
P9824	Servente	1,00000	h	20,2092	20,2092
				Custo horário total de mão de obra	20,2092
				Custo horário total de execução	676,5057
				Custo unitário de execução	4,0220
				Custo do FIC	0,1141
				Custo do FIT	-

C - MATERIAL	Quantidade	Unidade	Preço Unitário	Custo Unitário
			Custo unitário total de material	-

D - ATIVIDADES AUXILIARES		Quantidade	Unidade	Custo Unitário	Custo Unitário
4816096	Escavação e carga de material de jazida com escavadeira hidráulica	1,10000	m³	0,9300	1,0230
				Custo total de atividades auxiliares	1,0230
				Subtotal	5,1591

E - TEMPO FIXO		Código	Quantidade	Unidade	Custo Unitário	Custo Unitário
4816096	Escavação e carga de material de jazida com escavadeira hidráulica - Caminhão basculante 10 m³	5914354	2,06250	t	1,3800	2,8463
					Custo unitário total de tempo fixo	2,8463

F - MOMENTO DE TRANSPORTE		Quantidade	Unidade	DMT			Custo Unitário
				LN	RP	P	
4816096	Escavação e carga de material de jazida com escavadeira hidráulica - Caminhão basculante 10 m³	2,06250	tkm	5914359	5914374	5914389	
				Custo unitário total de transporte			
				Custo unitário direto total			8,01

Fig. 2.53 *Composição de preço exemplificativa 1*

de qualidade da contratada seja mantido na obra.
4. Providenciar alojamentos adequados, conforme comentado na seção 2.15.

O planejamento detalhado de execução da obra (cronograma e histograma revisados) deve considerar os custos e os eventuais dias improdutivos em virtude de viagens programadas dos profissionais a suas cidades de origem, sobretudo nas proximidades de feriados prolongados.

Quanto à mobilização de equipamentos, os Engenheiros responsáveis devem observar as seguintes orientações gerais:

1. Mobilizar toda a relação de equipamentos mínimos eventualmente exigida no edital de licitação (vide seção 2.5).
2. Mobilizar e desmobilizar as equipes em conformidade com o plano de ataque planejado.

O plano de ataque orienta o cronograma físico-financeiro, que, por sua vez, gera o histograma de equipamentos. De posse desse histograma, o Engenheiro-Residente deve cuidar para realizar, em seus devidos tempos, as mobilizações e as desmobilizações de acordo com as etapas alcançadas pela obra.

3. Utilizar veículos adequados para o transporte dos equipamentos, visando à segurança e ao menor custo possível.

Há equipamentos que podem ser transportados até por caminhões de carroceria, como tratores agrícolas, grades de disco, rolos compressores de menor porte e retroescavadeiras, e outros que precisam de carretas de grande porte, como tratores de esteira de maior porte e escavadeiras. Note-se ainda que pode haver equipamentos que, devido ao excesso de largura, precisam de veículos batedores para auxiliar no transporte. Por outro lado, equipamentos como caminhões, basculantes ou de carroceria, além de poderem ser mobilizados sem a necessidade de qualquer veículo adicional, devem ser devidamente carregados com outros equipamentos e ferramentas de menor porte (betoneiras, vibradores, mobiliário de escritório e alojamentos etc.), visando à redução final dos custos de transporte.

4. Providenciar rampas para carga e descarga dos equipamentos na obra.

Trata-se de apoios para que os equipamentos possam subir e descer da carroceria das carretas ou dos caminhões de carroceria. Existem no mercado rampas metálicas pré-fabricadas para esses fins. No entanto, elas também podem ser construídas, em terra, na própria obra, com o auxílio de escavadeiras, retroescavadeiras, tratores de esteiras etc., conforme ilustrado na Fig. 2.55.

As rampas podem ser construídas em caráter precário em todos os trechos de carga e descarga de equipamentos ao longo da obra. No entanto, sugere-se que, próximo às instalações da oficina, uma rampa seja construída e revestida

DNIT   **CGCIT**

SISTEMA DE CUSTOS REFERENCIAIS DE OBRAS - SICRO Custo Unitário de Referência 4011351 Imprimação com asfalto diluído		São Paulo Maio/2018		FIC 0,00473 Produção da equipe		1.125,00 m² Valores em reais (R$)
A - EQUIPAMENTO	Quantidade	Utilização		Custo Horário		Custo Horário Total
		Operativa	Improdutiva	Produtivo	Improdutivo	
E9509 Caminhão-tanque distribuidor de asfalto com capacidade de 6.000 L - 7 kW/136 kW	1,00000	1,00	0,00	150,2968	48,0933	150,2968
E9558 Tanque de estocagem de asfalto com capacidade de 30.000 L	1,00000	1,00	0,00	19,2598	13,1261	19,2598
E9577 Trator agrícola - 77 kW	1,00000	0,35	0,65	84,0627	32,3826	50,4706
E9544 Vassoura mecânica rebocável	1,00000	0,35	0,65	5,5101	3,5422	4,2310
				Custo horário total de equipamentos		224,2582
B - MÃO DE OBRA	Quantidade	Unidade		Custo Horário		Custo Horário Total
P9824 Servente	2,00000	h		20,2092		40,4184
				Custo horário total de mão de obra		40,4184
				Custo horário total de execução		264,6766
				Custo unitário de execução		0,2353
				Custo do FIC		0,0011
				Custo do FIT		-
C - MATERIAL	Quantidade	Unidade		Preço Unitário		Custo Unitário
M0104 Asfalto diluído CM 30	0,00120	t		-		-
				Custo unitário total de material		-
D - ATIVIDADES AUXILIARES	Quantidade	Unidade		Custo Unitário		Custo Unitário
				Custo total de atividades auxiliares		-
				Subtotal		0,2364
E - TEMPO FIXO	Código	Quantidade	Unidade	Custo Unitário		Custo Unitário
				Custo unitário total de tempo fixo		-
F - MOMENTO DE TRANSPORTE	Quantidade	Unidade		DMT		Custo Unitário
			LN	RP	P	
				Custo unitário total de transporte		-
				Custo unitário direto total		0,24

Fig. 2.54 *Composição de preço exemplificativa 2*

com concreto ou alvenaria de pedra argamassada, uma vez que será mantida durante todo o período de execução da obra.

5. Providenciar instalações de oficinas mecânicas, profissionais especializados (mecânicos, almoxarifes, compradores etc.), estoque de peças de reposição, tanques de combustível, caminhões lubrificantes e veículos de apoio, entre outros, em quantidade compatível com os equipamentos a serem mobilizados.

A equipe mecânica, preferencialmente liderada por um Engenheiro Mecânico, deve elaborar um programa de revisões preventivas em cada equipamento. O tempo que os equipamentos ficam indisponíveis para essas revisões deve ser considerado para efeito do planejamento detalhado da obra (cronograma e histograma revisados). De modo análogo, devem ser considerados os tempos médios de permanência dos equipamentos em oficina em virtude de defeitos.

Fig. 2.55 *Rampa para carga e descarga de equipamentos*

3 Serviços preliminares e terraplenagem

Neste capítulo serão abordados os serviços em terra nas camadas ainda não estruturais do pavimento. Tais camadas são executadas com duas funções: para levar o pavimento às cotas projetadas ou para substituir materiais inservíveis ou inapropriados – caso de suporte de subleito abaixo do mínimo especificado ou inserção de camadas drenantes.

O conteúdo será então dividido nos seguintes tópicos:
- caminhos de serviço;
- desmatamentos;
- nivelamento primitivo;
- escavações, carga e transporte;
- procedimentos em bota-foras;
- seções de aterro;
- regularização e reforço de subleito.

3.1 Caminhos de serviço

Caminhos de serviço são estradas provisórias construídas com o objetivo de proporcionar a infraestrutura de transporte necessária e suficiente para a execução da obra.

Nesse sentido, constroem-se previamente esses caminhos para se ter acesso aos locais de ocorrência dos materiais, como empréstimos, jazidas, areais, pedreiras, paióis, instalações industriais, estoques de materiais, bota-foras, entre outros.

Eles também podem ser construídos com o objetivo de desviar o tráfego para que serviços possam ser executados nas vias principais (em restaurações de rodovias, por exemplo).

Não existe um projeto geral para caminhos de serviço, uma vez que são construídos em conformidade com as características da obra e do solo existente no local e suas respectivas finalidades. Seus custos, portanto, variam em função da necessidade de mais ou menos itens de serviços e seus respectivos quantitativos. Exemplificativamente, há caminhos de serviço que exigem mero desmatamento e patrolamento do terreno, outros que exigem a execução de apenas alguns cortes e aterros, e outros ainda que demandam regularização de subleito e revestimento primário. Nada obsta, inclusive, que serviços como imprimação e concreto asfáltico usinado a quente (CAUQ) sejam executados em caminhos de serviço – no caso, por exemplo, de desvios de tráfego executados em obras de restauração de pistas de rodovias com elevado volume médio diário de veículos.

A regra geral, portanto, é que esses caminhos sejam executados ao menor custo possível, em face de seu caráter provisório, mas, como comentado, isso não significa que acabamentos mais nobres não possam ser realizados, em conformidade com a resposta que deles se requer.

Se, de um lado, o conforto do usuário e a manutenção da velocidade diretriz (que evita, por exemplo, elevação dos custos de fretes) podem justificar a pavimentação e até o revestimento nobre em um desvio provisório em uma determinada rodovia, de outro a elevação da velocidade média de tráfego em caminhos de serviço de acesso a empréstimos, jazidas e pedreiras, por exemplo, inexoravelmente se reflete em maiores produtividades dos caminhões e, por conseguinte, em menores custos de transporte.

A título de ilustração, tome-se a Tab. 3.1, em que se percebe, por exemplo, que a velocidade média de transporte em rodovias com revestimento primário chega a ser quase que o dobro daquelas auferidas em rodovias em leito natural.

Tab. 3.1 Velocidade média de ida dos caminhões carregados nos serviços de terraplenagem

Faixas de distâncias de transporte (m)	Velocidades de ida (km/h)		
	Leito natural	Revestimento primário	Pavimentado
50,0-200,0	5,9987	11,4261	12,8544
200,0-400,0	9,1537	17,4356	19,6150
400,0-600,0	11,6082	22,1108	24,8747
600,0-800,0	13,4830	25,6818	28,8920
800,0-1.000,0	14,9970	28,5657	32,1364
1.000,0-1.200,0	16,2515	30,9552	34,8246
1.200,0-1.400,0	17,3029	32,9579	37,0776
1.400,0-1.600,0	18,1865	34,6410	38,9711
1.600,0-1.800,0	18,9259	36,0493	40,5555
1.800,0-2.000,0	19,5374	37,2141	41,8659
2.000,0-2.500,0	20,3332	38,7298	43,5711
2.500,0-3.000,0	20,9270	39,8609	44,8435
3.000,0	21,0000	40,0000	45,0000

Fonte: item 1.1.1 do conteúdo 11 do volume 10 de DNIT (2017).

Em outras palavras, como a elevação do custo com a execução de um acesso de serviço pode impactar a redução de outros custos diretos das obras, como os transportes locais, isso significa que as larguras, as estruturas e até os revestimentos de cada caminho de serviço devem ser objeto de especificações em projeto, visando às ponderações desses valores, de modo a propiciar o menor custo para a execução da obra como um todo.

Por outro lado, ainda que o assunto não tenha sido diretamente abordado em projeto – e que, portanto, o Orçamentista do órgão contratante não tenha tido meios de considerar os impactos desses estudos nos preços unitários referenciais –, é absolutamente recomendável que o Engenheiro Construtor realize esse estudo em sua obra, com vistas a analisar a viabilidade de investir um pouco mais nos caminhos de serviço para reduzir os custos finais dos serviços que envolvem os transportes. Nesse caso específico, a elevação de custo não poderia ser transferida para o Contratante, uma vez que ele não reduziu, em função disso, seus custos unitários de referência para a análise dos preços propostos (pelas empresas licitantes) para os itens de transporte e, dessa forma, não tem como assegurar que o eventual desconto oferecido pela empresa vencedora do certame para esses itens foi resultado desse tipo de consideração.

Enfim, de um lado, o sobrecusto no caminho de serviço corresponde ao custo adicional investido para sua melhoria (adição de uma camada de revestimento primário, por exemplo, para elevar a velocidade média de transporte). De outro lado, a economia gerada é calculada pelo produto do volume do serviço transportado sobre o caminho de serviço pela redução de seu respectivo custo unitário (alcançada em função do aumento da velocidade).

Exemplificativamente, tome-se a questão a seguir.

Questão prática 3.1

Avaliar se é viável financeiramente lançar uma camada de 20 cm de revestimento primário (transportada a uma distância de 3,5 km) em um caminho de serviço existente em leito natural, com extensão de 3.000 m e largura de 6,00 m. Essa via servirá para o escoamento de um volume previsto de 70.000 m³ de solo do empréstimo 1 a diversas seções de aterro.

Considerar que a densidade da camada de revestimento primário é de 2,0625 t/m³. Utilizar os custos de referência do DNIT-SP, na data-base de maio de 2018 (DNIT, 2018c), e suas respectivas produções de equipes mecânicas.

Solução
Primeira etapa (cálculo do custo da melhoria)
Ante os dados propostos, a melhoria da via consistiria na execução de uma regularização de subleito seguida de uma camada de revestimento primário (reforço de subleito), cujos quantitativos podem ser assim calculados:
- *Regularização de subleito*: 3.000 m × 6,60 m = 19.800 m².
- *Reforço de subleito*: 3.000 m × 6,30 m × 0,20 m = 3.780 m³.
- *Transporte do reforço de subleito*: 3.780 m³ × 2,0625 t/m³ × 3,5 km = 27.286,87 t · km.

Na referência de preços citada, encontramos os serviços de códigos 4011209, 4011211 e 5915319, cujos custos unitários são de, respectivamente, R$ 0,75, R$ 7,90 e R$ 0,87. Assim, o custo para a implantação da melhoria na via seria igual a:

19.800 × 0,75 + 3.780 × 7,90 + 27.286,87 × 0,87 = R$ 68.451,58

Segunda etapa (cálculo da economia decorrente da melhoria)
Inicialmente, é necessário estimar qual seria a redução do custo unitário dos serviços de escavação, carga e trans-

porte decorrente exclusivamente da melhoria desse caminho de serviço. Daí, em momento seguinte, multiplica-se essa redução de custo pelo volume total transportado.

Para a redução do custo unitário, em estrita observância à referência de preços indicada no enunciado, seria preciso migrar do serviço de código 5502834 ("escavação, carga e transporte de material de 1ª categoria, por caminho de serviço em leito natural") para o de código 5502835 ("escavação, carga e transporte nas mesmas condições, exceto pela utilização de caminho de serviço em revestimento primário"). Assim, a redução de preço unitário seria de:

$$R\$\ 11{,}25/m^3 - R\$\ 8{,}67/m^3 = R\$\ 2{,}58/m^3$$

A economia no volume total de serviço que passa pelo caminho de serviço corresponderia a:

$$R\$\ 2{,}58/m^3 \times 70.000\ m^3 = R\$\ 180.600{,}00$$

Conclusão

Ante os dados apresentados, resta comprovada a viabilidade financeira em revestir o caminho de serviço com material proveniente de jazida, uma vez que essa providência resultaria numa economia estimada em R$ 112.148,42.

Além disso, é importante perceber que, seja qual for o revestimento do caminho de serviço, sua serventia pode ser sempre maximizada ao cuidar bem de sua manutenção, que, no mais das vezes, consiste em patrolamentos de sua superfície, os quais proporcionam uma elevação na velocidade média de tráfego.

A frequência dessa manutenção deve ser definida pelos Engenheiros em função de três variáveis (além de outras, é claro, que em casos específicos podem inclusive exigir atenção especial dos Engenheiros, como as condições de drenagem):

- *tipo de material na camada superficial*: o solo pode ser mais ou menos resistente ao desgaste pelo tráfego e por intempéries;
- *intensidade do tráfego*: frequência diária e peso dos caminhões;
- *precipitação pluviométrica na região*: essa variável pode implicar, para uma mesma obra, uma frequência de patrolamentos maior em períodos chuvosos e menor em períodos secos.

Nesse sentido, para efeito de estimativas de custos em orçamentos, o DNIT (2017, v. 11, tomo 34) propôs, com a edição do *Manual de custos de infraestrutura de transportes*, dois itens de serviço que não estavam contemplados no antigo Sicro 2, pois anteriormente esses encargos eram entendidos como de responsabilidade das construtoras, a quem cabia o ônus dos custos:

- 5503018 – "Manutenção de caminho de serviço em leito natural";
- 5503019 – "Manutenção de caminho de serviço em revestimento primário".

Ambos foram orçados na unidade km · dia, o que significa que, durante a execução da obra, para efeito de medição, esses preços unitários devem ser aplicados à quantidade equivalente ao produto da extensão linear de cada caminho de serviço (km) pelo período útil (dias úteis) de sua exploração.

Ao acrescentar esses itens de serviço ao Sicro, o DNIT por um lado garante que remunerará esses custos, mas por outro também assegura aos Orçamentistas que os caminhos de serviço terão um melhor índice de serventia, de modo que poderá aplicar, na definição dos preços de referência para cada obra, ajustes nas velocidades médias dos caminhões, elevando suas produtividades e diminuindo seus custos.

Em obra, independentemente do fato de os itens de manutenção de caminhos de serviço haverem ou não sido inseridos na planilha orçamentária, os Engenheiros responsáveis pela execução devem sempre criar os meios necessários para reduzir os custos de execução de suas empresas. No caso dos transportes sobre vias em terra, isso passa pelo monitoramento das serventias desses caminhos, no sentido de detectar o momento mais adequado para a execução do patrolamento.

Esse momento se dá quando a deterioração do caminho de serviço ocasiona a redução da velocidade média a um patamar cujo impacto no custo de transporte passa a ser mais significativo que o custo do patrolamento. Por sua vez, o impacto no custo de transporte é calculado pelo produto da elevação do custo unitário dos serviços pela quantidade transportada (volume de solo) no período interpatrolamentos.

Esse monitoramento pode ser exemplificado com a questão prática a seguir.

Questão prática 3.2

Calcular qual a frequência ideal de patrolamento de um caminho de serviço de 3 km, em face dos seguintes dados concretos:

- A velocidade média de transporte cai aproximadamente 2 km/h ao dia (dado obtido em campo para o referido caminho de serviço).

- O volume diário transportado pela via é de 1.770,64 m³ (volume estimado considerando a produção de uma escavadeira em oito horas).
- O custo de um patrolamento é de R$ 42,90/km (calculado a partir do valor do serviço 5503019, cujo custo nominal é de R$ 4,29, para uma frequência de patrolamento de uma passagem a cada dez dias).
- Utilizar, como base de custo a ser analisada, o serviço do DNIT de código 5502835 (escavação, carga e transporte em material de 1ª categoria, com escavadeira, em caminho com revestimento primário).
- Considerar, para efeito de cálculos, que os custos reais envolvidos na obra correspondem exatamente aos referenciados pelo DNIT, na data-base de maio de 2018 e para o Estado de São Paulo (DNIT, 2018c). Trata-se, portanto, de uma delimitação com escopo didático.

Solução
Primeira etapa (cálculo do custo de um patrolamento)

Conforme enunciado, foi considerado o custo unitário de R$ 42,90/km, valor correspondente a dez vezes o preço do serviço 5503019, por sabermos que este fora composto para uma frequência de patrolamento de uma passagem a cada dez dias. Isso, portanto, significa que o custo do patrolamento no caminho de serviço considerado, com extensão de 3 km, é de:

$$3 \times 42,90 = R\$ 128,70$$

Segunda etapa (cálculo do impacto financeiro devido à deterioração diária observada no caminho de serviço)

Essa deterioração se materializa pela observação em campo da redução da velocidade média de transporte, que é resultado da ação prática das variáveis já comentadas (qualidade do solo, intensidade do tráfego e precipitação pluviométrica) na via em análise.

É necessário, então, calcular a elevação do custo unitário derivado dessa específica redução diária da velocidade e, em seguida, multiplicá-la pelo volume diário transportado na via.

No cálculo do custo unitário do serviço, foi considerada a produção de equipe mecânica apresentada na Fig. 3.1.

Note-se, assim, que os cálculos foram efetuados considerando-se uma velocidade média de 40 km/h para o caminhão carregado e de 45 km/h para o caminhão descarregado. Esses dados advêm dos estudos desenvolvidos pela CGCIT, do DNIT, que, por sua vez, se materializam nas Tabs. 3.2 e 3.3.

Tab. 3.2 Velocidade média de ida dos caminhões carregados nos serviços de terraplenagem

Faixas de distâncias de transporte (m)	Velocidades de ida (km/h)		
	Leito natural	Revestimento primário	Pavimentado
50,0-200,0	5,9987	11,4261	12,8544
200,0-400,0	9,1537	17,4356	19,6150
400,0-600,0	11,6082	22,1108	24,8747
600,0-800,0	13,4830	25,6818	28,8920
800,0-1.000,0	14,9970	28,5657	32,1364
1.000,0-1.200,0	16,2515	30,9552	34,8246
1.200,0-1.400,0	17,3029	32,9579	37,0776
1.400,0-1.600,0	18,1865	34,6410	38,9711
1.600,0-1.800,0	18,9259	36,0493	40,5555
1.800,0-2.000,0	19,5374	37,2141	41,8659
2.000,0-2.500,0	20,3332	38,7298	43,5711
2.500,0-3.000,0	20,9270	39,8609	44,8435
3.000,0	21,0000	40,0000	45,0000

Fonte: item 1.1.1 do conteúdo 11 do volume 10 de DNIT (2017).

Tab. 3.3 Velocidade média de retorno dos caminhões vazios nos serviços de terraplenagem

Faixas de distâncias de transporte (m)	Velocidades de ida (km/h)		
	Leito natural	Revestimento primário	Pavimentado
50,0-200,0	11,1404	12,8544	17,1391
200,0-400,0	16,9997	19,6150	26,1534
400,0-600,0	21,5581	24,8747	33,1662
600,0-800,0	25,0398	28,8920	38,5227
800,0-1.000,0	27,8516	32,1364	42,8486
1.000,0-1.200,0	30,1813	34,8246	46,4327
1.200,0-1.400,0	32,1339	37,0776	49,4368
1.400,0-1.600,0	33,7750	38,9711	51,9615
1.600,0-1.800,0	35,1481	40,5555	54,0740
1.800,0-2.000,0	36,2837	41,8659	55,8211
2.000,0-2.500,0	37,7616	43,5711	58,0948
2.500,0-3.000,0	38,8643	44,8435	59,7913
3.000,0	39,0000	45,0000	60,0000

Fonte: item 1.1.1 do conteúdo 11 do volume 10 de DNIT (2017).

DNIT CGCIT

SERVIÇO: Escavação, carga e transporte de material de 1ª categoria na distância de 3.000 m - caminho de serviço em revestimento primário - com escavadeira e caminhão basculante de 14 m³		UNIDADE m³	

VARIÁVEIS INTERVENIENTES		UNIDADE	EQUIPAMENTOS		
			Escavadeira Hidráulica de Esteiras 110 kW Concha de 1,5 m³	Caminhão Basculante com capacidade de 14 m³ - 295 kW	
a	AFASTAMENTO				
b	CAPACIDADE	m³	1,50	14,0	
c	CONSUMO (QUANTIDADE)				
d	DISTÂNCIA	m		3.000	
e	ESPAÇAMENTO				
f	ESPESSURA	m			
g	FATOR DE CARGA		1,00	1,00	
h	FATOR DE CONVERSÃO		0,8	0,8	
i	FATOR DE EFICIÊNCIA		0,83	0,83	
j	LARGURA DE OPERAÇÃO	m			
l	LARGURA DE SUPERPOSIÇÃO	m			
m	LARGURA ÚTIL	m			
n	NÚMERO DE PASSADAS				
o	PROFUNDIDADE				
p	TEMPO FIXO	min		5,50	
q	TEMPO PERCURSO (IDA)	min		4,50	
r	TEMPO DE RETORNO	min		4,00	
s	TEMPO TOTAL DE CICLO	min	0,27	14,00	
t	VELOCIDADE (IDA) MÉDIA	m/min		666,67	
u	VELOCIDADE RETORNO	m/min		750,00	
OBSERVAÇÕES:			FÓRMULAS		
			$P = 60 \cdot b \cdot g \cdot h \cdot i / s$	$P = 60 \cdot b \cdot g \cdot h \cdot i / s$	
PRODUÇÃO HORÁRIA			221,33	39,84	
NÚMERO DE UNIDADES			1	6	
UTILIZAÇÃO OPERATIVA			1,00	0,93	
UTILIZAÇÃO IMPRODUTIVA			0,00	0,07	
PRODUÇÃO DA EQUIPE			**221,33**	221,33	

Fig. 3.1 *Produção de equipe mecânica para o item de serviço 5502835 do DNIT*

Enfim, os dados da planilha de cálculo da produção de equipe mecânica (Fig. 3.1), quando transferidos para a composição de preço, apresentam-se como indicado na Fig. 3.2.

O custo inicial de referência, portanto, foi calculado em R$ 8,67/m³.

É preciso, então, recalcular o custo para uma perda de velocidade de 2 km/h, correspondente a um dia sem o patrolamento. Para isso, lança-se mão da mesma ficha de produção de equipe mecânica inicialmente utilizada (Fig. 3.1), e nela se ajustam tão somente as variáveis referentes às velocidades do caminhão. Desse modo, tem-se a Fig. 3.3.

Transferindo esses dados para a composição de preço, agora ajustada, chega-se à Fig. 3.4.

Com os dados do enunciado, o impacto de um dia sem patrolamento (impacto financeiro da deterioração diária da via) no custo unitário do serviço que passará pelo caminho de serviço em análise é de R$ 8,80 − R$ 8,67 = R$ 0,13.

Consequentemente, aplicando esse valor ao volume diário de terra transportado por esse caminho, tem-se o seguinte impacto financeiro:

$$R\$ \ 0{,}13 \times 1.770{,}64 \ m^3/dia = R\$ \ 230{,}18$$

Conclusão

Como esse valor (prejuízo diário) é superior ao investimento de um patrolamento, sugere-se o patrolamento *diário* desse caminho de serviço, sob pena de prejuízos financeiros diários, que serão crescentes a cada dia sem manutenção.

Como se percebe, e em suma, é de fundamental importância:

- analisar a viabilidade financeira de investir na melhoria de cada caminho de serviço (a análise precisa ser feita individualmente, em conformidade com suas variáveis próprias e com a quantidade de serviços planilhados transportados em cada via);
- calcular a frequência mais eficiente de patrolamento para cada caminho de serviço (também de modo individualizado).

Outro ponto que não pode ser relegado, quanto a essa etapa da obra, é a verificação da eventual necessidade de *umedecimento* dos caminhos de serviço. Isso se dá, principalmente, para que sejam evitados maiores transtornos à população que habita as regiões adjacentes a essas vias.

Assim, o Engenheiro Fiscal, que é investido na função de preposto do dono da obra, que certamente tem interesse em atenuar os danos e os desconfortos causados a terceiros, precisa observar se a passagem contínua dos caminhões em cada caminho de serviço está levantando poeira suficiente para gerar tais transtornos. Nesse caso, deve solicitar que a empresa contratada proceda ao umedecimento dessas vias, que consiste em passagens de caminhões-pipas.

A frequência e a quantidade de água lançada por metro quadrado em cada umedecimento devem ser então definidas pelo Engenheiro Fiscal, tendo em vista as variáveis incidentes em cada local, tais como granulometria da camada final do caminho de serviço (material mais fino ou mais granulado), precipitação pluviométrica na região, frequência de passagem e velocidade dos caminhões (ou

DNIT   **CGCIT**

SISTEMA DE CUSTOS REFERENCIAIS DE OBRAS - SICRO		São Paulo		FIC	0,02838	
Custo Unitário de Referência		Maio/2018		Produção da equipe		221,33 m³
5502835 Escavação, carga e transporte de material de 1ª categoria na distância de 3.000 m - caminho de serviço em revestimento primário - com escavadeira e caminhão basculante de 14 m³						*Valores em reais (R$)*
A - EQUIPAMENTOS		Quantidade	Utilização		Custo Horário		Custo
			Operativa	Improdutiva	Produtivo	Improdutivo	Horário Total
E9667	Caminhão basculante com capacidade de 14 m³ - 323 kW	6,00000	0,93	0,07	293,5325	68,1142	1.666,5193
E9515	Escavadeira hidráulica sobre esteira com caçamba com capacidade de 1,5 m³ - 110 kW	1,00000	1,00	0,00	179,1014	77,6227	179,1014
					Custo horário total de equipamentos		1.845,6207
B - MÃO DE OBRA		Quantidade	Unidade		Custo Horário		Custo Horário Total
P9824	Servente	1,00000	h		20,2092		20,2092
					Custo horário total de mão de obra		20,2092
					Custo horário total de execução		1.865,8299
					Custo unitário de execução		8,4301
					Custo do FIC		0,2392
					Custo do FIT		-
C - MATERIAL		Quantidade	Unidade		Preço Unitário		Custo Unitário
					Custo unitário total de material		-
D - ATIVIDADES AUXILIARES		Quantidade	Unidade		Custo Unitário		Custo Unitário
					Custo total de atividades auxiliares		-
					Subtotal		8,6693
E - TEMPO FIXO		Código	Quantidade	Unidade	Custo Unitário		Custo Unitário
					Custo unitário total de tempo fixo		-
F - MOMENTO DE TRANSPORTE		Quantidade	Unidade	DMT			Custo Unitário
				LN	RP	P	
					Custo unitário total de transporte		
					Custo unitário direto total		8,67

Fig. 3.2 *Composição para serviços de escavação, carga e transporte de material de 1ª categoria, no Sicro*

DNIT CGCIT

SERVIÇO: Escavação, carga e transporte de material de 1ª categoria na distância de 3.000 m - caminho de serviço em revestimento primário - com escavadeira e caminhão basculante de 14 m³				UNIDADE m³

	VARIÁVEIS INTERVENIENTES	UNIDADE	EQUIPAMENTOS		
			Escavadeira Hidráulica de Esteiras 110 kW Concha de 1,5 m³	Caminhão Basculante com capacidade de 14 m³ - 295 kW	
a	AFASTAMENTO				
b	CAPACIDADE	m³	1,50	14,0	
c	CONSUMO (QUANTIDADE)				
d	DISTÂNCIA	m		3.000	
e	ESPAÇAMENTO				
f	ESPESSURA	m			
g	FATOR DE CARGA		1,00	1,00	
h	FATOR DE CONVERSÃO		0,8	0,8	
i	FATOR DE EFICIÊNCIA		0,83	0,83	
j	LARGURA DE OPERAÇÃO	m			
l	LARGURA DE SUPERPOSIÇÃO	m			
m	LARGURA ÚTIL	m			
n	NÚMERO DE PASSADAS				
o	PROFUNDIDADE				
p	TEMPO FIXO	min		5,50	
q	TEMPO PERCURSO (IDA)	min		4,74	
r	TEMPO DE RETORNO	min		4,19	
s	TEMPO TOTAL DE CICLO	min	0,27	14,42	
t	VELOCIDADE (IDA) MÉDIA	m/min		633,33	
u	VELOCIDADE RETORNO	m/min		716,67	

OBSERVAÇÕES:	FÓRMULAS		
	$P = 60 \cdot b \cdot g \cdot h \cdot i / s$	$P = 60 \cdot b \cdot g \cdot h \cdot i / s$	
PRODUÇÃO HORÁRIA	221,33	38,67	
NÚMERO DE UNIDADES	1	6	
UTILIZAÇÃO OPERATIVA	1,00	0,95	
UTILIZAÇÃO IMPRODUTIVA	0,00	0,05	
PRODUÇÃO DA EQUIPE	**221,33**	221,33	

Fig. 3.3 *Produção ajustada de equipe mecânica*

SISTEMA DE CUSTOS REFERENCIAIS DE OBRAS - SICRO - AJUSTADO					FIC		
Custo Unitário de Referência			Março/2018		Produção da equipe		221,33 m³
5502835 Escavação, carga e transporte de material de 1ª categoria na distância de 3.000 m - caminho de serviço em revestimento primário - com escavadeira e caminhão basculante de 14 m³							Valores em reais (R$)
A - EQUIPAMENTOS		Quantidade	Utilização		Custo Horário		Custo Horário Total
			Operativa	Improdutiva	Produtivo	Improdutivo	
E9667	Caminhão basculante com capacidade de 14 m³ - 323 kW	6,00000	0,95	0,05	293,5325	68,1142	1.693,5695
E9515	Escavadeira hidráulica sobre esteira com caçamba com capacidade de 1,5 m³ - 110 kW	1,00000	1,00	0,00	179,1014	77,6227	179,1014
					Custo horário total de equipamentos		1.872,6709
B - MÃO DE OBRA		Quantidade	Unidade		Custo Horário		Custo Horário Total
P9824	Servente	1,00000	h		20,2092		20,2092
					Custo horário total de mão de obra		20,2092
					Custo horário total de execução		1.892,8801
					Custo unitário de execução		8,5523
					Custo do FIC		0,2427
					Custo do FIT		-
C - MATERIAL		Quantidade	Unidade		Preço Unitário		Custo Unitário
					Custo unitário total de material		-
D - ATIVIDADES AUXILIARES		Quantidade	Unidade		Custo Unitário		Custo Unitário
					Custo total de atividades auxiliares		-
						Subtotal	-
E - TEMPO FIXO		Código	Quantidade	Unidade	Custo Unitário		Custo Unitário
					Custo unitário total de tempo fixo		-
F - MOMENTO DE TRANSPORTE		Quantidade	Unidade	DMT			Custo Unitário
				LN	RP	P	
					Custo unitário total de transporte		
					Custo unitário direto total		8,80

Fig. 3.4 *Composição ajustada de preço unitário*

outros equipamentos) na via, quantidade de pessoas afetadas, existência e tipo de comércio local, entre outras.

Em situações extremas, como caminhos de serviço em solos excessivamente finos, o umedecimento chega a ser indicado inclusive como condição de garantia de segurança do trabalho.

3.1.1 Critérios de medição

Conforme já mencionado, os caminhos de serviço, em planilhas orçamentárias, funcionam de modo similar a etapas de serviço, ou seja, não compilam em si um preço unitário diretamente definido. Esse custo, na verdade, é calculado como a soma dos custos de todos os serviços necessários para sua consecução: desmatamentos, cortes, aterros, reforços de subleito etc. Assim, é preciso apropriar os quantitativos de cada serviço levado a cabo para a execução dos caminhos de serviço.

Quanto à manutenção das vias, deve-se apropriá-las na unidade km · dia. Como, por padrão, há dois preços unitários distintos que se relacionam com o tipo do solo superficial – leito natural ou revestimento primário –, deve-se inicialmente proceder a essa classificação. Em momento seguinte, é necessário calcular, para cada caminho de serviço, o produto de sua extensão linear (km) pela quantidade de dias úteis de efetiva utilização. Feito isso, o passo final é somar os produtos (km · dias) dos caminhos em leito natural, a serem remunerados com seu respectivo custo unitário, e, de modo análogo, somar os produtos (km · dias) dos caminhos em revestimento primário, que têm preço unitário próprio – nesse caso, inferior à manutenção em leito natural, dada a diminuição da frequência de patrolamentos, estimada ao tempo do orçamento da obra.

No que se refere ao umedecimento, a unidade de medição é a área (m²), de modo que se deve apropriar cada operação em si de umedecimento. Em face disso, se o Engenheiro Fiscal orientar o umedecimento de um caminho de serviço duas vezes ao dia, por exemplo, a quantidade a ser medida será correspondente à sua área multiplicada por dois (duas vezes em um dia) e multiplicada ainda pela duração do período efetivo de trabalho (dias úteis de trabalho).

3.2 Desmatamentos

Quando da execução de desmatamentos, os Engenheiros devem dedicar especial atenção às seguintes exigências da norma DNIT 104/2009-ES (grifo nosso):

> 5.3.2 As operações pertinentes, *no caso da faixa referente à plataforma da futura via, devem restringir-se aos limites dos "offset" acrescidos de uma faixa adicional mínima de operação,* acompanhando a linha de "offset". *No caso dos empréstimos e áreas de apoio em geral, a área deve ser a mínima indispensável à sua utilização.*

As larguras entre *offsets* podem ser verificadas nas notas de serviços, constantes no volume 3 dos projetos. Somando-se, então, os afastamentos dos *offsets* de cada semiplataforma, conforme o exemplo na Fig. 3.5, tem-se a distância entre eles.

Note-se que somente após o desmatamento é que se realiza o nivelamento primitivo do trecho, ou seja, aquele que servirá como parâmetro inicial para o cálculo dos volumes de cortes ou aterros a serem executados.

Atenção também precisa ser dispensada quanto à profundidade do desmatamento. Nesse sentido, a norma DNIT 104/2009-ES (grifo nosso) assim dispõe:

> 5.3.3 Nas áreas destinadas a *cortes*, a exigência é de que *a camada de 60 cm abaixo do greide projetado fique totalmente isenta de tocos ou raízes.*
>
> 5.3.4 Nas áreas destinadas a *aterros de cota vermelha* [cota vermelha é a diferença entre a cota do greide no projeto

| Estaca | Lado Esquerdo ||||||| Eixo ||||| Bordo ||| Lado Direito ||||
| | Offset || | Lateral || | Bordo || | Cota Terreno | Cota Projeto | Cota Vermelha | Distância | Cota | % | | | Lateral || | Offset ||
	Distância	Cota	Altura	Distância	Cota	Distância	Cota	%								Distância	Cota	Distância	Cota	Altura
0	13,4747	199,028	-3,083	8,8500	202,111	4,7500	202,111	-3,00	201,668	202,253	-0,585	4,7500	202,396	3,00	5,8500	202,396	5,8847	202,431	0,035
1	12,7539	199,407	-2,603	8,8500	202,010	4,7500	202,010	-3,00	201,897	202,153	-0,256	4,7500	202,295	3,00	5,8500	202,295	6,0675	202,512	0,217
2	11,9850	199,820	-2,090	8,8500	201,910	4,7500	201,910	-3,00	201,938	202,052	-0,114	4,7500	202,195	3,00	5,8500	202,195	6,2060	202,551	0,356
3	10,7467	200,544	-1,265	8,8500	201,809	4,7500	201,809	-3,00	201,631	201,952	-0,321	4,7500	202,094	3,00	5,8500	202,094	6,2992	202,543	0,449
4	10,2410	200,723	-0,928	8,8500	201,651	4,7500	201,651	-3,00	201,531	201,793	-0,262	4,7500	201,936	3,00	5,8500	201,936	6,2660	202,352	0,416
5	10,2267	200,458	-0,918	8,8500	201,376	4,7500	201,376	-3,00	201,578	201,518	0,060	4,7500	201,661	3,00	5,8500	201,661	6,4811	202,292	0,631
6	9,8761	200,301	-0,684	8,8500	200,985	4,7500	200,985	-3,00	201,295	201,127	0,168	4,7500	201,270	3,00	5,8500	201,270	6,5285	201,949	0,679
7	9,2128	200,840	0,363	8,8500	200,477	4,7500	200,477	-3,00	201,397	200,619	0,778	4,7500	200,762	3,00	5,8500	200,762	6,6037	201,516	0,754
8	9,3791	200,382	0,529	8,8500	199,853	4,7500	199,853	-3,00	200,996	199,995	1,001	4,7500	200,138	3,00	5,8500	200,138	6,6320	200,920	0,782
9	9,2890	198,819	-0,293	8,8500	199,112	4,7500	199,112	-3,00	199,785	199,255	0,530	4,7500	199,397	3,00	5,8500	199,397	6,5905	200,137	0,740
10	9,7521	197,653	-0,602	8,8500	198,255	4,7500	198,255	-3,00	198,580	198,398	0,182	4,7500	198,540	3,00	5,8500	198,540	6,5218	199,212	0,672

Distância entre offsets na estaca 0: 13,47 + 5,88 = **19,35 m**.

Fig. 3.5 Distância entre offsets calculada da nota de serviço

e a do terreno natural, tomadas no mesmo ponto] *abaixo de 2,00 m*, a camada superficial do terreno natural contendo *raízes e restos vegetais deve ser devidamente removida*. No caso de *aterro com cota vermelha superior a 2,00 m*, o desmatamento deve ser executado de modo que o *corte das árvores fique, no máximo, nivelado ao terreno natural, não havendo necessidade do destocamento*.

3.2.1 Critérios de medição

A partir de 2009, a norma passou a exigir preços diferenciados para os destocamentos de árvores com diâmetro entre 15 cm e 30 cm e aquelas com diâmetro superior a 30 cm. Tal medida deve ser observada nos troncos, a uma altura de 1 m do nível do solo.

Sabendo-se que árvores com diâmetro de tronco acima de 15 cm devem ser medidas por unidade, recomenda-se que os Engenheiros (Executores e Fiscais) vistoriem o local antes do desmatamento e realizem o devido levantamento. Eles devem também tirar fotografias dos trechos mais críticos e arquivá-las juntamente com a memória de cálculo da respectiva medição, evidenciando o fato para fins de demonstração aos órgãos de controle interno e externo.

A planilha orçamentária deve conter itens específicos para árvores com diâmetro entre 15 cm e 30 cm e para aquelas com diâmetro superior a 30 cm. No entanto, caso a obra tenha sido licitada ainda com os parâmetros anteriores a 2009, quando tal discriminação não existia, recomenda-se a manutenção dos itens licitados, evitando-se a inclusão do novo item (para diâmetros superiores a 30 cm) por intermédio de termo aditivo. Isso porque as empresas proponentes, ao tempo da licitação, já tinham conhecimento do grau de dificuldade do desmatamento, já devendo, portanto, ter ofertado preços para o caso concreto, em conformidade com a praxe então vigente.

Para árvores, arbustos e demais vegetações com diâmetro inferior a 15 cm, deve-se levantar a área efetivamente desmatada, apropriando-se o serviço, assim, em metros quadrados.

A largura a ser considerada é a efetivamente desmatada, mas deve ser limitada à existente entre os *offsets* de cada estaca. A largura entre os *offsets*, por sua vez, deve ser tomada das notas de serviço constantes no projeto. Caso haja divergências significativas entre as cotas do terreno natural discriminadas no projeto e aquelas efetivamente constatadas após o desmatamento – obtidas com o nivelamento primitivo –, é preciso apropriar as larguras reais, ou seja, as levantadas pela topografia ao tempo da obra.

As larguras entre os *offsets* podem ser modificadas em função de alterações nas cotas de greide e, nesse caso, também é necessário apropriar as larguras reais, desconsiderando-se aquelas previstas inicialmente em projeto.

Os Engenheiros devem ainda descontar das larguras entre os *offsets* as correspondentes à rodovia vicinal porventura existente, caso o traçado da pista em construção seja coincidente, ao menos parcialmente, com a rodovia vicinal em uso. Isso porque, na largura da estrada atualmente em utilização, por certo não haverá desmatamento a ser executado, conforme se ilustra na Fig. 3.6.

São também apropriáveis as áreas desmatadas para a exploração de empréstimos – nas mínimas dimensões necessárias para a retirada do material –, bem como aquelas que serão utilizadas como desvios de tráfego durante a execução da obra.

Note-se que, ao tempo do Sicro 2, não podiam ser apropriadas as áreas referentes às jazidas, uma vez que tais custos já constavam nas composições de preços para os serviços de reforço de subleito e pavimentação (sub-base e base), como exemplificado na Fig. 3.7. Conceitualmente, as jazidas diferem dos empréstimos porque estes fornecem materiais a serem utilizados nos corpos de aterro (terraplenagem), enquanto aquelas fornecem materiais a serem utilizados nas camadas de pavimentação.

Note-se ainda, na composição apresentada nessa figura, que o parâmetro padrão utilizado pelo DNIT era a quantidade de 0,70 m² de desmatamento de jazida para a escavação de um volume de 1,15 m³ de material. Sendo assim, considerava-se uma espessura útil de aproximadamente 1,64 m, de modo que, caso os Engenheiros se deparassem com situações concretas que fugissem significativamente desses padrões, os devidos ajustes deveriam ser procedidos por intermédio de termo aditivo (na verdade, essa situação já poderia ter sido detectada ao tempo do orçamento básico, uma vez que o projeto necessariamente precisa indicar o volume útil de cada

Fig. 3.6 *Rodovia vicinal a ser alargada e pavimentada*

jazida a ser explorada; assim, uma malha de furos de sondagem deveria ter sido lançada, determinando, por conseguinte, a espessura útil da jazida).

Porém, com a reformulação do Sicro, em 2017, a diretriz passou a ser outra, uma vez que as composições auxiliares referentes a limpeza e expurgo de jazida foram removidas, por padrão, das composições referentes a reforço de subleito, sub-base e base, a exemplo da Fig. 3.8.

O Engenheiro Fiscal só deverá medir o desmatamento de cada trecho uma única vez. A necessidade de novo desmatamento em determinadas áreas em virtude do lapso de tempo transcorrido entre o primeiro desmatamento e a chegada da frente de serviço é de responsabilidade exclusiva da empreiteira contratada e não pode ser remunerada, posto que esta deve programar o andamento da frente de desmatamento em ritmo compatível com o avanço das equipes de terraplenagem.

Quanto ao transporte do material oriundo do desmatamento aos locais apropriados para bota-fora, assim dispõe a norma DNIT 104/2009-ES:

> 8.1.4 Devem ser considerados como integrantes ordinárias dos processos executivos pertinentes aos serviços focalizados nas subseções, 8.1.1 e 8.1.2, as seguintes operações:
>
> a) As operações referentes à remoção/transporte/deposição e respectivo preparo e distribuição, no local de bota-fora, do material proveniente do desmatamento, do destocamento e da limpeza.

No entanto, como se percebe nas Figs. 3.9 e 3.10, as composições de preço do próprio DNIT para os referidos serviços, sejam do antigo Sicro 2, sejam do Sicro pós-2017, não contemplam qualquer custo a isso relacionado.

Se, por um lado, a norma DNIT 104/2009-ES trata o transporte do material desmatado como integrante ordinária do serviço, por outro o *Manual de custos de infraestrutura de transportes* (DNIT, 2017, grifo nosso) esclarece, no item 2.1 do conteúdo 1 do volume 10:

> A remoção e o transporte de material proveniente do desmatamento, destocamento e limpeza não serão considerados para fins de medição, *desde que as distâncias de transporte sejam inferiores a 30 metros.*

Conclui-se, portanto, que caso seja efetivamente necessária a condução da vegetação desmatada para locais além das laterais contíguas às áreas executadas (distâncias superiores a 30 m), os Engenheiros deverão apropriar tais custos em itens de transporte específicos

DNIT - Sistema de Custos Rodoviários			Construção Rodoviária			SICRO2
Custo Unitário de Referência	Mês : Novembro/2016		São Paulo			RCTR0320
2 S 02 100 00 - Reforço do subleito			Produção da Equipe: 168,00 m³			Valores em (R$)

A - EQUIPAMENTO	Quantidade	Utilização Operativa	Improdutiva	Custo Operacional Operativo	Improdutivo	Custo Horário
E006 - Motoniveladora (103 kW)	1,00	0,78	0,22	166,89	24,27	135,52
E007 - Trator agrícola (74 kW)	1,00	0,52	0,48	72,05	16,50	45,39
E013 - Rolo compactador pé de carneiro autop. 11,25 t vibrat. (82 kW)	1,00	1,00	0,00	113,84	16,50	113,85
E101 - Grade de discos - GA 24 x 24	1,00	0,52	0,48	3,49	0,00	1,82
E105 - Rolo compactador de pneus autoprop. 25 t (98 kW)	1,00	0,78	0,22	138,12	16,50	111,37
E404 - Caminhão basculante - 10 m³ - 15 t (210 kW)	1,49	1,00	0,00	146,83	18,77	218,79
E407 - Caminhão-tanque - 10.000 L (210 kW)	2,00	0,54	0,46	149,65	18,77	178,90
				Custo Horário de Equipamentos		805,63

B - MÃO DE OBRA	Quantidade			Salário-hora		Custo Horário
T511 - Encarreg. de pavimentação	1,00			46,45		46,46
T701 - Servente	3,00			13,53		40,61
				Custo Horário da Mão de Obra		87,07
				Adc. M.O. - Ferramentas: (15,51%)		13,50
				Custo Horário de Execução		906,20
				Custo Unitário de Execução		5,39

D - ATIVIDADES AUXILIARES	Quantidade	Unidade		Preço Unitário		Custo Unitário
1 A 01 100 01 - Limpeza camada vegetal em jazida (const. e restr.)	0,7000	m²		0,46		0,32
1 A 01 105 01 - Expurgo de jazida (const. e restr.)	0,2000	m³		2,41		0,48
1 A 01 120 01 - Escav. e carga de mater. de jazida (const. e restr.)	1,1500	m³		3,69		4,24
				Custo Total das Atividades		5,04

F - TRANSPORTE DE MATERIAIS PRODUZIDOS/COMERCIAIS	Toneladas/Unidade de Serviço					Custo Unitário
1 A 01 120 01 - Escav. e carga de mater. de jazida (const. e restr.)	1,8400					

Fig. 3.7 *Inclusão de desmatamento em itens de pavimentação*

DNIT   **CGCIT**

SISTEMA DE CUSTOS REFERENCIAIS DE OBRAS - SICRO
Custo Unitário de Referência
4011211 Reforço do subleito com material de jazida

São Paulo — Maio/2018 — FIC 0,02838 — Produção da equipe 168,20 m³ — Valores em reais (R$)

A - EQUIPAMENTOS		Quantidade	Utilização		Custo Horário		Custo
			Operativa	Improdutiva	Produtivo	Improdutivo	Horário Total
E9571	Caminhão-tanque com capacidade de 10.000 L - 188 kW	1,00000	0,93	0,07	183,0897	51,4372	173,8740
E9518	Grade de 24 discos rebocável de 24"	1,00000	0,52	0,48	2,2783	1,5837	1,9449
E9524	Motoniveladora - 93 kW	1,00000	0,78	0,22	181,7268	79,9115	159,3274
E9762	Rolo compactador de pneus autopropelido de 27 t - 85 kW	1,00000	0,72	0,28	141,9546	64,9594	120,3959
E9685	Rolo compactador pé de carneiro vibratório autopropelido de 11,6 t - 82 kW	1,00000	1,00	0,00	124,0372	55,9181	124,0372
E9577	Trator agrícola - 77 kW	1,00000	0,52	0,48	84,0627	32,3826	59,2563
					Custo horário total de equipamentos		638,8357

B - MÃO DE OBRA		Quantidade	Unidade	Custo Horário	Custo Horário Total
P9824	Servente	1,00000	h	20,2092	20,2092
				Custo horário total de mão de obra	20,2092
				Custo horário total de execução	659,0449
				Custo unitário de execução	3,9182
				Custo do FIC	0,1112
				Custo do FIT	-

C - MATERIAL	Quantidade	Unidade	Preço Unitário	Custo Unitário
			Custo unitário total de material	-

D - ATIVIDADES AUXILIARES	Quantidade	Unidade	Custo Unitário	Custo Unitário
4816096 Escavação e carga de material de jazida com escavadeira hidráulica	1,10000	m³	0,9300	1,0230
			Custo total de atividades auxiliares	1,0230
			Subtotal	5,0524

E - TEMPO FIXO	Código	Quantidade	Unidade	Custo Unitário	Custo Unitário
4816096 Escavação e carga de material de jazida com escavadeira hidráulica - Caminhão basculante 10 m³	5914354	2,06250	t	1,3800	2,8463
				Custo unitário total de tempo fixo	2,8463

F - MOMENTO DE TRANSPORTE	Quantidade	Unidade	DMT			Custo Unitário
			LN	RP	P	
4816096 Escavação e carga de material de jazida com escavadeira hidráulica - Caminhão basculante 10 m³	2,06250	tkm	5914359	5914374	5914389	
			Custo unitário total de transporte			
			Custo unitário direto total			7,90

Fig. 3.8   *Reformulação do Sicro*

DNIT - Sistema de Custos Rodoviários   Construção Rodoviária   **SICRO2**
Custo Unitário de Referência   Mês : Novembro/2016   São Paulo   RCTR0320
2 S 01 000 00 - Desm. dest. limpeza áreas c/arv. diam. até 0,15 m   Produção da Equipe: 1.444,0 m²   Valores em (R$)

A - EQUIPAMENTO	Quantidade	Utilização		Custo Operacional		Custo Horário
		Operativa	Improdutiva	Operativo	Improdutivo	
E003 - Trator de esteiras - com lâmina (259 kW)	1,00	1,00	0,00	399,57	24,27	399,58
				Custo Horário de Equipamentos		399,58

B - MÃO DE OBRA	Quantidade			Salário-hora	Custo Horário
T501 - Encarregado de turma	0,50			30,91	15,46
T701 - Servente	2,00			13,53	27,07
				Custo Horário da Mão de Obra	42,53

Adc. M.O. - Ferramentas: (15,51%)	6,60
Custo Horário de Execução	448,70
Custo Unitário de Execução	0,31
Custo Unitário Direto Total	0,31
Lucro e Despesas Indiretas (26,70%)	0,08
Preço Unitário Total	0,39

Observações: especificação de serviço: DNER ES-278.

Fig. 3.9   *Composição DNIT, Sicro 2, para desmatamento*

---

da planilha, e não diretamente nos itens referentes aos desmatamentos, uma vez que as distâncias médias de transporte (DMTs) normalmente variam de modo significativo entre os diversos trechos. Caso isso não tenha sido previsto ao tempo da licitação – procedimento que deveria ter sido adotado, pois o projeto básico já deve trazer elementos suficientes para esse cálculo –, as inclusões podem ser feitas mediante um termo aditivo de preço.

3.3 Nivelamento primitivo

Trata-se do nivelamento do trecho, realizado logo após o desmatamento. Recomenda-se que o Engenheiro Fiscal requisite da equipe de topografia uma cópia dos nivelamentos efetuados tão logo eles forem sendo realizados. De posse desse material, deve checar a conformidade desses dados, por amostragem, com os constantes nas notas de serviço do projeto.

DNIT - Sistema de Custos Rodoviários				Construção Rodoviária		SICRO2
Custo Unitário de Referência		Mês : Novembro/2016		São Paulo		RCTR0320
2 S 01 000 00 - Desm. dest. limpeza áreas c/arv. diam. até 0,15 m				Produção da Equipe: 1.444,0 m²		Valores em (R$

A - EQUIPAMENTO	Quantidade	Utilização		Custo Operacional		Custo Horário
		Operativa	Improdutiva	Operativo	Improdutivo	
E003 - Trator de esteiras - com lâmina (259 kW)	1,00	1,00	0,00	399,57	24,27	399,58
				Custo Horário de Equipamentos		399,58
B - MÃO DE OBRA	**Quantidade**			**Salário-hora**		**Custo Horário**
T501 - Encarregado de turma	0,50			30,91		15,46
T701 - Servente	2,00			13,53		27,07
				Custo Horário da Mão de Obra		42,53
				Adc. M.O. - Ferramentas: (15,51%)		6,60
				Custo Horário de Execução		448,70
				Custo Unitário de Execução		0,31
				Custo Unitário Direto Total		0,31
				Lucro e Despesas Indiretas (26,70%)		0,08
				Preço Unitário Total		0,39

Observações: especificação de serviço: DNER ES-278.

Fig. 3.10 *Composição DNIT, Sicro, para desmatamento*

Essa análise poderá apontar ou para alguma irregularidade no nivelamento – que deverá, nesse caso, ser refeito –, ou para a necessidade de aditivos na obra – caso as cotas não estejam de fato compatíveis.

Além disso, o Engenheiro Fiscal terá em suas mãos os dados topográficos iniciais do trecho antes da execução dos serviços, devendo assegurar que as seções transversais jamais sejam adulteradas – se isso ocorrer, seja por erro ou má-fé, o Fiscal terá como checar e promover as devidas correções.

Dada a relevância dessas informações para o exercício dos órgãos de controle interno e externo, recomenda-se que cópias das próprias cadernetas de campo – ou dos respectivos arquivos, caso o serviço seja procedido com estações totais – sejam arquivadas tanto pelos Engenheiros Executores quanto pelos Engenheiros Fiscais.

3.4 Escavações, carga e transporte

Três são as finalidades básicas das escavações executadas em obras rodoviárias:

- Levar o terreno natural à cota de greide, corrigindo, portanto, o relevo existente, de modo a atender às rampas máximas estabelecidas como parâmetros em cada projeto.
- Obter material para a execução dos aterros. Normalmente se busca, nos projetos, uma equivalência entre os volumes naturalmente escavados (para que se atinjam as cotas de greide) e os compactados (seções de aterro). Não obstante, nem sempre isso é possível, razão pela qual se lançam mão de empréstimos ou de bota-foras (conceitos que serão ainda comentados nesta obra).
- Substituir materiais existentes no terreno natural que não atendam aos requisitos mínimos estabelecidos em norma e projeto.

3.4.1 Classificação do material escavado

É preciso inicialmente sublinhar que a natureza apresenta uma variedade de solos que tende ao infinito. Entre solos finos e rochas sãs há tantas configurações de materiais granulares quanto tons de cinza entre o branco e o preto.

Nesse diapasão, apenas para efeito de remuneração à empresa contratada, o DNIT decidiu classificar os materiais a serem escavados em três grupos – materiais de 1ª, 2ª ou 3ª categoria –, conforme definido na norma DNIT 106/2009-ES (grifo nosso):

Material de 1ª categoria – Compreende os solos em geral, residuais ou sedimentares, seixos rolados ou não, com diâmetro máximo inferior a 0,15 m, qualquer que seja o teor de umidade apresentado. O processo de extração é compatível com a utilização de "Dozer" ou "Scraper" rebocado ou motorizado;

Material de 2ª categoria – Compreende os solos de resistência ao desmonte mecânico inferior à da rocha não alterada, cuja extração se processe por combinação de métodos que *obriguem a utilização do maior equipamento de escarificação exigido contratualmente*; a extração eventualmente pode envolver o uso de explosivos ou processo manual adequado. Estão incluídos nesta categoria os *blocos de rocha de volume inferior a 2 m³* e os matacões ou pedras de *diâmetro médio compreendido entre 0,15 m e 1,00 m*;

[A Fig. 3.11 mostra um exemplo desse tipo de material.]

Material de 3ª categoria – Compreende os materiais com

Fig. 3.11 *Blocos de rocha solta (2ª categoria)*

resistência ao desmonte mecânico equivalente à da rocha não alterada e *blocos de rocha com diâmetro médio superior a 1,00 m, ou de volume igual ou superior a 2 m³*, cuja extração e redução, a fim de possibilitar o carregamento, se processem com o *emprego contínuo de explosivos*.

Note-se, no entanto, que o limite entre solos de 1ª e 2ª categoria não é facilmente perceptível durante os trabalhos de escavação. Conforme definido em norma, o solo somente será classificado como de 2ª categoria quando se fizer *obrigatória* a utilização dos escarificadores do trator. Contudo, o operador do equipamento certamente começará a utilizar o escarificador tão logo perceba a diminuição da eficiência da lâmina, quando o material ainda não é literalmente de 2ª categoria, mas um solo de 1ª categoria com escavação rigorosa.

Há, portanto, *in natura*, uma larga faixa de solos de 1ª categoria, que vai dos menos densos, removíveis com escavações leves, aos mais densos, que exigem escavações rigorosas e já começam a se confundir com materiais de 2ª categoria.

Assim, nas seções transversais em que haja mais de um tipo de material escavado, a norma admite classificação percentual dos materiais de 1ª e 2ª categoria. Essa classificação deve ser procedida pelo Engenheiro Fiscal, acompanhado dos Engenheiros da empreiteira contratada, por meio da avaliação do testemunho deixado no talude de corte.

Por outro lado, a norma DNIT 106/2009-ES veda a classificação percentual que envolva materiais de 3ª categoria. O volume desse material deve, então, ser apropriado unicamente por intermédio de cubação das seções transversais. Sendo assim, deve-se realizar um nivelamento topográfico tão logo a escavação atinja a camada de rocha, salvo condições excepcionais, onde esse procedimento se mostre impossível.

3.4.2 Formas de escavação

Várias são as opções no mercado de equipamentos produzidos com o escopo de executar escavações em solo. No entanto, é preciso perceber que a escolha dos equipamentos a serem utilizados numa determinada obra, na maioria das vezes, não deve decorrer de preferências meramente subjetivas, mas sim ser fruto da análise das condições locais de execução de cada serviço, pois a mobilização de equipamentos inadequados pode ser a causa de relevantes prejuízos durante a execução dos serviços. Esses prejuízos nem sempre são perceptíveis aos olhos de técnicos menos experientes, uma vez que se configuram pela diminuição de uma produção que só poderia ser atingida se fossem utilizados os equipamentos mais adequados e que, portanto, não é previamente conhecida para efeito de parâmetro de comparação.

Assim, em função do tipo de equipamento utilizado, têm-se configurações de trabalho distintas, que podem ser sintetizadas nos seguintes modelos:

- escavação, carga e transporte com tratores de esteira;
- escavação, carga e transporte com escavadeiras;
- escavação, carga e transporte com motoescrêiperes.

Nesta seção, o principal objetivo é associar as variáveis de campo às características próprias de cada equipamento de escavação, no sentido de estabelecer diretrizes para a escolha daqueles mais apropriados para cada caso. Assim, tecnologias mais específicas que podem ser embarcadas nos equipamentos, como sensores de nivelamento, sensores de posicionamento e outras ferramentas de automação, serão tratadas nas seções próprias de escavações e aterros nos leitos das vias.

Escavação, carga e transporte com tratores de esteira

Durante muitos anos, a forma mais usual de escavação de materiais de 1ª categoria era com a utilização de *tratores de esteira* e carregadeiras (pás mecânicas) (Figs. 3.12 e 3.13). Os primeiros promovem a escavação em si – utilizando as lâminas e, em caso de terrenos de maior densidade, os escarificadores –, enquanto as carregadeiras coletam o material escavado e com ele carregam os caminhões basculantes para o transporte até o destino final.

Note-se, portanto, que, no caso de escavações com tratores de esteira, três são os tipos de equipamentos utilizados para completar o processo de carga e transporte até os locais de destino.

Fig. 3.12 *Trator de esteira*

Fig. 3.13 *Carregadeira e caminhão basculante*

Visando ao aumento da produtividade e à consequente minimização dos custos envolvidos, os Engenheiros precisam estar atentos aos fatores que influenciam diretamente a eficiência dos equipamentos envolvidos, entre os quais é possível destacar:

- capacitação dos operadores;
- porte dos equipamentos utilizados;
- declividade dos terrenos de corte;
- utilização da lâmina mais adequada;
- distância de arraste do material escavado;
- altura da pilha;
- qualidade dos caminhos de serviço.

A boa *capacitação dos operadores* é algo que merece a devida atenção das empresas construtoras. Operadores com menor experiência precisam ser treinados, preferencialmente por profissionais especializados no assunto, para que sejam evitados fortes prejuízos em virtude da diminuição da produtividade dos equipamentos. Sugerem-se treinamentos práticos, com a utilização dos equipamentos, junto a empresas especializadas ou até mesmo junto aos próprios fabricantes.

Apenas para ilustrar a relevância dessa providência, a fabricante de equipamentos Caterpillar (2009), em seu *Manual de produção*, estima a possibilidade de perda de produtividade de um trator de esteira em até 40% se for operado por um profissional de baixa experiência, podendo chegar a 50% no caso de tratores de rodas, conforme mostrado na Tab. 3.4.

Tab. 3.4 Fatores de ajuste de produtividade devidos a operador

Operador	Trator de esteira	Trator de rodas
Excelente	1,00	1,00
Regular	0,75	0,60
Fraco	0,60	0,50

Fonte: Caterpillar (2009).

Quanto ao *porte do equipamento* a ser utilizado, a regra geral é a de que o maior equipamento confere a maior produtividade e, consequentemente, os menores custos de produção. Sugere-se, portanto, que os Engenheiros responsáveis providenciem a indicação e a mobilização dos maiores equipamentos que "caibam" na obra a executar.

Nesse sentido, é fundamental, para efeito de planejamento, a observação do cronograma físico-financeiro e sua projeção no histograma de equipamentos. Se a obra demanda uma rápida execução dos cortes, por exemplo, pode-se fazer imprescindível a utilização de tratores de grande porte. Por outro lado, se o prazo é mais elástico, pode-se ponderar outros fatores, como a disponibilidade dos diversos equipamentos pela empresa construtora e a flexibilidade de utilização proporcionada por tratores menores.

Perceba-se que a equipe de planejamento da obra precisa equacionar os fatores visando ao menor custo possível, ante as variáveis inerentes à empresa. Assim, caso seja recomendável a mobilização de um trator de grande porte, mas a empresa não disponha desse tipo de equipamento, essa equipe precisa calcular os impactos financeiros decorrentes de três alternativas: 1) executar a obra com tratores de menor porte, disponíveis na empresa, o que impactará negativamente os resultados inicialmente previstos, por diminuição da produtividade; 2) alugar no mercado os equipamentos mais indicados do ponto de vista da produtividade, caso em que se deve calcular os impactos nos custos totais, uma vez que o custo unitário do equipamento será maior que o previsto; ou 3) terceirizar os serviços de escavação com uma empresa especializada, caso em que também é de se esperar uma elevação de custo, dada a remuneração do lucro da empresa terceirizada.

Ao planejar a exploração de um empréstimo com tratores de esteira, a equipe técnica precisa estar atenta à influência da *declividade dos terrenos* na produtividade dos serviços. Para a análise desse aspecto, apresenta-se a Fig. 3.14.

Porcentagem de rampa *versus* fator de produção
(–) Declive
(+) Aclive

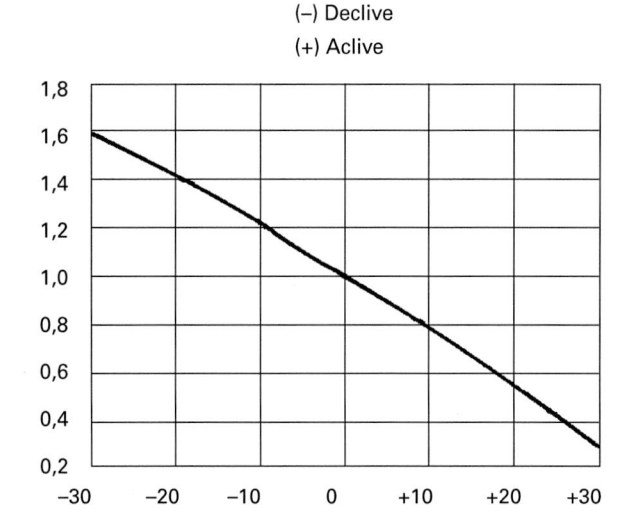

Fig. 3.14 *Fatores de ajuste de produtividade devidos à rampa*
Fonte: Caterpillar (2009).

Fig. 3.15 *Lâmina semiuniversal*
Fonte: Caterpillar (2009).

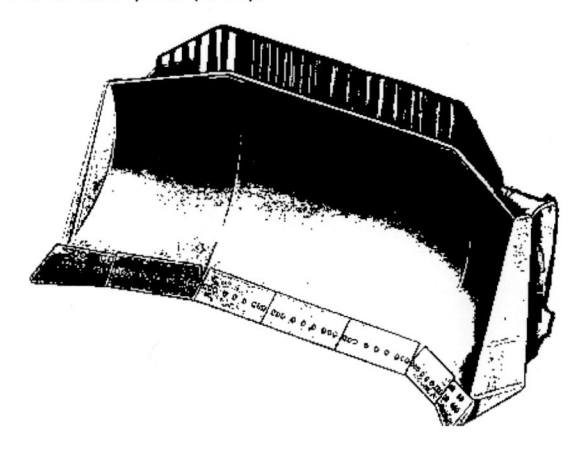

Fig. 3.16 *Lâmina universal*
Fonte: Caterpillar (2009).

Perceba-se que, naturalmente, é uma péssima decisão orientar a escavação em rampas de aclive e que, por outro lado, pode-se elevar a produtividade de um trator de esteira ao colocá-lo para escavar em declives. Assim, em caso de empréstimos em situações inclinadas nos quais seja impossível o trator executar as escavações no sentido do declive, é de todo recomendável, sob pena de perda de produtividade de até 70%, que os Engenheiros orientem a equipe de laboratório a investigar a possibilidade de substituição do empréstimo indicado por outro alternativo em local próximo.

O fator seguinte a ser considerado pelos Engenheiros da construtora, visando à maximização da produtividade, é a definição da *lâmina mais adequada* às condições específicas de escavação na obra. Para tratores de esteira de grande porte, e em operações de escavação de solos, a escolha recai basicamente em dois tipos de lâmina: a semiuniversal (SU) e a universal (U) (Figs. 3.15 e 3.16).

A lâmina semiuniversal é mais versátil e pode ser utilizada com materiais mais moles ou mais densos, pois permite maior penetração, e, se equipada com placas de empuxo, pode ser empregada para *push* em motoescrêiperes. Já a lâmina universal possui uma menor capacidade de penetração, de modo que deve ser evitada em escavações de solos mais densos. Por outro lado, suas grandes asas e sua maior largura e altura permitem uma maior retenção de material, o que torna o equipamento mais produtivo no caso de operação com materiais de menor densidade.

Na Tab. 3.5, percebe-se que a lâmina universal, para um trator de esteiras do modelo D8, possui uma capacidade de 11,7 m³, enquanto a lâmina semiuniversal, para o mesmo trator, tem uma capacidade de apenas 8,7 m³. Essa diferença, obviamente, tem repercussão direta na produtividade dos equipamentos, como se nota nas Figs. 3.17 e 3.18. Registre-se que, em ambos os gráficos, a produção referente ao eixo das ordenadas precisa ainda ser corrigida por diversos fatores que interferem na produção efetivamente alcançada.

Assim, visando a uma maior produtividade, o ideal seria equipar os tratores de esteira com lâminas do tipo universal. Contudo, como elas não são indicadas para cortes em materiais de alta densidade (nesses casos, a produtividade estaria prejudicada), recomenda-se que os dois tipos de lâmina sejam mobilizados às obras, para que os Engenheiros possam orientar as equipes de campo a utilizarem uma ou outra, em conformidade com a característica do solo em cada frente de serviço. É comum ter em uma mesma obra empréstimos e seções de

Tab. 3.5 Características básicas das lâminas semiuniversal e universal

Modelo	D8R/D8T					
	8A		8SU		8U	
Tipo	Angulável		Semiuniversal		Universal	
Capacidades da lâmina*	4,7 m³	6,1 jd³	8,7 m³	11,4 jd³	11,7 m³	15,3 jd³
Peso no embarque** (lâmina)	5.459 kg	12.009 lb	4.789 kg	10.557 lb	5.352 kg	11.800 lb
Dimensões do trator e da lâmina						
Comprimento (lâmina reta)	6,57 m	21'7"	6,39 m	21'0"	6,79 m	22'3"
Comprimento (lâmina angulada)	7,62 m	25'0"	–	–	–	–
Largura (lâmina angulada)	4,52 m	14'10"	–	–	–	–
Largura (só com armação C)	3,38 m	11'1"	–	–	–	–
Dimensões da lâmina						
Largura (inclusive cantos padrão)	4,99 m	16'4"	3,94 m	12'11"	4,26 m	14'0"
Altura	1.174 mm	3'10,2"	1.690 mm	5'6,5"	1.740 mm	5'8,5"

*As capacidades da lâmina são determinadas pela norma J1265 da SAE. Observe-se que a capacidade da lâmina U equivale ao volume transportado por uma lâmina reta de dimensões idênticas mais o volume incluído na parte côncava da lâmina U. Destina--se a *comparações relativas de tamanhos de lâminas*, e não à previsão de capacidade e produtividade em condições reais no campo.
**Quanto ao peso no embarque, o arranjo total do trator compreende: lâmina, braços de empuxo ou armação C, tirantes, cilindros, tubulações, munhões e montagens dos cilindros de levantamento.
Fonte: adaptado de Caterpillar (2009).

corte com materiais mais duros e mais moles. O objetivo, então, é buscar a máxima produtividade em cada frente de serviço, minimizando os custos da obra.

Outro fator que influencia a produtividade dos tratores de esteira, e que por isso merece atenção em campo, é a *distância de arraste do material escavado*. O ciclo de operação desses tratores é composto de três momentos: 1) ao penetrar sua lâmina no solo (para cortes em solos mais densos ou materiais de 2ª categoria, é aconselhável a utilização dos escarificadores traseiros do equipamento), o trator inicia a operação de corte, na qual o solo continua a se acumular em frente ao equipamento até atingir a capacidade da lâmina, o que normalmente ocorre após um deslocamento de aproximadamente 15 m; 2) a partir desse momento, ele segue em marcha de avanço, arrastando o material escavado até depositá-lo em montes para a posterior coleta pela carregadeira; 3) em seguida, ele retorna à posição de origem em marcha a ré.

Perceba-se, portanto, que, em sendo pouco variável a distância necessária para o corte do volume equivalente à capacidade da lâmina, o que faz com que o tempo de ciclo seja maior ou menor (ocasionando maior ou menor custo unitário, respectivamente) é exatamente a distância de arraste até o monte, que acaba também influenciando, de maneira diretamente proporcional, o tempo de retorno em marcha a ré. A equipe de campo precisa, então, ser orientada para não proceder a elevadas distâncias de arraste, mantendo-as em até 15 m ou a distâncias suficientes para que a *altura das pilhas* formadas seja igual ou superior a 3 m, o que facilita o trabalho das carregadeiras, aumentando a produtividade da etapa de carga dos caminhões – pilhas com alturas inferiores a 3 m exigem um maior tempo de ciclo das carregadeiras.

O passo seguinte, uma vez carregado o caminhão, é efetuar o transporte do solo escavado até seu destino final (seção de aterro ou bota-fora). Nesse sentido, os Engenheiros precisam orientar suas equipes a manter sempre elevada a *qualidade dos caminhos de serviço*, com vistas a possibilitar a elevação da velocidade média dos caminhões no percurso, que tem impacto diretamente proporcional na produtividade desses caminhões e inversamente proporcional, por conseguinte, nos custos unitários dos serviços.

Em suma, e resguardados todos os cuidados mencionados, a utilização de tratores de esteira é normalmente mais indicada quando se lida com escavações de solos de alta densidade ou quando há baixas profundidades de escavação.

Escavação, carga e transporte com escavadeiras

Mais recentemente, com a redução dos custos das escavadeiras, passou a ser mais comum sua utilização em substituição aos tratores de esteira e às carregadeiras, posto que a escavadeira não só escava como já carrega

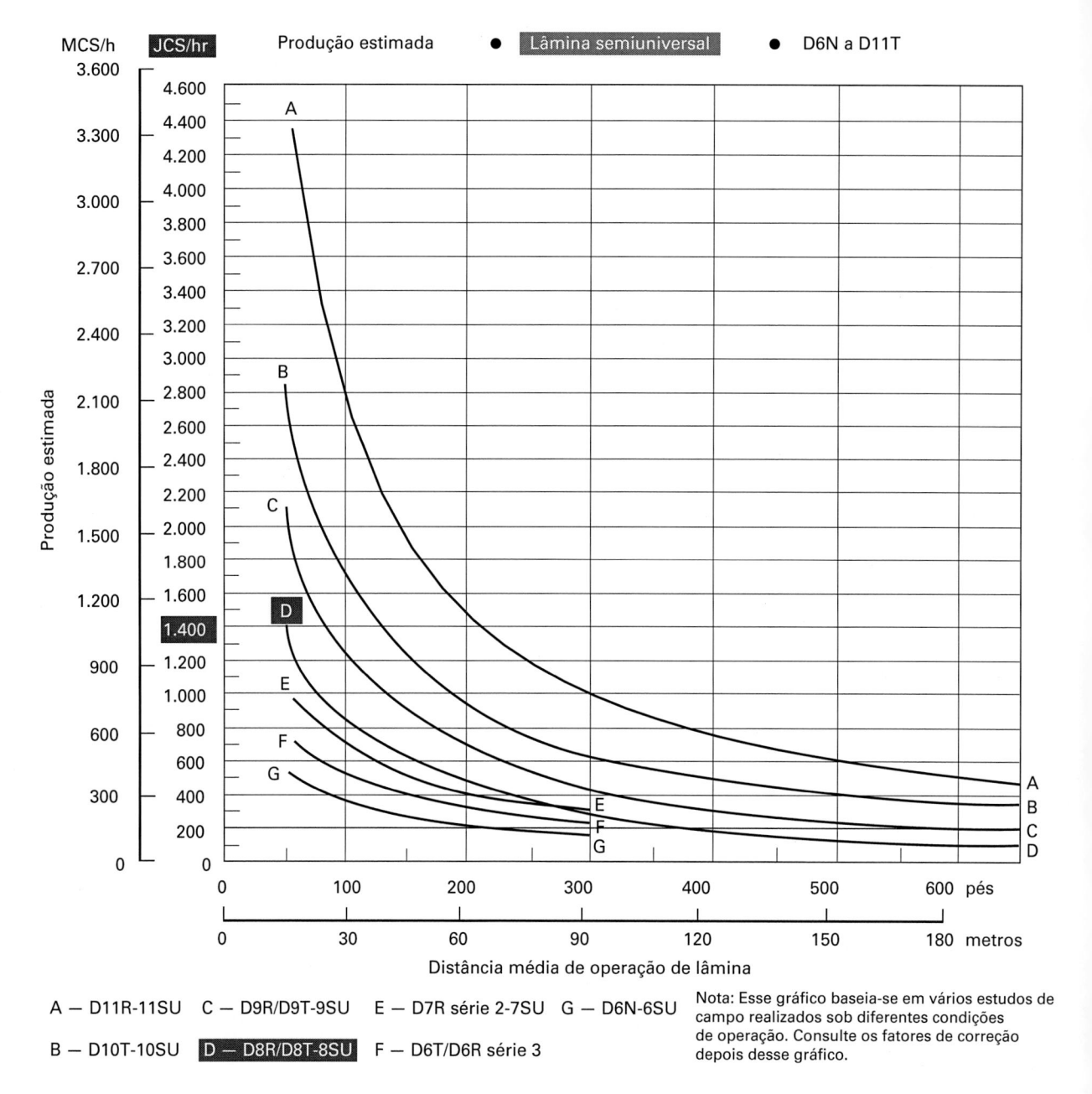

Fig. 3.17 *Produções estimadas de tratores de esteira com lâmina semiuniversal*
Fonte: Caterpillar (2009).

A — D11R-11SU   C — D9R/D9T-9SU   E — D7R série 2-7SU   G — D6N-6SU
B — D10T-10SU   D — D8R/D8T-8SU   F — D6T/D6R série 3

Nota: Esse gráfico baseia-se em vários estudos de campo realizados sob diferentes condições de operação. Consulte os fatores de correção depois desse gráfico.

os caminhões – tem-se, portanto, um só equipamento a realizar o trabalho de dois (Fig. 3.19).

Entretanto, note-se que em alguns casos, conforme já comentado, continua sendo mais indicada a escavação com tratores de esteira e carregadeiras. Isso ocorre, por exemplo, quando se deseja escavar empréstimos planos e com baixas espessuras de material aproveitável. Nesse caso, a produtividade da escavadeira é baixa, pois, além de ela não conseguir trabalhar em um *plano mais elevado que os caminhões* (situação que seria ideal, pois se conseguiria menor tempo de ciclo e, por conseguinte, maior produtividade), precisaria realizar grandes deslocamentos horizontais. Sendo assim, realizar nesse caso a escavação com trator de esteira, mesmo que para isso fosse preciso agregar o trabalho de uma carregadeira (que tem fácil mobilidade no perímetro do canteiro de obras, dispensando carretas para seu transporte entre as frentes de serviço), tornaria o serviço menos oneroso.

Outra situação de obra que normalmente limita a produtividade das escavadeiras se configura quando é necessário escavar terrenos de elevadas densidades *in natura*, uma vez que resulta em maiores tempos de ciclo.

Além disso, os Engenheiros precisam analisar, em face dos volumes a serem escavados e das densidades *in natura* dos solos, qual seria a concha ideal a ser acoplada ao equipamento. A regra geral é que seja utilizada a maior

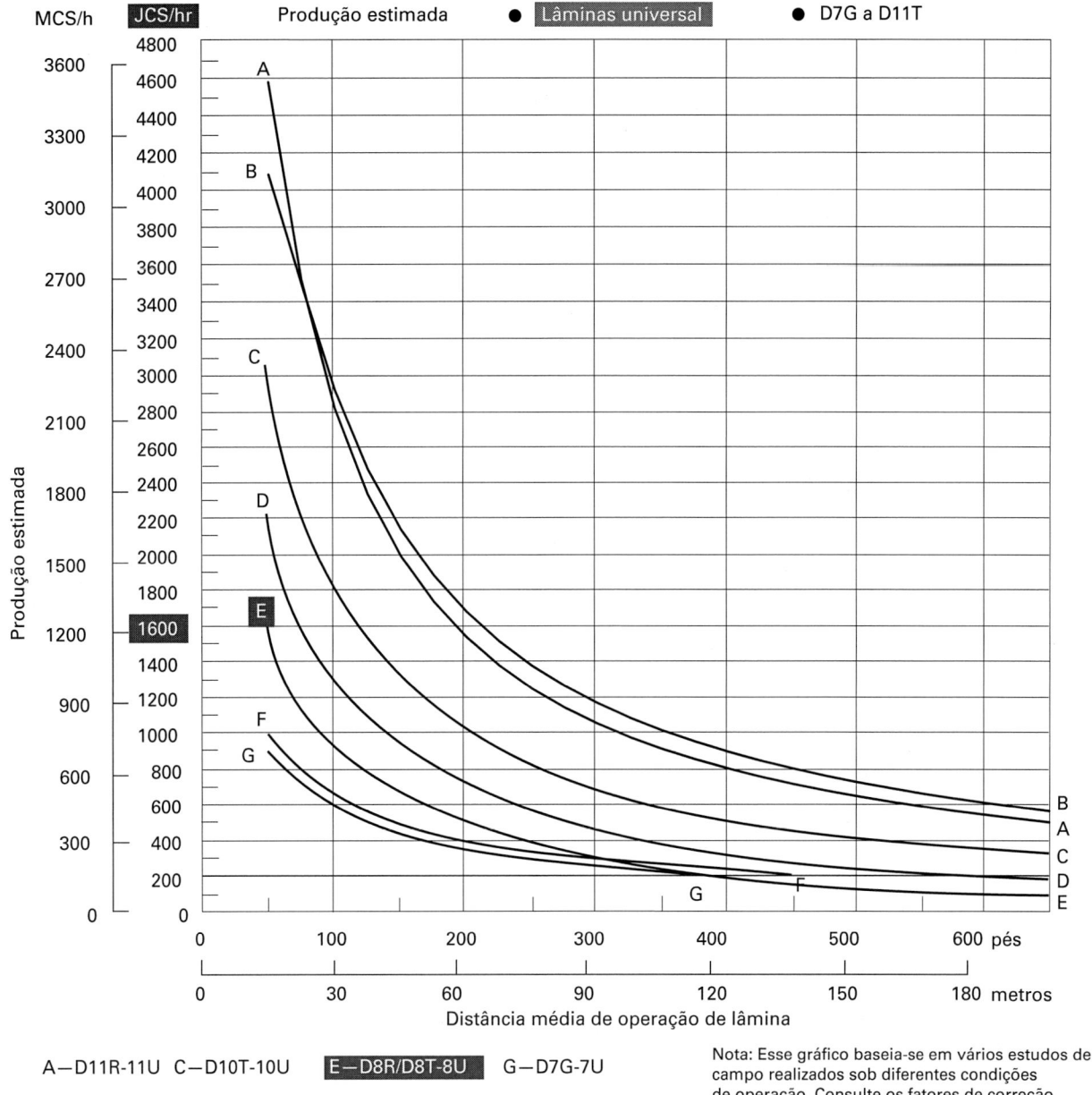

Fig. 3.18 *Produções estimadas de tratores de esteira com lâmina universal*
Fonte: Caterpillar (2009).

A—D11R-11U C—D10T-10U E—D8R/D8T-8U G—D7G-7U
B—D11R CD D—D9R/D9T-9U F—D7R série 2-7U

Nota: Esse gráfico baseia-se em vários estudos de campo realizados sob diferentes condições de operação. Consulte os fatores de correção depois desse gráfico.

concha compatível com o modelo do equipamento indicado e o rigor exigido da escavação.

No mais, sempre que se fizer possível, os Engenheiros devem orientar suas equipes a abrir frentes largas de escavação em empréstimos, como exemplificado na Fig. 3.20, de modo a reduzir o tempo de manobra dos caminhões para carga e permitir o estacionamento de dois caminhões em paralelo, possibilitando que a escavadeira não fique em espera entre os carregamentos de dois caminhões consecutivos. Tudo visando, é claro, à minimização dos custos dos serviços.

Some-se ainda, aos cuidados mencionados, a já comentada atenção que deve ser dispensada à qualidade dos caminhos de serviço por onde trafegarão os caminhões.

Em suma, as escavadeiras normalmente são mais indicadas para escavações em frentes onde possam ser colocadas em planos mais altos que os dos caminhões e, ainda, preferencialmente, onde os solos não tenham altas densidades *in natura*.

Escavação, carga e transporte com motoescrêiperes

Há ainda uma terceira forma de escavação em solos, com o uso de motoescrêiperes (Figs. 3.21 e 3.22). Esses equipamentos, em regra, fazem sozinhos os trabalhos de escavação, carga e transporte do material, dispensando as carregadeiras e os próprios caminhões basculantes. Dependendo do modelo utilizado, os motoescrêiperes podem trabalhar em pares – caso em que um dos equi-

Fig. 3.19 *Escavadeira*

Fig. 3.20 *Larga frente em empréstimo*

Fig. 3.21 *Motoescrêiper*

Fig. 3.22 *Detalhe da escavação*

pamentos ajuda na tração do outro durante a escavação – ou auxiliados por tratores de esteira (equipados com placas de empuxo), que se limitam a dar o *push*, ou seja, empurram os escrêiperes, agregando-lhes tração durante a escavação.

No entanto, trata-se de equipamentos muito longos e pesados. Assim, somente são recomendáveis em seções de cortes e aterros que ofereçam largos espaços para manobras e em trajetos sobre caminhos de serviço.

Os escrêiperes mais comuns, como os modelos 621G e 631G, da Caterpillar, têm comprimento de 12,88 m e 14,71 m, respectivamente, e demandam um diâmetro de giro (180°) de aproximadamente 12 m. Quanto a seus pesos, possuem 33.995 kg e 47.628 kg, vazios, o que por si só já os impede de realizar transportes sobre vias pavimentadas, mormente ao considerar que suas capacidades de carga são de 17 m³ e 26 m³, o que agregaria ainda aos equipamentos mais de 25 t durante os trabalhos.

Além disso, à medida que aumentam as distâncias de transporte, eleva-se o custo dessa solução em comparação com o uso de caminhões, uma vez que o custo horário produtivo dos motoescrêiperes é bem superior ao dos caminhões basculantes. Isso torna sua utilização inviável financeiramente em situações nas quais passam mais tempo em operações de transporte do que em escavação e carga, por exemplo. Tomando como exemplo os dados divulgados pelo DNIT referentes ao mês de maio de 2018, na base territorial do Estado de São Paulo, tem-se que o motoescrêiper (insumo de código E9523) se apresenta com o custo horário produtivo de R$ 646,8457, enquanto o caminhão basculante de 14 m³ (insumo de código E9667) tem o custo de aproximadamente R$ 293,5325, ou seja, 55% mais barato.

De modo análogo ao já comentado nas seções anteriores, é preciso também aqui assegurar a melhor qualidade possível dos caminhos de serviço, visando à redução do tempo de ciclo do equipamento na etapa referente ao transporte do material até a seção de destino.

Em suma, os motoescrêiperes são indicados em situações de obras que configurem, *cumulativamente*:
- grandes volumes de movimentação de terra;
- possibilidade de faixas largas, tanto nas origens quanto nos destinos dos materiais, que possibilitem as manobras do longo equipamento;
- caminhos de serviço próprios da obra (não utilização de vias públicas existentes);
- curtas distâncias de transporte;
- densidades *in natura* baixas ou médias.

3.4.3 Escavações em rocha

As escavações em rocha, materiais de 3ª categoria, são em regra efetuadas com a utilização de explosivos. Todavia, há outras formas alternativas que podem se adequar melhor a situações excepcionais de obras, como o uso de rompedores acoplados a escavadeiras ou de argamassas expansivas.

Qualquer que seja o caso, essas escavações precisam ser precedidas de *nivelamentos topográficos* que delimitem com precisão as faces dos terrenos a partir das quais os volumes removidos serão considerados, para efeitos de remuneração, como de 3ª categoria. Conforme já comentado, a regra estabelecida na norma DNIT 106/2009-ES para apropriações de volumes de materiais de 3ª categoria é o nivelamento topográfico das seções transversais, salvo condições excepcionais, onde esse procedimento se mostre impossível. É necessário que tais nivelamentos sejam realizados em seções transversais espaçadas entre si em conformidade com as irregularidades longitudinais dos terrenos, sendo aconselhável que esses espaçamentos não ultrapassem 10,0 m.

A utilização de explosivos para a escavação de rochas requer que os Engenheiros responsáveis providenciem todas as licenças necessárias, incluindo-se a da Agência Nacional de Mineração (ANM), para a exploração dos recursos minerais, e a do Exército Brasileiro, que terá de vistoriar previamente as instalações dos paióis, para a verificação das condições normativas de segurança, e a quem compete a liberação para o transporte e o armazenamento dos explosivos. Os paióis precisam ser construídos com rigorosa observação das normas técnicas, em especial a NR 19, mormente quanto à capacidade de armazenamento e aos distanciamentos (entre si, de edificações, rodovias, ferrovias e edifícios habitados). Recomenda-se a leitura da seção 2.16, mais precisamente no que tange à instalação dos paióis.

Profissionais especializados, evidentemente, são imprescindíveis para a elaboração dos planos de fogo, o planejamento e a coordenação dos trabalhos que envolvem a utilização de explosivos.

Também se deve redobrar a atenção quanto aos cuidados inerentes à segurança do trabalho, para os quais é altamente recomendável a participação de profissionais especializados, que especifiquem os EPIs necessários e coordenem os trabalhos de treinamento e orientação das equipes em relação à segurança dos procedimentos, ao isolamento das áreas etc.

Em obras situadas próximas a locais habitados, rodovias, linhas de transmissão ou outras situações congêneres, pode-se fazer necessária a interação dos Engenheiros responsáveis com autoridades diversas, no sentido de melhor coordenar os meios para a execução dos serviços em absoluta segurança e com os menores transtornos possíveis a terceiros.

Para isso, muitas vezes é preciso programar horários preestabelecidos para as detonações, para que as autoridades de trânsito (polícias rodoviárias, por exemplo) providenciem o bloqueio temporário do tráfego no trecho, evitando também a passagem de veículos em estradas próximas, e para que as concessionárias de energia estejam preparadas para quaisquer emergências, entre outros. Recomenda-se inclusive que, tanto quanto possível, as detonações sejam executadas sempre nos mesmos horários do dia, para que a própria população residente nas áreas adjacentes já esteja previamente preparada para esses transtornos.

Quando se faz imprescindível a contenção total da rocha nos locais das explosões, deve-se estudar a solução mais adequada dadas as condições da obra. Uma delas pode ser o abafamento do fogo, obtido por meio do recobrimento dos furos com solo em elevadas espessuras, o que demanda escavação, carga e transporte de solo e posterior remoção do material adicionado. Tal método exige um minucioso protocolo de segurança e extrema atenção de todos os profissionais envolvidos para que sejam evitados acidentes.

Conforme comentado, outras alternativas, sem o uso de explosivos, também podem ser analisadas, tais como o emprego de argamassas expansivas ou de martelos rompedores acoplados a escavadeiras (Fig. 3.23).

Essas condições especiais de serviço normalmente acarretam custos mais elevados para as escavações e, por isso, devem ser previstas desde o tempo da licitação

Fig. 3.23 *Escavadeira com martelo rompedor*

da obra, tanto por parte dos Orçamentistas dos órgãos contratantes – que precisam estimar os custos referenciais mais adequados a cada situação, seja inserindo itens apropriados na planilha orçamentária, seja ajustando os custos unitários existentes nos sistemas de referência à realidade do que se deve executar na obra – quanto por parte dos Orçamentistas das empresas construtoras proponentes – uma vez que estas devem conhecer bem não só o projeto, como também as condições locais para a execução do objeto em licitação.

Caso a empresa proponente detecte que as condições locais para a execução das escavações em rocha exigem cuidados especiais que demandam custos que vão além dos estimados para condições padronizadas pelo sistema de referência de preços utilizado pelo órgão contratante, e que este não procedeu aos devidos ajustes, sugere-se que se alerte o fato à comissão de licitações para as devidas providências.

No mais, caso o projeto preveja a utilização do material de 3ª categoria escavado para aterros em rocha, os Engenheiros da empresa construtora devem elaborar um plano de fogo específico para tal fim, com o objetivo de extrair a pedra com diâmetros compatíveis com os máximos permitidos em norma e projeto, o que pode demandar um menor espaçamento entre os furos, carregamentos específicos e até mesmo pré-fissuramentos. Como essa situação normalmente implica maiores custos envolvidos, é fundamental que isso seja previsto desde o tempo da licitação nos moldes já comentados anteriormente.

3.4.4 Escavações em empréstimos – particularidades

Quanto aos empréstimos da obra, os Engenheiros deverão permanecer atentos aos seguintes pontos:
- exclusões de empréstimos indicados em projeto;
- qualidade do material disponível;
- distância média de transporte;
- empolamento do material.

Exclusões de empréstimos indicados em projeto

Conforme já comentado, a exclusão de qualquer empréstimo previsto em projeto implicará impacto financeiro no contrato, em virtude do aumento das DMTs. Sendo assim, deve-se cuidar para que apenas em casos extremos algum empréstimo seja dispensado. Se a exclusão ocorrer, visando subsidiar possíveis auditorias dos órgãos de controle interno e externo, as adaptações do projeto, que quase sempre resultam em aditivo de preço pelo aumento das DMTs, devem ser expressamente detalhadas – em fichas devidamente datadas e assinadas, que tragam a identificação e a localização do empréstimo e descrevam o motivo de sua não utilização – e arquivadas juntamente com a seguinte documentação, conforme os respectivos motivos:

- *Os órgãos de proteção ambiental negaram a solicitação de exploração da área*: deve-se anexar os documentos de solicitação e o despacho com o indeferimento.
- *O proprietário não permitiu a utilização da área*: a declaração do proprietário, devidamente assinada, deve constar na ficha. Em casos extremos (empréstimos de elevados volumes e ausência de outros em regiões próximas, por exemplo), o Engenheiro Fiscal deve avaliar a conveniência e a economicidade de uma possível desapropriação da área.
- *O material não tinha a qualidade prevista no projeto*: deve-se anexar o mapa esquemático dos furos de sondagem realizados e as fichas dos ensaios de laboratório (granulometria, CBR, expansão, limite de liquidez e plasticidade) que concluíram pelo descarte.
- *Esgotou-se o material disponível*: caso o empréstimo não contenha o volume utilizável previsto em projeto, deve-se anexar o mapa esquemático dos furos de sondagem realizados – no fundo do empréstimo e nas regiões circunvizinhas – e as fichas dos ensaios de laboratório (granulometria, CBR, expansão, limite de liquidez e plasticidade) que concluíram pelo descarte.
- *O acesso ao empréstimo é impossível*: em determinadas regiões, durante o período das chuvas, o acesso a locais específicos pode ser impossível. Nesse caso, sugere-se fotografar a área e restringir-se a utilização do empréstimo apenas durante o lapso de tempo em que seja realmente impossível sua utilização. O Engenheiro Fiscal deve ainda analisar se seria técnica e financeiramente conveniente alterar o plano de ataque da obra, postergando a execução dos aterros que teriam seus materiais provenientes de tais origens.

Em qualquer caso, sempre que for impossível a utilização de algum empréstimo indicado em projeto, os Engenheiros devem procurar, nas regiões adjacentes, um outro local que possa ser explorado em sua substituição.

Qualidade do material disponível

Antes mesmo da utilização dos empréstimos, os Engenheiros devem analisar os ensaios realizados nos materiais provenientes deles. Tais ensaios são os exigidos em normas e são executados, de praxe, após o início da obra, servindo para confirmar os dados constantes no projeto, de modo a evitar a escavação e o transporte de materiais inservíveis para os aterros.

A norma técnica a ser seguida é a DNIT 107/2009-ES e, conforme o item 5.1, os materiais devem apresentar as seguintes características:

b) Ser isentos de matérias orgânicas, micáceas e diatomáceas. Não devem ser constituídos de turfas ou argilas orgânicas.

c) Para efeito de execução do corpo do aterro, apresentar capacidade de suporte compatível (ISC ≥ 2%) e expansão menor ou igual a 4%, determinados por intermédio dos seguintes ensaios:
• Ensaio de Compactação – Norma DNER-ME 129/94 (Método A). [Essa norma foi revisada, sem maiores alterações de conteúdo, passando a ser catalogada como DNIT 164/2013-ME.]
• Ensaio de Índice Suporte Califórnia (ISC) – Norma DNER ME 49/94, com a energia do Ensaio de Compactação (Método A).

d) Para efeito de execução da camada final de aterros e/ou substituição da camada superficial de cortes, apresentar, dentro das disponibilidades e em consonância com os preceitos de ordem técnico-econômica, a melhor capacidade de suporte e expansão menor ou igual a 2%, cabendo a determinação dos valores de CBR e de expansão pertinentes, por intermédio dos seguintes ensaios:

• Ensaio de Compactação – Norma DNER-ME 129/94 [atual DNIT 164/2013-ME] (Método B).
• Ensaio de Índice Suporte Califórnia (ISC) – Norma DNER-ME 49/94, com a energia do Ensaio de Compactação (Método B).

No que tange à capacidade de suporte, é importante esclarecer que se deve observar não apenas o mínimo estabelecido em norma (2%), mas também o determinado em projeto, uma vez que este teria servido como parâmetro para o dimensionamento da via.

Distância média de transporte

Com o auxílio de um equipamento de GPS (*global positioning system*), os Engenheiros devem se dirigir a cada empréstimo em utilização e checar, para uso nas medições, os seguintes dados:

- *Estaca de entrada*: é o ponto, na pista em execução, em que se tem o cruzamento com o caminho de serviço, ou outra rodovia, que leva ao empréstimo a ser utilizado. Em determinadas situações, é possível que haja duas ou mais estacas de entrada para o mesmo empréstimo. Nesse caso, todas devem ser anotadas em conjunto com suas respectivas distâncias fixas.
- *Distância fixa*: é a distância entre a estaca de entrada e o centro do empréstimo em utilização (Fig. 3.24).

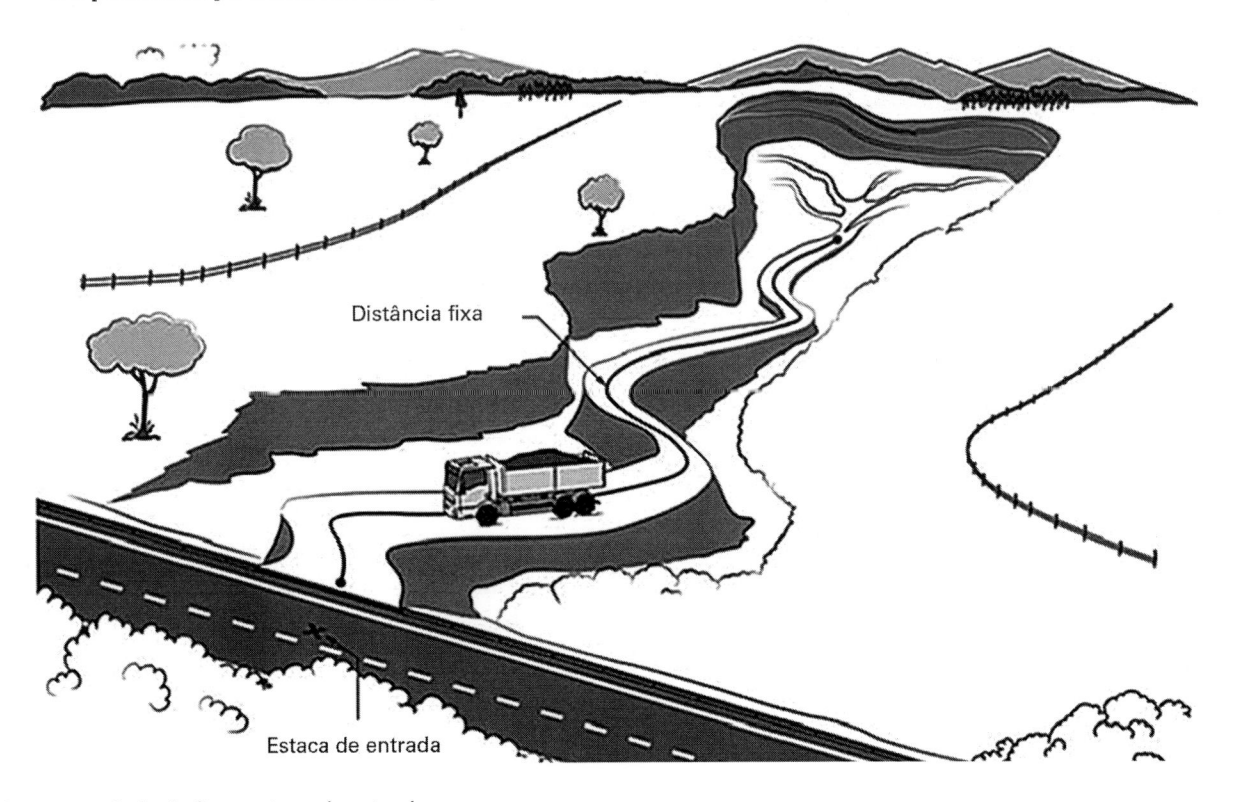

Fig. 3.24 *Distância fixa e estaca de entrada*

Caso a planilha orçamentária contenha item(ns) referente(s) a momento extraordinário de transporte, os Engenheiros precisam identificar os trechos a serem percorridos pelos caminhões durante a exploração de cada empréstimo, anotando as distâncias em caminhos pavimentados, em revestimento primário e em leito natural. Isso porque, para distâncias superiores a 3 km, a diferença de custos entre os transportes em rodovias pavimentadas e em rodovias não pavimentadas tende a ser cada vez mais relevante, de modo que tais serviços devem ser remunerados em itens distintos na planilha orçamentária.

Assim, caso a planilha orçamentária não preveja itens distintos para a remuneração dos transportes em função da classificação da superfície dos caminhos de serviço, o Engenheiro Fiscal deve providenciar, por intermédio de termo aditivo, a inclusão de tais itens.

A DMT de cada transporte realizado na obra terá uma componente fixa – a distância fixa – e outra variável – a distância entre a estaca de entrada e o centro de massa de cada aterro –, que devem, portanto, ser somadas.

Note-se que, caso o aterro de destino compreenda um trecho que se estende de antes a depois da estaca de entrada, a componente variável da DMT será a média ponderada das distâncias entre a estaca de entrada e as extremidades de cada segmento, considerando-se, para isso, a representatividade dos volumes transportados para cada lado. Essa é a situação representada na Fig. 3.25.

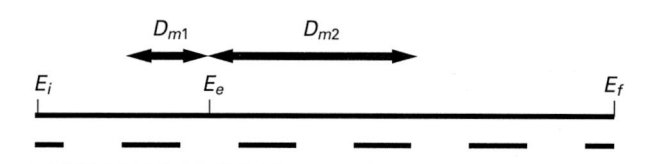

Fig. 3.25 *Estaca de entrada localizada dentro do aterro de destino*

$$D_{mp} = \frac{(E_e - E_i)^2 + (E_f - E_e)^2}{E_f - E_i} \times 10$$

em que:
D_{mp} = distância média (ponderada) percorrida dentro do trecho (a ser somada com a distância fixa do empréstimo);
E_e = estaca de entrada;
E_i = estaca inicial do trecho de aterro;
E_f = estaca final do trecho de aterro.

No caso de empréstimos laterais, a distância deverá ser calculada de forma análoga. No entanto, deve-se acrescentar à DMT a metade do comprimento do empréstimo, uma vez que eles costumam ser mais longos e estreitos e, além disso, a distância total tende a ser menor, posto que não há distância fixa, de modo que o próprio comprimento do empréstimo se torna relevante. Note-se que as tabelas de referência de preços trazem distinção de preços unitários de 200 m em 200 m, para distâncias de até 2 km.

Empolamento do material

Como se verá em seção mais adiante, a norma exige que os volumes apropriados para escavação sejam levantados nas seções de corte e que os volumes de compactação sejam medidos nas seções transversais dos aterros.

Quando se trata de materiais escavados nos trechos de corte da pista em execução, o cálculo desses volumes é realizado diretamente, por intermédio de cubação das seções transversais dos trechos, levantadas topograficamente.

Ocorre, entretanto, que na maioria das vezes não é conveniente proceder-se a nivelamentos topográficos nos empréstimos a serem utilizados, pelos seguintes motivos:
- o empréstimo pode ser utilizado para outras obras;
- perdas de material, que, após escavado, sobra no empréstimo;
- perdas de material durante o transporte;
- perdas de material pela execução de aterros com seções superiores às discriminadas no projeto.

Sendo assim, os Engenheiros devem calcular os empolamentos característicos de cada tipo de material a ser utilizado em aterros que seja proveniente de empréstimos (concentrados ou laterais), de modo a calcular os volumes escavados nos empréstimos a partir dos volumes de aterros executados com esses mesmos materiais.

Sublinhe-se que um certo empolamento é característica própria de cada material, de modo que até um mesmo empréstimo pode apresentar veios de diferentes tipos de materiais (mais ou menos pedregulhosos, argilosos, siltosos etc.), com empolamentos distintos. Nesse caso, os Engenheiros deverão aferir o empolamento para cada veio de material escavado no empréstimo.

Uma vez que todo o material escavado é transportado para suas respectivas seções de aterro, tem-se que a quantidade do material escavado, em peso, é igual à quantidade do material compactado, também em peso. E, sabendo-se que a densidade é exatamente a relação entre a massa e o volume de sólido:

$$D_{in} = \frac{M_{empréstimo}}{V_{empréstimo}}$$

e

$$D_{max} = \frac{M_{aterro}}{V_{aterro}}$$

Se:
$$M_{empréstimo} = M_{aterro}$$
Então:
$$V_{empréstimo} \cdot D_{in} = V_{aterro} \cdot D_{max}$$

$$V_{empréstimo} = V_{aterro} \cdot \frac{D_{max}}{D_{in}}$$

O empolamento, portanto, será a razão entre a densidade máxima aparente seca do material (determinada, em laboratório, pelo ensaio de compactação) e a densidade aparente seca do material *in natura*, encontrado no empréstimo (determinada com a realização de um furo de densidade *in situ*).

$$E = \frac{D_{max}}{D_{in}} - 1$$

em que:
E = empolamento;
D_{max} = densidade máxima aparente seca do material;
D_{in} = densidade aparente seca do material *in natura*.

É esse percentual que deve ser acrescido aos volumes de aterro para que sejam obtidos, indiretamente, seus volumes correlatos nas seções de escavação.

Sendo assim, deve-se orientar as equipes de laboratório para que, ao coletarem materiais em empréstimos para a realização dos ensaios ordinários (compactação, CBR, limites de consistência, granulometria etc.), realizem, tão somente para efeito de medições futuras, furos de densidade *in situ* exatamente nos locais dessas coletas. Dessa forma, sempre se terão as relações de empolamento na mesma frequência estabelecida para a realização dos ensaios de compactação, bastando para isso dividir-se a densidade máxima aparente seca obtida nestes pela respectiva densidade aparente seca auferida no empréstimo.

Para melhor compreensão, tome-se exemplificativamente a questão a seguir.

QUESTÃO PRÁTICA 3.3
Calcular o volume a ser apropriado da escavação, carga e transporte de solo em um empréstimo, sabendo-se que ele foi utilizado para a execução de um aterro cujas seções transversais indicavam um volume de 1.200,00 m³. Sabe-se também que a densidade *in natura* desse material é de 1.623 kg/m³ e que sua densidade máxima, determinada em laboratório, é de 1.850 kg/m³.

Solução
1. Como se trata de determinação indireta do volume de escavação a partir do volume de compactação, deve-se inicialmente calcular o empolamento desse solo:

$$E = \frac{D_{max}}{D_{in}} - 1 \quad \therefore \quad E = \frac{1.850}{1.623} - 1 \quad \therefore \quad E = 14\%$$

2. Sabendo-se que, para esse caso concreto, o volume de escavação deve ser 14% superior ao volume do aterro correspondente (no caso, 1.200,00 m³), o volume escavado deve ser de:

$$V_e = 1.200,00 + (14\% \times 1.200,00) \quad \therefore \quad V_e = 1.368,00 \text{ m}^3$$

É importante ainda, para assegurar a confiabilidade dos resultados, que a amostra de solo a ser levada a laboratório (para o ensaio de compactação) seja retirada exatamente do mesmo local onde se realizou o furo de densidade *in situ* no empréstimo. Assim, concluído o furo, deve-se coletar a amostra para laboratório no mesmo local e horizonte do furo aberto.

Na Fig. 3.26, note-se que, para realizar o furo de densidade *in situ* numa caixa de empréstimo, deve-se tomar o cuidado de remover o material vegetal, bem como toda a camada de raízes. Ou seja, deve-se realizar o ensaio em horizontes de onde serão extraídos os solos para os aterros.

Ainda na mesma figura, é possível observar que foi aberta uma área bem maior que a estritamente necessária para o furo, de modo a permitir a retirada de amostra (aproximadamente 40 kg) no mesmo horizonte do furo, para posterior ensaio de compactação em laboratório.

Fig. 3.26 *Furo de densidade* in situ *em empréstimo*

3.4.5 Escavações em seções de corte
Durante os serviços de escavação nas seções de corte, os Engenheiros precisam observar minimamente os seguintes pontos:

- necessidade de rebaixamentos adicionais;
- necessidade de patamares;
- controle geométrico;
- alargamentos de cortes.

Necessidade de rebaixamentos adicionais

Conforme o item 5.3.4 da norma DNIT 106/2009-ES (grifo nosso):

> 5.3.4 Quando alcançado o nível da plataforma dos cortes,
> a) Se for verificada a ocorrência de rocha sã ou em decomposição, deve-se promover o *rebaixamento do greide, da ordem de 0,40 m*, e o preenchimento do rebaixo com material inerte, indicando no projeto de engenharia ou em sua revisão;
> b) Se for verificada a ocorrência de solos de expansão maior que 2% e baixa capacidade de suporte, deve-se promover sua remoção, com *rebaixamento de 0,60 m*, em se tratando de solos orgânicos, o projeto ou sua revisão fixarão a espessura a ser removida. Em todos os casos, deve-se proceder à execução de novas camadas, constituídas de materiais selecionados, os quais devem ser objeto de fixação no projeto de engenharia ou em sua revisão;
> c) No caso dos cortes em solo, considerando o preconizado no projeto de engenharia, devem ser verificadas as condições do solo "*in natura*" nas camadas superficiais (0,60 m superiores, equivalente à camada final do aterro), em termos de grau de compactação. Os segmentos que não atingirem as condições mínimas de compactação devem ser escarificados, homogeneizados, levados à umidade adequada e, então, devidamente compactados, de sorte a alcançar a energia estabelecida no Projeto de Engenharia.

A justificativa para o procedimento descrito na alínea a é que a água que percolasse pelas camadas do pavimento seria acumulada nesse nível e contribuiria, portanto, para a desestabilização da camada de sub-base. Ao se rebaixar o greide e se recompor essa camada com material inerte, capaz de se manter estável mesmo em contato com a água, evita-se esse dano.

Perceba-se, entretanto, que as condições locais de relevo precisam permitir a saída longitudinal da água acumulada na camada inerte (40 cm), sob pena de ela entrar, com o tempo, em contato com o fundo da sub-base. Caso isso não seja possível, deve-se executar drenos laterais para a retirada dessa água.

A justificativa para o procedimento descrito na alínea b é o atendimento ao CBR mínimo exigido em projeto para o subleito, uma vez que esse valor é utilizado no dimensionamento das camadas do pavimento e deve ser encontrado numa espessura de pelo menos 60 cm abaixo da sub-base.

Note-se, portanto, que o parâmetro que deve nortear as ações em campo, durante a execução da obra, não é apenas os 2% de CBR mencionados em norma, mas sim o CBR mínimo indicado em projeto (que normalmente é superior a isso), uma vez que esse foi o dado efetivamente utilizado no cálculo estrutural do pavimento. O CBR mínimo indicado em projeto pode ser encontrado no seu relatório, em geral encartado no volume 1.

Por sua vez, a justificativa para o procedimento da alínea c é similar à da alínea anterior. Ora, se os 60 cm abaixo da sub-base devem ter CBR igual ou superior ao mínimo considerado no dimensionamento, é certo que também seu grau de compactação deve atingir o nível máximo exigido para essas camadas; no caso, sua densidade deve corresponder à máxima determinada em laboratório, com ensaio de compactação realizado com energia equivalente à do Proctor Intermediário (26 golpes por camada). Caso isso não se configure em campo – e muito provavelmente não se configurará –, deve-se proceder à compactação dessa espessura, obviamente dividindo-a em camadas de 20 cm.

Os procedimentos descritos na alínea c, no que tange aos primeiros 20 cm (os mais profundos), devem ser remunerados por intermédio do item "regularização de subleito" (*vide* seção 3.7). Note-se que esse preço contempla as operações de escarificação e reexecução da camada – incluindo-se umedecimento, homogeneização e compactação –, de modo que não deve ser utilizado quando se executa uma mera acomodação do material do subleito antes do início dos aterros.

Necessidade de patamares

Visando evitar o surgimento de erosões de taludes, a norma DNIT 106/2009-ES alerta para a necessidade de construção de patamares, caso as alturas dos cortes sejam elevadas:

> 5.3.12 Nos cortes de altura elevada, em função do definido no projeto de engenharia, deve ser procedida a implantação de patamares, com banquetas de largura mínima de 3 m, valetas revestidas e proteção vegetal.

Cabe então ao projeto especificar a "altura elevada" que exigirá a execução dos patamares. Tal definição levará em consideração a estabilidade do material escavado quanto ao risco de escorregamentos e erosões.

A IS-209, constante das *Diretrizes básicas para elaboração de estudos e projetos rodoviários* (DNER, 1999a), não traz nenhum parâmetro que indique a altura máxima de cortes sem a construção dos patamares. No entanto, a título de ilustração, na Instrução de Serviço para Projetos de Terraplenagem de Obras Ferroviárias, ISF-211, o DNIT recomenda que, em aterros sem bermas, as alturas dos taludes não excedam 8 m.

Controle geométrico

O item 7.3.1 da norma DNIT 106/2009-ES traz os parâmetros para a aceitação dos serviços executados nas seções de corte:

a) variação de altura máxima, para eixo e bordas:
- cortes em solo: ± 0,05 m;
- cortes em rocha: ± 0,10 m.

b) variação máxima de largura de + 0,20 m para cada semi-plataforma, não se admitindo variação negativa.

Em situações excepcionais, entretanto, o Engenheiro Fiscal pode tolerar a execução do corte com sobrelarguras superiores a 20 cm, no entanto esse acréscimo não poderá ser remunerado.

Recomenda-se a leitura da seção 3.4.2 deste livro, onde se discorre acerca da escolha dos equipamentos mais apropriados para cada configuração de corte em campo e os cuidados com vistas a garantir a maior produtividade em cada caso.

Percebe-se, contudo, que ao utilizar equipamentos tradicionais, com controles de operação 100% manuais, ocorre uma diminuição de produtividade nas camadas finais do corte, o que é explicável justamente em razão da maior atenção exigida do operador no que tange ao atingimento das cotas finais.

Em face disso, recomenda-se, para essas últimas camadas, a especificação de equipamentos com tecnologia de automação embarcada, que controlam *per si* as funções de movimentação das lâminas, conchas etc. nas proximidades das cotas de greide. Tais dispositivos garantem melhor qualidade da camada final, menor fadiga do operador e maior produtividade da escavação.

Estudos da Caterpillar (Cat®..., 2015a) indicam que a utilização do sistema automatizado de operação instalado em escavadeiras, por exemplo, reduz o tempo de escavação de uma camada final de corte em até 45%. Além disso, diminui os transtornos (e os custos) com empiquetamentos, uma vez que a operação do braço e da concha da máquina é controlada automaticamente pelo dispositivo, que detecta a linha de *laser* de referência de nível (Figs. 3.27 e 3.28).

Fig. 3.27 *Dispositivo detecta a linha de* laser *de referência*
Fonte: Cat®... (2013).

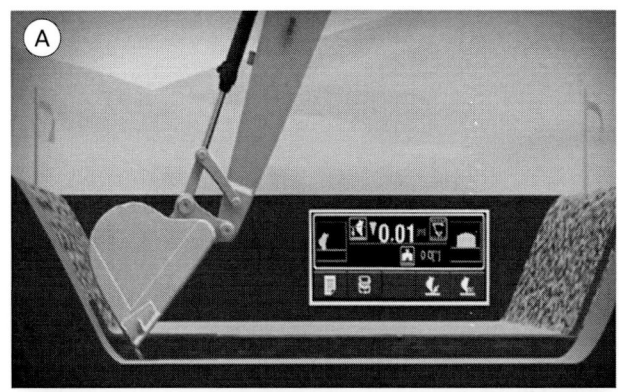

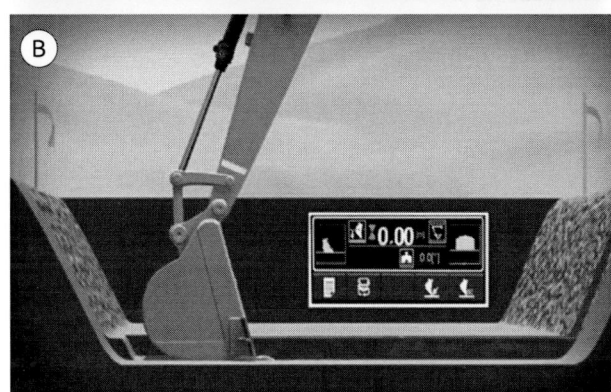

Fig. 3.28 *Controle dos movimentos do braço (A) e da concha (B)*
Fonte: Cat®... (2013).

O sistema possibilita inclusive entrar com dados relativos a alturas e profundidades máximas, evitando-se os riscos de acidentes em ambientes fechados ou rompimentos de tubulações subterrâneas (Fig. 3.29).

Embarcados em tratores de esteira, os sistemas de automação, de modo análogo, proporcionam consideráveis aumentos de produtividade no que tange à execução das camadas finais de corte. Em um teste realizado pela Caterpillar em seu pátio de testes em Peoria (Illinois/EUA), um mesmo profissional foi orientado a proceder à regularização de uma camada de plataforma com inclinação transversal (eixo para os bordos) de 3%, operando em dois momentos um mesmo modelo de trator de esteira,

Fig. 3.29 *Proteção de teto (A) e de limite inferior (B)*
Fonte: Cat®... (2015a).

com controles manuais e com assistente de inclinação. Verificou-se, assim, que o dispositivo de automação conseguiu reduzir o tempo de operação de 458 segundos para apenas 280 segundos, demonstrando um aumento de produtividade da ordem de 39%.

No mesmo teste, foi também perceptível uma sensível redução de irregularidades no greide executado com automatização, principalmente quando o trator foi operado por um profissional menos experiente, conforme registrado na Fig. 3.30.

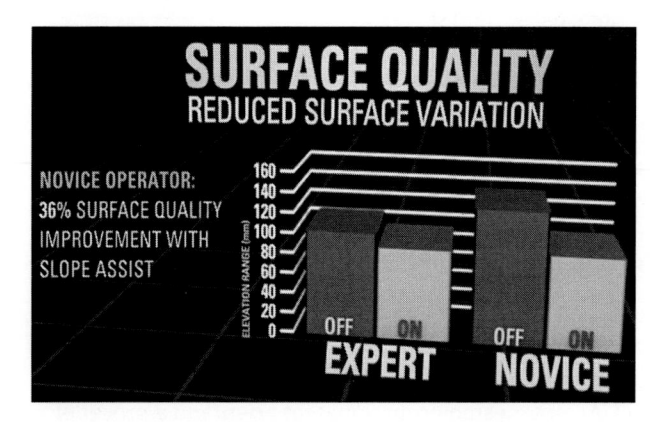

Fig. 3.30 *Ganho de qualidade por processo automatizado em trator de esteira*
Fonte: Cat®... (2015b).

Os dispositivos de automação podem ser adquiridos juntamente com os equipamentos, caso em que são instalados em fábrica, ou ser adquiridos de modo separado, para a instalação nos equipamentos em obras. Em qualquer caso, recomenda-se o treinamento específico dos operadores, para que se possa obter os melhores resultados da ferramenta.

Alargamentos de cortes

Sempre que for possível, o Engenheiro Fiscal deve orientar a execução de aterros com material proveniente de alargamentos de cortes em vez da utilização de empréstimos concentrados. Isso porque o alargamento do corte proporciona maior visibilidade aos motoristas e segurança ao tráfego (faixa mais larga livre de obstáculos).

É claro que nem sempre isso é possível por diversos motivos, como material com características que não atendem aos requisitos da norma de aterros, faixa de domínio muito estreita, impedimentos ambientais etc.

3.4.6 Critérios e procedimentos de medição

Os volumes de escavação devem ser medidos e avaliados nos cortes. Isso quer dizer que correspondem ao estado em que se encontram esses materiais nas seções de corte.

Assim, em regra, os volumes apropriados de escavação, carga e transporte são diretamente resultantes dos nivelamentos topográficos nas seções transversais do trecho de origem, ou seja, dos cortes ou empréstimos.

Quando se trata de volumes escavados no subleito da própria pista (seções de corte), que serão transportados para os trechos de aterro (ou bota-foras), naturalmente já se realizam os nivelamentos topográficos e deles se obtêm as seções transversais de cada estaca.

Os nivelamentos topográficos, em última análise, trazem as coordenadas para plotagem das seções transversais, de modo que cada ponto pode ser inserido em um gráfico que tem por abcissa sua distância em relação ao eixo da rodovia (positiva se para o lado direito e negativa se para o lado esquerdo). Sua ordenada é então a cota assinalada na caderneta de campo.

Exemplificativamente, tome-se a questão a seguir.

Questão prática 3.4

Desenhar a seção transversal do movimento de terra executado na estaca 100, para a qual as cadernetas de campo indicavam os pontos listados na Tab. 3.6, correspondentes ao terreno natural (nivelamento primitivo) e ao greide de projeto (nivelamento final).

Tab. 3.6 Dados extraídos de cadernetas de campo

Estaca 100			
Terreno		Projeto	
Distância	Cota	Distância	Cota
−7,10	531,800	−7,10	531,800
0,00	532,000	−5,40	530,000
7,58	532,500	0,00	530,162
		5,40	530,324
		7,58	532,500

Solução
A seção transversal correspondente é exibida na Fig. 3.31.

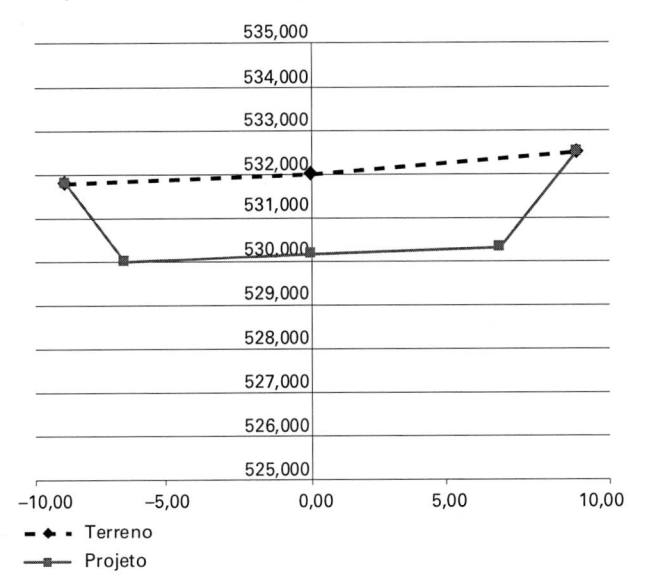

Fig. 3.31 *Seção transversal correspondente*

A partir das seções transversais, então, calculam-se as áreas correspondentes. Para isso, deve-se somar as áreas formadas pelos trapézios correspondentes a cada sequência de pontos da linha superior. Dessa soma deve subtrair-se, por fim, a soma das áreas dos trapézios correspondentes a cada sequência de pontos da linha inferior. Note-se que os comprimentos dos lados verticais dos trapézios são exatamente iguais às cotas de cada ponto, enquanto que o comprimento da base é indicada pela diferença entre as distâncias (abcissas) de cada ponto.

Questão prática 3.5
Dada a questão anterior, calcular a área da seção transversal da estaca 100.

Solução
Inicialmente é preciso calcular, na Fig. 3.32, a área total formada pela linha pontilhada, ou seja, a indicadora do terreno natural.

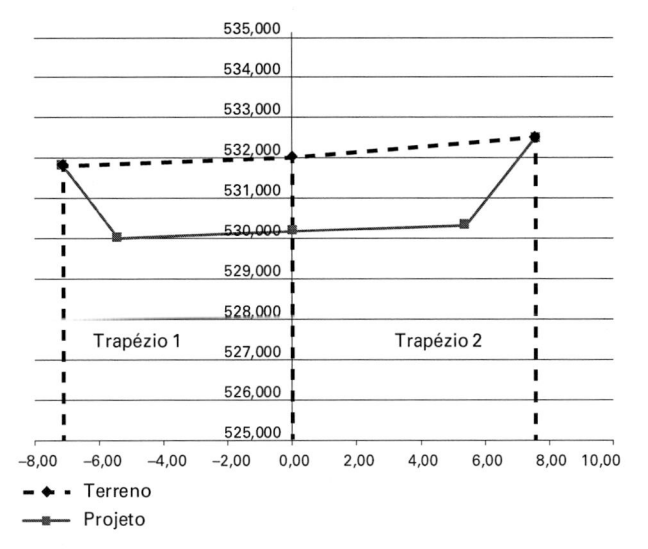

Fig. 3.32 *Sólido superior*

Assim:

Trapézio 1 = (531,800 + 532,000) × [0,00 − (−7,10)] ÷ 2
→ 3.776,49 m²

Trapézio 2 = (532,000 + 532,500) × (7,58 − 0,00) ÷ 2
→ 4.034,46 m²

Soma superior = 3.776,49 + 4.034,46 → 7.810,95 m²

Depois, na Fig. 3.33, calcula-se a área total formada pela linha pontilhada, ou seja, a indicadora do greide de projeto.

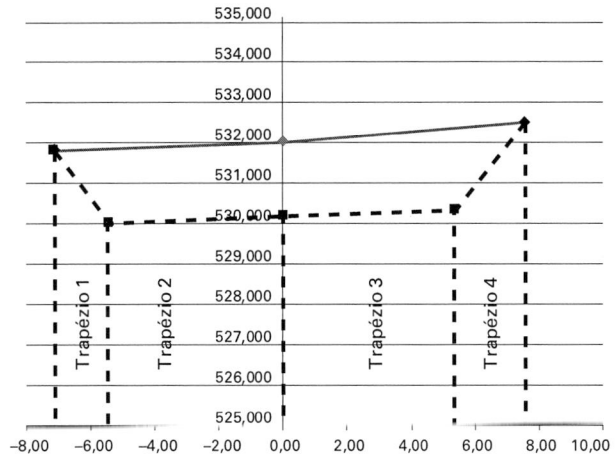

Fig. 3.33 *Sólido inferior*

Assim:

Trapézio 1 = (531,800 + 530,000) × [−5,40 − (−7,10)] ÷ 2
→ 902,53 m²

Trapézio 2 = (530,000 + 530,162) × [0,00 − (−5,40)] ÷ 2
→ 2.862,44 m²

Trapézio 3 = (530,162 + 530,324) × (5,40 − 0,00) ÷ 2
→ 2.863,31 m²

Trapézio 4 = (530,324 + 532,500) × (7,58 − 5,40) ÷ 2
→ 1.158,48 m²

Soma inferior = 902,53 + 2.862,44 + 2.863,31 + 1.158,48
→ 7.786,76 m²

A área da seção é, então:
7.810,95 − 7.786,76 → 24,19 m²

O passo seguinte é inserir todas as áreas obtidas nas seções transversais no mapa de cubação do trecho correspondente e calcular o volume de terra.

O mapa de cubação é uma ferramenta utilizada para calcular o volume do sólido formado pelas sucessivas seções transversais do trecho. O cálculo consiste em determinar os volumes dos sólidos compreendidos sempre entre duas seções transversais sucessivas. Assim, tal volume é obtido pela multiplicação da soma das áreas de suas extremidades (áreas das respectivas seções transversais) pela metade da distância entre elas. O volume acumulado representará, então, o volume de terra executado.

Questão prática 3.6

Dadas as áreas das seções transversais do trecho compreendido entre as estacas 95 e 105 (Tab. 3.7), calcular o volume do corte respectivo.

Tab. 3.7 Áreas de seções transversais entre as estacas 95 e 105

Estaca	Área
95	0,00
96	11,55
97	19,90
98	24,67
99	26,30
100	24,19
101	13,10
102	8,70
103	4,35
104	2,10
105	0,00

Solução

A Tab. 3.8 apresenta a solução por meio de mapa de cubação.

Tab. 3.8 Mapa de cubação calculado

Estaca	Área	Soma	S/D	Volume	Acumulado
95	0,00	–	–	–	–
96	11,55	11,55	10,00	115,500	115,500

Tab. 3.8 (continuação)

97	19,90	31,45	10,00	314,500	430,000
98	24,67	44,57	10,00	445,700	875,700
99	26,30	50,97	10,00	509,700	1.385,400
100	24,19	50,49	10,00	504,900	1.890,300
101	13,10	37,29	10,00	372,900	2.263,200
102	8,70	21,80	10,00	218,000	2.481,200
103	4,35	13,05	10,00	130,500	2.611,700
104	2,10	6,45	10,00	64,500	2.676,200
105	0,00	2,10	10,00	21,000	*2.697,200*

Após isso, lançam-se os volumes obtidos em cada trecho no Quadro de Distribuição de Materiais para que sejam determinadas as DMTs envolvidas em cada caso. Assim, cada volume deve ser associado ao respectivo item da planilha orçamentária ("escavação, carga e transporte de material com DMT de..."). A DMT deve ser calculada, para cada trecho, desde o centro de massa do corte até o centro de massa do aterro de destino, ou bota-fora, se for o caso.

Os trechos de corte, assim como os de aterro, não apresentam uma distribuição uniforme das massas de terra executadas, pois isso é função do relevo do terreno natural e do greide de projeto. Assim, nem sempre o centro de massa está equidistante de suas extremidades, daí a relevância de calcular o ponto exato de equilíbrio de massas de cada trecho.

O cálculo do centro de massa de um trecho consiste, então, na determinação do ponto exato onde o volume executado até este é igual ao volume executado deste até a extremidade final do trecho. Assim, parte-se do mapa de cubação e localizam-se as estacas entre as quais está acumulada a metade do volume do trecho. A partir daí, faz-se uma interpolação simples para calcular que distância da primeira dessas estacas corresponderia à metade do volume do mapa de cubação.

Questão prática 3.7

Dado o mapa de cubação da questão anterior, calcular o centro de massa do respectivo corte.

Solução

A Tab. 3.9 apresenta a memória de cálculo do centro de massa.

Tab. 3.9 Memória de cálculo do centro de massa (estacas 95 + 0,00 a 105 + 0,00)

Volume acumulado	2.697,200		
Metade do volume	1.348,600		
Volume anterior à metade no mapa	875,700		
Estaca correspondente (anterior)	98	+	0,00
Volume posterior à metade no mapa	1.385,400		
Estaca correspondente (posterior)	99	+	0,00
Centro de massa (interpolação):	**98**	**+**	**18,56**

Pois:

- 1.348,600 − 875,700 = 472,900 (o que passou da estaca 98 até a metade do volume);
- 1.385,400 − 875,700 = 509,700 (volume distribuído entre as estacas 98 e 99);
- 472,900 ÷ 509,700 = 92,78%;
- 92,78% × 20,00 (distância entre as estacas 98 e 99) = 18,56 m.

No exemplo da questão anterior, o centro de massa dista do centro do corte (estaca 100) em 21,44 m.

Note-se que o cálculo do centro de massa é tão mais relevante quanto menores forem as distâncias de transporte envolvidas. Isso porque normalmente a planilha orçamentária traz preços distintos para os itens referentes a "escavação, carga e transporte", que variam conforme cada acréscimo de 200 m na DMT, de modo que, muitas vezes, pequenas diferenças de distâncias são suficientes para alterar o item de planilha que remunerará determinados volumes.

No entanto, os preços unitários de referência somente evoluem a cada acréscimo de 200 m na DMT até o limite de 2.000 m. A partir daí, os preços passam a ser alterados apenas a cada 500 m, fazendo com que os cálculos dos centros de massa raramente impliquem alterações nas definições dos itens de planilha a serem utilizados (se comparados com o centro simples do corte ou aterro).

Quando se trata de materiais escavados em empréstimos para utilização em aterros, na maioria das vezes não é possível o levantamento das seções transversais nos trechos de origem (empréstimos). Nesse caso, a apropriação dos volumes escavados se dá de maneira indireta, ou seja, por intermédio dos cálculos dos empolamentos.

Sendo assim, deve-se partir do volume executado de aterro – definido pelas seções transversais dos aterros – para calcular o volume de corte que foi necessário para fornecer o material suficiente. O empolamento, então, é a razão entre a densidade máxima aparente seca do material – determinada em laboratório (ensaio de compactação) e que deve corresponder àquela executada em campo – e a densidade em que ele se encontrava, antes de ser escavado, no local de origem (densidade *in natura*). Portanto, deve-se multiplicar o volume compactado pelo empolamento para obter o volume escavado. Para a obtenção direta do volume escavado a partir do volume de aterro, multiplica-se este pelo empolamento acrescido de 1, ou seja, se o empolamento for de 15%, multiplica-se o volume de aterro por 1,15. Atente-se que cada material escavado tem um empolamento específico e que um mesmo empréstimo pode apresentar veios distintos de material, de modo que para cada um haverá um empolamento diferente.

Todos os dados utilizados no cálculo devem ser expressos nas correspondentes memórias, sendo eles:
- determinação dos empolamentos;
- cálculo dos volumes escavados;
- cálculo das DMTs utilizadas.

Caso o levantamento tenha se dado por intermédio de nivelamentos topográficos nas seções de origem, deve-se, de modo análogo, arquivar:
- cadernetas de campo;
- seções transversais;
- mapas de cubação;
- Quadro de Distribuição de Materiais.

Sublinhe-se que, nesses casos, os volumes calculados não devem ser multiplicados por empolamentos.

Em que pese as cadernetas de campo, as seções transversais e os mapas de cubação serem atualmente processados eletronicamente por estações totais e *softwares* de topografia, de modo que os cálculos de volume podem ser realizados sem a impressão e o manuseio de cada peça, é possível gerar arquivos ou impressões relativas a cada etapa tradicional dos cálculos, como os desenhos das seções transversais.

Para o cálculo das DMTs, conforme já mencionado, os Engenheiros deverão lançar mão dos Quadros de Distribuição de Materiais e cuidar para que cada material escavado seja transportado para o aterro mais próximo, ou seja, quando da apropriação das distâncias de transporte, as medições devem refletir uma distribuição racional dos volumes de terra. Não se pode, por exemplo, utilizar o material de um empréstimo localizado no final do trecho para a compactação de um aterro no início da obra, se existirem empréstimos disponíveis mais próximos.

Note-se que as tabelas de referência de preços do DNIT apenas contemplam itens de serviço para escavação, carga e transporte de materiais com DMT máxima de

3 km. Caso seja necessário transportar materiais a distâncias superiores, os Engenheiros devem utilizar dois itens de serviço distintos: o correspondente à escavação, carga e transporte (na DMT de 3 km) propriamente dito; e o correspondente ao momento extraordinário de transporte.

O item referente ao momento extraordinário de transporte remunera tão somente o prolongamento da distância, considerando, para isso, que o caminhão manterá a velocidade máxima de cruzeiro durante o trecho estendido. Neste item, portanto, desconsideram-se as operações referentes à carga, descarga e manobras do caminhão, que são devidamente remuneradas no item anterior.

Por essa razão, o item de momento extraordinário de transporte só deve ser utilizado se "em par" com outro item da planilha onde se apropriam os custos fixos do transporte (tempos de manobra, carga e descarga).

Além disso, ele só deve ser empregado quando a distância *total* do transporte for igual ou superior a 3 km, considerando a soma das parcelas da distância medidas no item "momento extraordinário de transporte" e em seu par ("escavação, carga e transporte com DMT de 3 km"). Se for inferior a isso, a velocidade média do caminhão no trajeto será menor que a máxima de cruzeiro – devido, nesses casos, ao tempo de movimento acelerado do caminhão ser relevante em relação ao tempo total do transporte –, o que fará com que o preço unitário estimado pelo DNIT esteja aquém do necessário.

A unidade de medida do item de momento extraordinário de transporte é t · km, de modo que o Engenheiro Fiscal deve multiplicar o peso (em toneladas) do material transportado pela distância (em quilômetros) que excede os 3 km. Para determinar o peso a ser transportado, deve-se multiplicar o volume escavado (apropriado no corte) pela densidade desse material no empréstimo.

Questão prática 3.8

O volume de 4.000,00 m³ de escavação em material de 1ª categoria precisou ser transportado a uma distância de 8 km. Sabendo-se que a densidade *in natura* desse solo é de 1.600 kg/m³, determinar, no padrão DNIT/Sicro, quais os itens de planilha devem ser utilizados na medição e quais seus respectivos quantitativos.

Solução

1. A tabela de referência do DNIT traz itens para "escavação, carga e transporte" até a DMT de 3 km; assim, deve-se utilizar esse item para todo o volume escavado, ou seja:

   "Escav., carga e transp. de mat. de 1ª cat., com DMT de 3 km", no volume de 4.000 m³.

   Isso remunerará todos os custos referentes à carga, descarga, manobras, tempos de espera, aceleração e desaceleração do caminhão, bem como o transporte até os 3 km.

2. O acréscimo de 5 km deverá ser medido no item *"Transporte com caminhão basc. em rodov. pav. (ou em revestimento primário ou leito natural, se for o caso)"*, no volume correspondente a 32.000 t · km, posto que se trata do transporte de 4.000 m³ de solo com uma densidade de 1,6 t/m³, ou seja, isso corresponderá a 4.000 m³ × 1,6 t/m³ = 6.400 t.

   Essa carga transportada a 5 km corresponderá a um momento de transporte de: 6.400 t × 5 km = 32.000 t · km.

Os volumes de material de 3ª categoria devem ser apropriados exclusivamente por intermédio de nivelamentos topográficos, não se admitindo classificação percentual para eles, salvo situações excepcionais. Assim, uma vez identificada a ocorrência de material rochoso – removido exclusivamente com o emprego de explosivos –, deve-se proceder a nivelamentos topográficos antes e depois de sua escavação, de modo a plotarem-se seções transversais específicas para materiais de 3ª categoria.

Admite-se, entretanto, a possibilidade de apropriação percentual para os materiais de 1ª e 2ª categoria no mesmo horizonte. Nesse caso, os Engenheiros precisam analisar cautelosamente cada situação antes de atribuírem os referidos percentuais. Além disso, recomenda-se fotografar os trechos e anexar as fotografias às respectivas memórias de cálculo.

Não são apropriáveis as operações referentes à regularização e ao acabamento final dos taludes dos cortes, inclusive as referentes ao escalonamento dos taludes, quando ocorrentes.

Sublinhe-se, mais uma vez, que os Engenheiros devem manter atenção para que os empolamentos porventura utilizados na apropriação dos volumes de cortes executados em empréstimos não sejam automaticamente estendidos (por fórmulas em planilhas de cálculo eletrônicas) para os volumes escavados nas seções transversais da própria pista e nela apropriados – caso dos trechos de cortes com transporte de material para aterros ou bota-foras.

3.5 Procedimentos em bota-foras

O projeto deve indicar as áreas que serão utilizadas como depósito dos materiais excedentes. Caso essa informação não tenha sido fornecida, o Engenheiro Fiscal, juntamente com a equipe de consultoria (se houver) e o empreiteiro contratado, deve procurar, nas regiões adjacentes à obra, locais que sejam apropriados para a deposição desses materiais. Tais locais não podem ter restrições ambientais intransponíveis à utilização para esse fim – à exceção de exigências como a compactação do material depositado, a reconstituição da vegetação, a drenagem superficial etc.

Note-se que a área de bota-fora não será submetida à ação do tráfego, de modo que prescinde de uma compactação que garanta um grau de 100% do P.N. Na verdade, o cuidado que se deve ter é o de espalhar bem o material e de garantir sua acomodação ao terreno, para que não fique solto e sujeito a erosões. Isso é obtido, normalmente, com o simples trabalho de um trator de esteiras, que, ao mesmo tempo em que espalha o material basculado, com seu próprio peso vai acomodando-o ao terreno.

Ocorre que, não raramente, os órgãos de controle ambiental fazem exigência expressa de compactação do material. Se esse for o caso, o serviço deverá ser objeto de apropriação e remuneração de acordo com item previsto em planilha orçamentária. No entanto, o Engenheiro Fiscal deve exigir que a compactação seja efetivamente executada utilizando-se todos os equipamentos previstos na composição de preços do DNIT (4413984) (Fig. 3.34), quais sejam:

- motoniveladora;
- caminhão-pipa;
- trator agrícola com grade de discos;
- rolo compactador.

Após a execução, o terreno deve atingir um grau de compactação tal que não se perceba rastro algum após a passagem de um caminhão basculante carregado.

Não obstante, ainda que haja recomendação dos órgãos ambientais para que se proceda à compactação dos materiais nos bota-foras, em princípio o que se almeja de fato é consolidar a acomodação do solo depositado, evitando-se futuras erosões nesses locais.

Para tanto, normalmente já se faz suficiente que o material seja convenientemente espalhado com tratores de esteira em camadas de espessuras que permitam uma acomodação razoável apenas pelas constantes passagens desses equipamentos, que aplicam ao terreno, naturalmente, seu peso próprio.

Percebe-se, portanto, que *compactação de bota-fora* é um serviço bem distinto de *espalhamento de material em bota-fora*, para o qual se utiliza simplesmente um trator de esteiras, conforme mostra a composição referencial do DNIT (4413942) na Fig. 3.35.

É importante ainda trazer à baila as considerações contidas na especificação de serviço ET-DE-Q00/005, do DER-SP, a qual menciona:

> Os materiais devem ser depositados em espessuras que permitam a sua compactação através das passagens do equipamento durante o espalhamento do material. A ca-

---

DNIT   **CGCIT**

SISTEMA DE CUSTOS REFERENCIAIS DE OBRAS - SICRO   São Paulo   FIC 0,02838
Custo Unitário de Referência   Maio/2018   Produção da equipe 336,40 m³
4413984 Regularização de bota-fora com espalhamento, compactação e execução de hidrossemeadura   Valores em reais (R$)

A - EQUIPAMENTOS		Quantidade	Utilização		Custo Horário		Custo Horário Total
			Operativa	Improdutiva	Produtivo	Improdutivo	
E9571	Caminhão-tanque com capacidade de 10.000 L - 188 kW	2,00000	0,92	0,08	183,0897	51,4372	345,1150
E9518	Grade de 24 discos rebocável de 24"	1,00000	0,69	0,31	2,2783	1,5837	2,0630
E9524	Motoniveladora - 93 kW	1,00000	0,78	0,22	181,7268	79,9115	159,3274
E9685	Rolo compactador pé de carneiro vibratório autopropelido de 11,6 t - 82 kW	1,00000	1,00	0,00	124,0372	55,9181	124,0372
E9577	Trator agrícola - 77 kW	1,00000	0,69	0,31	84,0627	32,3826	68,0419
					Custo horário total de equipamentos		**698,5845**
B - MÃO DE OBRA		Quantidade	Unidade		Custo Horário		Custo Horário Total
P9824	Servente	1,00000	h		20,2092		20,2092
					Custo horário total de mão de obra		20,2092
					Custo horário total de execução		718,7937
					Custo unitário de execução		2,1367
					Custo do FIC		0,0606
					Custo do FIT		-
C - MATERIAL		Quantidade	Unidade		Preço Unitário		Custo Unitário
					Custo unitário total de material		-
D - ATIVIDADES AUXILIARES		Quantidade	Unidade		Custo Unitário		Custo Unitário
4413905	Hidrossemeadura	1,00000	m²		2,9500		2,9500
					Custo total de atividades auxiliares		2,9500
					Subtotal		5,1473
E - TEMPO FIXO		Código	Quantidade	Unidade	Custo Unitário		Custo Unitário
					Custo unitário total de tempo fixo		-
F - MOMENTO DE TRANSPORTE		Quantidade	Unidade	DMT			Custo Unitário
				LN	RP	P	
					Custo unitário total de transporte		
					Custo unitário direto total		5,15

Fig. 3.34 *Composição DNIT 4413984*

mada final deve receber quatro passadas de compactação, ida e volta, em cada faixa de tráfego do equipamento.

Note-se, portanto, que, ao menos em princípio, não há que se falar em compactação de todo o volume destinado a bota-foras, mas tão somente o da camada final de cada um deles, posto que, até atingir essas cotas, o material será apenas espalhado com o trator de esteiras, o qual, com seu peso próprio, já garantirá uma acomodação razoável.

3.5.1 Critérios de medição

Apenas nos casos em que haja sido de fato comprovada a necessidade de executar a compactação dos materiais nos bota-foras, e após a constatação de que os serviços foram adequadamente realizados, é que se deve proceder à apropriação dos quantitativos devidos.

Note-se que a composição do DNIT para compactação de material em bota-fora (código 4413984) prevê que sejam usados todos os equipamentos normalmente mobilizados para a execução de uma compactação comum, tais como motoniveladora, caminhão-tanque, trator agrícola e rolo compactador, de modo que só devem ser remunerados a esse preço os serviços que envolverem a mobilização de tais equipamentos.

Caso esses equipamentos não tenham sido efetivamente utilizados, não há que se falar em remuneração de *compactação de bota-fora*. Porém, se houve de fato o espalhamento com trator de esteira do material basculado, o item de serviço a ser empregado para efeito de medição deve ser o *espalhamento de material em bota-fora*.

Por sua vez, os quantitativos a serem medidos devem ser os correspondentes aos levantamentos efetuados nas seções de corte (origem). Os volumes de bota-fora, portanto, são iguais aos volumes dos respectivos cortes, não havendo que se calcular quaisquer acréscimos ou decréscimos por empolamentos. Essa é, inclusive, a orientação da especificação de serviço ET-DE-Q00/005, do DER-SP, que esclarece no item 9:

> O serviço deve ser medido e pago por metro cúbico (m³), considerando o volume proveniente da escavação no corte ou na cava.
>
> O serviço recebido e medido da forma descrita é pago conforme respectivo preço unitário contratual, no qual estão inclusos espalhamento, regularização e compactação; abrangendo inclusive a mão-de-obra com encargos sociais, BDI, e equipamentos necessários aos serviços.

3.6 Seções de aterro

Durante os trabalhos de compactação nas seções de aterro, os Engenheiros precisam ficar atentos para que os serviços sejam executados e controlados em conformidade com a norma DNIT 108/2009-ES.

Além disso, recomenda-se observar minimamente os seguintes pontos:

- qualidade mínima dos materiais;
- utilização de materiais de 2ª ou 3ª categoria;
- procedimentos básicos de execução;
- alargamento de seções de aterro;
- aterros próximos a pontes e bueiros;
- controle tecnológico;
- controle geométrico;
- outros cuidados.

3.6.1 Qualidade mínima dos materiais

Os solos para aterros deverão ser isentos de matérias orgânicas. Durante a execução do aterro, deve-se provi-

---

DNIT   **CGCIT**

SISTEMA DE CUSTOS REFERENCIAIS DE OBRAS - SICRO
Custo Unitário de Referência
4413942 Espalhamento de material em bota-fora

São Paulo / Maio/2018   FIC 0,02838   Produção da equipe 146,20 m³   Valores em reais (R$)

A - EQUIPAMENTOS		Quantidade	Utilização		Custo Horário		Custo Horário Total
			Operativa	Improdutiva	Produtivo	Improdutivo	
E9540	Trator de esteiras com lâmina - 112 kW	1,00000	1,00	0,00	186,3464	75,7100	186,3464
					Custo horário total de equipamentos		186,3464

B - MÃO DE OBRA		Quantidade	Unidade	Custo Horário	Custo Horário Total
P9824	Servente	1,00000	h	20,2092	20,2092
				Custo horário total de mão de obra	20,2092
				Custo horário total de execução	206,5556
				Custo unitário de execução	1,4128
				Custo do FIC	0,0401
				Custo do FIT	-

C - MATERIAL	Quantidade	Unidade	Preço Unitário	Custo Unitário
			Custo unitário total de material	-

D - ATIVIDADES AUXILIARES	Quantidade	Unidade	Custo Unitário	Custo Unitário
			Custo total de atividades auxiliares	-
			Subtotal	1,4529

E - TEMPO FIXO	Código	Quantidade	Unidade	Custo Unitário	Custo Unitário
				Custo unitário total de tempo fixo	-

F - MOMENTO DE TRANSPORTE	Quantidade	Unidade	DMT			Custo Unitário
			LN	RP	P	
				Custo unitário total de transporte		
				Custo unitário direto total		1,45

Fig. 3.35 *Composição DNIT 4413942*

denciar raizeiros para retirar tocos, raízes e pedras de maior dimensão do material.

Quanto às características em si dos solos a serem utilizados, a norma traz os parâmetros para a execução dos corpos de aterro e para as camadas finais, compreendidas como os últimos 60 cm, entre o corpo de aterro e a camada de sub-base.

Sendo assim, os Engenheiros devem providenciar o transporte para os aterros somente dos solos com as seguintes características mínimas:

- *Para corpo de aterro*
  - CBR ≥ 2% (corpo de prova moldado com cinco camadas de 12 golpes).
  - Expansão ≤ 4%.
- *Para camadas finais*
  - CBR preferencialmente ≥ 6% (corpo de prova moldado com cinco camadas de 26 golpes).
  - Expansão ≤ 2%.

Observe-se que esses valores representam apenas os mínimos possíveis estabelecidos em norma, sendo possível que o projeto específico indique parâmetros mais exigentes. Isso pode ocorrer quando o próprio subleito existente possui suporte superior a esses limites, possibilitando ao Projetista que tire partido dessa maior resistência quando do dimensionamento dos materiais e das espessuras das camadas de pavimentação (sub-base, base e revestimento).

Assim, antes mesmo de o primeiro transporte de material seguir para o aterro – seja oriundo de empréstimos, seja oriundo de seções de corte –, deve-se solicitar que a equipe de laboratório colete o material na origem e realize o ensaio de CBR (que também mede a expansão), além do ensaio de compactação (para a determinação da densidade máxima a ser perseguida em campo).

Note-se que, para o ensaio de CBR, o corpo de prova deve permanecer imerso durante quatro dias, de modo que a coleta das amostras precisa ser realizada com a devida antecedência.

3.6.2 Utilização de materiais de 2ª ou 3ª categoria

A utilização de solos de 2ª categoria é admitida ordinariamente. O que os Engenheiros devem assegurar é que o material atenda aos mesmos requisitos – de CBR e expansão – requeridos para os solos de 1ª categoria.

O uso de materiais de 3ª categoria (rochas) é admitido pela norma DNIT 108/2009-ES, desde que haja especificação em projeto. Além disso, devem ser atendidas as condições mínimas descritas no item 5.3.12 (grifo nosso):

> [...] A rocha deve ser depositada em *camadas, cuja espessura não deve ultrapassar a 0,75 m. Os últimos 2,00 m do corpo do aterro devem ser executados em camadas de, no máximo, 0,30 m de espessura.* A conformação das camadas deve ser executada mecanicamente, devendo o material ser espalhado com equipamento apropriado e *devidamente compactado por meio de rolos vibratórios.* Deve ser obtido um conjunto livre de grandes vazios e engaiolamentos e o diâmetro máximo dos blocos de pedra deve ser limitado pela espessura da camada. *O tamanho admitido para maior dimensão da pedra deve ser de 2/3 da espessura da camada compactada.*

Conforme se depreende da norma, o diâmetro máximo da pedra não deve ultrapassar 50 cm. E, se for necessária a execução de aterro em rocha nos últimos 2,00 m do corpo de aterro, o diâmetro da pedra não poderá ultrapassar 20 cm. Além disso, o dispositivo dispõe que as compactações das camadas devem ser executadas por meio de rolos vibratórios – não se admite, portanto, o mero espalhamento da pedra com tratores de esteira sem a posterior compactação por rolo.

É importante ainda destacar o texto do item 5.1, *e*, da mesma norma (grifo nosso):

> Em regiões onde houver ocorrência de materiais rochosos e na falta de materiais de 1ª e/ou 2ª categoria admite-se, *desde que devidamente especificado no projeto de engenharia,* o emprego destes materiais de 3ª categoria (rochas), *atendidas as condições prescritas no projeto de engenharia* e o disposto na subseção 5.3 – Execução.

Do texto, depreende-se a necessidade de o projeto que indicar a utilização de rochas em aterros detalhar além do mínimo especificado em norma.

Isso é essencial para que os Engenheiros da obra tenham mais parâmetros para controlar a qualidade de cada camada compactada. Note-se, por exemplo, que em uma camada de aterro com solo de 1ª categoria a norma especifica a realização de diversos furos para medição de densidade *in situ* e posterior cálculo do grau de compactação, enquanto em camadas com rocha isso se mostra impossível.

Como, então, assegurar-se de que cada camada de rocha já está perfeitamente compactada? Uma diretriz nesse sentido é trazida pela norma da Southern Africa Transport and Communications Commission (SATCC, 1998, item 3209):

> The type of vibratory roller used, the operating speed, the number of passes and the layer thicknesses are determined by means of the following formula:

$$\frac{P_e n}{hv} = 1.500 \, (\text{minimum})$$

Where

P_e = total static and dynamic force per metre width generated by the vibratory roller at the operating frequency given by the manufacturer (kN/m)

n = number of passes required

h = thickness of the compacted layer in metres

v = roller speed in metres per second

Operating frequencies shall be between 18 Hz and 30 Hz and P_e shall be at least 120 kN/m.

Como se percebe, a norma africana propõe uma equação que inter-relaciona quatro variáveis que interagem para a eficiência da compactação: força (P_e), quantidade de passadas (n), espessura (h) e velocidade do rolo (v). Assim, os Engenheiros podem especificar livremente cada um desses valores, desde que o resultado da equação seja igual ou superior a 1.500. Ressalva-se, entretanto, que o tipo de rolo escolhido deve vibrar numa frequência entre 18 Hz e 30 Hz e numa amplitude que lhe permita uma força mínima de 120 kN.

Em suma, propõe-se um controle mais minucioso dos meios, para que se possa inferir a qualidade da compactação. Os projetos, portanto, precisam especificar formas análogas de controle, que ofereçam aos Engenheiros os parâmetros necessários para que assegurem a qualidade do serviço.

3.6.3 Procedimentos básicos de execução

A execução de aterros consiste basicamente em espalhar e tombar o material basculado, acrescentar água até que atinja a umidade ótima – homogeneizando bem a mistura – e, depois de tudo, promover o devido adensamento até que se atinja o grau de compactação pretendido. A umidade ótima é um parâmetro determinado em laboratório que indica a umidade do material que o torna apto a atingir, quando submetido a determinada energia, sua densidade máxima. Por sua vez, o grau de compactação é a razão entre a densidade aparente seca obtida em campo (após a compactação) e aquela determinada em laboratório como máxima.

Para a execução de aterros, faz-se necessário que a empreiteira disponha dos seguintes equipamentos:

- *Motoniveladora* (Fig. 3.36): também conhecida como Patrol, é utilizada, num primeiro momento, para espalhar o material basculado.

Depois, à medida que o material é umedecido, é usada para tombar o solo de um lado para o outro da plataforma, remexendo o solo da parte de baixo para cima e vice-versa, de modo a auxiliar no processo de homogeneização. Por fim, com o material na umidade devida, a motoniveladora é utilizada para espalhá-lo, deixando-o na cota exata para o início da compactação.

Fig. 3.36 *Motoniveladora*

Para a execução da camada final de terraplenagem – a partir da qual já se inicia o controle geométrico do aterro, no que tange às cotas de greide –, é recomendável a utilização de motoniveladoras equipadas com sistema de automação com capacidade de comandar a movimentação da lâmina a partir da leitura de referencial de nível externo (cabo ou linha de *laser*) (Fig. 3.37).

Fig. 3.37 *Dispositivo de automação em motoniveladora*

Tal providência melhora a qualidade da regularidade superficial da camada, mesmo quando as motoniveladoras são operadas por profissionais sem larga experiência e destreza nos serviços, já que os comandos da lâmina, para a operação final de nivelamento pré-compactação, são operados automaticamente pelo sistema. É claro, outrossim, que o operador precisa ser treinado especificamente para a utilização desse acessório. Também é certo, por outro lado, que operadores mais experientes possibilitarão resultados ainda melhores.

Outro ponto positivo é que há a redução dos trabalhos de empiquetamento dos trechos. Além disso, a máquina operada com automação acaba por reduzir o tempo de execução dos serviços, melhorando, portanto, sua produtividade, uma vez que fornece ao operador a segurança de que a operação da lâmina estará sempre correta.

- Caminhão-tanque (Fig. 3.38): caminhão-pipa utilizado para molhar o material, deixando-o na umidade ótima. Deve conter gambiarras traseiras para distribuir a água com mais eficiência. A empreiteira deve também providenciar uma bomba para retirar a água dos mananciais indicados, quando do carregamento dos pipas.

Fig. 3.38 *Caminhão-tanque*

Recomenda-se a utilização de caminhões com capacidade de tanque igual ou superior a 10.000 L, de modo a serem obtidas melhores produtividades, sobretudo em regiões onde os mananciais disponíveis estão distantes da obra ou quando há grande diferença entre a umidade ótima e a encontrada in natura e se precisa adicionar maior quantidade de água no solo.

- Tratores agrícolas com grade de discos (Fig. 3.39): devem trabalhar junto com a motoniveladora e sempre em velocidade, no intuito de "levantar" bem o material, proporcionando, assim, uma homogeneização eficiente.
- Rolos compactadores (Figs. 3.40 a 3.42): somente entram no trecho após concluído todo o processo de espalhamento, umidificação e

Fig. 3.39 *Trator agrícola com grade de discos*

homogeneização. Promovem a compactação do material, deixando-o em sua densidade máxima (entenda-se: na densidade máxima referente ao Proctor de controle especificado). Podem ser do tipo liso ou pé de carneiro. Os primeiros são utilizados para materiais mais granulares e nas camadas finais, enquanto os segundos são empregados para materiais mais finos.

Os rolos podem ser vibratórios ou não. Os não vibratórios normalmente são maiores, mais rápidos e mais pesados, garantindo a compactação com seu elevado peso estático, no entanto precisam de frentes mais extensas ou largas para que seu custo seja viável. Há também no mercado opções que oferecem mais flexibilidade de utilização, como rolos que podem ser adquiridos com tambores lisos e ser acoplados, em obras, a capas de patas.

Fig. 3.40 *Rolo vibratório liso*

Fig. 3.41 Rolo vibratório pé de carneiro

Fig. 3.42 Rolo Tamping

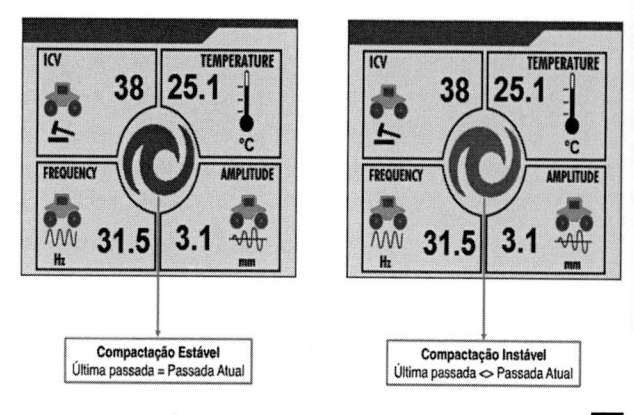

Fig. 3.43 Telas de dispositivo de automação para rolos
Fonte: Patrícia Herrera Diez/Mobile Automation (Moba).

É recomendável o uso de rolos equipados com sistemas de automação capazes de detectar a resposta do solo a cada novo passe, comparando-a à do passe anterior (Fig. 3.43). Nesse caso, o equipamento indicará ao operador o momento exato em que deve encerrar a compactação, evitando-se, assim, desperdícios de horas de máquina (inclusive combustível) e também eventuais rompimentos internos do solo (por excesso de compactação) ou abandonos precoces (sem a camada alcançar seu grau máximo de compactação).

Enquanto os equipamentos executam a camada de aterro, é necessária a presença de operários, chamados de raizeiros, encarregados de retirar para as laterais pequenos tocos, raízes ou blocos maiores de rocha, que não devem ser compactados junto com o solo. Tocos, raízes e outras matérias orgânicas podem, inclusive, vir a apodrecer com o tempo no interior das camadas, provocando recalques localizados.

Além disso, o encarregado de campo deve permanecer atento para que a água seja adicionada na exata medida, até que o material atinja a umidade ótima. Caso se adicione água demais, é muito provável a ocorrência de deformações, chamadas de *borrachudos*. Por outro lado, caso não se adicione água suficiente, o material não atingirá sua densidade máxima.

A quantidade precisa de água a ser adicionada por metro cúbico de material, até que seja atingida a umidade ótima, pode ser calculada pela multiplicação da densidade máxima aparente seca desse material pela subtração de sua umidade ótima pela umidade in natura (auferida na seção do corte), ou seja:

$$\text{Água}_{(L\ por\ m^3)} = \text{Dens.}_{máx} \cdot (\text{Umid.}_{ótima} - \text{Umid.}_{in\ natura})$$

Na verdade, é recomendável que as equipes em campo trabalhem com a umidade um pouco abaixo da ótima (a norma tolera até 3%, para mais ou para menos), posto que esta pode ser compensada com acréscimos de energia de compactação – mais passadas de rolo. *Essa providência diminui o risco de borrachudos.*

Por isso tudo, os serviços de aterro devem ser executados à luz do dia, a menos que se providencie uma iluminação adequada durante a noite. A exceção tolerada é para a compactação propriamente dita – as passagens do rolo –, que pode ser realizada, sem prejuízo, durante o período noturno. No entanto, nesse caso, a equipe de laboratório apenas poderá liberar a camada no dia seguinte.

As espessuras das camadas nos corpos de aterro não devem ser superiores a 30 cm. Todavia, para as camadas finais – últimos 60 cm da terraplenagem –, as espessuras não podem superar 20 cm. Por outro lado, espessuras inferiores a 10 cm também não podem ser admitidas, pois não possibilitam a adesão entre as camadas.

A norma especifica que o grau de compactação para as camadas dos corpos de aterro deve ser de 100% do P.N., enquanto para as camadas finais deve ser de 100% do P.I.. Sabe-se também que, para que atinja sua densidade máxima, o solo deve ser compactado com umidade próxima à ótima. Sendo assim, é de todo recomendável que a equipe de laboratório realize os furos de densidade *in situ* imediatamente após as passadas do rolo, uma vez que, se o grau de compactação não for atingido, bastará dar continuidade às rolagens. Caso contrário, se o material perder umidade demais, a escarificação e a reexecução da camada serão necessárias.

Concluída a compactação de cada camada de aterro, é recomendável que se passe no trecho um rolo de pneus, observando atentamente se há segmentos apresentando alguma deflexão – o que deve ser corrigido, evidentemente, antes do lançamento da camada seguinte.

Aprovada a camada final de terraplenagem, é de todo aconselhável que o Engenheiro Fiscal requisite a passagem de uma viga Benkelman (Fig. 3.44) antes de autorizar o espalhamento da sub-base.

Fig. 3.44 *Viga Benkelman*

É ainda recomendável proceder-se a uma umidificação da superfície da camada de aterro liberada (rápida passagem de caminhão-pipa), antes do lançamento da camada seguinte, de modo a melhorar a aderência entre as camadas e evitar a perda de umidade do material lançado.

Quando se trata de execução de aterros em trechos curtos, estreitos ou que ofereçam dificuldades para o desenvolvimento de velocidades adequadas de operação e para as manobras dos equipamentos, recomenda-se que os procedimentos de umidificação e homogeneização dos solos sejam realizados nas próprias seções de corte (ou suas adjacências), transportando-se o material já na umidade ótima às seções de aterro, onde serão executadas, por conseguinte, tão somente as operações de espalhamento e compactação. Tal providência visa garantir maior qualidade dos aterros (homogeneização mais eficiente) e maior produtividade (mais espaço de trabalho para os equipamentos).

Os Engenheiros devem também manter-se atentos para a marcação dos *offsets*, uma vez que a inclinação do talude, apesar de raramente diferir de 1:1,5, pode variar de acordo com o tipo do solo a ser utilizado.

Aterros com materiais rochosos são permitidos (*vide* seção 3.6.2), no entanto deve-se sempre utilizar rolos compressores para a compactação – não se admite mera acomodação do material com tratores de esteira – e observar as demais ressalvas trazidas no item 5.3.12 da norma DNIT 108/2009-ES, já apresentadas anteriormente:

> A rocha deve ser depositada em camadas, cuja espessura não deve ultrapassar a 0,75 m. Os últimos 2,00 m do corpo do aterro devem ser executados em camadas de, no máximo, 0,30 m de espessura. [...]
> O tamanho admitido para maior dimensão da pedra deve ser de 2/3 da espessura da camada compactada.

Note-se que, para aterros de alturas inferiores a 2,00 m, além do desmatamento, deve-se providenciar o destocamento e a retirada da camada de material orgânico.

3.6.4 Alargamento de seções de aterro

Caso o projeto contemple alargamento de plataformas já existentes, os Engenheiros deverão observar que cada camada a ser executada precisa ser encaixada, em degraus, no corpo de aterro existente, conforme a Fig. 3.45, de modo a evitar o escorregamento do aterro novo.

Esses degraus precisam ser escavados no corpo efetivamente compactado do aterro existente. Assim, inicialmente se faz necessária a remoção do solo solto do talude.

É recomendável ainda a fixação de geogrelha bidirecional na região de contato entre o aterro novo e o aterro consolidado, com vistas a evitar escorregamentos.

Cuidado similar precisa ser dispensado em emendas longitudinais, eventualmente executadas em situações especiais.

3.6.5 Aterros próximos a pontes e bueiros

Para a execução de aterros nessas áreas, os Engenheiros devem observar o disposto no item 5.3.17 da norma DNIT 108/2008-ES:

> Os aterros de acesso próximos aos encontros de pontes, o enchimento de cavas das fundações e as trincheiras de bueiros, bem como todas as áreas de difícil acesso ao equipamento usual de compactação, devem ser compactados mediante o uso de equipamento adequado, como soquetes manuais, sapos mecânicos etc. A execução deve ser em camadas, com as mesmas condições de massa

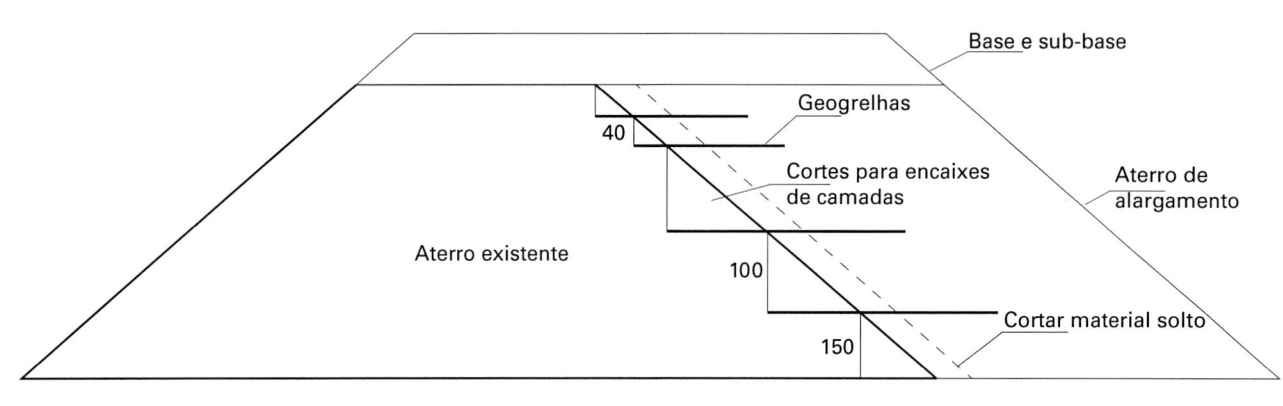

Fig. 3.45 *Esquema exemplificativo para alargamento de plataforma*

específica aparente seca e umidade descritas para o corpo do aterro, e atendendo ao preconizado no projeto de engenharia.

Eles devem também utilizar equipamentos de compactação de pequeno porte, conforme mostrado nas Figs. 3.46 e 3.47.

A equipe de campo deve ser orientada para que, em cada lateral dos bueiros, as camadas sejam executadas sempre simetricamente e com as mesmas espessuras, de modo a atingirem a mesma cota ao ultrapassar a geratriz superior externa dos tubos.

A partir de então, a compactação segue com os equipamentos de pequeno porte até que se atinja, no mínimo, a altura de 60 cm acima da geratriz superior externa do tubo – ou outra cota porventura especificada em projeto.

Recomenda-se que as camadas compactadas com rolos de pequeno porte não excedam a espessura de 15 cm e que as compactadas por intermédio de soquetes ou sapos mecânicos tenham espessura de 10 cm.

Os encontros de pontes, por sua vez, são sempre pontos críticos na obra, posto que representam a junção de um sólido executado em terra com outro de estrutura em concreto armado e fincado rigidamente na rocha. Ora, nessa situação, se nenhum cuidado for tomado, é claro que haverá sempre um desnível ocasionado pela acomodação natural do solo, não acompanhada, evidentemente, pela estrutura de concreto da ponte.

Para enfrentar o problema, os projetos normalmente especificam a execução de lajes de aproximação, que ligam a ponte ao ponto do aterro que já pode receber uma compactação com equipamentos de maior porte.

Sem embargo dessa providência, os Engenheiros precisam controlar com o máximo rigor o grau de compactação dos aterros localizados nesses trechos, sendo também recomendável a elevação da energia de adensamento no ensaio de compactação em laboratório para referência (passando-se preferencialmente para o Proctor Modificado).

Situação ideal seria a execução de uma zona de transição entre a estrutura rígida da ponte e a flexível do aterro adjacente, utilizando-se solos com características controladas, conforme se percebe no esquema exemplificativo espanhol para encontros de pontes ferroviárias da Fig. 3.48, onde os recalques são ainda menos tolerados.

Note-se que, entre a estrutura da ponte e o aterro da estrada, foi executada uma camada de transição composta em parte de solo tratado com cimento (MT) e em parte de solo com granulometria controlada (MG).

Fig. 3.46 *Rolo compactador de pequeno porte*

Fig. 3.47 *Soquete mecânico*

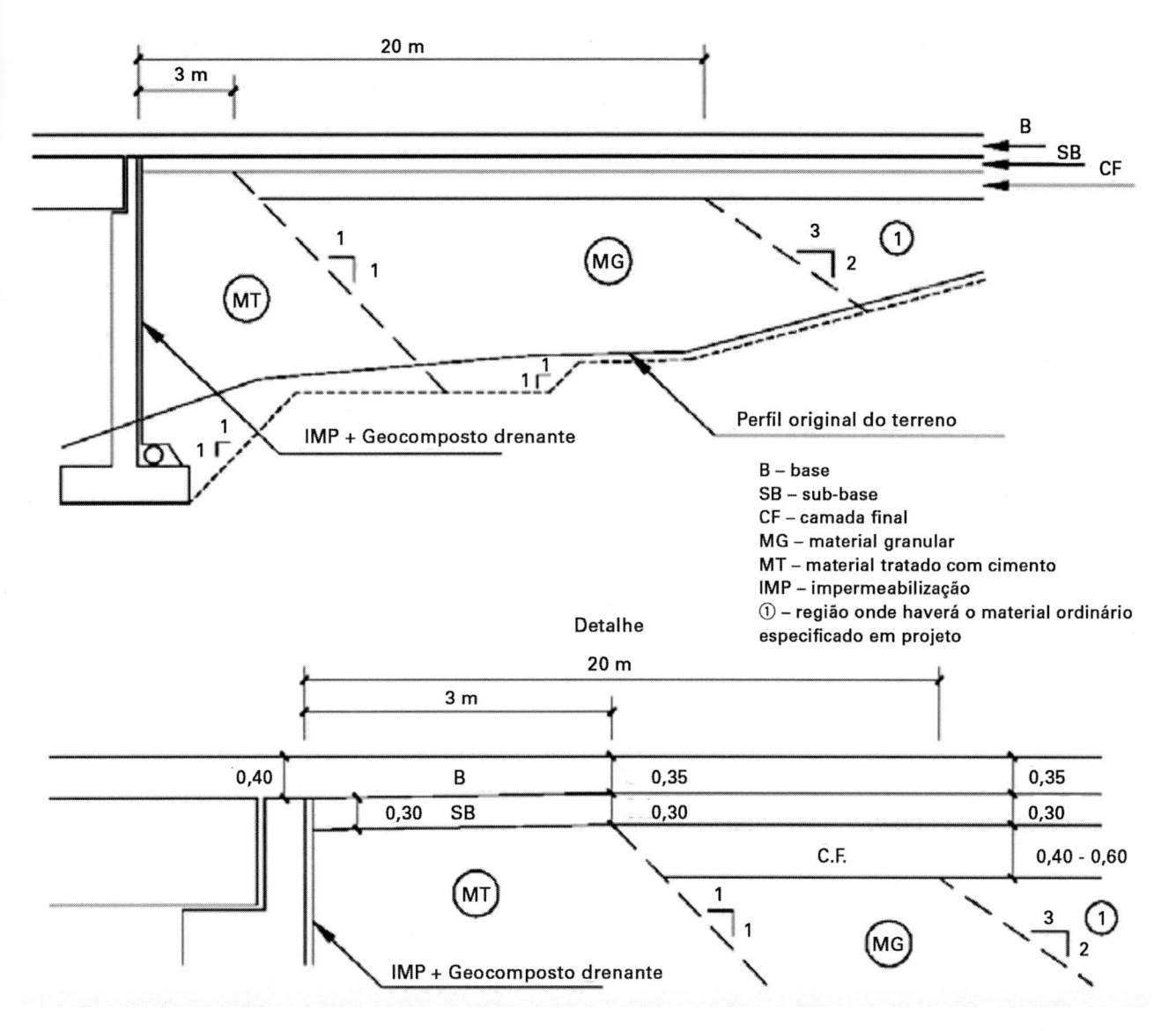

Fig. 3.48 *Modelo espanhol para encontros de pontes ferroviárias*
Fonte: Adif (2011).

Tais cuidados, como comentado, visam evitar possíveis "batentes" nas chegadas e saídas das pontes, problema infelizmente muito comum em nossas rodovias atualmente.

3.6.6 Controle tecnológico

No controle de qualidade dos *materiais utilizados*, os Engenheiros devem cuidar para que sejam realizados os ensaios na quantidade mínima indicada na norma DNIT 108/2009-ES, item 7.1, quais sejam:

a) 1 (um) ensaio de compactação, segundo o Método de Ensaio da Norma DNER-ME 129/94 (Método A), para cada 1.000 m³ de material do corpo do aterro;

b) 1 (um) ensaio de compactação, segundo o Método de Ensaio da Norma DNER-ME 129/94 (Método B), para cada 200 m³ de material de camada final do aterro;

c) 1 (um) ensaio de granulometria (DNER-ME 080/94), do limite de liquidez (DNER-ME 122/94) e do limite de plasticidade (DNER-ME 082/94) para o corpo do aterro, para todo o grupo de dez amostras submetidas ao ensaio de compactação, conforme a alínea "a" desta subseção;

d) 1 (um) ensaio de granulometria (DNER-ME 080/94), do limite de liquidez (DNER-ME 122/94) e do limite de plasticidade (DNER-ME 082/94) para camadas finais do aterro, para todo o grupo de quatro amostras submetidas ao ensaio de compactação, conforme a alínea "b" desta subseção;

e) 1 (um) ensaio do Índice de Suporte Califórnia, com energia do Método de Ensaio da Norma DNER-ME 049/94 para camada final, para cada grupo de quatro amostras submetidas a ensaios de compactação, segundo a alínea "b" desta subseção.

A norma DNER-ME 129/94 foi revisada, sem maiores alterações de conteúdo, passando a ser catalogada como DNIT 164/2013-ME. O mesmo ocorreu com a norma DNER-ME 049/94, que passou a ser catalogada como DNIT 172/2016-ME.

Os materiais a serem utilizados nos aterros devem atender aos requisitos mínimos já comentados na seção 3.6.1, quais sejam:

- *Para corpo de aterro*
  ▸ CBR ≥ 2% (corpo de prova moldado com cinco camadas de 12 golpes). O projeto de cada obra pode especificar valor superior a esse, e muito frequentemente o faz, em conformidade com as características do subleito existente.
  ▸ Expansão ≤ 4%.
- *Para camadas finais*
  ▸ CBR preferencialmente ≥ 6% (corpo de prova moldado com cinco camadas de 26 golpes). O projeto de cada obra pode especificar valor superior a esse, e muito frequentemente o faz, em conformidade com as características do subleito existente e a disponibilidade de solos com mais suporte na região. Em situações excepcionais, podem ser especificados valores inferiores, entre 2% e 6%.
  ▸ Expansão ≤ 2%.

Perceba-se, entretanto, que se deve considerar, como resultado do controle do CBR, a média aritmética de seus resultados individuais ($\overline{X}$) subtraída do produto da constante k pelo desvio padrão (s) da amostra. Assim:

$$\text{Resultado do controle} = \overline{X} - k \cdot s$$

A constante k reflete a insegurança estatística relacionada com a quantidade de ensaios realizados – quanto menos ensaios, maior a insegurança de que a característica da amostra (resultado médio encontrado) corresponda à característica do todo (pista), conforme a Tab. 3.10.

O desvio padrão (s), por sua vez, é consequência direta das dispersões dos resultados individuais em relação à média calculada da amostra. Quanto mais dispersos forem os resultados individuais, menor será a segurança de que a média aritmética da amostra convirja com a característica do todo (pista).

$$s = \sqrt{\frac{\sum (X_i - \overline{X})^2}{n-1}}$$

em que:
X_i = resultado individual de cada ensaio;
$\overline{X}$ = média aritmética dos resultados do trecho em análise;
n = quantidade de ensaios realizados.

Tab. 3.10 Tabela de amostragem variável

Número de amostras (n)	Coeficiente multiplicador (k)	Risco do executante (α)
5	1,55	0,45
6	1,41	0,35
7	1,36	0,30
8	1,31	0,25
9	1,25	0,19
10	1,21	0,15
11	1,19	0,13
12	1,16	0,10
13	1,13	0,08
14	1,11	0,06
15	1,10	0,05
16	1,08	0,04
17	1,06	0,03
19	1,04	0,02
21	1,01	0,01

Fonte: DNIT (2009i, item 7.2.3).

Assim, quanto ao CBR do solo utilizado, têm-se:
- Caso $\overline{X} - k \cdot s \geq 2\%$ ou 6%, conforme a camada analisada, o trecho analisado é aprovado – lembrando que o projeto de cada obra pode trazer parâmetros particulares superiores a esses.
- Caso $\overline{X} - k \cdot s < 2\%$ ou 6%, a orientação é pela rejeição, seja porque a própria média dos resultados ficou abaixo do mínimo exigido, seja porque o tamanho da amostra e os resultados individuais não proporcionam segurança estatística suficiente para garantir que o trecho analisado atende ao mínimo requerido em norma.

Já quanto à expansão, têm-se:
- Caso $\overline{X} + k \cdot s \leq 4\%$ ou 2%, conforme a camada analisada, o trecho analisado é aprovado.
- Caso $\overline{X} + k \cdot s > 4\%$ ou 2%, a orientação é pela rejeição, seja porque a própria média dos resultados ficou acima do máximo exigido, seja porque o tamanho da amostra e os resultados individuais não proporcionam segurança estatística suficiente para garantir que o trecho analisado atende ao máximo tolerado em norma.

Garantida a qualidade do material a ser empregado, os Engenheiros precisam também se assegurar de que o serviço foi executado a contento. Para isso, recomenda-se que sejam realizados, em todas as camadas executadas, furos de densidade in situ, para a determinação do grau de compactação, com a seguinte frequência:

- *Para corpos de aterro*: uma determinação para cada 100 m de trecho executado, havendo, no mínimo, cinco determinações por trecho a ser liberado. *Exige-se que o grau de compactação seja igual ou superior a 100% do P.N.*
- *Para as camadas finais (últimos 60 cm da terraplenagem)*: uma determinação para cada 80 m de trecho executado, havendo, no mínimo, cinco determinações por trecho a ser liberado. *Exige-se que o grau de compactação seja igual ou superior a 100% do P.I.*

Entretanto, perceba-se que, a exemplo do que foi comentado quanto ao controle tecnológico dos solos utilizados, deve-se considerar, como resultado do controle, a média aritmética dos graus de compactação dos furos ($\overline{X}$) subtraída do produto da constante k pelo desvio padrão (s) da amostra. Assim:

$$\text{Resultado do controle} = \overline{X} - k \cdot s$$

Desse modo:
- Caso $\overline{X} - k \cdot s \geq 100\%$, o trecho analisado é aprovado.
- Caso $\overline{X} - k \cdot s < 100\%$, a orientação é pela rejeição, seja porque a própria média dos resultados ficou abaixo do mínimo exigido, seja porque o tamanho da amostra e os resultados individuais não proporcionam segurança estatística suficiente para garantir que o trecho analisado atende ao mínimo requerido em norma.

Ao realizar os furos de densidade in situ, os laboratoristas precisam também verificar o teor de umidade que ainda se encontra na camada. Isso se mostra importante porque, caso o grau de compactação não haja sido atingido, mas a umidade na camada ainda se encontre próxima à ótima (3% para mais ou para menos), a equipe de campo deve ser orientada a seguir com a compactação da camada. Por outro lado, se o grau de compactação não foi atingido e a umidade da camada estiver fora dessa faixa, deve-se proceder à escarificação, colocação na umidade, gradeamento e recompactação.

Caso algum furo, isoladamente, não atinja o patamar especificado, recomenda-se que ele seja refeito, para que se confirme ou não o resultado, antes de uma tomada de decisão.

Nenhuma camada de aterro pode ser executada sem que a anterior tenha sido ensaiada, conforme os parâmetros apresentados.

Assim, recomenda-se que o Engenheiro Fiscal visite periodicamente as instalações do laboratório da obra – no mínimo uma vez por semana – e cheque as fichas dos ensaios, verificando se foram realizados em quantidade suficiente e analisando se os resultados obtidos garantem a qualidade do serviço. No dia dessa inspeção, ele deve também acompanhar aleatoriamente a realização, em campo, de alguns furos de densidade in situ, verificando a correção de todos os procedimentos e aproveitando para conferir as espessuras das camadas executadas.

Note-se que o controle tecnológico pode também subsidiar o levantamento de quantitativos para efeito de medição, uma vez que os dados referentes às densidades máximas de laboratório são utilizados na determinação do empolamento de cada material. Para tanto, os laboratoristas devem efetuar furos de densidade in situ todas as vezes que coletarem solos nos empréstimos para a realização dos ensaios de laboratório (CBR, expansão, compactação etc.) – o material deve, então, ser coletado exatamente do mesmo horizonte onde foi realizado o furo de densidade in situ.

3.6.7 Controle geométrico

Além do controle tecnológico, a fiscalização deve proceder ao controle geométrico da execução, assegurando que:

- seja atingida a cota de greide – entendida como a cota (eixo e bordos) projetada para cada estaca da rodovia –, com variação máxima de 4 cm para mais ou para menos;
- a largura da plataforma não exceda em mais de 30 cm a projetada, não se admitindo variação para menos, posto que se trataria de estreitamento da plataforma de projeto.

Sendo assim, o Engenheiro Fiscal deve solicitar o nivelamento topográfico do trecho tão logo seja concluída a última camada da terraplenagem e checar, por amostragem, se as cotas em campo correspondem àquelas previstas em projeto – admitida a tolerância já citada. Caso contrário, deve orientar para que a última camada seja escarificada e reexecutada com o intuito de atender à exigência da norma.

Em face disso, de modo a evitar prejuízos com retrabalhos e aumentar a produtividade quanto ao fechamento da última camada de terraplenagem, é recomendável, como comentado anteriormente, a utilização de motoniveladoras equipadas com sistema de automação com capacidade de comandar a movimentação da lâmina a partir da leitura de referencial de nível externo (cabo ou linha de *laser*).

Quanto à largura, o Engenheiro Fiscal deve verificar, também por amostragem, a marcação topográfica dos *offsets* (no início dos serviços) e da largura numa cota intermediária e na cota final.

Ele deve checar também se a inclinação dos taludes corresponde à indicada no projeto – normalmente 1:1,5, em que pese isso depender da estabilidade do solo utilizado. Para tanto, recomenda-se o uso de gabaritos de madeira (com nível de bolha) ou medidores digitais de ângulo.

Caso se verifiquem inconformidades no início dos serviços (*offsets*), a situação pode ser corrigida sem transtorno algum. Por outro lado, se a irregularidade for detectada em estágio intermediário do aterro, pode-se orientar sua correção variando-se um pouco a inclinação do talude, desde que se assegure sua estabilidade. Em situações extremas, o Projetista precisa ser consultado.

3.6.8 Outros cuidados

Além dos procedimentos já apresentados, os Engenheiros precisam manter-se atentos, entre outros, aos seguintes pontos:

- verificar se as obras de proteção do corpo estradal e de drenagem estão sendo construídas em prazo que impossibilite a ação de erosões e escorregamentos;
- verificar o impacto financeiro ocasionado por mudanças de soluções, bem como a necessidade e a adequabilidade dessas mudanças;
- manter uma planilha de comparação entre os volumes de cortes e aterros acumulados por trecho e os previstos em projeto. Essa planilha serve como uma fonte de referência para determinar se deve ser feita ou não uma checagem das seções transversais e dos volumes medidos.

3.6.9 Critérios de medição

Os volumes devem ser levantados diretamente nas seções de aterro, por intermédio dos nivelamentos topográficos, que geram as seções transversais e os mapas de cubação.

Assim, caso o boletim de medição tenha sido produzido por terceiros – técnicos auxiliares ou empresa de consultoria –, é recomendável que o Engenheiro Fiscal, munido desses documentos, realize uma revisão, por amostragem, na plotagem das seções transversais, no cálculo das áreas para a alimentação dos mapas de cubação e nos cálculos destes para a transferência para o Quadro de Distribuição de Materiais e o boletim de medição. Note-se que, aqui, os volumes dos mapas de cubação podem ser transferidos diretamente para os boletins de medição, sem a necessidade de passagem prévia pelo Quadro de Distribuição de Materiais, já que os transportes são remunerados nos itens referentes às escavações. É claro, por outro lado, que os volumes compactados compõem o referido quadro, posto que retratam os destinos das escavações, mas isso não é feito com o objetivo de selecionar os itens de planilha adequados para a medição; ou seja, os itens de planilha que remuneram as compactações de aterros são independentes das distâncias de transporte envolvidas, variando apenas conforme o grau de compactação exigido em cada caso.

Observe-se que, como os volumes são obtidos diretamente dos nivelamentos topográficos realizados na própria seção do aterro, não há que se falar em empolamentos.

Nos itens atinentes à compactação de aterros, remunera-se tão somente a execução propriamente dita da compactação, pois o fornecimento e o transporte do material necessário são remunerados nos itens referentes à escavação, carga e transporte. Os acabamentos de talude, quando necessários, por força de norma (item 8.1.3, *a*), não podem ser remunerados à parte, devendo ser entendidos como componentes integrantes do preço unitário do serviço.

Também não se pode remunerar o acabamento final da plataforma – sempre necessário, sobretudo na camada final, para garantir as condições de nivelamento longitudinal e transversal necessárias para a execução, em seguida, da camada de sub-base. Os Engenheiros precisam entender que um maior cuidado na execução desta última camada é uma condição inerente ao próprio serviço e componente regular de seu preço unitário, não havendo que se cogitar, por exemplo, uma remuneração complementar e nem mesmo diferenciada para esse trabalho. É comum observar orçamentos básicos que remuneram a última camada de aterro como "regularização de subleito". Trata-se de procedimento irregular, uma vez que a própria descrição da "regularização de subleito", trazida na norma pertinente, indica a escarificação e a reexecução da camada, o que não é o caso, por certo, da última camada da terraplenagem.

A norma DNIT 108/2009-ES passou a exigir que as camadas finais da terraplenagem apresentem grau de compactação igual a 100% do P.I., e não apenas os 100% do P.N., como na vigência da antiga norma DNER-ES 282/97. Não obstante, o aumento de energia de compactação, que se reflete num maior número de passadas do rolo compactador, não é suficiente para ocasionar a necessidade de elevação no preço unitário do serviço, devendo ser mantido, pois, o mesmo preço para a compactação a 100% do P.N., caso a planilha orçamentária não contemple item de serviço específico para a compactação a 100% do P.I.

A manutenção do preço é justificada porque, se por um lado a mudança do Proctor Normal para o Intermediário pode acarretar o aumento da densidade máxima definida em laboratório, que se reflete, em campo, no acréscimo do número de passadas do rolo compactador, por outro é de se esperar, em contrapartida, uma redução da umidade ótima do material, que se reflete na diminuição do trabalho dos caminhões-tanques – e conseguintes trabalhos de homogeneização (tratores agrícolas, grades de disco e motoniveladoras).

Por essa razão, a diferença de custos de execução mostra-se, na prática, irrelevante a ponto de gerar alteração, para mais ou para menos, no preço unitário de referência para a compactação a 100% do P.N. O que ocorre é que o Orçamentista em geral não tem precisão suficiente para fazer essa distinção, uma vez que precisa estimar um preço único para a compactação de todos os solos do projeto – e estes, na prática, apresentam forte heterogeneidade entre si, tanto no que se refere a densidades máximas e quantidades de passadas para fechamento, como no que se refere às umidades ótimas.

Nesse sentido, o DNIT, no Sicro 2, não estabelecia preços diferenciados para a execução de base, por exemplo, que, ao tempo, dependendo do número N do projeto, podia ser controlada no Proctor Intermediário ou no Proctor Modificado. Note-se que, enquanto no Proctor Normal utilizam-se 12 golpes por camada, no Intermediário utilizam-se 26 e, no Modificado, 55 golpes por camada.

Na prática, o que ocorre é que, no máximo, independentemente da densidade a ser obtida, tanto o rolo quanto o caminhão-pipa permanecerão disponíveis durante a execução dos serviços, de modo que, para um mesmo material, o que variará é tão somente seus percentuais de utilização produtiva ou improdutiva, que têm baixo impacto no custo final.

Por outro lado, é fato notório que as simples e corriqueiras mudanças nas características dos solos (oriundos de diversos trechos e empréstimos) são também responsáveis por variações de densidade, e estas são bem mais relevantes que aquelas verificadas pela simples mudança do Proctor em laboratório.

Enfim, o que se observa, conforme comentado, é que os Orçamentistas não trabalham com precisão suficiente a ponto de poderem estimar custos diferenciados para compactações controladas com os Proctors Normal ou Intermediário.

3.7 Regularização e reforço de subleito

Conforme a norma DNIT 137/2010-ES, item 5.3, *b*, a regularização de subleito consiste em:

> [...] proceder à escarificação geral na profundidade de 20 cm, seguida de pulverização, umedecimento ou secagem, compactação e acabamento.

Em regra, a regularização de subleito deve ser executada nos trechos onde ocorre uma das seguintes situações:

- nas seções transversais de aterros, quando a cota altimétrica do terreno natural coincide com o lugar geométrico das camadas finais de terraplenagem (últimos 60 cm de aterro);
- nas seções transversais de corte – escarificação, umidificação e compactação daquela que virá a ser a primeira das camadas finais de terraplenagem.

Ambas as situações visam, portanto, garantir que toda a camada final de terraplenagem (60 cm), sob a sub-base, seja constituída por material com grau de compactação de 100% (controlado no Proctor Intermediário).

A rigor, a regularização de subleito também pode ser necessária para a reconformação de camadas granulares de pavimentação (sub-base ou base), após eventual período de paralisação da obra. Historicamente, inclusive, essa é a razão pela qual os Projetistas e Orçamentistas costumam classificar a regularização de subleito como camada de pavimentação, quando, a rigor, normalmente é camada de terraplenagem.

Nesse caso, provavelmente em face do maior controle geométrico associado a essas camadas de pavimentação, a CGCIT optou por elaborar uma composição de preços própria para a reestabilização de camadas de base (composição de código 4011346). Não obstante, perceba-se que a utilização de motoniveladoras equipadas com sistemas de automação pode anular eventuais diferenças de preço.

O fato é que, mais antigamente, era comum os órgãos públicos responsáveis por obras rodoviárias contratarem inicialmente apenas a implantação das rodovias, ou seja, a plataforma era construída, mas não pavimentada. Muitas vezes, somente anos depois é que se contratava a pavimentação da rodovia e, nesses contratos, os serviços obviamente se iniciavam com a regularização da camada superficial, naturalmente desconformada. Tinha-se, portanto, a regularização do subleito como o primeiro dos serviços desses contratos de pavimentação.

Enfim, como se percebe, não há que se falar em regularização de subleito se o serviço a ser executado não implica escarificação e reexecução da camada de terra existente.

Por outro lado, ocorre reforço de subleito quando se pretende executar uma nova camada abaixo das camadas de pavimentação.

O reforço de subleito difere da regularização porque esta pressupõe a escarificação e a reexecução da camada existente, com o mesmo solo já disponível no local, ao passo que, no reforço de subleito, o solo necessário para a compactação da camada é escavado e trazido de uma jazida próxima ("importado", portanto).

Essa diferenciação é facilmente percebida nas próprias composições de custos do DNIT (Figs. 3.49 e 3.50).

DNIT **CGCIT**

SISTEMA DE CUSTOS REFERENCIAIS DE OBRAS - SICRO
Custo Unitário de Referência
São Paulo — Maio/2018
FIC 0,02838
Produção da equipe 841,00 m²
Valores em reais (R$)
4011209 Regularização do subleito

A - EQUIPAMENTOS		Quantidade	Utilização Operativa	Utilização Improdutiva	Custo Horário Produtivo	Custo Horário Improdutivo	Custo Horário Total
E9571	Caminhão-tanque com capacidade de 10.000 L - 188 kW	1,00000	0,76	0,24	183,0897	51,4372	151,4931
E9518	Grade de 24 discos rebocável de 24"	1,00000	0,52	0,48	2,2783	1,5837	1,9449
E9524	Motoniveladora - 93 kW	1,00000	0,55	0,45	181,7268	79,9115	135,9099
E9762	Rolo compactador de pneus autopropelido de 27 t - 85 kW	1,00000	0,72	0,28	141,9546	64,9594	120,3959
E9685	Rolo compactador pé de carneiro vibratório autopropelido de 11,6 t - 82 kW	1,00000	1,00	0,00	124,0372	55,9181	124,0372
E9577	Trator agrícola - 77 kW	1,00000	0,52	0,48	84,0627	32,3826	59,2563
					Custo horário total de equipamentos		593,0373
B - MÃO DE OBRA		Quantidade	Unidade		Custo Horário		Custo Horário Total
P9824	Servente	1,00000	h		20,2092		20,2092
					Custo horário total de mão de obra		20,2092
					Custo horário total de execução		613,2465
					Custo unitário de execução		0,7292
					Custo do FIC		0,0207
					Custo do FIT		-
C - MATERIAL		Quantidade	Unidade		Preço Unitário		Custo Unitário
					Custo unitário total de material		-
D - ATIVIDADES AUXILIARES		Quantidade	Unidade		Custo Unitário		Custo Unitário
					Custo total de atividades auxiliares		-
					Subtotal		0,7499
E - TEMPO FIXO		Código	Quantidade	Unidade	Custo Unitário		Custo Unitário
					Custo unitário total de tempo fixo		-
F - MOMENTO DE TRANSPORTE		Quantidade	Unidade	DMT LN	DMT RP	DMT P	Custo Unitário
					Custo unitário total de transporte		
					Custo unitário direto total		0,75

Fig. 3.49 *Composição de preço do Sicro para regularização do subleito*

DNIT **CGCIT**

SISTEMA DE CUSTOS REFERENCIAIS DE OBRAS - SICRO
Custo Unitário de Referência
São Paulo — Maio/2018
FIC 0,02838
Produção da equipe 168,20 m³
Valores em reais (R$)
4011211 Reforço do subleito com material de jazida

A - EQUIPAMENTOS		Quantidade	Utilização Operativa	Utilização Improdutiva	Custo Horário Produtivo	Custo Horário Improdutivo	Custo Horário Total
E9571	Caminhão-tanque com capacidade de 10.000 L - 188 kW	1,00000	0,93	0,07	183,0897	51,4372	173,8740
E9518	Grade de 24 discos rebocável de 24"	1,00000	0,52	0,48	2,2783	1,5837	1,9449
E9524	Motoniveladora - 93 kW	1,00000	0,78	0,22	181,7268	79,9115	159,3274
E9762	Rolo compactador de pneus autopropelido de 27 t - 85 kW	1,00000	0,72	0,28	141,9546	64,9594	120,3959
E9685	Rolo compactador pé de carneiro vibratório autopropelido de 11,6 t - 82 kW	1,00000	1,00	0,00	124,0372	55,9181	124,0372
E9577	Trator agrícola - 77 kW	1,00000	0,52	0,48	84,0627	32,3826	59,2563
					Custo horário total de equipamentos		638,8357
B - MÃO DE OBRA		Quantidade	Unidade		Custo Horário		Custo Horário Total
P9824	Servente	1,00000	h		20,2092		20,2092
					Custo horário total de mão de obra		20,2092
					Custo horário total de execução		659,0449
					Custo unitário de execução		3,9182
					Custo do FIC		0,1112
					Custo do FIT		-
C - MATERIAL		Quantidade	Unidade		Preço Unitário		Custo Unitário
					Custo unitário total de material		-
D - ATIVIDADES AUXILIARES		Quantidade	Unidade		Custo Unitário		Custo Unitário
4816096	Escavação e carga de material de jazida com escavadeira hidráulica	1,10000	m³		0,9300		1,0230
					Custo total de atividades auxiliares		1,0230
					Subtotal		5,0524
E - TEMPO FIXO		Código	Quantidade	Unidade	Custo Unitário		Custo Unitário
4816096	Escavação e carga de material de jazida com escavadeira hidráulica - Caminhão basculante 10 m³	5914354	2,06250	t	1,3800		2,8463
					Custo unitário total de tempo fixo		2,8463
F - MOMENTO DE TRANSPORTE		Quantidade	Unidade	DMT LN	DMT RP	DMT P	Custo Unitário
4816096	Escavação e carga de material de jazida com escavadeira hidráulica - Caminhão basculante 10 m³	2,06250	tkm	5914359	5914374	5914389	
					Custo unitário total de transporte		
					Custo unitário direto total		7,90

Fig. 3.50 *Composição de preço do Sicro para reforço de subleito*

4 Serviços de pavimentação

Alcançada a etapa de pavimentação, que compreende normalmente as camadas de sub-base, base e revestimento, os Engenheiros precisam controlar, sem prejuízo de outros, os seguintes tópicos:

- operações nas jazidas;
- camada de sub-base;
- camada de base;
- imprimação;
- pintura de ligação;
- tratamentos superficiais;
- concreto asfáltico usinado a quente (CAUQ) (ou concreto betuminoso usinado a quente – CBUQ);
- recuperação de defeitos em revestimentos asfálticos;
- aquisição de ligantes asfálticos;
- placas de concreto;
- critérios e procedimentos de medição.

Note-se que, por efeitos didáticos, os comentários acerca dos critérios de medição para cada um dos tópicos mencionados foram deslocados para a seção final, possibilitando, assim, conjugar os itens com idênticos procedimentos.

4.1 Operações nas jazidas

Todas as jazidas indicadas em projeto – de solos, pedreiras e areias – são devidamente identificadas, localizadas e ensaiadas, sendo esses dados, por conseguinte, apresentados em folhas próprias do projeto. O projeto precisa prever, ainda, o volume de material disponível em cada uma delas (entende-se como disponível o volume útil que atende aos requisitos de norma, ou seja, somente aquele compreendido na faixa utilizável da jazida).

Sendo assim, os Engenheiros precisam se ater aos seguintes pontos:

- escolha das jazidas;
- volume de material utilizável;
- mistura de materiais;
- serviços complementares;
- remuneração da escavação;
- transporte dos materiais;
- controle tecnológico dos materiais.

4.1.1 Escolha das jazidas

A escolha de uma jazida deve satisfazer sucessivamente a dois critérios: técnico e econômico. Portanto, uma vez atendidos todos os requisitos de qualidade exigidos pelas normas que disciplinam a execução dos serviços correspondentes (sub-base, base etc.), as jazidas que devem ser escolhidas são justamente as que se encontram mais próximas (com menor custo de transporte) dos destinos de seus produtos.

Assim, caso haja nas regiões circunvizinhas à obra mais de uma jazida que atenda aos requisitos técnicos, os Engenheiros devem verificar quais trechos se situam mais próximos de cada jazida e cuidar para que o material oriundo de cada uma siga exatamente para os destinos mais próximos.

Por outro lado, caso seja indicada em projeto uma determinada jazida, mas, ao tempo da obra, saiba-se da existência de outra(s) mais próxima(s) que também atenda(m) aos requisitos de norma, a jazida indicada deve ser descartada e o fato deve ser devidamente registrado no diário de obras, também conhecido como livro de ordem, cujo uso é obrigatório em obras e serviços de engenharia, por força do art. 1º da Resolução Confea nº 1.024/2009.

Entretanto, note-se que, antes de descartar uma jazida ou calcular os trechos de destino de cada jazida indicada, os Engenheiros precisam estar atentos aos volumes de material disponíveis em cada uma delas, ou seja, a seus volumes utilizáveis. Isso porque não se pode cogitar o descarte de qualquer fonte indicada em projeto sem antes se assegurar de que as remanescentes (ou substitutas) têm material disponível suficiente para a execução total dos serviços.

4.1.2 Volume de material utilizável

Ao estudar uma jazida para utilização na obra, o Projetista investiga, por intermédio de furos de sondagem e ensaios diversos, além das características de qualidade dela, sua área útil, o expurgo necessário e o volume utilizável.

Os Engenheiros precisam verificar no projeto se a soma dos volumes utilizáveis das jazidas indicadas é igual ou superior à demanda da obra. Mais do que isso, é recomendável que os Engenheiros da obra, tão logo assinada a ordem de serviço – essa providência possibilita que haja tempo suficiente para que eventuais alternativas sejam devidamente estudadas e aprovadas, antes que sejam alcançadas as etapas da obra que demandam tais materiais –, providenciem sondagens e ensaios de laboratório para se certificarem de que a qualidade do material existente em cada jazida atende aos requisitos de projeto e de que o volume útil efetivamente existente é igual ou superior ao que fora previsto. Em caso contrário, o fato deve ser imediatamente reportado à empresa projetista para que indique outras jazidas complementares.

Não obstante, essa medida trará impactos financeiros, positivos ou negativos, ao contrato, uma vez que alterará as distâncias de transporte inicialmente calculadas. Tais ajustes deverão, portanto, ser implementados por meio de termo aditivo.

4.1.3 Mistura de materiais

Caso o solo existente da região não atenda, por si, às exigências das normas, é comum os Projetistas especificarem soluções envolvendo mistura de materiais, como solo-brita, solo-areia, solo-cimento, solo-cal etc.

Trata-se, portanto, de corrigir as deficiências do solo in natura – granulometria, ISC, plasticidade, expansibilidade – para que passem a atender aos requisitos mínimos estabelecidos nas normas.

Note-se, porém, que nas tabelas de referência de preços do DNIT, bem como nas de outros órgãos especializados, não existem preços disponíveis para as inúmeras possibilidades de mistura existentes. Sendo assim, é fundamental que os Engenheiros, em especial o Engenheiro Fiscal, revejam os dados de projeto de modo a se certificarem de que os traços indicados para as misturas são os mais indicados – entendendo-se esses como os que atingem as exigências das normas ao menor custo. Isso significa que se deve adicionar produtos diferenciados ao solo (brita, areia, cimento, cal etc.) na menor quantidade que garanta que a mistura atinja os requisitos das normas.

Na prática, ao se deparar com uma solução de solo-brita com 70% de brita em peso, por exemplo, o Engenheiro Fiscal deve avaliar os resultados dos ensaios correspondentes à mistura projetada e compará-los com os obtidos com o solo in natura. Se for o caso, deve mandar ensaiar misturas com percentuais sucessivamente menores que os indicados, de modo a determinar, empiricamente, o menor percentual de brita que, adicionada ao solo disponível na região, continue atendendo com segurança aos requisitos estabelecidos nas normas.

Tal medida poderá implicar impactos financeiros na obra, uma vez que não raramente os Orçamentistas se utilizam do único preço constante nas tabelas de referência para uma determinada mistura (solo-brita, por exemplo), sem avaliar se os percentuais dos aditivos, em peso, previstos na composição correspondem realmente àqueles necessários para o caso concreto. Quaisquer variações significativas, portanto, devem ser tratadas por intermédio de aditivos de preços.

Questão prática 4.1

A planilha orçamentária de uma obra contempla um item de serviço destinado à remuneração da execução de sub-base de solo-brita com 30% de brita em peso, conforme a composição da Fig. 4.1. No entanto, o Engenheiro Fiscal procedeu a estudos de laboratório com o solo e a brita efetivamente disponíveis – moldando corpos de prova e realizando ensaios com diferentes taxas de brita – e concluiu que apenas 10% de brita já seria suficiente, com segurança, para que a mistura atendesse a todos os requisitos do projeto. Com os ensaios, percebeu ainda que a densidade máxima aparente seca da nova mistura ficou em 2.000 kg/m³.

Nessas condições, qual deveria ser o novo preço contratual para o serviço, aditado em substituição ao inicialmente contratado?

Solução

Conforme definido no enunciado, o traço do solo-brita passou a ser de 90%-10% e a densidade máxima apa-

SISTEMA DE CUSTOS REFERENCIAIS DE OBRAS - SICRO	São Paulo	FIC	0,02838		
Custo Unitário de Referência		Maio/2018		Produção da equipe	146,23 m³
4011233 Sub-base estabilizada granulometricamente com mistura solo-brita (70%-30%) na pista com material de jazida e brita comercial					Valores em reais (R$)

A - EQUIPAMENTOS		Quantidade	Utilização		Custo Horário		Custo
			Operativa	Improdutiva	Produtivo	Improdutivo	Horário Total
E9571	Caminhão-tanque com capacidade de 10.000 L - 188 kW	1,00000	0,81	0,19	183,0897	51,4372	158,0757
E9518	Grade de 24 discos rebocável de 24"	1,00000	0,60	0,40	2,2783	1,5837	2,0005
E9524	Motoniveladora - 93 kW	1,00000	1,00	0,00	181,7268	79,9115	181,7268
E9762	Rolo compactador de pneus autopropelido de 27 t - 85 kW	1,00000	0,63	0,37	141,9546	64,9594	113,4664
E9685	Rolo compactador pé de carneiro vibratório autopropelido de 11,6 t - 82 kW	1,00000	0,71	0,29	124,0372	55,9181	104,2827
E9577	Trator agrícola - 77 kW	1,00000	0,60	0,40	84,0027	32,3826	63,3907
					Custo horário total de equipamentos		622,9428

B - MÃO DE OBRA		Quantidade	Unidade	Custo Horário	Custo Horário Total
P9824	Servente	1,00000	h	20,2092	20,2092
				Custo horário total de mão de obra	20,2092
				Custo horário total de execução	643,1520
				Custo unitário de execução	4,3982
				Custo do FIC	0,1248
				Custo do FIT	-

C - MATERIAL		Quantidade	Unidade	Preço Unitário	Custo Unitário
M0191	Brita 1	0,41260	m³	77,9299	32,1539
				Custo unitário total de material	32,1539

D - ATIVIDADES AUXILIARES	Quantidade	Unidade	Custo Unitário	Custo Unitário
4816096 Escavação e carga de material de jazida com escavadeira hidráulica	0,77019	m³	0,9300	0,7163
			Custo total de atividades auxiliares	0,7163
			Subtotal	37,3932

E - TEMPO FIXO		Código	Quantidade	Unidade	Custo Unitário	Custo Unitário
M0191	Brita 1 - Caminhão basculante 10 m³	5914647	0,61890	t	1,0300	0,6375
4816096	Escavação e carga de material de jazida com escavadeira hidráulica - Caminhão basculante 10 m³	5914354	1,44411	t	1,3800	1,9929
				Custo unitário total de tempo fixo		2,6304

F - MOMENTO DE TRANSPORTE		Quantidade	Unidade	DMT			Custo Unitário
				LN	RP	P	
M0191	Brita 1 - Caminhão basculante 10 m³	0,61890	tkm	5914359	5914374	5914389	
4816096	Escavação e carga de material de jazida com escavadeira hidráulica - Caminhão basculante 10 m³	1,44411	tkm	5914359	5914374	5914389	
				Custo unitário total de transporte			
				Custo unitário direto total			40,02

Fig. 4.1 *Composição contratual para a sub-base com solo-brita (70%-30%)*

rente seca da mistura estudada ficou em 2.000 kg/m³. Isso implica:

- quantidade (em peso) de solo: 90% de 2.000 kg = 1,8 t/m³;
- quantidade (em peso) de brita: 10% de 2.000 kg = 0,2 t/m³.

O DNIT costuma considerar, em regra, uma densidade solta de 1,5 t/m³ para britas e uma densidade in natura de 1,875 t/m³ para solos em jazidas. O que implica:

- quantidade (em volume) de brita por metro cúbico de mistura de sub-base: 0,2 t ÷ 1,5 t/m³ = 0,13333 m³;
- quantidade (em volume) de escavação e carga do solo em jazida por metro cúbico de mistura de sub-base: 1,8 t ÷ 1,875 t/m³ = 0,96 m³.

Ajustando esses dados na composição do preço inicialmente contratado, tem-se que o novo preço a ser aditado seria de R$ 18,50, conforme mostrado na Fig. 4.2.

4.1.4 Serviços complementares

Para que se possa extrair de uma jazida os materiais com as características indicadas no projeto, muitas vezes se faz necessário proceder ao desmatamento da área útil, bem como ao expurgo das camadas superficiais, até que se atinja o horizonte do material que atende aos requisitos estabelecidos.

Os Engenheiros devem perceber, entretanto, que tais providências, ao tempo do Sicro 2, tinham seus custos integrados aos preços unitários dos itens de planilha que remuneravam a execução da base, da sub-base, do reforço de subleito etc., conforme as antigas composições de preços do DNIT de códigos 2 S 02 200 01, 2 S 02 200 00 e 2 S 02 100 00, entre outras (Fig. 4.3).

Sendo assim, tais custos não poderiam ser apropriados em itens independentes da planilha orçamentária, sob pena de remunerar em duplicidade os serviços.

Contudo, a partir de 2017, com a publicação do novo Sicro, o DNIT excluiu dessas composições os custos inerentes à limpeza e ao expurgo de jazida, como se percebe na composição da Fig. 4.4.

Portanto, para as obras orçadas na plataforma do Sicro de 2017, ao contrário do padrão do antigo Sicro 2, deve-se considerar os custos com limpeza e expurgo de material de jazida em itens próprios de serviços nas planilhas orçamentárias. E, por conseguinte, assim também deve ser realizada a apropriação dos quantitativos efetivamente executados nos boletins de medição.

O padrão passou, então, a possibilitar maior precisão, tanto no orçamento quanto nas medições de obras, uma vez que se remuneram estritamente os quantitativos

SISTEMA DE CUSTOS REFERENCIAIS DE OBRAS - SICRO (AJUSTADO)

Custo Unitário de Referência — Março/2018 — **FIC** 0,02838 — **Produção da equipe** 146,23 m³

Ajustado Sub-base estabilizada granulometricamente com mistura solo-brita (90%-10%) na pista com material de jazida e brita comercial — Valores em reais (R$)

A - EQUIPAMENTOS		Quantidade	Utilização		Custo Horário		Custo
			Operativa	Improdutiva	Produtivo	Improdutivo	Horário Total
E9571	Caminhão-tanque com capacidade de 10.000 L - 188 kW	1,00000	0,81	0,19	183,0897	51,4372	158,0757
E9518	Grade de 24 discos rebocável de 24"	1,00000	0,60	0,40	2,2783	1,5837	2,0005
E9524	Motoniveladora - 93 kW	1,00000	1,00	0,00	181,7268	79,9115	181,7268
E9762	Rolo compactador de pneus autopropelido de 27 t - 85 kW	1,00000	0,63	0,37	141,9546	64,9594	113,4664
E9685	Rolo compactador pé de carneiro vibratório autopropelido de 11,6 t - 82 kW	1,00000	0,71	0,29	124,0372	55,9181	104,2827
E9577	Trator agrícola - 77 kW	1,00000	0,60	0,40	84,0627	32,3826	63,3907
					Custo horário total de equipamentos		622,9428

B - MÃO DE OBRA		Quantidade	Unidade	Custo Horário	Custo Horário Total
P9824	Servente	1,00000	h	20,2092	20,2092
				Custo horário total de mão de obra	20,2092
				Custo horário total de execução	643,1520
				Custo unitário de execução	4,3982
				Custo do FIC	0,1248
				Custo do FIT	-

C - MATERIAL		Quantidade	Unidade	Preço Unitário	Custo Unitário
M0191	Brita 1	0,13333	m³	77,9299	10,3904
				Custo unitário total de material	10,3904

D - ATIVIDADES AUXILIARES		Quantidade	Unidade	Custo Unitário	Custo Unitário
4816096	Escavação e carga de material de jazida com escavadeira hidráulica	0,96000	m³	0,9300	0,8928
				Custo total de atividades auxiliares	0,8928
				Subtotal	15,8062

E - TEMPO FIXO		Código	Quantidade	Unidade	Custo Unitário	Custo Unitário
M0191	Brita 1 - Caminhão basculante 10 m³	5914647	0,20000	t	1,0300	0,2060
4816096	Escavação e carga de material de jazida com escavadeira hidráulica - Caminhão basculante 10 m³	5914354	1,80000	t	1,3800	2,4840
				Custo unitário total de tempo fixo		2,6900

F - MOMENTO DE TRANSPORTE		Quantidade	Unidade	DMT			Custo Unitário
				LN	RP	P	
M0191	Brita 1 - Caminhão basculante 10 m³	0,20000	tkm	5914359	5914374	5914389	
4816096	Escavação e carga de material de jazida com escavadeira hidráulica - Caminhão basculante 10 m³	1,80000	tkm	5914359	5914374	5914389	
				Custo unitário total de transporte			
				Custo unitário direto total			18,50

Fig. 4.2 Composição ajustada para a sub-base com solo-brita (90%-10%)

DNIT - Sistema de Custos Rodoviários

Custo Unitário de Referência Mês: Novembro/2016 — Construção Rodoviária — **SICRO2** RCTR0320

2 S 02 200 01 - Base solo estabilizado granul. s/ mistura — São Paulo — Produção da Equipe: 168,00 m³ — Valores em (R$)

A - EQUIPAMENTO	Quantidade	Utilização		Custo Operacional		Custo Horário
		Operativa	Improdutiva	Operativo	Improdutivo	
E006 - Motoniveladora (103 kW)	1,00	0,78	0,22	166,89	24,27	135,52
E007 - Trator agrícola (74 kW)	1,00	0,52	0,48	72,05	16,50	45,39
E013 - Rolo compactador pé de carneiro autop. 11,25 t vibrat. (82 kW)	1,00	1,00	0,00	113,84	16,50	113,85
E101 - Grade de discos - GA 24 x 24	1,00	0,52	0,48	3,49	0,00	1,82
E105 - Rolo compactador de pneus autoprop. 25 t (98 kW)	1,00	0,78	0,22	138,12	16,50	111,37
E404 - Caminhão basculante 10 m³ - 15 t (210 kW)	1,49	1,00	0,00	146,83	18,77	218,79
E407 - Caminhão-tanque - 10.000 L (210 kW)	2,00	0,54	0,46	149,65	18,77	178,90
				Custo Horário de Equipamentos		805,63

B - MÃO DE OBRA	Quantidade	Salário-Hora	Custo Horário
T511 - Encarreg. de pavimentação	1,00	46,45	46,46
T701 - Servente	3,00	13,53	40,61
		Custo Horário da Mão de Obra	87,07
		Adc. M.O. - Ferramentas: (15,51%)	13,50
		Custo Horário de Execução	906,20
		Custo Unitário de Execução	5,39

D - ATIVIDADES AUXILIARES	Quantidade	Unidade	Preço Unitário	Custo Unitário
1 A 01 100 01 - Limpeza camada vegetal em jazida (const. e restr.)	0,7000	m²	0,46	0,32
1 A 01 105 01 - Expurgo de jazida (const. e restr.)	0,2000	m³	2,41	0,48
1 A 01 120 01 - Escav. e carga de mater. de jazida (const. e restr.)	1,1500	m³	3,69	4,24
			Custo Total das Atividades	5,04

F - TRANSPORTE DE MATERIAIS PRODUZIDOS/COMERCIAIS	Toneladas/Unidade de Serviço	Custo Unitário
1 A 01 120 01 - Escav. e carga de mater. de jazida (const. e restr.)	1,8400	

Fig. 4.3 Composição de preço do Sicro 2 para camada de base

SISTEMA DE CUSTOS REFERENCIAIS DE OBRAS - SICRO	São Paulo	FIC	0,02838		
Custo Unitário de Referência	Maio/2018	Produção da equipe	168,20 m³		
4011219 Base de solo estabilizado granulometricamente sem mistura com material de jazida			Valores em reais (R$)		

A - EQUIPAMENTOS		Quantidade	Utilização		Custo Horário		Custo Horário Total
			Operativa	Improdutiva	Produtivo	Improdutivo	
E9571	Caminhão-tanque com capacidade de 10.000 L - 188 kW	1,00000	0,93	0,07	183,0897	51,4372	173,8740
E9518	Grade de 24 discos rebocável de 24"	1,00000	0,52	0,48	2,2783	1,5837	1,9449
E9524	Motoniveladora - 93 kW	1,00000	0,77	0,23	181,7268	79,9115	158,3093
E9762	Rolo compactador de pneus autopropelido de 27 t - 85 kW	1,00000	0,96	0,04	141,9546	64,9594	138,8748
E9685	Rolo compactador pé de carneiro vibratório autopropelido de 11,6 t - 82 kW	1,00000	1,00	0,00	124,0372	55,9181	124,0372
E9577	Trator agrícola - 77 kW	1,00000	0,52	0,48	84,0627	32,3826	59,2563
					Custo horário total de equipamentos		656,2965

B - MÃO DE OBRA	Quantidade	Unidade	Custo Horário	Custo Horário Total
P9824 Servente	1,00000	h	20,2092	20,2092
			Custo horário total de mão de obra	20,2092
			Custo horário total de execução	676,5057
			Custo unitário de execução	4,0220
			Custo do FIC	0,1141
			Custo do FIT	-

C - MATERIAL	Quantidade	Unidade	Preço Unitário	Custo Unitário
			Custo unitário total de material	-

D - ATIVIDADES AUXILIARES	Quantidade	Unidade	Custo Unitário	Custo Unitário
4816096 Escavação e carga de material de jazida com escavadeira hidráulica	1,10000	m³	0,9300	1,0230
			Custo total de atividades auxiliares	1,0230
			Subtotal	5,1591

E - TEMPO FIXO	Código	Quantidade	Unidade	Custo Unitário	Custo Unitário
4816096 Escavação e carga de material de jazida com escavadeira hidráulica - Caminhão basculante 10 m³	5914354	2,06250	t	1,3800	2,8463
				Custo unitário total de tempo fixo	2,8463

F - MOMENTO DE TRANSPORTE	Quantidade	Unidade	DMT			Custo Unitário
			LN	RP	P	
4816096 Escavação e carga de material de jazida com escavadeira hidráulica - Caminhão basculante 10 m³	2,06250	tkm	5914359	5914374	5914389	
			Custo unitário total de transporte			
			Custo unitário direto total			8,01

Fig. 4.4 *Composição de preço do Sicro para camada de base*

efetivamente executados. Numa mesma obra, pode-se encontrar jazidas que necessitam de desmatamento e expurgo e outras não. É possível ainda encontrar jazidas mais rasas e outras mais profundas, o que também alteraria as quantidades de desmatamento e expurgo de jazidas, se calculadas por metro cúbico de solo efetivamente utilizado.

4.1.5 Remuneração da escavação

Ao contrário dos serviços de limpeza e expurgo de jazida, a escavação do material necessário para a compactação das camadas de pavimentação – reforços de subleito, sub-base e base – continua com seu custo embutido no preço para a execução dessas camadas.

Não se deve, portanto, apropriar em item separado a escavação e a carga do material que será compactado nas camadas de reforço de subleito, sub-base e base. Em todas essas composições já constam os custos das respectivas escavações e cargas.

4.1.6 Transporte dos materiais

As composições de custos do DNIT para reforço de subleito, sub-base e base preveem a remuneração do transporte do material, entre a jazida e o trecho de execução, embutida no próprio preço. No entanto, como se percebe na Fig. 4.5, como padrão de referência, esse preço aparece zerado, para que os Engenheiros Orçamentistas, levando em consideração o caso específico de cada obra (DMT, condições do caminho e velocidade média do caminhão), insiram o custo devido.

Note-se que a composição apenas indica o consumo de 2,0625 t de material transportado para cada metro cúbico de material compactado na camada – esse parâmetro corresponde à densidade máxima aparente seca estimada pelo DNIT para as camadas de pavimentação –, mas deixa de apresentar o custo unitário dessa composição auxiliar devido a duas variáveis que devem ser definidas pelo Orçamentista para cada obra considerada: a DMT e o revestimento da rodovia utilizada pelos caminhões – em leito natural, com revestimento primário ou pavimentada, ou ainda, conforme o caso, uma composição mista entre esses revestimentos.

Ocorre que em diversos Estados os órgãos públicos, em vez de embutir esses custos nas composições das camadas de pavimentação, costumam inserir diretamente na planilha orçamentária itens específicos para o transporte desse material. Nesse caso, o primeiro procedimento do Engenheiro Fiscal é se assegurar de que os custos de transporte constam exclusivamente nos itens de serviço da planilha orçamentária, mantendo-se zerados nas composições de preços dos itens referentes à base, à sub-base etc.

Isso posto, os Engenheiros, ao apropriarem os serviços de transporte, devem perceber que a unidade de medição é a t · km, de modo que devem aferir três elementos essenciais:

SISTEMA DE CUSTOS REFERENCIAIS DE OBRAS - SICRO		São Paulo		FIC	0,02838	
Custo Unitário de Referência		Maio/2018		Produção da equipe		168,20 m³
4011211 Reforço do subleito com material de jazida						Valores em reais (R$)

A - EQUIPAMENTOS		Quantidade	Utilização		Custo Horário		Custo
			Operativa	Improdutiva	Produtivo	Improdutivo	Horário Total
E9571	Caminhão-tanque com capacidade de 10.000 L - 188 kW	1,00000	0,93	0,07	183,0897	51,4372	173,8740
E9518	Grade de 24 discos rebocável de 24"	1,00000	0,52	0,48	2,2783	1,5837	1,9449
E9524	Motoniveladora - 93 kW	1,00000	0,78	0,22	181,7268	79,9115	159,3274
E9762	Rolo compactador de pneus autopropelido de 27 t - 85 kW	1,00000	0,72	0,28	141,9546	64,9594	120,3959
E9685	Rolo compactador pé de carneiro vibratório autopropelido de 11,6 t - 82 kW	1,00000	1,00	0,00	124,0372	55,9181	124,0372
E9577	Trator agrícola - 77 kW	1,00000	0,52	0,48	84,0627	32,3826	59,2563
					Custo horário total de equipamentos		638,8357

B - MÃO DE OBRA		Quantidade	Unidade	Custo Horário	Custo Horário Total
P9824	Servente	1,00000	h	20,2092	20,2092
				Custo horário total de mão de obra	20,2092
				Custo horário total de execução	659,0449
				Custo unitário de execução	3,9182
				Custo do FIC	0,1112
				Custo do FIT	-

C - MATERIAL	Quantidade	Unidade	Preço Unitário	Custo Unitário
			Custo unitário total de material	-

D - ATIVIDADES AUXILIARES		Quantidade	Unidade	Custo Unitário	Custo Unitário
4816096	Escavação e carga de material de jazida com escavadeira hidráulica	1,10000	m³	0,9300	1,0230
				Custo total de atividades auxiliares	1,0230
				Subtotal	5,0524

E - TEMPO FIXO		Código	Quantidade	Unidade	Custo Unitário	Custo Unitário
4816096	Escavação e carga de material de jazida com escavadeira hidráulica - Caminhão basculante 10 m³	5914354	2,06250	t	1,3800	2,8463
					Custo unitário total de tempo fixo	2,8463

F - MOMENTO DE TRANSPORTE		Quantidade	Unidade	DMT			Custo Unitário
				LN	RP	P	
4816096	Escavação e carga de material de jazida com escavadeira hidráulica - Caminhão basculante 10 m³	2,06250	tkm	5914359	5914374	5914389	
				Custo unitário total de transporte			
				Custo unitário direto total			7,90

Fig. 4.5 *Composição de preço para camada de reforço de subleito*

- revestimento das rodovias utilizadas pelos caminhões;
- DMT;
- densidade do material, tomada no local de apropriação do volume.

Para a conversão do volume (em m³) em peso (em t), multiplica-se o volume pela densidade do solo, aferida no local onde seu volume foi medido. Como, em regra, as camadas granulares de pavimentação são apropriadas geometricamente nas seções de aterro, a densidade a ser utilizada deve corresponder à máxima aparente seca calculada pela equipe de laboratório, quando da realização dos ensaios de compactação. Isso porque a equipe de campo precisa deixar a densidade na pista no mesmo patamar da máxima informada pelo laboratório (grau de compactação igual ou superior a 100%).

Os Engenheiros devem verificar o revestimento das rodovias utilizadas porque, se forem pavimentadas, o custo do transporte será menor. Note-se que há custos diferenciados nas tabelas de referência do DNIT para transportes em rodovias pavimentadas, rodovias com revestimento primário e rodovias em leito natural – apenas para ilustração, tome-se o exemplo das composições do Sicro 2 de códigos 1 A 00 001 05 ("Transp. local c/ basc. 10 m³ rodov. não pav. (const.)") e 1 A 00 002 05 ("Transp. local c/ basc. 10 m³ rodov. pav. (const.)"). Caso o item constante na planilha orçamentária não seja compatível com a situação real de campo, os Engenheiros devem providenciar a inclusão no contrato do item adequado, por intermédio de termo aditivo.

Observe-se, ainda, que é comum que parte do trajeto seja em rodovia pavimentada e parte em rodovia não pavimentada. Nesse caso, mais de um item deve constar na planilha orçamentária, de modo que se aproprie, para cada item, sua DMT correspondente.

Selecionado(s), então, o(s) item(ns) de serviço da planilha no(s) qual(is) serão apropriados os transportes, os Engenheiros, com o auxílio de um equipamento de GPS, devem se dirigir a cada jazida em utilização e checar, para uso nas medições, os seguintes dados:

- *Estaca de entrada*: é o ponto, na pista em execução, em que se tem o cruzamento com o caminho de serviço, ou outra rodovia, que leva à jazida a ser utilizada. Em determinadas situações, é possível que haja duas ou mais estacas de entrada para a mesma jazida. Nesse caso, todas devem ser anotadas em conjunto com suas respectivas distâncias fixas.
- *Distância fixa*: é a distância entre a estaca de entrada e o centro da jazida em utilização.

A DMT de cada transporte realizado na obra terá, então, uma componente fixa – a distância fixa – e outra variável – a distância entre a estaca de entrada e o centro de massa de cada aterro –, que devem, portanto, ser somadas.

Note-se que, caso o aterro de destino compreenda um trecho que se estende de antes a depois da estaca de entrada, a componente variável da DMT será a média ponderada das distâncias entre a estaca de entrada e as extremidades de cada segmento, considerando-se, para isso, a representatividade dos volumes transportados para cada lado. Essa é a situação representada na Fig. 4.6.

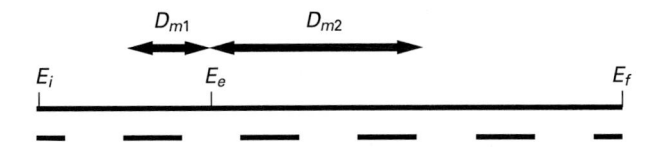

Fig. 4.6 *Estaca de entrada localizada dentro do aterro de destino*

$$D_{mp} = \frac{(E_e - E_i)^2 + (E_f - E_e)^2}{E_f - E_i} \times 10$$

em que:
D_{mp} = distância média (ponderada) percorrida dentro do trecho (a ser somada com a distância fixa da jazida);
E_e = estaca de entrada;
E_i = estaca inicial do trecho de aterro;
E_f = estaca final do trecho de aterro.

Uma vez que a unidade de medida do item é t · km – o que implica que a distância de transporte (em km) deverá ser multiplicada pelo peso (em t) do material transportado –, o terceiro elemento a ser aferido pelo Engenheiro Fiscal é a densidade máxima de cada material transportado.

Utilizam-se as densidades máximas aparentes secas porque os volumes a serem considerados nos cálculos dos transportes, no caso dos itens de pavimentação, são obtidos nas seções transversais da pista compactada, posto que é dessa forma que são apropriados os volumes de reforço de subleito, sub-base e base. Ora, caso se tome como referência a plataforma da pista, o peso do material ali executado deverá ser calculado em função da densidade correspondente ao mesmo local, no caso, a densidade máxima aparente seca.

Assim, o peso a ser utilizado em medição será o produto do volume do material executado, apropriado nas seções geométricas de aterro, por sua densidade máxima aparente seca, determinada em laboratório por meio do ensaio de compactação.

Sublinhe-se que cada material tem sua densidade própria, de modo que uma mesma jazida pode apresentar veios de diferentes tipos de materiais, e todos podem estar sendo utilizados nas camadas do pavimento. Nesse caso, é preciso aferir com frequência as densidades máximas dos solos que estão sendo escavados na jazida e, com os resultados obtidos, calcular a sua densidade de referência.

Note-se que os dados de laboratório necessários para a apropriação dos quantitativos de transporte são retirados do controle tecnológico que já é realizado normalmente, de maneira que não é necessário efetuar nenhum ensaio específico para esse fim. A norma DNIT 141/2010-ES, por exemplo, exige, no item 7.1, *b*, a realização de ensaios de compactação rotineiros, para os quais "deve ser coletada uma amostra por camada para cada 200 m de pista, ou por jornada diária de trabalho".

No caso de pedreiras e areais, a regra geral é a mesma, devendo o peso do material (brita ou areia) ser calculado em função da densidade máxima deste na pista, que é o local onde se aferem geometricamente os volumes dos serviços.

Assim, no caso de base de brita graduada, por exemplo, o quantitativo de transporte da brita (em t · km) deve ser apropriado multiplicando-se o volume da base (em m³, medido geometricamente na seção transversal da pista) pela densidade máxima da brita graduada que está sendo utilizada (em t/m³, determinada por ensaio de compactação realizado na amostra colhida na saída da usina) e pela distância de transporte (em km).

No entanto, nos casos em que há a mistura de materiais – solo-brita ou solo-areia, por exemplo –, torna-se difícil determinar em campo as quantidades precisas de brita, solo ou areia efetivamente aplicadas. Desse modo, recomenda-se que se utilize, para efeito de medição dos transportes, o traço em peso da mistura, estudado em laboratório, em conformidade com as orientações dispostas na seção 4.1.3, e se avalie, inicialmente, sua compatibilidade com os parâmetros trazidos nas respectivas composições dos preços contratados. Quaisquer divergências significativas devem ser tratadas por meio de aditivos de preços.

Em síntese, para a apropriação dos transportes dos insumos, os Engenheiros devem se utilizar dos dados reais dos traços, em peso, após, é claro, avaliarem sua economicidade, conforme as orientações da seção 4.1.3.

Como exemplo, tome-se a composição do DNIT de código 4011313 ("Base de solo-cimento"), apresentada na Fig. 4.7.

Note-se que a composição prevê – sem inserir preço algum, de acordo com o padrão já comentado – o transporte de 0,14441 t de cimento e 1,91859 t de solo (proveniente de jazida). Assim, são esses pesos que, se coincidentes com o traço estudado em laboratório, devem ser multiplicados pelo volume de solo-cimento apropriado geometricamente na pista e pelas distâncias de transporte, para que se obtenham, respectivamente, os momentos de transporte de cimento e solo (em t · km).

SISTEMA DE CUSTOS REFERENCIAIS DE OBRAS - SICRO		São Paulo		FIC	0,02838	
Custo Unitário de Referência		Maio/2018		Produção da equipe		146,23 m³
4011297 Base de solo-cimento com 7% de cimento e mistura na pista com material de jazida						Valores em reais (R$)

A - EQUIPAMENTOS		Quantidade	Utilização		Custo Horário		Custo
			Operativa	Improdutiva	Produtivo	Improdutivo	Horário Total
E9571	Caminhão-tanque com capacidade de 10.000 L - 188 kW	1,00000	0,73	0,27	183,0897	51,4372	147,5435
E9518	Grade de 24 discos rebocável de 24"	1,00000	0,45	0,55	2,2783	1,5837	1,8963
E9524	Motoniveladora - 93 kW	1,00000	1,00	0,00	181,7268	79,9115	181,7268
E9762	Rolo compactador de pneus autopropelido de 27 t - 85 kW	1,00000	0,83	0,17	141,9546	64,9594	128,8654
E9685	Rolo compactador pé de carneiro vibratório autopropelido de 11,6 t - 82 kW	1,00000	0,87	0,13	124,0372	55,9181	115,1817
E9577	Trator agrícola - 77 kW	1,00000	0,45	0,55	84,0627	32,3826	55,6386
					Custo horário total de equipamentos		630,8523
B - MÃO DE OBRA		Quantidade	Unidade		Custo Horário		Custo Horário Total
P9824	Servente	6,00000	h		20,2092		121,2552
					Custo horário total de mão de obra		121,2552
					Custo horário total de execução		752,1075
					Custo unitário de execução		5,1433
					Custo do FIC		0,1460
					Custo do FIT		-
C - MATERIAL		Quantidade	Unidade		Preço Unitário		Custo Unitário
M0424	Cimento Portland CP II-32	144,41000	kg		0,3417		49,3449
					Custo unitário total de material		49,3449
D - ATIVIDADES AUXILIARES		Quantidade	Unidade		Custo Unitário		Custo Unitário
4816096	Escavação e carga de material de jazida com escavadeira hidráulica	1,02325	m³		0,9300		0,9516
					Custo total de atividades auxiliares		0,9516
					Subtotal		55,5858
E - TEMPO FIXO		Código	Quantidade	Unidade	Custo Unitário		Custo Unitário
M0424	Cimento Portland CP II-32 - Caminhão carroceria 15 t	5914655	0,14441	t	25,0200		3,6131
4816096	Escavação e carga de material de jazida com escavadeira hidráulica - Caminhão basculante 10 m³	5914354	1,91859	t	1,3800		2,6477
					Custo unitário total de tempo fixo		6,2608
F - MOMENTO DE TRANSPORTE		Quantidade	Unidade	DMT			Custo Unitário
				LN	RP	P	
M0424	Cimento Portland CP II-32 - Caminhão carroceria 15 t	0,14441	tkm	5914449	5914464	5914479	
4816096	Escavação e carga de material de jazida com escavadeira hidráulica - Caminhão basculante 10 m³	1,91859	tkm	5914359	5914374	5914389	
				Custo unitário total de transporte			
				Custo unitário direto total			61,85

Fig. 4.7 *Composição de preço para camada de base de solo-cimento*

Quando a mistura que vai para a pista precisa ser previamente usinada, o transporte dos insumos deve ser realizado desde sua origem (jazida correspondente) até o local de instalação da usina. Nesses casos, é necessário ainda apropriar o transporte da mistura desde a usina até o local de aplicação na pista, considerando para isso a densidade da mistura pronta. No exemplo da figura já mencionada, a densidade estimada para a mistura é de 2,063 t/m³, que corresponde exatamente à soma dos pesos dos insumos, solo e cimento (1,91859 t + 0,14441 t), necessários para cada metro cúbico da mistura.

Por fim, os Engenheiros precisam manter-se atentos a possíveis inconsistências pontuais em composições de sistemas oficiais de referência de preços, como ocorre, por exemplo, entre as composições 6416040 e 4011276 do DNIT (Figs. 4.8 e 4.9).

Na composição da Fig. 4.8, percebe-se que o DNIT considera a utilização de 1,4667 m³ de brita solta (entre britas 0, 1 e 2) para cada metro cúbico de material usinado, em volume apropriado na seção compactada de brita graduada (a unidade da composição é o metro cúbico e seu custo foi levantado com vista a referir-se a volume efetivamente compactado em pista, que é o critério padrão para medições de camadas de aterro ou granulares de pavimentação). E uma vez que adota, como estimativa para orçamentos, uma densidade solta de 1,5 t/m³, tem-se que esses 1,4667 m³ correspondem, em peso, a 2,2 t. Ou seja, nessa composição, o DNIT está a considerar uma densidade de 2,2 t/m³ para uma brita graduada devidamente compactada.

Por outro lado, ao observar a composição de código 4011276 (Fig. 4.9), que se refere à execução em campo da camada de brita graduada, percebe-se que o DNIT acabou por utilizar uma densidade de apenas 2,1 t/m³ para a brita graduada compactada, diferentemente do que considerou para a usinagem.

Inconsistências desse tipo evidentemente precisam ser resolvidas pelos Engenheiros Orçamentistas, tomando-se os dados reais do projeto em substituição aos dados estimados do sistema de referência de preços. Também pela mesma razão, os Engenheiros Construtores, Fiscais e Auditores precisam ficar atentos quanto aos eventuais procedimentos de aditivos de preços nas obras.

Quanto à remuneração pelo transporte, se este consta como item próprio individualizado na planilha orçamentária, para a conversão do volume em peso deve-se considerar a densidade efetiva do material utilizado na obra, o que é determinado pelo ensaio de compactação, rotineiramente repetido durante o controle tecnológico dos serviços.

4.1.7 Controle tecnológico dos materiais

O controle tecnológico dos materiais extraídos das jazidas deve corresponder àqueles indicados nas normas

DNIT							**CGCIT**
SISTEMA DE CUSTOS REFERENCIAIS DE OBRAS - SICRO			São Paulo			113,18 m³	
Custo Unitário de Referência			Maio/2018		Produção da equipe		
6416040 Usinagem de brita graduada com brita comercial em usina de 300 t/h						Valores em reais (R$)	

A - EQUIPAMENTOS		Quantidade	Utilização		Custo Horário		Custo
			Operativa	Improdutiva	Produtivo	Improdutivo	Horário Total
E9511	Carregadeira de pneus com capacidade de 3,3 m³ - 213 kW	1,00000	0,79	0,21	327,1941	127,3153	285,2196
E9779	Grupo gerador - 100/110 kVA	1,00000	1,00	0,00	56,4226	5,4903	56,4226
E9615	Usina misturadora de solos com capacidade de 300 t/h	1,00000	1,00	0,00	135,2689	92,5531	135,2689
					Custo horário total de equipamentos		476,9111
B - MÃO DE OBRA		Quantidade	Unidade		Custo Horário		Custo Horário Total
P9824	Servente	5,00000	h		20,2092		101,0460
					Custo horário total de mão de obra		101,0460
					Custo horário total de execução		577,9571
					Custo unitário de execução		5,1065
					Custo do FIC		-
					Custo do FIT		-
C - MATERIAL		Quantidade	Unidade		Preço Unitário		Custo Unitário
M0005	Brita 0	0,44070	m³		79,6788		35,1144
M0191	Brita 1	0,51300	m³		77,9299		39,9780
M0192	Brita 2	0,51300	m³		69,4219		35,6134
					Custo unitário total de material		110,7058
D - ATIVIDADES AUXILIARES		Quantidade	Unidade		Custo Unitário		Custo Unitário
					Custo total de atividades auxiliares		-
					Subtotal		115,8123
E - TEMPO FIXO		Código	Quantidade	Unidade	Custo Unitário		Custo Unitário
M0005	Brita 0 - Caminhão basculante 10 m³	5914647	0,66105	t	1,0300		0,6809
M0191	Brita 1 - Caminhão basculante 10 m³	5914647	0,76950	t	1,0300		0,7926
M0192	Brita 2 - Caminhão basculante 10 m³	5914647	0,76950	t	1,0300		0,7926
					Custo unitário total de tempo fixo		2,2661
F - MOMENTO DE TRANSPORTE		Quantidade	Unidade		DMT		Custo Unitário
				LN	RP	P	
M0005	Brita 0 - Caminhão basculante 10 m³	0,66105	tkm	5914359	5914374	5914389	
M0191	Brita 1 - Caminhão basculante 10 m³	0,76950	tkm	5914359	5914374	5914389	
M0192	Brita 2 - Caminhão basculante 10 m³	0,76950	tkm	5914359	5914374	5914389	
					Custo unitário total de transporte		
					Custo unitário direto total		118,08

Fig. 4.8 *Composição de preço para usinagem de brita graduada*

DNIT							**CGCIT**
SISTEMA DE CUSTOS REFERENCIAIS DE OBRAS - SICRO			São Paulo		FIC 0,00946		
Custo Unitário de Referência			Maio/2018		Produção da equipe		113,18 m³
4011276 Base ou sub-base de brita graduada com brita comercial							Valores em reais (R$)

A - EQUIPAMENTOS		Quantidade	Utilização		Custo Horário		Custo
			Operativa	Improdutiva	Produtivo	Improdutivo	Horário Total
E9571	Caminhão-tanque com capacidade de 10.000 L - 188 kW	1,00000	0,34	0,66	183,0897	51,4372	96,1991
E9514	Distribuidor de agregados autopropelido - 130 kW	1,00000	0,80	0,20	206,6181	90,7868	183,4518
E9524	Motoniveladora - 93 kW	1,00000	0,52	0,48	181,7268	79,9115	132,8555
E9762	Rolo compactador de pneus autopropelido de 27 t - 85 kW	1,00000	0,65	0,35	141,9546	64,9594	115,0063
E9530	Rolo compactador liso autopropelido vibratório de 11 t - 97 kW	1,00000	0,52	0,48	140,0173	60,0510	101,6335
					Custo horário total de equipamentos		629,1462
B - MÃO DE OBRA		Quantidade	Unidade		Custo Horário		Custo Horário Total
P9824	Servente	1,00000	h		20,2092		20,2092
					Custo horário total de mão de obra		20,2092
					Custo horário total de execução		649,3554
					Custo unitário de execução		5,7374
					Custo do FIC		0,0543
					Custo do FIT		-
C - MATERIAL		Quantidade	Unidade		Preço Unitário		Custo Unitário
					Custo unitário total de material		-
D - ATIVIDADES AUXILIARES		Quantidade	Unidade		Custo Unitário		Custo Unitário
6416040	Usinagem de brita graduada com brita comercial em usina de 300 t/h	1,00000	m³		118,0800		118,0800
					Custo total de atividades auxiliares		118,0800
					Subtotal		123,8717
E - TEMPO FIXO		Código	Quantidade	Unidade	Custo Unitário		Custo Unitário
6416040	Usinagem de brita graduada com brita comercial em usina de 300 t/h - Caminhão basculante 10 m³	5914652	2,10000	t	1,9900		4,1790
					Custo unitário total de tempo fixo		4,1790
F - MOMENTO DE TRANSPORTE		Quantidade	Unidade		DMT		Custo Unitário
				LN	RP	P	
6416040	Usinagem de brita graduada com brita comercial em usina de 300 t/h - Caminhão basculante 10 m³	2,10000	tkm	5914359	5914374	5914389	
					Custo unitário total de transporte		
					Custo unitário direto total		128,05

Fig. 4.9 *Composição de preço para execução de brita graduada*

referentes à execução dos serviços nos quais tais insumos serão utilizados.

Assim, os ensaios devem ser realizados nas quantidades mínimas exigidas, e seus resultados precisam atender aos requisitos das respectivas normas, sob pena de não homologação da jazida.

Seguem, então, os parâmetros para o controle tecnológico dos insumos – solo, brita ou mistura – a serem utilizados nas camadas de sub-base e base. Esses são os parâmetros mínimos estabelecidos nas normas, de modo que cada projeto pode especificar parâmetros mais rigorosos no caso concreto, desde que devidamente justificados. Note-se que se trata, aqui, exclusivamente do controle dos materiais empregados. Nas seções referentes a cada serviço (sub-base, base etc.), serão abordados os ensaios inerentes à execução propriamente dita (umidade e grau de compactação, por exemplo).

Ressalte-se que, por razões didáticas, o controle tecnológico efetuado sobre as britas a serem usadas em tratamentos superficiais e CAUQ (ou CBUQ) será comentado nas seções referentes à execução desses serviços.

Sub-base em solo estabilizado granulometricamente (norma DNIT 139/2010-ES)

Atenção: Caso o projeto especifique que a camada de sub-base deva ser executada utilizando-se misturas de solo com cimento, os Engenheiros devem observar os parâmetros trazidos na seção 4.2.1 para os controles sobre o solo utilizado e sobre a mistura. Tais exigências são diferentes das impostas quando se trata de sub-base executada exclusivamente com solos.

Quando o projeto especifica a execução de camada de sub-base estabilizada sem adição de cimento, os solos, as britas ou as misturas devem apresentar as seguintes características:

- CBR ≥ 20%, moldando-se os corpos de prova com a energia de compactação do Proctor Intermediário ou, se o projeto explicitamente dispuser nesse sentido, do Proctor Modificado.
- Expansão ≤ 1%. A norma tolera que, no caso de solos lateríticos, os materiais apresentem expansão > 1,0%, desde que no ensaio de expansibilidade (DNIT 160/2012-ME) apresentem um valor inferior a 10%.
- A fração retida na peneira n° 10, no ensaio de granulometria, deve ser constituída de partículas duras, isentas de fragmentos moles, material orgânico ou outras substâncias prejudiciais.
- O índice de grupo (IG) deve ser igual a zero. A norma tolera que, no caso de solos lateríticos, os materiais apresentem IG diferente de zero, desde que no ensaio de expansibilidade (DNIT 160/2012-ME) apresentem um valor inferior a 10%.

O IG é uma formulação que busca identificar propriedades indesejáveis, para utilização em rodovias, na fração fina dos materiais. Trata-se do número inteiro calculado mediante a seguinte equação:

$$IG = 0{,}2 \cdot a + 0{,}005 \cdot a \cdot c + 0{,}01 \cdot b \cdot d$$

em que:

a = percentual de material que passa na peneira n° 200 subtraído de 35 (percentual menos 35) – o valor de a não pode ser superior a 40 nem inferior a zero, devendo ser adotados esses limites caso o valor fique fora dessa faixa;

b = percentual de material que passa na peneira n° 200 subtraído de 15 (percentual menos 15) – da mesma forma que a, o valor de b não pode ser superior a 40 nem inferior a zero, devendo ser adotados esses limites caso o valor fique fora dessa faixa;

c = limite de liquidez (LL) subtraído de 40 (LL menos 40) – o valor de c não pode ser superior a 20 nem inferior a zero, devendo ser adotados esses limites caso o valor fique fora dessa faixa;

d = índice de plasticidade (IP) subtraído de 10 (IP menos 10) – da mesma forma que c, o valor de d não pode ser superior a 20 nem inferior a zero, devendo ser adotados esses limites caso o valor fique fora dessa faixa.

Note-se que, para o cálculo do IG, são necessários os ensaios de granulometria, limite de liquidez e limite de plasticidade (LP) – o IP é o resultado da subtração entre LL e LP. No entanto, a norma exige para a sub-base um controle menos rigoroso que o imposto aos materiais que serão utilizados na base, uma vez que prescinde do enquadramento, peneira a peneira, em uma faixa granulométrica – controla-se apenas o percentual de finos do material.

Observando-se a fórmula mais atentamente, percebe-se que, para obter o requisito exigido para as camadas de sub-base (IG = 0), faz-se necessário, cumulativamente, que:

- a = 0. Para isso, o percentual que passa na peneira n° 200 (argila e silte) precisa ser igual ou inferior a 35%.
- b ou d = 0. Para isso, o material precisa ser pouco plástico – IP igual ou inferior a 10% – ou ter poucos finos (percentual que passa na peneira n° 200 ser igual ou inferior a 15%).

Sendo assim, qualquer material cujo percentual que passa na peneira n° 200 seja igual ou inferior a 15% fará com que o a e o d sejam iguais a zero, fazendo, por conseguinte, que o IG seja também igual a zero. Ou seja, conforme comentado inicialmente, a preocupação de norma com a verificação do IG se limita exatamente em selecionar materiais com poucos finos (sem maiores preocupações com a distribuição granulométrica completa) ou, se for o caso, com baixa plasticidade.

Por sua vez, a exemplo do que já foi comentado na seção 3.6.6, o valor que se deve considerar como resultado do controle do CBR é a média aritmética de seus resultados individuais ($\overline{X}$), subtraída do produto da constante k pelo desvio padrão (s) da amostra. Assim:

$$\text{Resultado de controle} = \overline{X} - k \cdot s$$

A constante k reflete a insegurança estatística relacionada com a quantidade de ensaios realizados – quanto menos ensaios, maior a insegurança de que a característica da amostra (resultado médio encontrado) corresponde à do todo (pista), conforme a Tab. 4.1.

Tab. 4.1 Tabela de amostragem variável

Número de amostras (n)	Coeficiente multiplicador (k)	Risco do executante (α)
5	1,55	0,45
6	1,41	0,35
7	1,36	0,30
8	1,31	0,25
9	1,25	0,19
10	1,21	0,15
11	1,19	0,13
12	1,16	0,10
13	1,13	0,08
14	1,11	0,06
15	1,10	0,05
16	1,08	0,04
17	1,06	0,03
19	1,04	0,02
21	1,01	0,01

Fonte: DNIT (2009i, item 7.2.3).

O desvio padrão (s), por sua vez, é consequência direta das dispersões dos resultados individuais em relação à média calculada da amostra. Quanto mais dispersos forem os resultados individuais, menor será a segurança de que a média aritmética da amostra convirja com a característica do todo (pista).

$$s = \sqrt{\frac{\sum (X_i - \overline{X})^2}{n-1}}$$

em que:
X_i = resultado individual de cada ensaio;
$\overline{X}$ = média aritmética dos resultados do trecho em análise;
n = quantidade de ensaios realizados.

Assim, quanto ao CBR do solo utilizado, têm-se:
- Caso $\overline{X} - k \cdot s \geq 20\%$, o trecho analisado é aprovado – lembrando que o projeto de cada obra pode eventualmente trazer parâmetros particulares superiores a esses.
- Caso $\overline{X} - k \cdot s < 20\%$, a orientação é pela rejeição, seja porque a própria média dos resultados ficou abaixo do mínimo exigido, seja porque o tamanho da amostra e os resultados individuais não proporcionam segurança estatística suficiente para garantir que o trecho analisado atende ao mínimo requerido em norma.

Já quanto à expansão, têm-se:
- Caso $\overline{X} + k \cdot s \leq 1\%$, o trecho analisado é aprovado.
- Caso $\overline{X} + k \cdot s > 1\%$, a orientação é pela rejeição, seja porque a própria média dos resultados ficou acima do máximo exigido, seja porque o tamanho da amostra e os resultados individuais não proporcionam segurança estatística suficiente para garantir que o trecho analisado atende ao máximo tolerado em norma.

A frequência mínima indicada para a realização dos ensaios é a seguinte:
- *Para cada 200 m de pista, ou por jornada diária de trabalho*: um ensaio de granulometria por peneiramento, um ensaio de limite de liquidez, um ensaio de limite de plasticidade e um ensaio de compactação, com a energia do Proctor Intermediário ou, se o projeto assim o definir, do Proctor Modificado.
- *Para cada 400 m de pista, ou por jornada diária de trabalho*: um ensaio de CBR e de expansão, com os corpos de prova moldados com a energia de compactação do Proctor Intermediário ou, se o projeto assim o definir, do Proctor Modificado.

Note-se que os ensaios de compactação são realizados para que sejam definidos os parâmetros para os futuros cálculos de graus de compactação das camadas executadas (controle da execução dos serviços).

O Engenheiro Fiscal, se perceber que o material utilizado é homogêneo o suficiente, pode autorizar a redução pela metade da quantidade de ensaios especificada.

Para rodovias ou vias urbanas de extensão inferior a 1 km, deve-se garantir a realização dos ensaios em pelo menos cinco amostras.

Base em solo estabilizado granulometricamente (norma DNIT 141/2010-ES)

Atenção: Caso o projeto especifique que a camada de base deva ser executada utilizando-se misturas de

> solo com cimento, os Engenheiros devem observar os parâmetros trazidos na seção 4.3.1 para os controles sobre o solo utilizado e sobre a mistura. Tais exigências são diferentes das impostas quando se trata de base executada exclusivamente com solos.

Quando o projeto especifica a execução de camada de base estabilizada sem adição de cimento, os solos, as britas ou as misturas devem apresentar as seguintes características:

- Granulometria enquadrada numa das faixas listadas na Tab. 4.2, conforme o número N considerado no projeto da rodovia.
  Dentro da faixa de norma selecionada, o projeto deve definir uma faixa granulométrica, mais estreita, específica para a obra (faixa de projeto). A amplitude dessa faixa de projeto deve respeitar, malha a malha, os parâmetros impostos na última coluna da tabela.
- A porcentagem do material que passa na peneira nº 200 não deve ultrapassar dois terços da porcentagem que passa na peneira nº 40.
- Limite de liquidez (LL) ≤ 25%. Caso esse limite seja ultrapassado, o equivalente de areia deve ser maior que 30%.
- Índice de plasticidade (IP) ≤ 6%. Caso esse limite seja ultrapassado, o equivalente de areia deve ser maior que 30%.
- CBR ≥ 60%, moldando-se o corpo de prova com a energia de compactação do Proctor Modificado (indicada no projeto), no caso de rodovias com o número $N ≤ 5 \times 10^6$.
- CBR ≥ 80%, moldando-se o corpo de prova com a energia de compactação do Proctor Modificado (indicada no projeto), no caso de rodovias com o número $N > 5 \times 10^6$.
- O material retido na peneira nº 10 deve apresentar desgaste ≤ 55%, quando submetido ao ensaio de abrasão Los Angeles.

Caso se utilize mistura de solo e material britado, a compactação em laboratório deve ser realizada com a energia modificada, de modo a se atingir o máximo da densificação. Para isso, os Engenheiros precisam orientar o laboratorista a realizar diversos ensaios de compactação, aumentando-se sucessivamente a energia de adensamento até que seja determinada, empiricamente, a quantidade de golpes por camada que proporciona a maior densificação possível para o material.

Poderão ser aceitos resultados de desgaste superiores a 55% no ensaio de abrasão Los Angeles, desde que o Engenheiro Fiscal se certifique de que o mesmo material já foi utilizado com sucesso em obras anteriores.

Ressalte-se que os resultados dos ensaios de determinação de LL, LP, IP, equivalente de areia, CBR, expansão e abrasão Los Angeles, para efeito de aceitação ou rejeição dos materiais, devem ser submetidos ao controle estatístico já comentado na subseção anterior.

A frequência mínima indicada para a realização dos ensaios é a seguinte:

- *Para cada 200 m de pista, ou por jornada diária de trabalho*: um ensaio de granulometria por peneiramento, um ensaio de limite de liquidez, um ensaio de limite de plasticidade e um ensaio de compactação, com a energia do Proctor Modificado (indicada no projeto). Caso se utilize mistura de solo e material britado, deve-se usar a máxima densificação.

Tab. 4.2 Faixas granulométricas de materiais para base

Faixas de projeto	A	B	C	D	E	F	Tolerância da faixa de projeto
Peneiras	\multicolumn{6}{c|}{Porcentagem (%) em peso passando}	
2"	100	100	–	–	–	–	±7
1"	–	75-90	100	100	–	–	±7
3/8"	30-65	40-75	50-85	60-100	100	100	±7
nº 4	25-55	30-60	35-65	50-85	55-100	70-100	±5
nº 10	15-40	20-45	25-50	40-70	40-100	55-100	±5
nº 40	8-20	15-30	15-30	25-45	20-50	30-70	±2
Nº 200	2-8	5-15	5-15	10-25	6-20	8-25	±2

Para $N > 5 \times 10^6$: faixas A, B, C, D
Para $N ≤ 5 \times 10^6$: faixas A, B, C, D, E, F

- *Para cada 200 m de pista, ou por jornada diária de trabalho*: um ensaio de equivalente de areia – apenas se o LL for maior que 25% ou o IP for maior que 6%.
- *Para cada 400 m de pista, ou por jornada diária de trabalho*: um ensaio de CBR e de expansão, moldando-se os corpos de prova com a energia de compactação do Proctor Modificado (indicada no projeto). Caso se utilize mistura de solo e material britado, deve-se usar a máxima densificação.

O Engenheiro Fiscal, se perceber que o material utilizado é homogêneo o suficiente, pode reduzir pela metade a quantidade de ensaios especificada.

Para rodovias ou vias urbanas de extensão inferior a 1 km, deve-se garantir a realização dos ensaios em pelo menos cinco amostras.

4.2 Camada de sub-base

A sub-base é a primeira das camadas próprias da pavimentação de uma rodovia. Estas são compreendidas como as camadas que têm função estrutural, sendo definidas no dimensionamento das rodovias.

As sub-bases podem ser executadas utilizando-se solos, misturas de solos, misturas de solos com outros componentes (areia, brita, cimento, cal etc.) ou outras soluções determinadas em projeto.

Sendo assim, há diversas normas técnicas editadas pelo DNIT que regulamentam as especificidades de cada tipo de sub-base. Em obediência a esses dispositivos, os Engenheiros deverão observar minimamente os seguintes pontos:
- qualidade mínima dos materiais;
- procedimentos básicos de execução;
- controle tecnológico;
- controle geométrico.

Note-se que, durante a execução da camada de sub-base, os Engenheiros devem permanecer atentos a todos os detalhes descritos na seção 4.1, que trata dos procedimentos inerentes às operações nas jazidas.

Note-se ainda que os critérios e os procedimentos de medição para cada tipo de serviço foram transferidos para uma subseção específica, capítulo 4.4.

4.2.1 Qualidade mínima dos materiais

Caso o projeto especifique, para a camada de sub-base, a utilização exclusiva de solos, a norma técnica a ser observada é a DNIT 139/2010-ES, e, nesse caso, os Engenheiros devem controlar a qualidade desses materiais segundo os procedimentos já descritos na subseção "Sub-base em solo estabilizado granulometricamente" (p. 114).

Por outro lado, se o projeto prevê o uso de misturas de solo com cimento, os Engenheiros, em obediência à norma DNIT 140/2010-ES, devem observar outros parâmetros, tanto para a mistura quanto para o próprio solo a ser utilizado, além do controle sobre o cimento a ser adotado.

A *mistura projetada*, solo-cimento ou solo melhorado com cimento, deve atender a três requisitos básicos:
- CBR ≥ 30%. Note-se que a exigência é maior que aquela imposta às sub-bases executadas exclusivamente com solos (20%).
- Expansão ≤ 1%. Os corpos de prova para o ensaio CBR/expansão devem ser moldados com a energia de compactação do Proctor Intermediário (cinco camadas, com 26 golpes em cada).
- Índice de grupo (IG) igual a zero. Consultar a subseção "Sub-base em solo estabilizado granulometricamente" (p. 114).

No caso das misturas, os parâmetros para as características dos solos a serem empregados são, obviamente, mais flexíveis, uma vez que o cimento é adicionado exatamente para suprir as deficiências do material encontrado *in natura*. Assim, os solos que serão utilizados na mistura deverão atender aos seguintes requisitos:
- Porcentagem passando na peneira nº 200 ≤ 50% (dado obtido do ensaio de granulometria por peneiramento).
- Limite de liquidez (LL) ≤ 40%.
- Índice de plasticidade (IP) ≤ 18%.

Por sua vez, o *cimento* a ser utilizado na mistura, além de atender às características estabelecidas na norma DNER-EM 036/95, deve ser submetido ao ensaio de determinação de finura (NBR NM 76:1998 – Método de Blaine) antes de sua utilização, para que se verifique se não está empedrado. Assim, o resíduo retido na peneira nº 200 não pode superar 10%, para os cimentos Portland de alto-forno, ou 15%, para os cimentos Portland comuns.

4.2.2 Procedimentos básicos de execução

O procedimento de execução de uma camada de sub-base assemelha-se ao de compactação de uma camada comum de aterro, uma vez que exige o espalhamento, a umidificação e a homogeneização do material, seguidos da compactação.

Entretanto, a diferença é que, conforme se verá nas seções seguintes, os controles tecnológicos e geométricos são mais rigorosos para essas camadas. Além disso, devido à própria estrutura do material a ser empregado (mais granular), normalmente se utilizam os rolos vibratórios lisos em conjunto ou em substituição aos do tipo pé de carneiro. Para conferir um acabamento adequado à superfície, é necessária também a utilização de rolos de pneus (Fig. 4.10) após a compactação com os rolos vibratórios.

Fig. 4.10 *Rolo de pneus*

Os rolos de pneus servem também para eliminar possíveis corrugações internas das camadas ocasionadas pelos rolos vibratórios, mormente nos casos em que a velocidade, a amplitude e a frequência não foram bem coordenadas. Ao mesmo tempo, sua passagem possibilita a identificação de eventuais borrachudos localizados.

Assim, observadas as particularidades mencionadas, *os Engenheiros devem considerar, quanto aos procedimentos de execução, tudo o que foi descrito nas seções 3.6.3 e 3.6.5*, quando se tratou da execução das camadas de aterro.

Cuidados especiais, no entanto, devem ser dedicados quando o projeto indicar a necessidade de misturas de materiais para a execução da camada. O primeiro deles diz respeito à forma de execução da mistura, se em usina ou na própria pista.

Muito embora as normas DNIT 139/2010-ES e DNIT 140/2010-ES regulamentem o caso de misturas (de solos ou de solo com cimento) diretamente na pista, a qualidade do produto assim obtido fica bastante comprometida, uma vez que o controle das quantidades de cada material levado à mistura não pode ser tão rigoroso, o que faz com que o traço projetado em laboratório nem sempre seja plenamente obtido em campo.

Assim, recomenda-se que os Engenheiros rodoviários, quando se depararem com projetos que prevejam misturas de materiais, procurem sempre que possível executá-las previamente em usinas próprias, de modo a controlar, com a precisão adequada, as quantidades de cada material empregado (solos, britas, cimento), bem como a umidade requerida.

Portanto, a execução de misturas diretamente na pista somente se mostra conveniente em situações excepcionais, como a existência de pequenos volumes de serviços, que tornam economicamente inviável a mobilização de usinas dosadoras. Mas, ainda nesses casos, é recomendável a utilização de usinas dosadoras terceirizadas, se disponíveis nas proximidades da obra.

Os Engenheiros Executores precisam redobrar sua atenção quando se tratar de misturas envolvendo cimento. Isso porque, uma vez ocorrida a reação do cimento com a água, suas propriedades se modificam, e, se a mistura não atingir as características para as quais foi projetada – devido a quantidades insuficientes de cimento ou inadequadas de água –, a correção implicará a escarificação da camada e uma nova adição de todo o cimento previsto no traço, posto que a quantidade anterior não mais terá as propriedades reagentes necessárias.

Ressalte-se ainda que a escarificação de uma camada mal dosada de solo-cimento, em face da elevada densidade da mistura, terá um nível de dificuldade maior do que a observada para uma camada comum de solo.

A fim de garantir o atingimento do grau de compactação de 100% (controlado no Proctor Intermediário), a espessura da camada compactada de sub-base não deve ser superior a 20 cm. E, para evitar que a camada se desagregue, não devem ser aceitas espessuras inferiores a 10 cm.

É de fundamental importância que a camada de sub-base atinja a cota de projeto com a maior precisão possível (ver seção 4.2.4, referente ao controle geométrico dessa camada), uma vez que qualquer variação deverá ser compensada na camada seguinte (base). Sendo assim, deve-se providenciar para que a camada seja "empiquetada", ou seja, a equipe de topografia deve proceder a um nivelamento do trecho, deixando piquetes cujo topo representa a cota de projeto para cada ponto.

Os Engenheiros precisam observar, após a compactação da camada de sub-base, se os piquetes deixados pela topografia indicam a necessidade de cortes em determinados pontos, o que deverá ser realizado com motoniveladoras.

Por outro lado, caso os piquetes indiquem que o trecho executado ficou abaixo da cota de projeto, deve-se avaliar se essa diferença se encontra dentro dos limites de tolerância estabelecidos em norma (ver seção 4.2.4). Em caso positivo, a camada deve ser aceita, ficando a empreiteira contratada alertada para redobrar a atenção quando da execução da camada seguinte, uma vez que esses "pontos baixos" serão compensados na camada de base. Note-se que o volume de base a ser apropriado não poderá ser superior ao indicado em projeto.

Caso a camada de sub-base apresente pontos cujas cotas divirjam do projeto, para menos, em patamares além dos limites estabelecidos no controle geométrico, o Engenheiro Fiscal deve determinar a escarificação e a reexecução desses trechos. Não se permite, portanto, que a empreiteira adicione complementos de solo para nivelar o trecho já compactado, posto que, conforme já comentado, camadas com menos de 10 cm de espessura não são capazes de se incorporar perfeitamente ao aterro, vindo consequentemente a desagregar-se.

O procedimento de escarificação da camada pode ser dispensado quando o projeto especifica a camada de base com espessura inferior a 20 cm. Nesse caso, a menor espessura de sub-base poderá ser compensada na camada de base, desde que essa diferença não torne a espessura dessa camada, ainda que em pontos isolados, superior a 20 cm.

Para o fechamento das camadas de pavimentação, uma recomendação técnica importante é que as empresas utilizem motoniveladoras equipadas com sistemas de controle automatizado da lâmina, guiado por linha de *laser* externa. Essa providência, como já detalhado na seção 3.6.3, melhora a qualidade final da plataforma (regularidade) e chega até a aumentar a produtividade do serviço, agregando segurança ao trabalho do operador.

Os Engenheiros devem permanecer atentos para que os trechos de sub-base executados não sejam expostos à ação do tráfego. Para isso, devem orientar a construção de desvios em extensões compatíveis com as frentes de serviço abertas, sempre que se fizerem necessários.

Caso seja preciso recolocar o tráfego sobre a camada de sub-base antes da conclusão do pavimento ou ainda proteger o trecho das intempéries durante algum período em que a obra fique paralisada, deve-se cuidar para proteger adequadamente essa camada, espalhando-se sobre ela o material da camada seguinte. Note-se que o custo para a reposição do material da base, utilizado para proteção e eventualmente erodido, é de responsabilidade exclusiva da empreiteira contratada, exceto em caso de paralisação da obra determinada pela Administração Pública por motivo imprevisto e ao qual não tenha a empreiteira dado causa.

4.2.3 Controle tecnológico

Os materiais a serem utilizados nas camadas de sub-base devem atender aos requisitos mínimos, já comentados na seção 4.2.1, devendo os Engenheiros cuidar para que os ensaios sejam realizados de acordo com os procedimentos mencionados na subseção "Sub-base em solo estabilizado granulometricamente" (p. 114).

Todas as fichas dos ensaios realizados precisam ser adequadamente arquivadas e mantidas durante todo o período de vida útil projetada para a obra.

Garantida a qualidade do material a ser empregado, os Engenheiros precisam também se assegurar de que o serviço foi executado a contento. Para isso, devem orientar para que sejam feitos, a cada 100 m de pista, furos de densidade *in situ*, para a determinação da umidade e do grau de compactação, sendo exigido que este seja igual a 100% do P.I.

Perceba-se, entretanto, que, a exemplo do que foi comentado quanto ao controle tecnológico dos solos utilizados, deve-se considerar como resultado do controle a média aritmética dos graus de compactação dos furos ($\overline{X}$) subtraída do produto da constante k pelo desvio padrão (s) da amostra:

$$\text{Resultado de controle} = \overline{X} - k \cdot s$$

Assim:
- Caso $\overline{X} - k \cdot s \geq 100\%$, o trecho analisado é aprovado.
- Caso $\overline{X} - k \cdot s < 100\%$, a orientação é pela rejeição, seja porque a própria média dos resultados ficou abaixo do mínimo exigido, seja porque o tamanho da amostra e os resultados individuais não proporcionam segurança estatística suficiente para garantir que o trecho analisado atende ao mínimo requerido em norma.

Ao realizar os furos de densidade *in situ*, os laboratoristas precisam também verificar o teor de umidade que ainda se encontra na camada. Isso se mostra importante porque, caso o grau de compactação não tenha sido atingido, mas a umidade na camada ainda se encontre próxima à ótima (de 2% para menos a 1% para mais), a equipe de campo deve ser orientada a seguir com a compactação da camada. Por outro lado, se o grau de compactação não foi atingido e a umidade da camada estiver fora dessa faixa, deve-se proceder à escarificação, à colocação na umidade, ao gradeamento e à recompactação.

Caso algum furo, isoladamente, não atinja o patamar especificado, recomenda-se que ele seja refeito, para que se confirme ou não o resultado, antes de uma tomada de decisão.

Caso se trate de sub-base de solo melhorado com cimento, os Engenheiros precisam observar se o solo a ser utilizado apresenta, na usina, um grau de pulverização adequado, que permita uma reação com o cimento e a água de forma homogênea. Para isso, devem mandar coletar uma amostra do solo na usina e verificar se pelo menos 60% de seu peso está reduzido a partículas que passam na peneira nº 4 (malha de 4,8 mm). Caso contrário, a usinagem deve ser suspensa até que o solo seja adequadamente destorroado, com utilização de grades de disco.

Ainda no caso das sub-bases de solo melhorado com cimento, a mistura deve ser deixada solta por um período mínimo de 72 h, para que haja a cura.

Recomenda-se que o Engenheiro Fiscal visite periodicamente – no mínimo uma vez por semana – as instalações do laboratório da obra e cheque as fichas dos ensaios, verificando se foram realizados em quantidade suficiente e analisando se os resultados obtidos garantem a qualidade do serviço. Recomenda-se ainda que, no dia dessa inspeção, também acompanhe aleatoriamente a realização, em campo, de alguns furos de densidade *in situ*, verificando a correção de todos os procedimentos e aproveitando para observar as espessuras das camadas executadas.

Aprovada a camada de sub-base de acordo com os ensaios citados, é de todo recomendável que o Engenheiro Fiscal requisite ainda a passagem de uma viga Benkelman – ou estudo equivalente realizado com deflectômetros de impacto, conhecidos como *falling weight deflectometer* (FWD) – antes de autorizar a execução da base.

Nenhuma medição referente a serviços de sub-base deve ser realizada sem que o Engenheiro Fiscal tenha em mãos todos os resultados dos ensaios de laboratório, atestando a qualidade satisfatória da execução.

4.2.4 Controle geométrico

Além do controle tecnológico, a fiscalização deve proceder ao controle geométrico da execução, assegurando que:

- a espessura executada não varie mais que 10% em relação à indicada no projeto;
- a largura da plataforma não varie mais que 10 cm em relação à projetada;
- a flecha de abaulamento não exceda a projetada em mais de 20%. Não se admite inclinação para menos.

Para controlar a espessura e a flecha de abaulamento, o Engenheiro Fiscal deve verificar a correção do nivelamento da última camada da terraplenagem (se a terraplenagem foi concluída nas cotas corretas de projeto) e o empiquetamento deixado pela topografia na camada de sub-base (ver seção 4.2.2, referente ao controle da execução da sub-base).

Quanto à largura, o Engenheiro Fiscal pode medi-la à trena, por amostragem, certificando-se de que o grau de compactação seja o máximo (100% do P.I. – é possível, entretanto, que o projeto em particular especifique maior rigor, exigindo, por exemplo, que o controle se dê com referência no Proctor Modificado) nos limites extremos da plataforma projetada. Isso significa que a pista deve ter uma largura executada pelo menos 40 cm maior que a projetada, posto que as saias dos aterros jamais apresentam consistência suficiente – são as sobras do material, as quais, por conseguinte, não podem ser remuneradas (ver seção 4.4, referente aos critérios de medição), uma vez que o grau de compactação não terá atingido o mínimo necessário, e os impactos disso em custos precisam ser tratados pelos Engenheiros Orçamentistas quando da elaboração dos preços unitários.

4.3 Camada de base

A base é a camada de pavimentação destinada a resistir aos esforços verticais oriundos dos veículos, distribuindo-os adequadamente à camada subjacente.

As bases podem ser executadas utilizando-se solos, misturas de solos, brita, misturas de solos com outros componentes (areia, brita, cimento etc.) ou outras soluções determinadas em projeto.

Sendo assim, há diversas normas técnicas editadas pelo DNIT que regulamentam as especificidades de cada tipo de base. Em obediência a esses dispositivos, os Engenheiros precisam observar minimamente os seguintes pontos:

- qualidade mínima dos materiais;
- procedimentos básicos de execução;
- controle tecnológico;
- controle geométrico.

Note-se que, para acompanhar a execução da camada de base, o Engenheiro Fiscal deve permanecer atento a todos os detalhes descritos na seção 4.1, que trata dos procedimentos inerentes às operações nas jazidas.

Ressalte-se, por fim, que os critérios e os procedimentos de medição para cada tipo de serviço foram transferidos para uma subseção específica ao final deste capítulo.

> **Atenção:** As normas do DNIT classificam como solo melhorado com cimento a mistura com teor de cimento entre 2% e 4%, em peso. Acima desse patamar, a mistura passa a ser classificada como solo-cimento.

4.3.1 Qualidade mínima dos materiais

Caso o projeto especifique, para a camada de base, a utilização exclusiva de solos ou britas, a norma técnica a ser observada é a DNIT 141/2010-ES, e, nesse caso, os Engenheiros devem controlar a qualidade desses materiais segundo os procedimentos já descritos na subseção "Base em solo estabilizado granulometricamente" (p. 115).

Por outro lado, se o projeto prevê a utilização de misturas de solo com cimento, em obediência às normas DNIT 142/2010-ES e DNIT 143/2010-ES, deve-se observar outros parâmetros, tanto para a mistura quanto para o próprio solo a ser utilizado, além do controle sobre o cimento a ser adotado.

A *mistura projetada*, solo-cimento ou solo melhorado com cimento, deve atender a quatro requisitos básicos:
- CBR ≥ 80%, independentemente do tráfego estimado para a rodovia.
- Expansão ≤ 0,5%. Os corpos de prova para o ensaio CBR/expansão devem ser moldados com a energia de compactação do Proctor Modificado (cinco camadas, com 55 golpes em cada).
- Limite de liquidez (LL) ≤ 25%.
- Índice de plasticidade (IP) ≤ 6%.

No caso das misturas, os parâmetros para as características *dos solos* a serem empregados são, obviamente, mais flexíveis, uma vez que o cimento é adicionado exatamente para suprir as deficiências do material encontrado *in natura*. Assim, *os solos que serão utilizados na mistura das bases de solo melhorado com cimento* deverão atender aos seguintes requisitos:
- Granulometria enquadrada em uma das faixas listadas na Tab. 4.3.

Tab. 4.3 Faixas granulométricas para solos melhorados com cimento

Peneiras		Faixas			
pol	mm	A	B	C	D
2"	50,8	100	100	–	–
1"	25,4	–	75-90	100	100
3/8"	9,5	30-65	40-75	50-85	60-100
nº 4	4,8	25-55	50-60	35-65	50-85
nº 10	2,0	15-40	20-45	25-50	40-70
nº 40	0,42	8-20	15-30	15-30	25-45
nº 200	0,074	2-8	5-15	5-15	5-20

- Limite de liquidez (LL) ≤ 40%.
- Índice de plasticidade (IP) ≤ 18%.

No caso de *solo-cimento*, *os solos que serão utilizados na mistura* deverão atender aos seguintes requisitos:
- Granulometria enquadrada em uma das faixas listadas na Tab. 4.4.
- Limite de liquidez (LL) ≤ 40%.
- Índice de plasticidade (IP) ≤ 18%.

Tab. 4.4 Faixas granulométricas para solos-cimento

Peneiras	Porcentagem	Tolerância
2½"	100%	–
nº 4	50% a 100%	±5%
nº 40	15% a 100%	±2%
nº 200	5% a 35%	±2%

Por sua vez, o cimento a ser utilizado na mistura, além de atender às características estabelecidas na norma DNER-EM 036/95, deve ser submetido ao ensaio de determinação de finura (NBR NM 76:1998 – Método de Blaine) antes de sua utilização, para que se verifique se não está empedrado. Assim, o resíduo retido na peneira nº 200 não pode superar 10%, para os cimentos Portland de alto-forno, ou 15%, para os cimentos Portland comuns. Os Engenheiros devem determinar que essa verificação seja realizada uma vez ao dia.

4.3.2 Procedimentos básicos de execução

O procedimento de execução de uma camada de base assemelha-se ao de compactação de uma camada comum de aterro ou sub-base, uma vez que exige o espalhamento, a umidificação e a homogeneização do material, seguidos da compactação.

A diferença, entretanto, é que, conforme se verá nas seções seguintes, os controles tecnológicos e geométricos são mais rigorosos para essas camadas. Além disso, devido à própria estrutura do material a ser empregado (mais granular), normalmente se utilizam os rolos vibratórios lisos em conjunto ou em substituição aos do tipo pé de carneiro. Para conferir um acabamento adequado à superfície, é necessária também a utilização de rolos de pneus após a compactação com os rolos vibratórios.

Conforme já comentado anteriormente, os rolos de pneus servem também para eliminar possíveis corrugações internas das camadas ocasionadas pelos rolos vibratórios, mormente nos casos em que a velocidade, a amplitude e a frequência não foram bem coordenadas. A passagem desse rolo de pneus possibilita ainda a identificação de eventuais borrachudos localizados.

Assim, observadas as particularidades mencionadas, recomenda-se que os Engenheiros observem, quanto aos procedimentos de execução, tudo o que foi descrito nas seções 3.6.3 e 3.6.5, quando se tratou da execução das camadas de aterro.

Cuidados especiais, no entanto, devem ser dedicados quando o projeto indicar a necessidade de misturas de materiais para a execução da camada. O primeiro deles diz respeito à forma de execução da mistura, se em usina ou na própria pista.

Muito embora as normas DNIT 141/2010-ES, DNIT 142/2010-ES e DNIT 143/2010-ES regulamentem o caso de misturas (de solos ou de solo com cimento) diretamente na pista, a qualidade do produto assim obtido fica bastante comprometida, uma vez que o controle das quantidades de cada material levado à mistura não pode ser tão rigoroso, o que faz com que o traço projetado em laboratório nem sempre seja plenamente obtido em campo.

Assim, recomenda-se que os Engenheiros rodoviários, quando se depararem com projetos que prevejam misturas de materiais, procurem sempre que possível executá-las previamente em usinas próprias, de modo a controlar, com a precisão adequada, as quantidades de cada material empregado (solos, britas, cimento), bem como a umidade requerida.

Portanto, a execução de misturas realizadas diretamente na pista somente se mostra conveniente em situações excepcionais, como a existência de pequenos volumes de serviços, que tornam economicamente inviável a mobilização de usinas dosadoras. Mas, ainda nesses casos, é recomendável a utilização de usinas dosadoras terceirizadas, se disponíveis nas proximidades da obra.

Os Engenheiros Executores devem redobrar sua atenção quanto à localização da usina de solo, quando se tratar de base a ser executada em solo-cimento. Isso porque, para evitar que o cimento perca suas propriedades antes do adensamento, o tempo de transporte da mistura, até o início da compactação, não deve exceder uma hora.

Os Engenheiros das empreiteiras contratadas precisam ainda ter especial atenção ao executarem misturas envolvendo cimento. Isso porque, uma vez ocorrida a reação do cimento com a água, suas propriedades se modificam, de modo que, se a mistura não atingir as características para as quais foi projetada – devido a quantidades insuficientes de cimento ou inadequadas de água –, a correção implicará a escarificação da camada e uma nova adição de todo o cimento previsto no traço, posto que a quantidade anterior não mais terá as propriedades reagentes necessárias.

Ressalte-se ainda que a escarificação de uma camada mal dosada de solo-cimento, em face da elevada densidade da mistura, terá um nível de dificuldade maior do que a observada para uma camada comum de solo.

Outro ponto importante a ser considerado é que determinados materiais (solos, britas ou misturas) podem sofrer rupturas de grãos ao serem submetidos a sucessivos processos de compactação, de modo que os resultados esperados inicialmente podem não mais ser atingidos, podendo-se inclusive ser registradas diminuições nos valores do suporte (CBR).

A fim de garantir o atingimento do grau de compactação de 100% (controlado no Proctor Modificado), a espessura da camada compactada de base não deve ser superior a 20 cm. E, para evitar que a camada se desagregue, não devem ser aceitas espessuras inferiores a 10 cm.

É de fundamental importância que a camada de base atinja a cota de projeto com a maior precisão possível (ver seção 4.3.4, referente ao controle geométrico dessa camada), uma vez que qualquer variação deverá ser compensada na camada seguinte (revestimento). Sendo assim, faz-se necessário "empiquetar" a camada, ou seja, a equipe de topografia deve proceder a um nivelamento do trecho, deixando piquetes cujo topo representa a cota de projeto para cada ponto.

O Engenheiro Fiscal deve observar, após a compactação da camada de base, se os piquetes deixados pela topografia indicam a necessidade de cortes em determinados pontos, o que deverá ser realizado com motoniveladoras.

Por outro lado, caso os piquetes indiquem que o trecho executado ficou abaixo da cota de projeto, deve-se avaliar se essa diferença se encontra dentro dos limites de tolerância estabelecidos em norma (ver seção 4.3.4). Em caso positivo, a camada pode ser aceita, ficando a empreiteira contratada alertada de que esses "pontos baixos" devem ser compensados na camada de revestimento e, por força de norma, o volume deste a ser apropriado não poderá ser superior ao indicado em projeto.

Caso a camada de base apresente pontos cujas cotas divirjam do projeto, para menos, em patamares além dos limites estabelecidos no controle geométrico, o Engenheiro Fiscal deve determinar a escarificação e a reexecução desses trechos. Não se permite, portanto, que a empreiteira adicione complementos de solo para nivelar o trecho já compactado, posto que, conforme já comentado, camadas com menos de 10 cm de espessura não são capazes de se incorporar perfeitamente ao aterro, vindo consequentemente a desagregar-se.

A exceção ao procedimento de escarificação da camada pode se dar quando o projeto especifica a camada de revestimento com espessura inferior a 5 cm. Nesse caso, a menor espessura da base poderá ser compensada na camada de revestimento, desde que essa diferença não torne a espessura dessa camada, ainda que em pontos isolados, superior a 7 cm. Tal solução, contudo, deve ser indicada em comum acordo com a empreiteira executante, uma vez que os acréscimos de volume na camada de revestimento (normalmente de alto custo) não poderão ser apropriados pelo Engenheiro Fiscal.

Enfim, para o fechamento das camadas de pavimentação, como comentado anteriormente, uma recomendação técnica importante é que as empresas utilizem motoniveladoras equipadas com sistemas de controle automatizado da lâmina, guiado por linha de *laser* externa. Essa providência, já detalhada na seção 3.6.3, melhora a qualidade final da plataforma (regularidade) e chega até a aumentar a produtividade do serviço, agregando segurança ao trabalho do operador.

Os Engenheiros devem permanecer atentos para que os trechos de base executados não sejam expostos à ação do tráfego. Para isso, devem orientar a construção de desvios em extensões compatíveis com as frentes de serviço abertas, sempre que tal medida se mostrar necessária.

Além disso, a base executada, tão logo seja liberada pela fiscalização – após os controles tecnológicos e geométricos –, deve ser imprimada, evitando-se, assim, que fique exposta aos danos causados pelas intempéries. Essa imprimação, no caso de base de solo-cimento, deve ser executada imediatamente após a liberação da camada, uma vez que o material asfáltico funcionará como protetor à cura da mistura.

A depender do teor de cimento adicionado à base, pode-se fazer necessário um tratamento de cura específico antes mesmo da imprimação (ou pintura de ligação, se for o caso). Isso pode ocorrer, por exemplo, pelo espalhamento de mantas de geotêxtil bem umedecidas (Figs. 4.11 e 4.12).

Ainda no caso de solo-cimento, caso constatem que a liberação não poderá ser imediata ou que o ligante asfáltico ainda não está disponível no canteiro de obras – ou ainda que, por algum motivo, não pode ser aplicado de pronto –, os Engenheiros devem orientar para que se

Fig. 4.11 *Geotêxtil auxiliar para cura*

Fig. 4.12 *Umidade sob o geotêxtil*

proceda a um recobrimento da base com uma camada de solo que deve ser mantida constantemente úmida, visando evitar a perda de água do solo-cimento.

4.3.3 Controle tecnológico

Os materiais a serem utilizados nas camadas de base devem atender aos requisitos mínimos, já comentados na seção 4.3.1, devendo os Engenheiros cuidar para que sejam realizados os ensaios de acordo com os procedimentos mencionados na subseção "Base em solo estabilizado granulometricamente" (p. 115).

Todas as fichas dos ensaios realizados precisam ser adequadamente arquivadas e mantidas durante todo o período de vida útil projetada para a obra.

Garantida a qualidade do material a ser empregado, os Engenheiros devem também se assegurar de que o serviço foi executado a contento. Para isso, devem orientar para que sejam realizados, a cada 100 m de pista, furos de densidade *in situ*, para a determinação da umidade e do grau de compactação, sendo exigido que este seja igual a 100% do P.M. ou, em caso de mistura de solo com brita, compactado com a energia necessária à obtenção da máxima densificação.

Perceba-se, entretanto, que, a exemplo do que foi comentado quanto ao controle tecnológico dos solos utilizados, deve-se considerar como resultado do controle a média aritmética dos graus de compactação dos furos ($\overline{X}$) subtraída do produto da constante k pelo desvio padrão (s) da amostra:

$$\text{Resultado de controle} = \overline{X} - k \cdot s$$

Assim:
- Caso $\overline{X} - k \cdot s \geq 100\%$, o trecho analisado é aprovado.
- Caso $\overline{X} - k \cdot s < 100\%$, a orientação é pela rejeição, seja porque a própria média dos resultados ficou abaixo do mínimo exigido, seja porque o tamanho da amostra e os resultados individuais não proporcionam segurança estatística suficiente para garantir que o trecho analisado atende ao mínimo requerido em norma.

Ao realizar os furos de densidade *in situ*, os laboratoristas precisam também verificar o teor de umidade que ainda se encontra na camada. Isso se mostra importante porque, caso o grau de compactação não haja sido atingido, mas a umidade na camada ainda se encontre próxima à ótima (de 2% para menos a 1% para mais), a equipe de campo deve ser orientada a seguir com a compactação da camada. Por outro lado, se o grau de compactação não foi atingido e a umidade da camada estiver fora dessa faixa, deve-se proceder à escarificação, à colocação na umidade, ao gradeamento e à recompactação.

Caso algum furo, isoladamente, não atinja o patamar especificado, recomenda-se que ele seja refeito, para que se confirme ou não o resultado, antes de uma tomada de decisão.

Caso se trate de base de solo melhorado com cimento, os Engenheiros devem observar se o solo a ser utilizado apresenta, na usina, um grau de pulverização adequado, que permita uma reação com o cimento e a água de forma homogênea. Para isso, precisam orientar a coleta de uma amostra do solo na usina e verificar se pelo menos 60% de seu peso está reduzido a partículas que passam na peneira nº 4 (malha de 4,8 mm). Caso contrário, a usinagem deve ser suspensa até que o solo seja adequadamente destorroado – novo gradeamento. No caso de base de solo-cimento, exige-se que 80% do peso do solo esteja reduzido a partículas que passam na peneira nº 4 (malha de 4,8 mm).

Ainda no caso das bases de solo melhorado com cimento ou solo-cimento, a norma recomenda que a mistura deva ser deixada solta por um período mínimo de 72 h, para que haja a cura.

Além disso, no caso de solo-cimento, o ensaio de compactação a ser usado como referência é o indicado na norma DNER-ME 216/94. Utiliza-se molde cilíndrico menor que o indicado no ensaio de compactação convencional (DNIT 164/2013-ME) e executa-se a compactação em três camadas sucessivas com 25 golpes em cada uma, empregando-se um soquete com dimensões e peso também reduzidos em relação ao convencional.

As bases de solo-cimento exigem ainda que se controle a resistência à compressão da mistura utilizada, onde se deve obter o valor mínimo de 2,1 MPa para a resistência à compressão aos sete dias (deve-se seguir os procedimentos da norma DNER-ME 201/94, em corpos de prova moldados segundo o prescrito no método DNER-ME 202/94).

Recomenda-se que o Engenheiro Fiscal visite periodicamente – no mínimo uma vez por semana – as instalações do laboratório da obra e cheque as fichas dos ensaios, verificando se foram realizados em quantidade suficiente e analisando se os resultados obtidos garantem a qualidade do serviço. No dia dessa inspeção, sugere-se também que acompanhe aleatoriamente a realização, em campo, de alguns furos de densidade *in situ*, verificando a correção de todos os procedimentos e aproveitando para observar as espessuras das camadas executadas.

Aprovada a camada de base de acordo com os ensaios citados, é de todo recomendável que o Engenheiro Fiscal requisite ainda a passagem de uma viga Benkelman –

ou estudo equivalente realizado com deflectômetros de impacto, conhecidos como *falling weight deflectometer* (FWD) – antes de autorizar a imprimação da camada.

Nenhuma medição referente a serviços de base deve ser realizada sem que o Engenheiro Fiscal tenha em mãos todos os resultados dos ensaios de laboratório, atestando a qualidade satisfatória da execução.

4.3.4 Controle geométrico

Além do controle tecnológico, a equipe de fiscalização deve proceder ao controle geométrico da execução, assegurando que:

- a espessura executada não varie mais que 10% em relação à indicada no projeto;
- a largura da plataforma não varie mais que 10 cm em relação à projetada;
- a flecha de abaulamento não exceda a projetada em mais de 20%. Não se admite inclinação menor.

Para controlar a espessura e a flecha de abaulamento, o Engenheiro Fiscal precisa verificar a correção do nivelamento da camada de sub-base (se foi concluída nas cotas corretas de projeto) e o empiquetamento deixado pela topografia na camada de base (ver seção 4.3.2, referente ao controle da execução).

Quanto à largura, o Engenheiro Fiscal pode medi-la à trena, por amostragem, certificando-se de que o grau de compactação seja o máximo nos limites extremos da plataforma projetada. Isso significa que a pista deve ter uma largura executada pelo menos 40 cm maior que a projetada, posto que a saia dos aterros jamais apresenta consistência suficiente – são as sobras do material, as quais, por força de norma, não devem ser remuneradas (ver seção 4.4, referente aos critérios de medição), uma vez que o grau de compactação não terá atingido o mínimo necessário, e os impactos disso em custos precisam ser tratados pelos Engenheiros Orçamentistas quando da elaboração dos preços unitários.

4.4 Critérios de medição para sub-base e base

Os quantitativos devem ser apropriados em volume (em m³), devendo ser considerados os comprimentos, as larguras e as espessuras efetivamente executados, limitados esses, porém, às seções definidas em projeto.

Em outras palavras, o Estado remunera o volume que é efetivamente executado; no entanto, não paga por algo que não foi requisitado, ou seja, caso a empreiteira execute larguras ou espessuras superiores às indicadas em projeto, deve arcar diretamente com tais custos.

Tal procedimento se impõe tão somente por força de normas técnicas, que ditam previamente, de forma isonômica a todos os interessados, como o Estado remunerará os serviços.

Não obstante, tais critérios de medição podem ser alterados para obras específicas, desde que se disponha sobre isso de forma expressa nos editais de licitação. Trata-se de preceito contido nos próprios textos das normas, como é o caso, por exemplo, da norma DNIT 141/2010-ES:

> 8 Critérios de medição
> Os serviços considerados conformes devem ser medidos de acordo com os critérios estabelecidos no Edital de Licitação dos serviços ou, na falta destes critérios, de acordo com as seguintes disposições gerais: [...]

A espessura média é determinada pelos nivelamentos topográficos anteriores e posteriores à camada a ser apropriada.

Quanto à largura, os Engenheiros devem cuidar para que toda a seção de projeto seja executada com o grau de compactação pertinente e, *por força de norma*, é essa a seção máxima que, em regra, deve ser apropriada, ainda que a empreiteira tenha que executar larguras superiores para garantir a densidade requerida na largura de projeto.

Portanto, são de responsabilidade da empreiteira os custos inerentes às sobras de material, uma vez que, conforme já comentado, o grau de compactação não terá atingido o mínimo necessário. Os impactos financeiros dessa situação devem ser tratados pelos Engenheiros Orçamentistas quando da elaboração dos preços unitários dos serviços.

Assim, o Engenheiro Fiscal deve utilizar-se das larguras médias das seções transversais, considerando para isso, como limite, a largura de topo da plataforma e a inclinação do talude de projeto (Fig. 4.13).

Dessa figura, depreende-se que:

$$L_b = L_p + (E_b \cdot T)$$

e

$$L_{sb} = L_p + (E_b \cdot T \cdot 2) + (E_{sb} \cdot T)$$

O volume de cada camada, portanto, será o produto da largura média pela espessura e pelo comprimento, limitada cada dimensão aos parâmetros determinados em projeto.

É muito comum, também, remunerar em item específico da planilha orçamentária o transporte do material (solo ou brita) necessário para a base (recomenda-se a leitura da seção 4.1.6). Para isso, utilizam-se itens de momento extraordinário de transporte – apropriados na

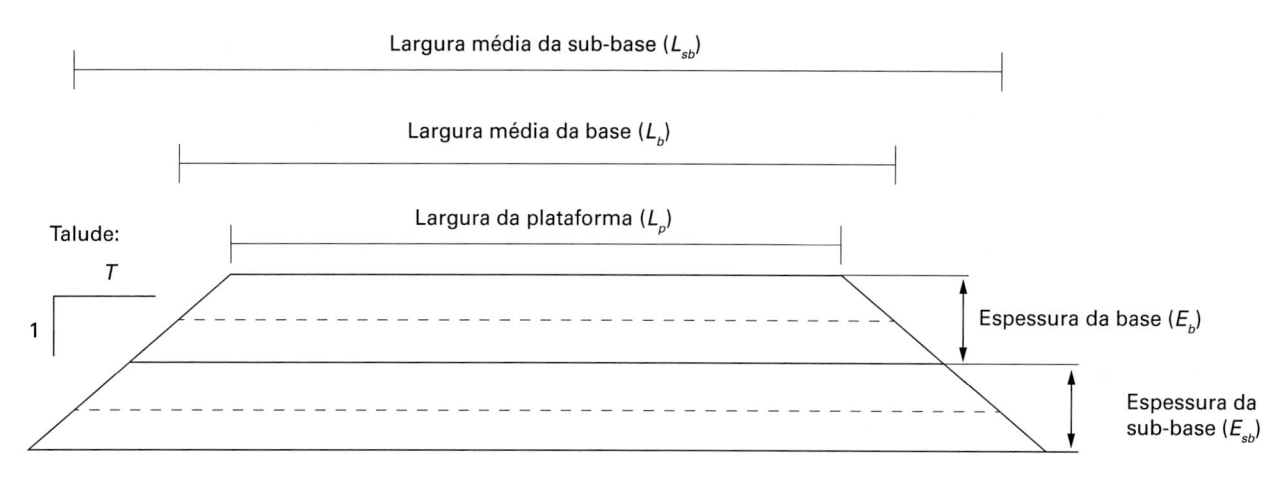

Fig. 4.13 *Larguras médias de base e sub-base*

unidade t · km –, uma vez que a escavação e a carga do material na jazida já têm seus custos inclusos nos preços unitários dos serviços de sub-base e base.

Nesse caso, o Engenheiro Fiscal precisa auferir a densidade do material em cada camada (sub-base e base) – trata-se da densidade máxima aparente seca determinada em laboratório, por intermédio do ensaio de compactação – e multiplicá-la pelo volume levantado na seção da pista e pela distância (em km) entre cada trecho e sua respectiva jazida. Note-se que há preços distintos, no Sicro, para transportes em rodovias pavimentadas, em revestimento primário ou em leito natural.

No caso de misturas de solo-brita ou solo-cimento, o Engenheiro deve inicialmente calcular o peso total da camada, considerando o volume e a densidade máxima da mistura, determinada em laboratório. Feito isso, deve multiplicar esse valor pelo percentual em peso de cada material, determinado no traço, e, em seguida, pelas respectivas distâncias de transporte.

A título de exemplo, tome-se a questão a seguir.

Questão prática 4.2

Calcular os quantitativos de base de solo-brita e seus respectivos transportes de solo e brita, sabendo-se que:

- *comprimento*: 500 m;
- *espessura da base*: 20 cm;
- *inclinação do talude*: 1(V):1,5(H);
- *largura da plataforma*: 9,00 m;
- *traço da base*: solo-brita com 30% de brita em peso;
- *densidade máxima do solo-brita*: 2,25 t/m³;
- *DMT da jazida à usina de solos*: 10 km;
- *DMT da pedreira à usina de solos*: 50 km.

Solução

A largura média da base é determinada pela seguinte equação:

$$L_b = L_p + (E_b \cdot T)$$
$$L_b = 9,00 + (0,20 \times 1,5)$$
$$L_b = 9,30 \text{ m}$$

O volume da base é:

$$V_b = C \cdot L_b \cdot E_b$$
$$V_b = 500 \times 9,30 \times 0,20$$
$$V_b = 930,00 \text{ m}^3$$

O peso total da camada de base é determinado pela multiplicação do volume por sua densidade:

$$P_t = 930 \times 2,25$$
$$P_{solo} = 1.464,75$$

Conforme o traço da mistura, a brita deve ser adicionada em quantidade correspondente a 30% do peso total. Assim:

$$P_{brita} = 2.092,50 \times 30\%$$
$$P_{brita} = 627,75 \text{ t}$$

Por conseguinte, o peso do solo é:

$$P_{solo} = 2.092,50 - 627,75$$
$$P_{solo} = 1.464,75 \text{ t}$$

Multiplicando-se esses valores por suas respectivas distâncias de transporte, tem-se:

$$T_{brita} = 627,75 \times 50$$
$$T_{brita} = 31.387,50 \text{ t} \cdot \text{km}$$

e

$$T_{solo} = 1.464,75 \times 10$$
$$T_{solo} = 14.647,50 \text{ t} \cdot \text{km}$$

4.5 Imprimação

Imprimação é a aplicação de uma camada de ligante asfáltico – um asfalto diluído de cura média, CM-30, ou uma emulsão asfáltica para imprimação (EAI) – sobre a superfície superior da base, com tríplice finalidade: impermeabilização, coesão dos finos e aderência. A EAI, por ser uma emulsão asfáltica, não utiliza querosene (ou outro hidrocarboneto nessa faixa de destilação) como solvente, evitando, assim, maiores danos ao meio ambiente durante seu processo de cura.

A norma técnica que regulamenta os serviços é a DNIT 144/2014-ES. Em obediência a esse dispositivo, os Engenheiros deverão observar minimamente os seguintes pontos:
- determinação da taxa de aplicação;
- procedimentos básicos de execução;
- controle tecnológico.

Atenção: A norma em vigor desde setembro de 2014 apenas difere da anterior, DNIT 144/2012-ES, por haver trazido a regulamentação para o uso da emulsão asfáltica para imprimação (EAI).

4.5.1 Determinação da taxa de aplicação

A taxa de aplicação do ligante asfáltico deve ser aferida em campo e varia em função da textura do material utilizado na base. Dessa forma, quanto mais porosa for a base, mais elevada tenderá a ser a taxa necessária de ligante, uma vez que este penetrará mais facilmente no material.

Assim, recomenda-se que os Engenheiros aufiram pessoalmente a taxa de aplicação toda vez que se alterar o material que está sendo usado na base. Note-se que, ainda que a origem (jazida) seja a mesma, o ensaio deve ser refeito caso as características físicas do material se alterem – isso ocorre quando a jazida apresenta vários horizontes de materiais distintos.

A norma, portanto, não traz uma taxa absoluta de aplicação do ligante, limitando-se apenas a mencionar que usualmente ela varia entre 0,8 L/m² e 1,6 L/m², no caso de utilização de CM-30, e entre 0,9 L/m² e 1,7 L/m², para EAIs, devendo, então, ser determinada em cada obra. Ainda segundo a norma, a taxa de aplicação é aquela que pode ser absorvida pela base no período de 24 h.

Para realizar essa determinação, os Engenheiros devem inicialmente marcar, no sentido longitudinal da base concluída e liberada, uma sequência de até nove quadrados de 1,00 m × 1,00 m, tomando-se os seguintes cuidados:
- Escolher um local plano, para evitar o escorrimento do ligante asfáltico.
- Varrer adequadamente a superfície da base, eliminando o excesso dos finos. Pode-se, se for o caso, umedecer levemente a camada, apenas para acomodar os finos. Tais operações simulam a ação da vassoura mecânica e do caminhão-tanque, quando da execução da imprimação.
- Medir os quadrados com precisão, marcando no chão seus limites.
- Marcar, fora de cada quadrado, a indicação da taxa de ligante que será espalhada.

Feito isso, com o auxílio de duas provetas de 1.000 mL, deve-se despejar em cada quadrado diferentes quantidades de ligante. Inicia-se com 800 mL no primeiro quadrado e termina-se com 1.600 mL no nono, por exemplo, devendo-se tomar os cuidados a seguir:
- Iniciar o ensaio utilizando apenas uma proveta até o terceiro quadrado (1.000 mL). Para o quarto quadrado em diante, quando se requerem quantidades de ligante superiores ao volume de uma proveta, utilizar a proveta suja para a quantidade de 1.000 mL e ir sucessivamente acrescentando, com a segunda proveta, as quantidades complementares do asfalto. Isso tudo para que se garanta uma boa visualização, na proveta, do volume de ligante adicionado em cada quadrado.
- Um servente deve espalhar o ligante, com o auxílio de uma vassoura de piaçava, por toda a área de cada quadrado, tão logo ele seja despejado.
- A vassoura a ser utilizada deve ser previamente mergulhada em ligante para evitar que absorva parte do asfalto no momento do espalhamento.

Algumas dessas etapas são ilustradas nas Figs. 4.14 a 4.16.

Fig. 4.14 *Varrendo a área do ensaio*

Fig. 4.15 *Marcando os quadrados*

Fig. 4.16 *Espalhando o ligante*

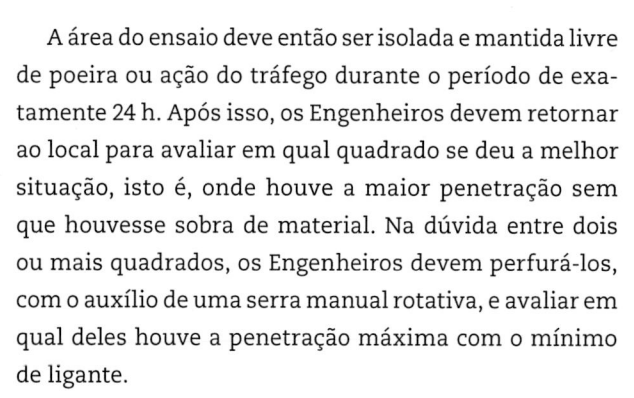

A área do ensaio deve então ser isolada e mantida livre de poeira ou ação do tráfego durante o período de exatamente 24 h. Após isso, os Engenheiros devem retornar ao local para avaliar em qual quadrado se deu a melhor situação, isto é, onde houve a maior penetração sem que houvesse sobra de material. Na dúvida entre dois ou mais quadrados, os Engenheiros devem perfurá-los, com o auxílio de uma serra manual rotativa, e avaliar em qual deles houve a penetração máxima com o mínimo de ligante.

Note-se que a falta de ligante não proporcionará uma penetração suficiente. Por outro lado, o excesso de ligante ocasionará exsudação no trecho, que é um defeito característico de revestimentos asfálticos provocado pelo excesso de ligante, o qual, não absorvido pelos agregados do revestimento, emerge à superfície do pavimento, tornando-a excessivamente lisa e prejudicando, assim, a aderência com os pneus dos veículos.

4.5.2 Procedimentos básicos de execução

A imprimação consiste basicamente na aplicação de uma camada de asfalto diluído do tipo CM-30 ou de EAI sobre a base. Para tanto, faz-se necessário que a empreiteira disponha dos seguintes equipamentos:

- *Vassoura mecânica* (Fig. 4.17): acoplada normalmente a um trator agrícola, serve para remover o excesso de finos da camada de base, evitando que estes se aglutinem com o ligante asfáltico, absorvendo-o e impedindo sua adequada penetração na camada.

Fig. 4.17 *Vassoura mecânica*

- *Caminhão espargidor de asfalto* (Fig. 4.18): caminhão-tanque com barra de distribuição traseira e dispositivo espargidor manual para correções em pequenas áreas. O caminhão deve ser dotado também de dispositivo para aquecimento do ligante e quinta roda com conta-giros, para regular a taxa aplicada.

Fig. 4.18 *Caminhão espargidor de asfalto*

Os Engenheiros precisam orientar suas equipes quanto à vistoria e à regulagem do caminhão espargidor de asfalto, devendo observar os seguintes cuidados:

- verificação do funcionamento do maçarico (aquecedor);

- desobstrução e limpeza da caneta de espargimento manual;
- verificação do correto funcionamento da quinta roda e de seu respectivo conta-giros;
- colocação da barra de espargimento traseira perfeitamente alinhada em toda a sua extensão e rigorosamente em paralelo com a superfície da pista a ser imprimada;
- desobstrução e limpeza dos bicos de espargimento;
- cálculo do ângulo de espargimento (θ), em função da altura ajustada para os bicos em relação à pista (H) e do espaçamento entre estes na barra de espargimento (E), de modo que cada ponto da superfície da pista seja banhado por ligante advindo de exatamente três diferentes bicos, conforme mostrado na Fig. 4.19.

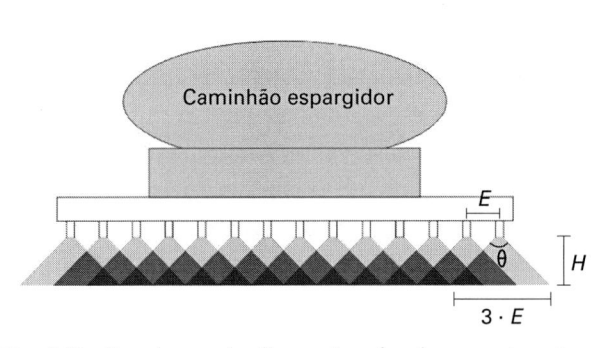

Fig. 4.19 *Regulagem de altura e ângulos de espargimento*

Assim:

$$\tan\frac{\theta}{2} = \frac{1{,}5 \cdot E}{H} \therefore \theta = 2 \cdot \arctan\frac{1{,}5 \cdot E}{H}$$

Ou, de modo análogo:

$$\tan\frac{\theta}{2} = \frac{1{,}5 \cdot E}{H} \therefore H = \frac{1{,}5 \cdot E}{\tan\frac{\theta}{2}}$$

Tais cuidados são fundamentais para que se garanta a homogeneidade no espalhamento do ligante exigida na norma DNIT 144/2014-ES, que determina:

> 7.3 Verificação do produto
> Devem ser verificadas visualmente a homogeneidade da aplicação, a penetração do ligante na camada da base e sua efetiva cura.

Sugere-se, entretanto, que a homogeneidade seja objetivamente controlada, e não apenas no sentido longitudinal, mas também transversal, de maneira que cada ponto da pista receba exatamente a taxa ideal de ligante, previamente calculada em conformidade com os comentários dispostos na seção 4.5.1.

Nesse sentido, a norma norte-americana da Federal Highway Administration (FHWA, 2014) para tratamentos superficiais determina os seguintes cuidados em relação à regulagem do caminhão espargidor:

> 407.09 Asphalt Application. Calibrate asphalt distributors before the start of project and when directed by the CO. Calibrate the spray bar height, check nozzle angle, and verify longitudinal and transverse application rates [...]

Como o trecho imprimado precisará permanecer isolado e livre da ação do tráfego, os Engenheiros devem providenciar a implantação de uma adequada sinalização do local, de modo a garantir a segurança dos usuários da via.

Antes da aplicação do ligante, deve-se providenciar a varredura da base, com o auxílio de vassouras mecânicas, visando eliminar o excesso de finos soltos que poderiam comprometer a adequada penetração do produto.

Conforme o tipo da base, pode ser ainda necessário que se proceda a um leve umedecimento da superfície. Nesse caso, um caminhão-tanque deve passar rapidamente pelo trecho liberando apenas a água necessária para acomodar os poucos finos que não foram varridos pela vassoura mecânica.

Preparada a superfície, o ligante deve ser imediatamente aplicado. No entanto, os Engenheiros devem alertar para a colocação de uma faixa de papel, com aproximadamente 1 m de largura, no início e no final do trecho a ser imprimado, com o intuito de garantir que toda a extensão receba uma taxa uniforme de ligante.

Tal cuidado se mostra necessário porque a taxa de ligante é função direta da velocidade com que o caminhão espargidor trafega no trecho. Assim, o motorista deve alcançar a velocidade desejada no trecho anterior e contíguo ao que será imprimado, mantendo-a constante, e, na passagem pela faixa de papel, deve abrir o dispositivo espargidor, tornando a fechá-lo tão logo seja atingida a faixa de papel estendida no final do trecho.

A faixa de papel serve também para evitar a falta ou o excesso (que levaria a problemas de exsudação) de ligante nas emendas longitudinais dos trechos imprimados em dias diferentes. Isso porque, sem o papel, jamais se conseguiria abrir e fechar o dispositivo espargidor exatamente nos locais apropriados.

A fim de garantir a aplicação da taxa ideal de ligante em toda a largura da plataforma, a equipe de campo precisa ser alertada para executá-la em uma largura superior a esta, conforme ilustrado na Fig. 4.20.

Caso isso não ocorra, a quantidade de ligante nos bordos externos dos acostamentos será inferior àquela calculada na seção 4.5.1 – a largura equivalente a duas

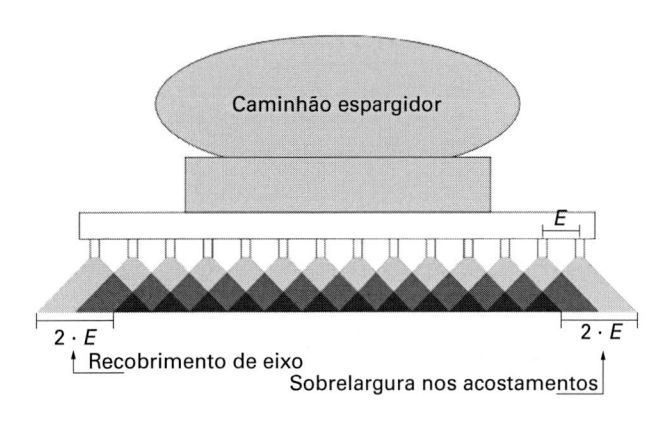

Fig. 4.20 *Regulagem de altura e ângulos de espargimento*

vezes o espaçamento entre os bicos da barra de espargimento receberá, em uma parte, um terço da taxa calculada e, em outra parte, dois terços dessa taxa – e, por conseguinte, insuficiente para promover a perfeita aderência do revestimento à base.

Pela mesma razão, a Fig. 4.20 também demonstra a necessidade do adequado transpasse nas emendas das faixas imprimadas. Caso contrário, também haverá escassez de ligante nessas áreas, o que prejudicará a aderência do revestimento à base.

A equipe de laboratório, antes da passagem do caminhão, deve deixar uma bandeja (de área e peso conhecidos) a cada 800 m² de pista a ser imprimada, de modo a auferir a taxa de ligante efetivamente aplicada. Essa taxa é determinada pesando-se a quantidade de ligante que ficou em cada bandeja após a passagem do caminhão espargidor.

A temperatura de aplicação do ligante, no caso do CM-30, deve ser aquela suficiente para proporcionar ao produto uma viscosidade entre 20 e 60 segundos (Saybolt-Furol). Essa faixa ideal de viscosidade passará a ser de 20 a 100 segundos se o ligante a ser utilizado for a EAI.

Recomenda-se, portanto, que os Engenheiros orientem suas equipes de laboratório para realizar ensaios de viscosidade a várias temperaturas, de modo a determinar qual faixa de temperatura do ligante efetivamente utilizado na obra corresponde à faixa de viscosidade indicada na norma. Isso porque um mesmo ligante pode ser disponibilizado por diferentes fornecedores, com características bem distintas entre si.

Tomando-se como exemplo o CM-30, a norma DNER-EM 363/97 estabelece que o ligante fornecido deve apresentar uma viscosidade cinemática a 60 °C entre 30 cSt e 60 cSt. Se medida com viscosímetro do tipo Saybolt-Furol, a viscosidade desse produto, a 25 °C, deve se situar entre 75 e 150 segundos. Ora, se o produto entregue por um determinado fornecedor apresenta uma viscosidade de 75 segundos a 25 °C, isso significa que pouca temperatura precisa ser acrescentada para que essa viscosidade fique abaixo do limite máximo de 60 segundos. Já se um outro fornecedor entrega um CM-30 com uma viscosidade de 150 segundos a 25 °C, é claro que este requer mais temperatura para ser "afinado" o suficiente para que sua viscosidade se situe abaixo dos 60 segundos.

Note-se, entretanto, que o CM-30 nada mais é que um asfalto diluído de petróleo, ou seja, um cimento asfáltico de petróleo (CAP) diluído em um solvente, o qual, no caso, é o querosene (ou outro hidrocarboneto na mesma faixa de destilação). Tal diluição é feita exatamente para proporcionar uma menor viscosidade ao CAP em menores temperaturas, facilitando sua utilização em situações específicas, como na imprimação, onde se deseja que o asfalto seja "fino" o suficiente para penetrar mais facilmente na camada de base. Após a aplicação, o CM-30 vai perdendo paulatinamente o solvente, de modo que em 72 h restará tão somente o CAP em sua composição.

Ocorre que, enquanto o ponto de fulgor do CAP é de 235 °C, o ponto de fulgor do CM-30 é de apenas 38 °C. Isso significa que, mesmo a baixas temperaturas, o CM-30 começa a perder o solvente. Assim, se num primeiro momento o aquecimento do produto o deixa mais fino, no momento seguinte, logo após o resfriamento, o que restará da ação é uma concentração maior de CAP (mais viscoso), o que dificultará a penetração do produto na base.

Diante desse fato, os Engenheiros devem alertar para que, sempre que possível, o CM-30 seja aplicado sem aquecer-se o caminhão, e, quando isso se fizer imprescindível, para que esse aquecimento não ultrapasse o limite de 45 °C. Se isso ocorrer, deve-se recomendar o descarte das sobras do CM-30 no caminhão espargidor, evitando-se misturar esse material (com elevada concentração de CAP) com o proveniente dos tanques de armazenamento (produto intacto).

> **Atenção:** O ligante asfáltico utilizado nas imprimações, CM-30, não deve ser aquecido além de 45 °C.

Não raramente ocorre de algum bico do espargidor entupir durante o lançamento do ligante no trecho. Se essa ou outra falha acontecer, as áreas afetadas (que não receberam o asfalto) deverão ser imediatamente corrigidas com o espargidor manual. Concluída a aplicação, o trecho deve ser adequadamente isolado a fim de impedir qualquer tipo de tráfego sobre a área imprimada durante o tempo de penetração e cura.

O tempo ideal de liberação da base imprimada corresponde ao tempo de cura total do ligante. No caso do CM-30, o tempo médio é de 72 h, enquanto na EAI esse tempo é próximo a 24 h – em ambos os casos, a depender das condições climáticas locais.

> **Atenção:** O Engenheiro Fiscal deve obstar qualquer serviço de imprimação caso haja o risco de chuvas nas 24 h seguintes.

Note-se que o CM-30 precisa de 24 h para penetrar totalmente na camada da base, ao passo que a EAI necessita de um tempo mais reduzido. Assim, se nesse período houver uma chuva forte o suficiente para fazer escorrer o ligante aplicado, o Engenheiro Fiscal, juntamente com os Engenheiros Executores, avaliando a situação, deverá decidir entre três alternativas:
- Caso a chuva tenha ocorrido imediatamente após a aplicação do ligante e com intensidade suficiente para lavá-lo completamente, deve-se orientar para que, assim que a superfície da base esteja seca, seja realizada uma nova imprimação. Isso será possível porque não houve penetração o suficiente para impermeabilizar a base, de modo que o novo ligante poderá penetrar normalmente.
- Caso se tenha verificado que houve penetração em profundidade próxima à máxima para aquela base (essa profundidade máxima é a observada quando da realização dos procedimentos descritos na seção 4.5.1), deve-se aceitar o serviço sem qualquer intervenção corretiva, ou, se for o caso, aplicando uma camada de pintura de ligação, para devolver a aderência superficial.
- Caso a chuva tenha ocorrido após o início do processo de penetração do ligante, mas antes que este tenha atingido profundidade suficiente, os Engenheiros devem determinar a escarificação e a reexecução da camada, posto que a superfície já foi impermeabilizada, impedindo a aplicação de uma nova imprimação.

Se a obra demandar a execução de imprimação em vias onde seja impossível o desvio total do tráfego – situação que ocorre com frequência em pavimentações urbanas –, recomendam-se os seguintes cuidados:
- Aplicar a imprimação em horário que permita a penetração no solo durante o máximo de tempo possível sem a interferência de tráfego.
- Aplicar uma camada de agregado miúdo sobre a área imprimada, para garantir a proteção mecânica contra o contato dos pneus dos veículos. Essa ação deve ser retardada tanto tempo quanto seja possível (se viável, de duas a quatro horas).
- Ultrapassado o tempo de penetração e cura, varrer a superfície, para a retirada do agregado de proteção.
- Aplicar uma pintura de ligação, com emulsão asfáltica de ruptura rápida (RR-1C), para devolver a aderência superficial, no momento em que haja meios para a subsequente execução do revestimento especificado em projeto.

Orientações semelhantes são encontradas em normas internacionais, como a dos países do sul da África (SATCC, 1998), que sugere, inclusive, a utilização de uma taxa de agregados em torno de 5 kg/m²:

> SATCC 4106: Where it is not feasible for traffic to use diversions, the prime shall be applied and allowed to penetrate for as long as is practicable before a blinding layer of aggregate is applied at a rate of approximately 0.0035 m³/m² (aprox. 5,25 kg/m²). Care shall be exercised in this operation to avoid the aggregate being applied too soon after spraying the prime. Where practicable two to four hours shall elapse as directed by the Engineer.

Nessa situação, os Engenheiros devem ainda realizar testes para determinar, em cada caso, o quanto a taxa de aplicação do ligante deve ser acrescida em função de sua natural absorção por parte do agregado espalhado.

Caso se opte pela utilização de ligante do tipo EAI, os tempos de penetração no solo, bem como de liberação da base, conforme já comentado, costumam ser mais reduzidos, o que pode representar uma boa alternativa em casos especiais, como execuções em regiões sujeitas a chuvas frequentes e obras de pavimentação urbana, onde normalmente se faz conveniente um tempo reduzido entre as execuções da imprimação e do revestimento.

Quanto à temperatura de aplicação, como já abordado, a EAI deve estar com uma viscosidade entre 20 e 100 segundos. Como a norma DNIT 165/2013-EM estabelece que a viscosidade máxima de uma EAI, a 25 °C, deve ser de 90 segundos, isso significa que ela pode ser aplicada a temperaturas mais baixas que o CM-30, sendo muitas vezes dispensável qualquer aquecimento prévio.

Por outro lado, é comum que a EAI deixe um resíduo bastante viscoso na superfície. Nesse caso, para evitar que os componentes rodantes da vibroacabadora danifiquem a imprimação, comprometendo a aderência nessa área, deve-se proceder à limpeza desse excesso com a aplicação de areia, seguida de seu varrimento e da execução de pintura de ligação, com RR-1C, para a devolução da aderência superficial – em moldes semelhantes aos já comentados para áreas sujeitas à ação imediata do tráfego.

4.5.3 Controle tecnológico

Quanto à qualidade do ligante asfáltico, os Engenheiros devem orientar a equipe de laboratório para que analise e arquive os certificados emitidos pelos fabricantes ou distribuidores do produto, que contêm os resultados dos seguintes ensaios:

- viscosidade cinemática a 60 °C;
- viscosidade Saybolt-Furol a diferentes temperaturas, para o estabelecimento da relação viscosidade × temperatura;
- ponto de fulgor e combustão;
- destilação para verificação da quantidade de resíduo.

Em atendimento à norma DNIT 144/2014-ES, deve haver um certificado para cada carregamento de ligante que chegar à obra, e cada um deles deve trazer a indicação do tipo e da procedência do produto, da quantidade adquirida e da distância de transporte entre o fornecedor e o canteiro de obra.

Além do arquivamento dos certificados trazidos em cada carregamento, deve-se repetir, na obra, os referidos ensaios.

Quanto à execução do serviço, os Engenheiros devem providenciar para que sejam aferidas, a cada 800 m² de pista imprimada, as taxas efetivas de aplicação do ligante asfáltico. Para isso, no momento da aplicação do asfalto, deve-se deixar na pista as bandejas, com pesos e áreas conhecidas. Após a passagem do caminhão espargidor, as bandejas devem ser recolhidas e pesadas. A taxa de aplicação do ligante, calculada para cada bandeja, será então a diferença de massa (peso bruto com o ligante, subtraído da tara da bandeja) dividida pela área da bandeja. Esse processo é ilustrado nas Figs. 4.21 a 4.24.

Ao observarem a execução da imprimação, os Engenheiros devem manter-se atentos para que o caminhão espargidor trafegue em toda a extensão do trecho a uma velocidade constante, de modo a garantir a uniformidade da distribuição do ligante asfáltico. A manutenção da velocidade durante a passagem do caminhão pelas bandejas é, por conseguinte, de fundamental importância para a consistência dos resultados do ensaio.

Para que se possa avaliar a homogeneidade da taxa aplicada, tanto no sentido longitudinal quanto transversalmente, recomenda-se deixar bandejas em diferentes

Fig. 4.21 *Deixando a bandeja no trecho*

Fig. 4.22 *Passagem do espargidor*

Fig. 4.23 *Bandeja após a passagem*

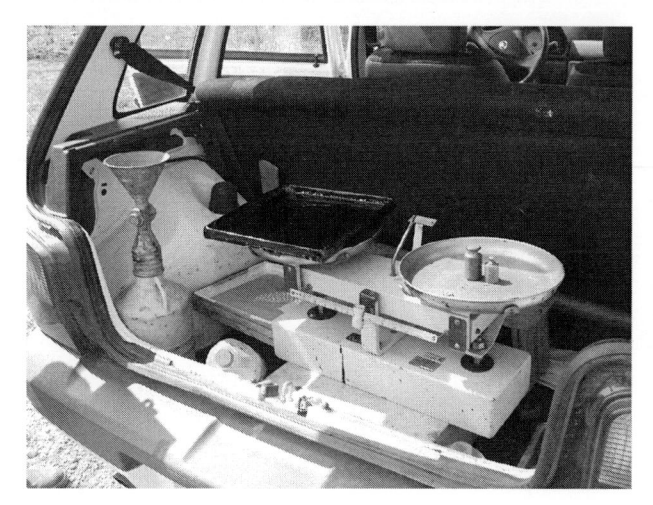

Fig. 4.24 *Pesagem da bandeja*

linhas. Note-se que, se as bandejas forem todas colocadas em uma única linha (no sentido longitudinal), apenas se avaliará o desempenho de uns poucos bicos da barra de espargimento.

Em conformidade com a norma DNIT 144/2014-ES, a tolerância para a aceitação do serviço é de 0,20 L/m² em relação à taxa de aplicação especificada (T), para mais ou para menos. Como a densidade do CM-30 é bem próxima de 1,0 kg/dm³, a medida do peso (em kg) é muito próxima da do volume (em dm³ ou L).

Assim, em sede de avaliação estatística, deve-se sucessivamente somar e subtrair a média aritmética dos resultados individuais ($\bar{X}$) do produto da constante k pelo desvio padrão (s) da amostra, testando então cada resultado com os respectivos limites superior e inferior da taxa de aplicação especificada (T).

$$\text{Resultado do controle superior} = \bar{X} + k \cdot s$$

$$\text{Resultado do controle inferior} = \bar{X} - k \cdot s$$

A constante k reflete a insegurança estatística relacionada com a quantidade de ensaios realizados – quanto menos ensaios, maior a insegurança de que a característica da amostra (resultado médio encontrado) corresponde à do todo (pista), conforme mostrado na Tab. 4.5 (norma DNIT 108/2009-ES, item 7.2.3).

Tab. 4.5 Tabela de amostragem variável

Número de amostras (n)	Coeficiente multiplicador (k)	Risco do executante (α)
5	1,55	0,45
6	1,41	0,35
7	1,36	0,30
8	1,31	0,25
9	1,25	0,19
10	1,21	0,15
11	1,19	0,13
12	1,16	0,10
13	1,13	0,08
14	1,11	0,06
15	1,10	0,05
16	1,08	0,04
17	1,06	0,03
19	1,04	0,02
21	1,01	0,01

Fonte: DNIT (2009i, item 7.2.3).

O desvio padrão (s), por sua vez, é consequência direta das dispersões dos resultados individuais em relação à média calculada da amostra. Quanto mais dispersos forem os resultados individuais, menor será a segurança de que a média aritmética da amostra convirja com a característica do todo (pista).

$$s = \sqrt{\frac{\sum (X_i - \bar{X})^2}{n-1}}$$

em que:
X_i = resultado individual de cada ensaio;
$\bar{X}$ = média aritmética dos resultados do trecho em análise;
n = quantidade de ensaios realizados.

Assim, tem-se que o lote deve ser aprovado quando, cumulativamente:

$$\bar{X} + k \cdot s \leq T + 0,2$$
$$\bar{X} - k \cdot s \geq T - 0,2$$

Caso uma dessas inequações não seja verdadeira, a orientação é pela rejeição, seja porque a própria média dos resultados se apresenta fora do padrão, seja porque o tamanho da amostra e os resultados individuais não proporcionam segurança estatística suficiente para garantir que o trecho analisado atende ao mínimo requerido em norma.

Perceba-se, entretanto, que a tolerância da norma brasileira é bem superior a algumas normas internacionais, como a que regulamenta os serviços para os países do sul da África (SATCC, 1998), que estabelece uma tolerância de apenas 0,06 L/m², conforme se segue:

> SATCC, 4108: The actual spray rates measured at spraying temperature shall not deviate from the required spray rate as specified or ordered by the Engineer by more than 0.06 L/m².

Tal fato demonstra que, se tomados todos os cuidados quanto às regulagens do caminhão espargidor, pode-se garantir até menores desvios em relação às taxas determinadas, o que melhora a qualidade do serviço e reduz os custos da empresa executora.

Esse é, enfim, o procedimento de controle tecnológico da execução que fornece um resultado imediato, ou seja, minutos após a passagem do caminhão já se têm os resultados. Por essa razão, é o indicado para conferência pessoal do Engenheiro Fiscal – que realiza uma supervisão por amostragem sobre o controle realizado pela equipe de laboratório da empreiteira ou da empresa de consultoria contratada.

Esse era também o controle tecnológico especificado na norma DNIT 144/2010-ES, que teve vigência até setembro de 2012. No entanto, após essa data, com o advento da norma DNIT 144/2012-ES – e, posteriormente, da DNIT

144/2014-ES –, que passou a regular o serviço, exige-se que as pesagens das bandejas sejam realizadas após a cura total do ligante, isto é, deve-se agora recolher as bandejas e esperar até que o solvente se evapore, restando apenas o resíduo dele (CAP). Esse resíduo deve então ser dividido pela porcentagem de resíduo do ligante, indicado no ensaio de destilação, de modo a obter-se indiretamente a taxa efetiva de CM-30 aplicada no trecho.

É importante observar que o procedimento introduzido pela norma de 2012 trouxe uma dificuldade prática para o controle na obra, posto que o solvente do CM-30 coletado nas bandejas, diferentemente do que ocorre na pista, não evapora em apenas 24 h. Isso porque, na pista, ocorre a penetração do ligante na camada de base, de maneira que não há sobras na superfície (a rigor, a sobra é mínima), o que facilita a evaporação do solvente. Por outro lado, o material coletado na bandeja forma uma certa espessura líquida, o que dificulta o processo de cura.

É recomendada, portanto, a realização do ensaio de destilação para determinar o resíduo de CAP no total do ligante coletado em cada bandeja.

Sendo assim, recomenda-se que os Engenheiros orientem a equipe de laboratório para que proceda ao controle conforme o padrão especificado na norma atual (e sempre considerando o resultado estatístico), mas, para efeito de supervisão pessoal sobre os resultados apresentados pelo laboratório, continuem realizando, por amostragem, o procedimento da norma anterior, mais célere. Note-se que, para isso, não é necessário aumentar a quantidade de bandejas, uma vez que aquelas pesadas imediatamente à vista do Engenheiro Fiscal poderão vir a ser novamente utilizadas para a determinação da taxa de resíduo de CAP.

> **Atenção:** O controle tecnológico serve não apenas para conferir a qualidade dos serviços, mas também como parâmetro para a medição dos itens de planilha referentes à aquisição e ao transporte do CM-30. Nesse caso, deve-se considerar a taxa média obtida no controle tecnológico, limitada àquela determinada em campo como ideal.

4.5.4 Critérios de medição

Se o edital de licitação não dispuser em sentido contrário, os quantitativos devem ser apropriados em metros quadrados, devendo ser consideradas as áreas efetivamente aplicadas, limitadas às seções de projeto.

Ainda que sejam executadas larguras superiores às do projeto, para garantir que todo o revestimento seguinte seja assentado sobre uma superfície tratada com a taxa plena de ligante preliminarmente calculada, a medição deverá ser limitada à área exatamente correspondente à do revestimento (CAUQ, tratamentos superficiais etc.).

Isso porque o padrão do DNIT é apropriar os custos inerentes à execução dos serviços e à aquisição e ao transporte dos ligantes asfálticos em itens distintos na planilha orçamentária. O custo do serviço (aplicação), portanto, não seria alterado por sobrelarguras externas ou recobrimentos entre faixas.

Por sua vez, sugere-se que as perdas de ligante inerentes a esses cuidados sejam levadas em consideração pelos Engenheiros Orçamentistas quando dos cálculos dos quantitativos a serem inseridos em planilha para os itens referentes à aquisição e ao transporte dos ligantes asfálticos.

4.6 Pintura de ligação

À semelhança da imprimação, a pintura de ligação também consiste na aplicação de um banho de asfalto sobre a camada anterior. No entanto, a finalidade, aqui, é simplesmente promover a aderência entre camadas.

A pintura de ligação é normalmente utilizada entre duas camadas de revestimento asfáltico, sejam elas novas (projetos que preveem duas camadas de concreto asfáltico), seja uma antiga e uma nova (recapeamento simples).

Também se costuma especificar a pintura de ligação, em substituição à imprimação, nos casos de bases muito fechadas, que não permitem a penetração do ligante, como as bases de solo-cimento, concreto magro, brita graduada tratada com cimento (BGTC) ou concreto compactado a rolo (CCR).

A pintura de ligação pode ser recomendada, ainda, entre a camada de base e o revestimento, quando a imprimação aplicada sobre a base se danificar devido a um tráfego intenso sobre a camada imprimada ou pelo fato de ela ter sido executada há mais de sete dias, por exemplo. Pode também ser recomendada, conforme comentado na seção 4.5.2, para garantir a aderência nos casos em que chuvas lavaram parte do CM-30 aplicado na imprimação.

Note-se, porém, que em ambas as situações os custos envolvidos, em regra, deverão ser arcados pelas empreiteiras contratadas, posto que cabem a elas os cuidados para garantir a efetividade dos serviços executados – no caso, a imprimação. Contudo, pode haver casos em que a pintura de ligação é especificada diretamente em projeto ante a impossibilidade de execução da obra sem danificar a imprimação. Isso ocorre, por exemplo, quando se faz necessário liberar o tráfego sobre a imprimação recém-executada – após alguns cuidados, como isolamento com uma camada de areia – em determinados trechos, como travessias e acessos a propriedades.

Exatamente por ter a finalidade apenas de garantir a aderência entre camadas, a taxa residual de asfalto requerida nos serviços de pintura de ligação é bem menor do que aquela necessária para a imprimação, a qual possui, conforme já comentado, tríplice função. Desse modo, enquanto se necessita, para a imprimação, de um *resíduo* de asfalto (CAP) entre 0,40 L/m² e 0,80 L/m², para a pintura de ligação a taxa *residual* (CAP) requerida é de apenas 0,18 L/m² a 0,25 L/m².

Por essa razão, para assegurar a melhor trabalhabilidade na pintura de ligação, opta-se pela utilização não de um asfalto diluído de petróleo – como é o caso do CM-30 na imprimação –, mas de uma emulsão asfáltica de ruptura rápida.

A emulsão asfáltica é, assim como os asfaltos diluídos, uma forma de diluição do CAP. No entanto, as emulsões são produzidas de modo a possibilitar uma diluição ainda maior do produto no próprio canteiro de obras, onde se utiliza a *água* como solvente. Como o asfalto, naturalmente, não se mistura com a água, é necessário o uso de um *agente emulsificante*, ou seja, de um produto adicionado industrialmente ao CAP, a fim de modificar sua estrutura e permitir a mistura.

Ao produto obtido da reação do asfalto (CAP) com o agente emulsificante dá-se o nome de emulsão asfáltica, que tem, portanto, a propriedade de poder ser adicionado à água e formar uma mistura miscível. A emulsão asfáltica a ser utilizada é do tipo RR-1C, não sendo admitido em norma nenhum outro tipo em sua substituição.

É importante perceber que há diferenças entre as emulsões de rupturas rápidas catiônicas dos tipos 1 e 2, RR-1C e RR-2C, tais como o resíduo de CAP e principalmente a viscosidade dos produtos. Uma emulsão do tipo RR-1C, em conformidade com a antiga norma do Conselho Nacional do Petróleo (CNP) nº 07/88, devia apresentar uma viscosidade Saybolt-Furol, medida a 50 °C, entre 20 e 90 segundos, ao passo que, nas mesmas condições, a faixa de viscosidade exigida para a do tipo RR-2C era de 100 a 400 segundos. Apesar da revogação dessa norma, por força da Resolução nº 668/2017 da ANP, esses parâmetros não foram sensivelmente alterados. O assunto atualmente é regulado pela ANP, por intermédio da Resolução nº 36/2012, que mantém a mesma faixa de viscosidade para as emulsões RR-2C e torna as RR-1C ainda menos viscosas.

Percebe-se, portanto, que as emulsões do tipo RR-2C podem ser mais de quatro vezes mais viscosas (grossas) que as do tipo RR-1C. Tal característica prejudicaria a qualidade da pintura de ligação, uma vez que os componentes rodantes das vibroacabadoras e os pneus dos caminhões que transportam o revestimento, em suas trilhas de rodas, a danificariam.

Têm-se, enfim, três razões que depõem contra a indicação de emulsões do tipo RR-2C para pinturas de ligação, quando cada uma delas em si já seria suficiente para atestar a contraindicação:

- impedimento normativo – a norma do DNIT cita apenas a emulsão do tipo RR-1C;
- alta viscosidade em relação à do tipo RR-1C, o que prejudicaria a qualidade da aderência nas trilhas de rodas dos equipamentos executores;
- custo de aquisição geralmente mais elevado em relação ao do tipo RR-1C.

A norma técnica que regulamenta os serviços é a DNIT 145/2012-ES. Em obediência a esse dispositivo, os Engenheiros devem observar minimamente os seguintes pontos:

- procedimentos básicos de execução;
- controle tecnológico.

Atenção: A norma em vigor desde setembro de 2012 apenas promoveu pequenas alterações no texto da editada em 2010, DNIT 145/2010-ES, a qual, por sua vez, atualizou a antiga norma DNER-ES 307/97.

4.6.1 Procedimentos básicos de execução

Como o trecho, após a pintura de ligação, precisará permanecer isolado e livre da ação do tráfego, os Engenheiros devem providenciar a implantação de uma adequada sinalização do local, de modo a garantir a segurança dos usuários da via.

Antes da aplicação do ligante, deve-se providenciar a varredura da superfície, com o auxílio de vassouras mecânicas, visando eliminar sujeiras e materiais soltos. A descrição dessas vassouras é dada na seção 4.5.2, que apresenta também a maneira como o caminhão espargidor deve ser ajustado.

Caso seja necessário, sugere-se a pulverização (Fig. 4.25) ou mesmo a lavagem da superfície a ser trabalhada, para que seja garantida a remoção de todos os resíduos que dificultariam a aderência entre as camadas. No caso de lavagem, deve-se aguardar até que a superfície volte a estar seca o suficiente para impedir o escorrimento do ligante.

Caso a pintura de ligação seja aplicada sobre uma base de solo-cimento ou de concreto magro, é preciso proceder a um leve umedecimento da superfície. Nesse caso, um caminhão-tanque deve passar rapidamente

Fig. 4.25 *Jateamento da superfície*

pelo trecho, liberando apenas a água necessária para acomodar os poucos finos que não foram varridos pela vassoura mecânica.

Preparada a superfície, o ligante deve ser imediatamente aplicado. No entanto, a exemplo do serviço de imprimação, os Engenheiros devem orientar a colocação de uma faixa de papel no início e no final do trecho a ser executado, de modo a garantir que toda a extensão receba uma taxa uniforme de ligante.

Ao mesmo tempo, a equipe de laboratório, antes da passagem do caminhão espargidor, deve deixar uma bandeja (de área e peso conhecidos) a cada 800 m² de pista executada para aferir a taxa de ligante efetivamente aplicada, que será determinada pesando-se a quantidade de ligante que ficou na bandeja após a passagem do caminhão. Sugere-se colocar as bandejas em mais de uma linha (sentido longitudinal), para que se possa controlar a uniformidade também transversal da taxa de aplicação.

A emulsão asfáltica, então, deve ser diluída em água, no caminhão espargidor, de modo a obter uma mistura que permita uma taxa de aplicação em campo da ordem de 0,8 L/m² a 1,0 L/m². Faz-se isso porque a taxa de emulsão asfáltica recomendada em norma para a execução de pinturas de ligação é da ordem de 0,3 L/m² a 0,4 L/m², o que tornaria difícil a execução sem a referida diluição, posto que o caminhão espargidor teria que passar a velocidades muito altas.

A temperatura de aplicação do ligante RR-1C deve ser aquela suficiente para proporcionar ao produto uma viscosidade entre 20 e 100 segundos.

Não raramente ocorre de algum bico do espargidor entupir durante o lançamento do ligante no trecho. Se essa ou outra falha acontecer, as áreas afetadas (que não receberam o asfalto) deverão ser imediatamente corrigidas com o espargidor manual.

Concluída a aplicação, o trecho deve ser adequadamente isolado a fim de impedir qualquer tipo de tráfego sobre a área trabalhada.

Sublinhe-se que, minutos após a execução da pintura de ligação, ocorre a ruptura do ligante (note-se que o produto utilizado é justamente uma emulsão de ruptura rápida), facilmente percebida pela mudança em sua cor, de marrom para preto. A ruptura se dá, portanto, após o contato do ligante com a superfície da camada, o que propicia a neutralização das cargas elétricas responsáveis pela coesão do composto formado por CAP, agente emulsificante e água. Em apertada síntese, a ruptura propicia a separação entre o CAP e a água.

Antes de lançar a camada seguinte (revestimento), recomenda-se aguardar pela cura do ligante, que consiste na evaporação da água presente. O tempo de cura depende de fatores como temperatura ambiente e umidade do ar.

Recomenda-se ainda que se proceda a uma recirculação do ligante, sempre que este permanecer em estoque por períodos superiores a 15 dias.

> **Atenção:** O Engenheiro Fiscal deve obstar qualquer serviço de pintura de ligação em dias de chuva ou se perceber excesso de umidade na superfície a ser executada.

4.6.2 Controle tecnológico

Quanto à qualidade do ligante asfáltico, os Engenheiros devem orientar a equipe de laboratório para que analise e arquive os certificados emitidos pelos fabricantes ou distribuidores do produto, que contém os resultados dos seguintes ensaios:

- viscosidade Saybolt-Furol a 50 °C;
- viscosidade Saybolt-Furol a diferentes temperaturas, para o estabelecimento da relação viscosidade × temperatura;
- resíduo por evaporação;
- peneiramento (DNER-ME 005/94);
- determinação da carga da partícula;
- sedimentação para emulsões.

Em atendimento à norma DNIT 145/2012-ES, deve haver um certificado para cada carregamento de ligante que chegar à obra, e cada um deles deve trazer a indicação do tipo e da procedência do produto, da quantidade adquirida e da distância de transporte entre o fornecedor e o canteiro de obras.

Além do arquivamento dos certificados trazidos em cada carregamento, deve-se repetir, na obra, os referidos ensaios.

Quanto à execução do serviço, os Engenheiros devem providenciar para que sejam aferidas, a cada 800 m² de pista executada, as taxas efetivas de aplicação do ligante asfáltico. Para isso, no momento da aplicação do asfalto, deve-se deixar na pista as bandejas, com pesos e áreas conhecidas. Após a passagem do caminhão espargidor, as bandejas devem ser recolhidas e pesadas após a ruptura e a cura do ligante (evaporação de toda a água). A *taxa de aplicação residual* do RR-1C, calculada para cada bandeja, será então a diferença de massa (peso bruto com o ligante, subtraído da tara da bandeja) dividida pela área da bandeja.

Essa taxa residual deve ser dividida pela porcentagem de resíduo do ligante, indicada no ensaio de laboratório constante no certificado emitido pelo fabricante para cada carrada fornecida, de modo a obter-se indiretamente a *taxa efetiva de RR-1C* aplicada no trecho.

Os Engenheiros, ao observarem a execução da pintura de ligação, devem manter-se atentos para que o caminhão espargidor trafegue em toda a extensão do trecho a uma velocidade constante, para garantir a uniformidade da distribuição do ligante asfáltico. A manutenção da velocidade durante a passagem do caminhão pelas bandejas é, por conseguinte, de fundamental importância para a consistência dos resultados do ensaio.

Para que se possa avaliar a homogeneidade da taxa aplicada, tanto no sentido longitudinal quanto transversalmente, recomenda-se deixar bandejas em diferentes linhas. Note-se que, se as bandejas forem todas colocadas em uma única linha (no sentido longitudinal), apenas se avaliará o desempenho de uns poucos bicos da barra de espargimento.

A norma menciona, para a aceitação do serviço, a tolerância de 0,20 L/m², para mais ou para menos, em relação à taxa de aplicação diluída especificada em projeto. Assim, considerando os parâmetros lá trazidos para as taxas de emulsão e de emulsão diluída e também o fato de ser impreciso o controle sobre a diluição efetuada em campo, o Engenheiro Fiscal pode considerar como parâmetro de tolerância, para os serviços executados, uma variação de apenas 0,1 L/m², para mais ou para menos, em relação à taxa efetiva de RR-1C. Como a densidade do RR-1C é bem próxima de 1,0 kg/dm³, os Engenheiros podem considerar a medida do peso (em kg) igual à do volume (em dm³ ou L).

Assim, em sede de avaliação estatística, deve-se sucessivamente somar e subtrair a média aritmética dos resultados individuais ($\overline{X}$) do produto da constante k pelo desvio padrão (s) da amostra, testando então cada resultado com os respectivos limites superior e inferior da taxa efetiva de RR-1C especificada (T).

Resultado do controle superior = $\overline{X} + k \cdot s$

Resultado do controle inferior = $\overline{X} - k \cdot s$

Dessa maneira, em conformidade com os conceitos e os comentários já tecidos na seção 4.5.3, tem-se que o lote deve ser aprovado quando, cumulativamente:

$$\overline{X} + k \cdot s \leq T + 0,1$$
$$\overline{X} - k \cdot s \geq T - 0,1$$

Caso uma dessas inequações não seja verdadeira, a orientação é pela rejeição, seja porque a própria média dos resultados se apresenta fora do padrão, seja porque o tamanho da amostra e os resultados individuais não proporcionam segurança estatística suficiente para garantir que o trecho analisado atende ao mínimo requerido em norma.

Atenção: O controle tecnológico serve não apenas para conferir a qualidade dos serviços, mas também como parâmetro para a medição dos itens de planilha referentes à aquisição e ao transporte do RR-1C. Nesse caso, deve-se considerar a taxa média obtida no controle tecnológico, limitada àquela determinada em projeto.

4.6.3 Critérios de medição

Se o edital de licitação não dispuser em sentido contrário, os quantitativos devem ser apropriados em metros quadrados, devendo ser consideradas as áreas efetivamente aplicadas, limitadas às seções de projeto.

Ainda que sejam executadas larguras superiores às do projeto, para garantir que todo o revestimento seguinte seja assentado sobre uma superfície tratada, a medição deverá ser limitada à área exatamente correspondente à do revestimento (CAUQ, tratamentos superficiais etc.).

A aquisição e o transporte dos ligantes asfálticos devem ser apropriados em itens específicos de planilha.

4.7 Tratamentos superficiais

Tratamentos superficiais são revestimentos asfálticos de baixo custo que consistem em camada(s) de brita envolvida(s) por banhos de ligante asfáltico. Trata-se de um trabalho semiartesanal em que se procura deixar, tanto quanto possível, uma pedra ao lado da outra, sem que haja espaços vazios nem sobreposições, sendo o ligante asfáltico o responsável pela coesão entre as pedras.

De acordo com a quantidade de camadas de brita, os tratamentos superficiais podem ser simples (TSS), duplos (TSD) ou triplos (TST). Cada camada de brita deve ter diâmetro menor que o da camada anterior, visando apenas fechar seus vazios. O preço de 1 m² de tratamento superficial duplo, incluindo o fornecimento e o transporte de agregado e ligante asfáltico, além de BDI, é de aproximadamente US$ 3,50, enquanto o CAUQ, nas mesmas condições, custa cerca de US$ 9,00.

Os ligantes asfálticos podem ser o próprio cimento asfáltico – no caso, o CAP 150-200 – ou a emulsão asfáltica do tipo RR-2C, a qual, em virtude da facilidade de execução, é a mais utilizada (como já abordado, as emulsões asfálticas podem inclusive ser diluídas em água no próprio canteiro de obras). Note-se que, devido ao desuso, já há órgãos públicos estaduais especializados em rodovias que não consideram mais, entre suas composições próprias de custos de referência, a opção de execução de tratamento superficial com o emprego de CAP.

É importante ressaltar que os tratamentos superficiais não apresentam suporte estrutural considerável, de modo que somente são recomendáveis para rodovias de baixo tráfego, $N \leq 1 \times 10^6$. Além disso, requerem maiores cuidados com a conservação e intervenções regenerativas mais precoces, e não oferecem o mesmo nível de conforto ao usuário, se comparados com os revestimentos de CAUQ.

Caso se tome como parâmetro não apenas os custos dos revestimentos asfálticos em si, mas todos os serviços inerentes às implantações de rodovias (terraplenagem, drenagem, proteção do corpo estradal etc.), tem-se também que a solução em tratamentos superficiais possui custo apenas 8% inferior, aproximadamente, à aplicação de CAUQ, quando considerado o período de utilização de dez anos. Essa relação varia conforme a maior ou a menor representatividade do item "revestimento asfáltico" na planilha orçamentária de cada obra.

As normas técnicas que regulamentam os serviços de TSS, TSD e TST são, respectivamente, a DNIT 146/2012-ES, a DNIT 147/2012-ES e a DNIT 148/2012-ES.

Na execução/fiscalização dos serviços, os Engenheiros precisam observar, em especial, os seguintes pontos:

- determinação das taxas de aplicação de britas e ligante asfáltico;
- procedimentos básicos de execução;
- controle tecnológico;
- controle geométrico.

Atenção: As normas em vigor desde setembro de 2012 apenas promoveram pequenas alterações nos textos das editadas em 2010, as quais, por sua vez, atualizaram as normas de 1997 do antigo DNER.

4.7.1 Determinação das taxas de aplicação de britas e ligante asfáltico

As Tabs. 4.6 a 4.8 apresentam as taxas médias trazidas pelas normas para a aplicação de ligante e agregados nos casos de TSS, TSD e TST.

Tab. 4.6 Taxas de ligante asfáltico e agregados para TSS

Ligante asfáltico (L/m²)	Agregado pétreo (kg/m²)
0,8 a 1,2	8 a 12

Tab. 4.7 Taxas de ligante asfáltico e agregados para TSD

Camada	Ligante (L/m²)	Agregado (kg/m²)
1ª	1,2 a 1,8	20 a 25
2ª	0,8 a 1,2	10 a 12

Tab. 4.8 Taxas de ligante asfáltico e agregados para TST

Camada	Ligante asfáltico (L/m²)	Agregado (kg/m²)
1ª	1,0 a 1,5	20 a 25
2ª	0,6 a 0,9	10 a 12
3ª	0,4 a 0,6	5 a 7

Não obstante, todas essas normas, no item 5.1.4, *a*, determinam que "as quantidades, ou taxas de aplicação de ligante asfáltico e de espalhamento de agregados devem ser fixadas no projeto e ajustadas no campo, por ocasião do início dos serviços".

Isso se explica pelo fato de que o consumo desses insumos depende diretamente da granulometria, do índice de forma e da densidade das britas utilizadas, que, por sua vez, variam conforme as pedreiras e a regulagem dos britadores. Ou seja, para cada obra haverá consumos específicos, tanto de brita quanto de ligante asfáltico.

Assim, o primeiro trabalho que se recomenda que seja diretamente acompanhado pelos Engenheiros é a determinação das taxas de aplicação das britas e do ligante asfáltico que serão utilizadas na obra.

Determinação das taxas de espalhamento das britas

Os Engenheiros precisam dispor de uma caixa dosadora de dimensões e peso conhecidos. Sugere-se a desenvolvida por Larsen (1985), mostrada na Fig. 4.26. Essa caixa deve ser revestida em folheado melamínico, preferencialmente de cor branca, e pode ser facilmente construída por um marceneiro e graduada (tampo de vidro) pelos próprios Engenheiros, após a rigorosa conferência de suas medidas.

Após a coleta das amostras das britas que serão utilizadas, deve-se espalhá-las na caixa, camada a camada,

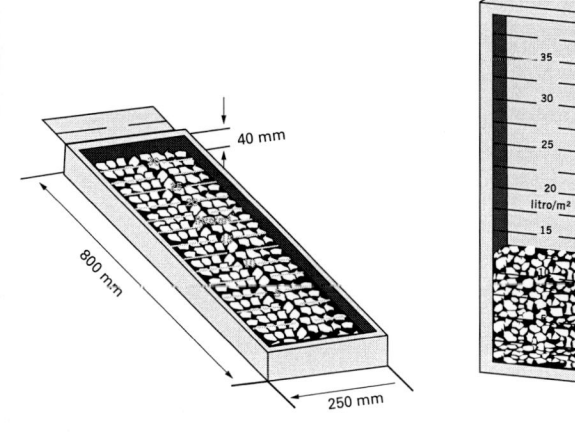

Fig. 4.26 *Caixa dosadora proposta por Larsen*
Fonte: Bernucci et al. (2006).

sem sobreposição, de modo que toda a superfície seja preenchida. Feito isso, o material deve ser pesado, e essa medida, abatida a tara da caixa, deve ser multiplicada pela constante desta, ou seja, pela razão entre 1,00 m² e a área de superfície da caixa – no caso da Fig. 4.26, tem-se 1,00 m²/0,20 m², donde se calcula que a constante da caixa é igual a 5 –, para obter-se a taxa de brita, representada em kg/m².

Note-se que, no caso de TSD, o processo deve ser dividido em duas etapas, para que se tenha a taxa de cada tipo de brita utilizada, isto é, a taxa de cada camada. No caso de TST, o processo se repete, portanto, três vezes.

Desse modo, são essas as taxas a serem consideradas, tanto no controle tecnológico quanto para efeito de medição dos itens referentes aos transportes das britas (caso haja itens de planilha específicos para tal).

Questão prática 4.3 – aferindo uma caixa dosadora

Uma caixa dosadora foi confeccionada com as seguintes medidas internas: 800 mm (comprimento, C) × 255 mm (largura, L) × 45 mm (espessura, E, medida do fundo à calha do vidro). Sabendo-se que ela pesa, sem o vidro, exatamente 3.045 g, determinar sua constante de relação (k) e o espaçamento a ser pintado no vidro para representar o equivalente, em campo, a cada L/m² em volume de brita.

Solução

1. A constante k representa o multiplicador a ser aplicado ao peso líquido da brita, na caixa, após o espalhamento. Ou seja, deve-se determinar quantas caixas (áreas de fundo) seriam necessárias para ocupar 1 m² em campo.
   Assim, tem-se:

	Área	Quantidade de caixas
Na caixa	0,800 m × 0,255 m = 0,204 m²	1
Em campo	1 m²	k

$$k = 1 \div 0,204 \rightarrow k = 4,902$$

Isso significa que o peso líquido da brita aferido na caixa deverá ser multiplicado por 4,902 para determinar a taxa de brita por metro quadrado em campo. Note-se que, para isso, será necessário tomar o peso da caixa com a brita e descontar a tara da caixa (no caso, 3,045 kg).

2. Para graduar a tampa de vidro, deve-se calcular o espaçamento padrão (altura no vidro) que represente o volume equivalente, em campo, a cada 1 L/m². Chamemos, então, esse espaçamento padrão de h.
   Sabe-se que:
   - 1 L = 1 dm³ = 0,001 m³;
   - volume indicado na caixa × constante (k) = volume na pista por metro quadrado;
   - volume indicado na caixa = largura (L) × espessura (E) × altura alcançada (h).

Assim, para cada litro por metro quadrado na pista:

$$L \cdot E \cdot h \cdot k = \frac{1\,L}{m^2} = \frac{0,001\,m^3}{m^2} = 0,001\,m$$

$$L \cdot E \cdot h \cdot k = 0,001\,m \therefore 0,255\,m \cdot 0,045\,m \cdot h \cdot 4,902 = 0,001\,m$$

$$h = \frac{0,001}{0,255 \times 0,045 \times 4,902} \therefore h = 0,018\,m \therefore h = 1,8\,cm$$

Isso significa que, a cada 1,8 cm no vidro, deverá ser pintada uma linha de indicação de 1,0 L/m² em campo.

Determinação das taxas de aplicação do ligante asfáltico

A taxa total (Tt) de brita a ser utilizada, calculada em kg/m² – essa taxa total, no caso de TSD ou TST, corresponde à soma das taxas de agregado (britas utilizadas em cada uma das camadas), determinadas conforme o procedimento descrito anteriormente –, precisa então ser convertida para L/m². Para isso, é necessário conhecer a densidade da brita ou lançar mão da caixa pensada por Larsen.

Mais uma vez, pela simplicidade do procedimento, recomenda-se o uso dessa caixa, que, por ter medidas conhecidas, permite a graduação, numa tampa de vidro, do volume equivalente a uma área de 1,00 m². Nesse caso, após espalhada a brita suficiente (taxa ideal), basta inclinar a caixa para a posição vertical para ler, conforme a altura alcançada, sua taxa em L/m² (T_{Bv}) (Fig. 4.27).

Fig. 4.27 *Caixa de Larsen*

A taxa de emulsão (T_{RR-2C}), em L/m² – ou kg/m², uma vez que a densidade da emulsão asfáltica é muito próxima de 1 t/m³ –, portanto, é determinada pela seguinte equação (Bernucci et al., 2006):

$$T_{CAP} = 0{,}10 \cdot T_{Bv} \text{ (em L/m}^2\text{)}$$

A taxa determinada por essa equação (T_{CAP}) se refere ao resíduo de CAP. Assim, em caso de utilização de emulsões asfálticas (solução mais usual atualmente), deve-se calcular a taxa de emulsão em função do resíduo de CAP após a evaporação da água. No caso do RR-2C, esse resíduo é de 67%, o que implica que a taxa de emulsão (T_{RR-2C}) será:

$$T_{RR-2C} = T_{CAP} \div 0{,}67 \text{ (em L/m}^2\text{)}$$

Essa taxa, como se percebe, varia em função da brita utilizada e, portanto, deve ser determinada em cada obra.

Note-se que aplicar uma taxa de ligante superior à recomendável não oferece nenhum ganho de qualidade à obra. Muito pelo contrário, representa até um defeito, uma vez que o excesso exsudará, tornando a superfície do pavimento muito lisa e, com isso, diminuindo a aderência dos pneus à pista, o que pode causar sérios acidentes em pontos críticos.

Por outro lado, a falta de ligante representa outro grave vício construtivo, pois a brita do tratamento não estará adequadamente envolvida e, por conseguinte, se desprenderá precocemente do pavimento, ocasionando o surgimento de panelas (termo técnico também utilizado para referir-se a buracos).

4.7.2 Procedimentos básicos de execução

Os tratamentos superficiais consistem basicamente em espalhar, sucessivamente, camadas de ligante asfáltico e britas. Para tanto, faz-se necessário que a empreiteira disponha dos seguintes equipamentos:

- *Caminhão espargidor de asfalto* (ver seção 4.5.2).
- *Distribuidor de agregados* (spreader): dispositivo, rebocável ou automotriz, que recebe a brita basculada de um caminhão e a espalha uniformemente pela pista. A quantidade de brita lançada depende da maior ou menor abertura da saída, que é regulada pelo operador.

Em que pese no Brasil ser mais comum a utilização de *spreader* rebocável (Fig. 4.28), ele agrega dificuldade à execução, posto que o caminhão deve trafegar em marcha a ré, dificultando, por exemplo, a manutenção do alinhamento.

Fig. 4.28 *Distribuidor de agregados rebocável*

Em sentido contrário, normas internacionais costumam exigir a utilização de *spreaders* automotrizes (Fig. 4.29), como é o caso do California Department of Transportation (Caltrans, 2006) e da Southern Africa Transport and Communications Commission (SATCC, 1998):

Fig. 4.29 *Distribuidor de agregados automotriz*

CALTRANS 37-1.06: Screenings shall be spread by means of a self-propelled chip spreader.

SATCC 4303, c: At least two chip spreaders shall be provided, one of which shall be self-propelled.

- *Rolo compressor do tipo Tandem*: utilizado para acomodar a brita no terreno (Fig. 4.30). Seu peso total deve ser controlado para evitar a quebra da brita, não devendo ser superior a 10 t. As normas do DNIT também permitem a utilização de rolos de pneus. Nesse caso, deve-se ter especial atenção à calibragem dos pneus, para que não suspendam a brita em sua passagem.

Fig. 4.30 *Rolo compressor do tipo Tandem*

Após a varredura da pista imprimada ou pintada, deve-se proceder ao primeiro banho de ligante asfáltico, tomando-se os mesmos cuidados já comentados quanto à execução da pintura de ligação (ver seção 4.6.1).

Para tanto, o operador do caminhão espargidor deve ser orientado sobre a taxa a ser aplicada – calculada conforme o procedimento descrito na subseção "Determinação das taxas de aplicação do ligante asfáltico" (p. 139) para que regule adequadamente a velocidade de passagem.

A temperatura do ligante deve ser regulada de maneira a proporcionar uma viscosidade de 20 a 100 segundos, no caso de emulsão asfáltica, ou 20 a 60 segundos, caso seja utilizado o CAP 150-200.

Sublinhe-se que, ao contrário do que foi comentado para o asfalto diluído, CM-30, utilizado na imprimação, nos tratamentos superficiais usa-se um asfalto emulsificado, RR-2C, ou o próprio cimento asfáltico, CAP 150-200, de modo que não se trabalha com o querosene como solvente. Assim, caso inadvertidamente se aqueça demais o ligante, ele pode ser resfriado sem maiores prejuízos quanto a suas características.

Deve-se ter cuidado apenas quando se diluir o RR-2C em água no próprio canteiro de obras, uma vez que o resíduo de CAP nessa mistura consequentemente será menor que aquele encontrado nos tanques de estoque. Dessa forma, deve-se evitar misturar o RR-2C diluído em água com uma nova carga apanhada nos tanques, a fim de manter um controle preciso sobre o resíduo de CAP. Para tanto, o encarregado de asfalto precisa ser orientado a carregar o caminhão espargidor, no caso de camadas aplicadas com a emulsão diluída, apenas com a quantidade necessária para a execução do trecho liberado.

Aplicada a primeira camada de ligante, deve-se imediatamente proceder ao espalhamento da primeira camada de brita, utilizando-se os caminhões basculantes e o distribuidor de agregados (*spreader*) (Fig. 4.31). Da mesma forma que ocorreu com a aplicação do ligante, a equipe de laboratório deve deixar bandejas na pista para a aferição da taxa de brita espalhada.

> **Atenção**: Em caso de utilização de *spreaders* rebocáveis, o caminhão deve ser acoplado ao equipamento e proceder ao espalhamento em marcha a ré, de modo que seus pneus trafeguem sempre sobre a brita já basculada na pista.

Fig. 4.31 *Espalhamento da brita em tratamento superficial*

A equipe de campo deve regular a velocidade do caminhão basculante e a abertura do *spreader* para que a brita seja espalhada, tanto quanto possível, sem excessos (sobreposição de pedras) nem faltas (espaços vazios).

Quaisquer correções devem ser realizadas, com o auxílio de vassourões, antes da compressão da camada.

Espalhada a brita, deve-se proceder à sua compressão com o auxílio do rolo Tandem (ou do rolo de pneus). Trata-se de uma mera acomodação da camada e, assim, o peso do rolo e a quantidade de passadas devem ser controlados para evitar a quebra das pedras.

Para evitar o escorregamento da camada, a compressão precisa ocorrer no sentido longitudinal da rodovia e sempre se iniciando dos bordos para o eixo, no caso de segmentos em tangente, ou do bordo mais baixo para o mais alto, no caso de segmentos em curva.

Concluída a compressão, os excessos de brita devem ser varridos para os bordos, com o cuidado para não desprender as pedras envolvidas pelo ligante asfáltico.

Há ainda no mercado equipamentos capazes de espalhar o ligante e a brita em uma só passada (Fig. 4.32). Nesse caso, as mesmas bandejas controlam as taxas de aplicação de ambos os insumos – pesa-se o conjunto, depois separa-se o ligante da brita (com extrator de ligante), definindo-se suas quantidades.

Fig. 4.32 *Espalhamento simultâneo do ligante e da brita*

No caso de tratamentos superficiais duplos ou triplos, deve-se repetir o mesmo processo para as camadas subsequentes.

Note-se que a penetração do ligante será invertida, posto que a camada lançada inicialmente subirá, por capilaridade, envolvendo completamente a brita – a própria ação do tráfego contribuirá nesse sentido. Assim, o tratamento superficial estará concluído com o espalhamento e a compressão da última camada de brita.

Todavia, é bastante recomendável que se proceda a um novo banho de ligante sobre a última camada de brita. Tal medida visa conferir uma penetração direta e imediata do ligante, evitando, assim, que os primeiros veículos provoquem desprendimentos de pedras ainda não devidamente envolvidas pelo ligante – isso porque a penetração invertida, evidentemente, é mais lenta que a penetração direta.

Atente-se, entretanto, que a penetração invertida ocorrerá com ou sem a penetração direta. Assim, de modo a evitar a ocorrência de exsudação em virtude do excesso de ligante, a taxa de aplicação total – calculada conforme o procedimento descrito na subseção "Determinação das taxas de aplicação do ligante asfáltico" (p. 139) – deve ser mantida, com ou sem o banho suplementar. Para isso, caso se opte pelo banho suplementar, o que é sempre recomendável, deve-se diminuir as taxas de ligante no banho anterior para permitir um "crédito" a ser aplicado ao final do serviço, ou seja, a taxa de ligante da camada final deve ser "recortada" para ser aplicada em dois momentos: antes e depois da camada final de brita.

Nesse caso, normalmente se utilizam, de início, dois terços da quantidade total para a camada (para penetração invertida), deixando-se o terço restante para ser diluído em água e posterior aplicação (para penetração direta).

Caso se empregue o CAP 150-200 em vez do RR-2C, também se pode proceder ao recorte do ligante na última camada, no entanto o processo não será de execução tão simples quanto a propiciada pela emulsão, que pode ser diluída em água.

Atenção especial deve ser dedicada quando o projeto indica TSD para as faixas de rolamento e TSS para os acostamentos, *com a utilização, nestes, da brita da segunda camada*. Nesse caso, deve-se cuidar para que o acostamento receba a taxa de ligante suficiente (indicada para a segunda camada de brita), evitando-se deixá-lo sem o banho da penetração direta caso se resolva diluir o ligante referente à segunda camada das faixas de rolamento em dois banhos.

A sequência normal dos serviços para executar um projeto com essas especificações deve ser:
- aplicar o ligante da primeira camada apenas nas faixas de rolamento;
- espalhar a brita da primeira camada apenas nas faixas de rolamento;
- aplicar parte do ligante da segunda camada em toda a plataforma (incluindo-se os acostamentos);
- espalhar a brita da segunda camada em toda a plataforma;
- aplicar o ligante diluído (complemento da taxa do ligante especificado para a segunda camada) em *toda* a plataforma (inclusive os acostamentos).

Note-se que, se os Engenheiros optassem por não aplicar o banho diluído sobre a brita do acostamento, visando deixá-lo destacado, em cor, das faixas de rolamento, esta não receberia a quantidade de ligante suficiente à sua agregação, de modo que se soltaria precocemente, deixando o acostamento desprovido de revestimento.

Recomenda-se aguardar 24 h da conclusão dos serviços para a liberação do tráfego. Não obstante, deve-se antes proceder a uma sinalização horizontal provisória, em obediência ao art. 88 do Código Brasileiro de Trânsito, Lei nº 9.503/97:

> Art. 88. Nenhuma via pavimentada poderá ser entregue após sua construção, ou reaberta ao trânsito após a realização de obras ou de manutenção, enquanto não estiver devidamente sinalizada, vertical e horizontalmente, de forma a garantir as condições adequadas de segurança na circulação.

Caso se execute o tratamento sem o banho diluído – apenas com a penetração invertida, portanto –, o tráfego pode ser liberado tão logo executada a compressão da última camada de brita, porém, em conformidade com as normas do DNIT, de maneira controlada, posto que haverá uma soltura maior de brita enquanto não se concluir a penetração invertida. Nesse sentido, a norma da Federal Highway Administration (FHWA, 2014) orienta:

> 407.10 Use a pilot car according to Section 635 to limit traffic speeds to 10 miles (15 kilometers) per hour during the first 45 minutes after rolling and to 20 miles (30 kilometers) per hour for the next 24 hours.

4.7.3 Controle tecnológico

Os Engenheiros devem determinar que seja procedido o devido controle tecnológico exigido nas normas técnicas. Tal controle deve se dar em relação tanto aos insumos utilizados (ligante asfáltico e brita) quanto à execução propriamente dita do serviço.

Controle tecnológico dos insumos

Como já visto, o ligante asfáltico utilizado nos tratamentos superficiais pode ser o próprio cimento asfáltico, CAP 150-200, ou uma emulsão, RR-2C.

Se for especificado o uso do CAP 150-200, os Engenheiros devem orientar a equipe de laboratório para que analise e arquive os certificados emitidos pelos fabricantes ou distribuidores do produto, que contêm os resultados dos seguintes ensaios:

- penetração a 25 °C;
- viscosidade Saybolt-Furol a 135 °C;
- viscosidade Saybolt-Furol a diferentes temperaturas, para o estabelecimento da relação viscosidade × temperatura;
- ponto de fulgor;
- ensaio de espuma;
- susceptibilidade térmica, determinada pelos ensaios de penetração e ponto de amolecimento.

Caso seja especificada a utilização do RR-2C, os Engenheiros, de modo análogo, precisam orientar a equipe de laboratório para que analise e arquive os certificados emitidos pelos fabricantes ou distribuidores do produto, os quais contêm os resultados dos seguintes ensaios:

- determinação do resíduo de destilação de emulsões asfálticas;
- peneiramento (DNER-ME 005/94);
- desemulsibilidade;
- carga da partícula (DNIT 156/2011-ME);
- viscosidade Saybolt-Furol a diferentes temperaturas, para o estabelecimento da relação viscosidade × temperatura.

Em atendimento às normas DNIT 146/2012-ES, DNIT 147/2012-ES e DNIT 148/2012-ES, deve haver um certificado para cada carregamento de ligante que chegar à obra, e cada um deles deve trazer a indicação do tipo e da procedência do produto, da quantidade adquirida e da distância de transporte entre o fornecedor e o canteiro de obras.

Além do arquivamento dos certificados trazidos em cada carregamento, deve-se repetir, na obra, os referidos ensaios.

Quanto às britas, devem ser submetidas aos seguintes ensaios, a serem realizados no canteiro de obras ou no laboratório terceirizado para tal fim:

- *Granulometria.* A amostra de brita deve ser coletada em diversos pontos dos montes de estoque. Os Engenheiros devem determinar que o ensaio seja repetido a cada jornada de trabalho e conferir se os resultados atendem à faixa especificada em projeto, conforme as apresentadas nas Tabs. 4.9 a 4.11, estabelecidas nas normas.
  Caso a brita a ser utilizada contenha elevado percentual de finos, pode-se proceder à sua lavagem em obra, devendo-se, entretanto, repetir o ensaio de granulometria após esse processo.
- *Índice de forma.* Deve-se determinar sua repetição para cada 900 m³ de brita e conferir se os resultados são sempre superiores a 0,5.
- *Adesividade* (DNER-ME 078/94). Deve-se determinar sua repetição toda vez que chegar um novo carregamento de ligante asfáltico à obra. É necessário averiguar se não houve qualquer deslocamento, ainda que parcial, da película

Tab. 4.9 Faixas granulométricas dos agregados para TSS

Peneiras		Faixas		Tolerância da faixa de projeto
Malha	mm	A	B	
½"	12,7	100	–	±7
⅜"	9,5	85-100	100	±7
nº 4	4,8	10-30	85-100	±5
nº 10	2,0	0-10	10-40	±5
nº 200	0,074	1-2	0-2	±2

Tab. 4.10 Faixas granulométricas dos agregados para TSD

Peneiras		% passando, em peso			Tolerância da faixa de projeto
Malhas	mm	1ª camada	2ª camada		
		A	B	C	
1"	25,4	100	–	–	±7
¾"	19,0	90-100	–	–	±7
½"	12,7	20-55	100	–	±7
⅜"	9,5	0-15	85-100	100	±7
nº 4	4,8	0-5	10-30	85-100	±5
nº 10	2,0	–	0-10	10-40	±5
nº 200	0,074	0-2	0-2	0-2	±2

Tab. 4.11 Faixas granulométricas dos agregados para TST

Peneiras		% passando, em peso			Tolerância da faixa de projeto
Malhas	mm	A 1ª camada	B 2ª camada	C 3ª camada	
1 ½"	38,1	100	–	–	±7
1"	25,4	90-100	–	–	±7
¾"	19,1	20-55	–	–	±7
½"	12,7	0-15	100	–	±7
⅜"	9,5	0-5	85-100	100	±7
nº 4	4,8	–	10-30	85-100	±5
nº 10	2,0	–	0-10	10-40	±5
nº 200	0,074	0-2	0-2	0-2	±2

asfáltica da brita. Caso tenha ocorrido deslocamento, é preciso determinar, conforme o caso, a rejeição do carregamento de ligante asfáltico, a substituição da pedreira indicada no projeto, ou a utilização de um aditivo melhorador de adesividade (DOPE), opção geralmente mais viável em termos financeiros.

- *Determinação da abrasão Los Angeles.* Deve-se determinar sua repetição para cada 900 m³ de brita e conferir se os resultados são sempre iguais ou inferiores a 40%.
- *Durabilidade.* Os Engenheiros devem determinar sua repetição para cada 900 m³ de brita e conferir se os resultados são sempre inferiores a 12%.

Controle tecnológico da execução dos serviços

Os Engenheiros devem providenciar para que sejam aferidas, a cada 800 m² de pista executada, as taxas efetivas de aplicação do *ligante asfáltico*. Para isso, no momento da aplicação do asfalto, deve-se deixar na pista as bandejas, com pesos e áreas conhecidas. Após a passagem do caminhão espargidor, as bandejas devem ser recolhidas e pesadas.

No caso de utilização do CAP 150-200, a *taxa efetiva de aplicação* será a diferença de massa (peso bruto com o ligante, subtraído da tara da bandeja) dividida pela área da bandeja.

Caso se empregue o RR-2C, as bandejas devem ser pesadas somente após a ruptura do ligante (evaporação de toda a água). A *taxa de aplicação residual* do RR-2C, calculada para cada bandeja, será então a diferença de massa (peso bruto com o ligante, subtraído da tara da bandeja) dividida pela área da bandeja.

Essa taxa residual deve ser dividida pela porcentagem de resíduo do ligante, indicada no ensaio de laboratório constante no certificado emitido pelo fabricante para cada carrada fornecida, de modo a obter-se indiretamente a *taxa efetiva de RR-2C* aplicada no trecho.

Os Engenheiros, ao observarem a execução do tratamento superficial, precisam manter-se atentos para que o caminhão espargidor trafegue em toda a extensão do trecho a uma velocidade constante, de modo a garantir a uniformidade da distribuição do ligante asfáltico. A manutenção da velocidade durante a passagem do caminhão pelas bandejas é, por conseguinte, de fundamental importância para a consistência dos resultados do ensaio.

Além disso, conforme já comentado nas seções referentes à imprimação e à pintura de ligação, recomenda-se deixar bandejas em linhas diversas no sentido longitudinal, de modo a controlar o jateamento de uma maior quantidade de bicos de espargimento e, por conseguinte, também a uniformidade da distribuição transversal do ligante.

A norma menciona, para a aceitação do serviço, a tolerância de 0,20 L/m², para mais ou para menos, em relação à taxa de aplicação determinada para a obra, contorme o procedimento descrito na subseção "Determinação das taxas de aplicação do ligante asfáltico" (p. 139). Como a densidade dos ligantes asfálticos é bem próxima de 1,0 kg/dm³, o Engenheiro pode considerar a medida do peso (em kg) igual à do volume (em dm³ ou L).

Assim, em sede de avaliação estatística, deve-se sucessivamente somar e subtrair a média aritmética dos resultados individuais ($\overline{X}$) do produto da constante k

pelo desvio padrão (s) da amostra, testando então cada resultado com os respectivos limites superior e inferior da taxa efetiva de RR-2C especificada (T).

$$\text{Resultado do controle superior} = \overline{X} + k \cdot s$$

$$\text{Resultado do controle inferior} = \overline{X} - k \cdot s$$

Assim, em conformidade com os conceitos e os comentários já tecidos na seção 4.5.3, tem-se que o lote deve ser aprovado quando, cumulativamente:

$$\overline{X} + k \cdot s \leq T + 0,2$$
$$\overline{X} - k \cdot s \geq T - 0,2$$

Caso uma dessas inequações não seja verdadeira, a orientação é pela rejeição, seja porque a própria média dos resultados se apresenta fora do padrão, seja porque o tamanho da amostra e os resultados individuais não proporcionam segurança estatística suficiente para garantir que o trecho analisado atende ao mínimo requerido em norma.

Se for constatado que a taxa de ligante foi superior à especificada, acima do limite de tolerância, os Engenheiros precisam aguardar o tempo para que se inicie o processo de exsudação e, quando isso ocorrer, devem orientar para que o excesso de asfalto seja enxugado. Para tanto, deve-se providenciar o espalhamento de areia ou pó de pedra no local, que absorverão o excesso de ligante, incorporando-se ao revestimento – o excesso de areia será naturalmente expurgado com o tráfego. O material espalhado deverá ser levemente compactado com o auxílio de rolo do tipo Tandem.

Quanto às taxas de espalhamento das britas, elas devem ser controladas, de modo análogo, também com a colocação de bandejas no trecho a ser executado. Vale também a recomendação para as várias linhas no sentido longitudinal, de modo a melhor controlar a uniformidade da distribuição transversal.

Como o *spreader* requer uma contínua atenção do operador quanto à regulagem da abertura para o caimento da brita – o que acaba fazendo com que essa distribuição não seja tão uniforme quanto a do ligante asfáltico –, a norma exige um controle mais rigoroso e, assim, as bandejas devem ser deixadas a cada 600 m² de pista.

A norma menciona, para a aceitação do serviço, a tolerância de 1,5 kg/m², para mais ou para menos, em relação à taxa de aplicação determinada para a obra, conforme o procedimento descrito na subseção "Determinação das taxas de espalhamento das britas" (p. 138).

Dessa maneira, em sede de avaliação estatística, deve-se sucessivamente somar e subtrair a média aritmética dos resultados individuais ($\overline{X}$) do produto da constante k pelo desvio padrão (s) da amostra, testando então cada resultado com os respectivos limites superior e inferior da taxa efetiva de brita especificada (T).

$$\text{Resultado do controle superior} = \overline{X} + k \cdot s$$

$$\text{Resultado do controle inferior} = \overline{X} - k \cdot s$$

Assim, em conformidade com os conceitos e os comentários já tecidos na seção 4.5.3, tem-se que o lote deve ser aprovado quando, cumulativamente:

$$\overline{X} + k \cdot s \leq T + 1,5$$
$$\overline{X} - k \cdot s \geq T - 1,5$$

Caso uma dessas inequações não seja verdadeira, a orientação é pela rejeição, seja porque a própria média dos resultados se apresenta fora do padrão, seja porque o tamanho da amostra e os resultados individuais não proporcionam segurança estatística suficiente para garantir que o trecho analisado atende ao mínimo requerido em norma.

> **Atenção:** O controle tecnológico serve não apenas para conferir a qualidade dos serviços, mas também como parâmetro para a medição dos itens de planilha referentes à aquisição e ao transporte do ligante asfáltico e da brita. Nesse caso, deve-se considerar as taxas médias obtidas no controle tecnológico, limitadas àquelas determinadas em projeto.

4.7.4 Controle geométrico

Quanto ao alinhamento, o Engenheiro Fiscal deve conferir por amostragem, à trena, se as larguras executadas não divergem mais que 5 cm das especificadas em projeto.

Já em relação ao acabamento da superfície, o Fiscal deve utilizar duas réguas de alumínio, com comprimentos de 3,00 m e 1,20 m. Colocando-se essas réguas em ângulo reto, sendo uma delas paralela ao eixo da rodovia, em qualquer ponto da pista, não se pode admitir variação da superfície entre dois pontos de contato, de qualquer uma das réguas, superior a 0,5 cm (Fig. 4.33).

Ora, como os tratamentos superficiais não conseguem corrigir imperfeições de regularidade eventualmente existentes na camada inferior, é altamente recomendável, nesses casos, o uso de motoniveladoras com capacidade de leitura de referencial de nível externo e ajuste automatizado da lâmina para a execução da camada de base.

Fig. 4.33 *Verificação do acabamento da superfície do tratamento*

4.7.5 Critérios de medição

Se o edital de licitação não dispuser em sentido contrário, os quantitativos devem ser apropriados em metros quadrados, devendo ser consideradas as áreas efetivamente aplicadas, limitadas às seções de projeto.

É comum remunerar em item específico de planilha o momento de transporte (em t · km) das britas a serem utilizadas. Para tanto, o Engenheiro Fiscal deve tomar a distância entre a pedreira fornecedora e cada trecho a ser executado, multiplicando esse valor pela quantidade (em t) das britas.

A quantidade de brita a ser usada, no entanto, é limitada por dois fatores:

- a taxa ideal de espalhamento, determinada com o auxílio de uma caixa dosadora, conforme os procedimentos comentados na subseção "Determinação das taxas de espalhamento das britas" (p. 138);
- a taxa efetiva de aplicação, auferida no controle tecnológico (ver comentários da subseção "Controle tecnológico da execução dos serviços", p. 144).

Portanto, deve-se considerar, para efeito de medição, o menor desses valores.

A aquisição e o transporte dos ligantes asfálticos devem ser apropriados em itens específicos de planilha.

4.8 Concreto asfáltico usinado a quente

O CBUQ é a tradicional sigla para concreto betuminoso usinado a quente, mais recentemente referido como concreto asfáltico usinado a quente (CAUQ).

Trata-se, portanto, de um concreto preparado em usina utilizando-se como ligante o cimento asfáltico de petróleo (CAP). Os insumos – CAP, brita, areia e *filler* – são misturados na temperatura definida em projeto, que é aquela que possibilita ao CAP adotado uma viscosidade entre 75 e 95 segundos, medida no Saybolt-Furol, não podendo ultrapassar os 177 °C.

O CAUQ, por ser uma massa asfáltica, além de servir como camada de revestimento, tem função estrutural no pavimento, absorvendo a carga resultante do tráfego e transferindo-a, de modo mais distribuído, para as camadas inferiores. Por essa razão, é sempre recomendável em rodovias projetadas para um tráfego de número $N > 1 \times 10^6$.

Por ter função estrutural e, portanto, compor os cálculos de dimensionamento dos pavimentos, muitas vezes o CAUQ é especificado em elevadas espessuras, visando viabilizar pavimentos para tráfego pesado. Nesses casos, como não é recomendável compactar espessuras superiores a 7 cm, os projetos costumam especificar mais de uma camada de CAUQ, sendo a primeira de função meramente estrutural (camada de ligação) e a segunda com função estrutural e de revestimento (camada de rolamento).

A camada de ligação Binder deve ser um CAUQ de textura mais aberta, para possibilitar uma melhor aderência com a camada seguinte. Por sua vez, a camada de rolamento, até por acumular a função de revestimento, precisa ter uma textura mais fechada (mais fina), permitindo um melhor acabamento e propiciando maior conforto aos usuários. Ressalte-se que, entre duas camadas de CAUQ, deve sempre haver uma pintura de ligação.

O CAUQ é também bastante recomendável para o revestimento de vias urbanas, independentemente do volume de tráfego, uma vez que requer menores cuidados com a conservação e apresenta uma vida útil muito maior, se comparado com soluções em tratamento superficial, por exemplo. Além disso, oferece maior conforto aos usuários, com menos vibração e menor nível de ruído.

A norma técnica que regulamenta os serviços é a DNIT 031/2006-ES. No caso de asfalto com polímero, deve-se seguir as orientações da norma DNER-ES 385/99.

Na fiscalização dos trabalhos, os Engenheiros devem observar, em especial, os seguintes pontos:

- traço da mistura;
- espessura do revestimento;
- CAUQ aplicado sobre pavimento de paralelepípedos;
- procedimentos básicos de execução;
- controle tecnológico;
- verificação do produto.

4.8.1 Traço da mistura

Como qualquer concreto, o CAUQ deve ter seu traço previamente estudado em laboratório, utilizando-se amostras dos mesmos insumos que serão empregados na obra.

O traço, portanto, precisa ser elaborado em momento próximo ao início dos serviços, e necessita ser refeito sempre que ocorrerem mudanças de fornecedores ou quando as características dos insumos se alterarem substancialmente. Em todo caso, os Engenheiros devem monitorar diariamente as características desses insumos e realizar pequenos ajustes sempre que detectarem eventuais alterações de granulometria capazes de tirar a mistura da faixa de projeto.

Em atendimento à já citada norma do DNIT, o projeto deve então definir:

- O tipo de cimento asfáltico a ser utilizado – CAP 30-45, CAP 50-70 ou CAP 85-100.
- A origem do agregado graúdo (brita), que deve ser a pedreira mais próxima da obra capaz de fornecer brita na quantidade requerida e com as seguintes características:
  ▸ desgaste Los Angeles igual ou inferior a 50%;
  ▸ índice de forma superior a 0,5;
  ▸ durabilidade, perda inferior a 12%.
- A origem do agregado miúdo (areal), que deve ser o local mais próximo da obra no qual o material possua equivalente de areia igual ou superior a 55%.
- A utilização do material de enchimento (filler) – materiais minerais finamente divididos, tais como cimento Portland, cal extinta, pós-calcários, cinza volante etc., de acordo com a norma DNER-EM 367/97.
- A adesividade entre o ligante e os agregados, que precisa ser testada. Caso não seja satisfatória, deve-se prever a utilização de aditivo melhorador de adesividade (DOPE).
- A faixa granulométrica da mistura, determinada entre as apresentadas na Tab. 4.12.
- A porcentagem de cimento asfáltico na mistura, que, em regra, não deve ser inferior a 4%.
- O percentual de vazios do agregado mineral (VAM), que deve atender aos limites indicados na Tab. 4.13.
- As demais características da mistura, que devem obedecer aos parâmetros apresentados na Tab. 4.14.
- A fluência, que se recomenda que não seja inferior a 2 mm nem superior a 4,5 mm.

Antes, portanto, de autorizarem a usinagem de qualquer traço, seja ele de projeto ou proveniente de adaptações no decorrer da obra, os Engenheiros precisam conferir se foram especificados e obedecidos todos os critérios citados, dedicando especial atenção aos seguintes pontos:

Tab. 4.12 Faixas granulométricas para CAUQ

Peneira de malha quadrada		% passando, em massa			
Série ASTM	Abertura (mm)	A	B	C	Tolerâncias
2"	50,8	100	–	–	–
1 ½"	38,1	95-100	100	–	±7%
1"	25,4	75-100	95-100	–	±7%
¾"	19,1	60-90	80-100	100	±7%
½"	12,7	–	–	80-100	±7%
⅜"	9,5	35-65	45-80	70-90	±7%
nº 4	4,8	25-50	28-60	44-72	±5%
nº 10	2,0	20-40	20-45	22-50	±5%
nº 40	0,42	10-30	10-32	8-26	±5%
nº 80	0,18	5-20	8-20	4-16	±3%
nº 200	0,075	1-8	3-8	2-10	±2%
Asfalto solúvel no CS2 (+) (%)		4,0-7,0 Camada de ligação (Binder)	4,5-7,5 Camada de ligação e rolamento	4,5-9,0 Camada de rolamento	±0,3%

Tab. 4.13 Limites para vazios do agregado mineral (VAM)

Tamanho nominal máximo do agregado		VAM mínimo (%)
#	mm	
1 ½"	38,1	13
1"	25,4	14
¾"	19,1	15
½"	12,7	16
⅜"	9,5	18

Tab. 4.14 Características do CAUQ

Características	Método de ensaio	Camada de rolamento	Camada de ligação (Binder)
Porcentagem de vazios	DNER-ME 043/95	3 a 5	4 a 6
Relação betume/ vazios	DNER-ME 043/95	75-82	65-72
Estabilidade mínima (kgf) (75 golpes)	DNER-ME 043/95	500	500
Resistência à tração por compressão diametral estática a 25 °C, mínima (MPa)	DNIT 136/2010-ME	0,65	0,65

- De posse das granulometrias de cada agregado disponível na região da obra e da faixa na qual se pretende executar o concreto asfáltico (A, B ou C), o especialista determinará a curva granulométrica da mistura e, a partir desta, especificará a chamada faixa de projeto, que se estende entre as linhas de limite inferior e superior da tolerância de norma para os percentuais que passam em cada peneira do controle. Esses limites, conforme demonstrado na Tab. 4.12, variam de 2%, na peneira nº 200, a 7%, nas peneiras de malhas iguais ou superiores a 3/8". Perceba-se, entretanto, que essas tolerâncias jamais podem ultrapassar, em qualquer malha, os limites da própria faixa de norma (A, B ou C, conforme o projeto). Assim, recomenda-se que a curva granulométrica estudada não se situe próxima aos limites da faixa de norma, pois, em caso contrário, a faixa de projeto será mais estreita, diminuindo a flexibilidade, em obra, quanto ao recebimento dos agregados, uma vez que pequenas variações de granulometria destes já poderão comprometer o suficiente a granulometria da mistura para tirá-la da faixa de projeto.

- O teor de ligante ótimo da mistura é bastante sensível à granulometria desta – em regra, quanto mais fina for a massa asfáltica, maior será o teor de ligante. Desse modo, o percentual de CAP calculado no traço só tem eficácia se a granulometria da mistura usinada permanecer dentro dos limites da faixa de projeto.

  Assim, os Engenheiros precisam eventualmente calcular pequenos ajustes nos consumos de cada agregado para a mistura a ser usinada no dia, caso percebam que suas granulometrias no estoque estejam diferentes o suficiente das estudadas no traço para que a massa asfáltica saia da faixa de projeto.

  Cálculos semelhantes também podem ser feitos a partir das granulometrias nos silos quentes da usina de asfalto, para a regulagem diária desta.

- Os indicadores "porcentagem de vazios", "relação betume/vazios (RBV)" e "VAM" são calculados a partir da referência da densidade máxima teórica (DMT) do concreto asfáltico. Sendo assim, essa DMT precisa ser recalculada para todas as amostras coletadas ao longo da obra.

  Sugere-se, portanto, que o especialista que elaborará o traço indique também qual a densidade máxima medida (DMM) do concreto asfáltico, calculada por intermédio do Rice Test, e, por conseguinte, quais os parâmetros de vazios calculados a partir dessa referência. Isso facilita o trabalho de laboratório no dia a dia da obra, uma vez que é mais rápido realizar um Rice Test (DMM) que os diversos ensaios necessários para calcular a DMT.

- A estabilidade representa a resistência do concreto asfáltico aos esforços de compressão transmitidos pelas cargas do tráfego. Assim, em regra, quanto maior, melhor. No entanto, deve-se sempre observar o comportamento da fluência para que sejam evitadas misturas muito rígidas e consequentemente quebradiças. Não obstante, o parâmetro mínimo estabelecido na norma do DNIT, 500 kgf, normalmente se mostra bastante conservador, de sorte que muitas vezes se conseguem bons traços com especificações de estabilidades superiores a 1.000 kgf.

- As densidades determinadas como referência no traço – tanto a máxima aparente quanto a máxima teórica ou a máxima medida – são sensíveis às granulometrias, aos índices de forma e às densidades reais de cada agregado.

  Assim, se com o decorrer do tempo os agregados forem variando essas características, o traço deve ser refeito, sob pena de os parâmetros de referência não guardarem mais relação com a realidade.

4.8.2 Espessura do revestimento

Os Engenheiros devem cuidar para que a espessura da camada seja superior a, no mínimo, 1,5 vez o diâmetro máximo do agregado a ser utilizado. Tal exigência é de rigor absoluto, de modo que, se o Projetista assim não previu, o Engenheiro Fiscal precisa notificá-lo para que promova os ajustes devidos.

Isso acontece porque o agregado graúdo precisa ser envolvido por uma espessura mínima de argamassa para que não se desprenda da mistura com a ação do tráfego. Se isso ocorrer, fatalmente originará uma panela no local.

Ora, levando-se em consideração as faixas granulométricas da mistura, estabelecidas na norma DNIT 031/2006-ES, tem-se que, mesmo utilizando a faixa C (diâmetro máximo de 19,1 mm), não se pode cogitar a execução de camadas convencionais de CAUQ com menos de 3 cm.

Recomenda-se ainda que espessuras muito próximas ao limite mínimo sejam evitadas, posto que qualquer imperfeição de nivelamento na camada anterior (base ou Binder) pode ocasionar trechos com espessura abaixo da mínima de segurança, com a formação de panelas nesses locais. Caso isso não seja possível, recomenda-se, para a execução da camada de base, o uso de motoniveladoras com capacidade de leitura de referencial de nível externo e ajuste automatizado da lâmina.

4.8.3 CAUQ aplicado sobre pavimento de paralelepípedos

Vias revestidas com CAUQ sem dúvida oferecem maior conforto ao usuário, se comparadas com outras de paralelepípedos, devido à esperada redução de vibrações e ruídos.

Todavia, antes de se decidir pela cobertura com CAUQ de vias já pavimentadas com paralelepípedos, é preciso ter preliminarmente em mente, sobretudo quando essa análise recai sobre vias locais e de baixo tráfego, as vantagens desse pavimento, que são, entre outras:

- alta resistência (capacidade de suporte);
- durabilidade;
- resistência à exposição a água, óleo etc.;
- baixos custos de manutenção;
- baixos custos de restauração;
- maior quantidade de empresas habilitadas para restauração;
- reduzido impacto ambiental em sua produção.

Em se decidindo pela cobertura dos paralelepípedos com concreto asfáltico, os Engenheiros precisam redobrar sua atenção, dadas as peculiaridades dos procedimentos preliminares.

A primeira providência, nesses casos, é verificar se os paralelepípedos estão perfeitamente acomodados e inertes, ou seja, se não estão se movendo com a passagem do tráfego. Se esse cuidado não for tomado, qualquer movimento de uma pedra de paralelepípedo se refletirá na forma de uma trinca na camada superior de CAUQ.

Assim, antes de autorizar o início do revestimento, recomenda-se que os Engenheiros orientem a passagem de um rolo de pneus sobre o pavimento de paralelepípedos e verifiquem se há a movimentação de alguma pedra. Em caso positivo, ela deve ser removida e reassentada de maneira adequada.

Caso seja impossível a passagem de um rolo de pneus, recomenda-se a utilização de um caminhão de dois eixos, carregado (para elevar o peso).

A segunda providência é a verificação do nivelamento da camada de paralelepípedos. Se a superfície estiver muito irregular, poderá comprometer a espessura mínima projetada. Dessa maneira, conforme o caso, os Engenheiros deverão optar entre as seguintes alternativas:

- corrigir localmente as irregularidades;
- nivelar a vibroacabadora pelas cotas mais altas da camada de paralelepípedos, visando garantir, no mínimo, a espessura indicada no projeto;
- executar uma camada de regularização (com Binder). Os quantitativos dessa camada precisam ser apropriados em toneladas, pesando-se os caminhões basculantes, e deve-se também controlar a espessura média efetivamente executada.

4.8.4 Procedimentos básicos de execução

Para executar uma camada de CAUQ, é necessário que a empreiteira disponha, no mínimo, dos seguintes equipamentos:

- *Usina para misturas asfálticas a quente*: pode ser do tipo fixa ou móvel (Figs. 4.34 e 4.35). Ela deve permitir a dosagem dos insumos por peso e possuir termômetros para o controle das temperaturas do ligante asfáltico (precisão de 1 °C) e dos agregados (precisão de 5 °C).

Em que pese a norma do DNIT não fazer restrição específica, para uma maior precisão no processo de dosagem dos insumos é recomendável a utilização de usinas gravimétricas.

Fig. 4.34 *Usina fixa de asfalto*

Fig. 4.35 *Usina móvel de asfalto*

- *Vibroacabadora de asfalto*: equipamento automotriz que recebe o CAUQ basculado dos caminhões, deixando-o uniformemente espalhado e nivelado na cota para a compactação (Fig. 4.36).

De modo a obter um menor índice de irregularidade de superfície, recomenda-se a utilização de vibroacabadoras que disponham de dispositivos de regulagem automatizada da mesa, por leitura de linha de *laser* ou cabo, como a apresentada na Fig. 4.37.

Fig. 4.36 *Vibroacabadora de asfalto*

Fig. 4.37 *Vibroacabadora com dispositivo de automação*

Fig. 4.38 *Rolo Tandem*
Fonte: cortesia da Eng.ª Cristiane Subtil de Oliveira.

Fig. 4.39 *Rolo de pneus*

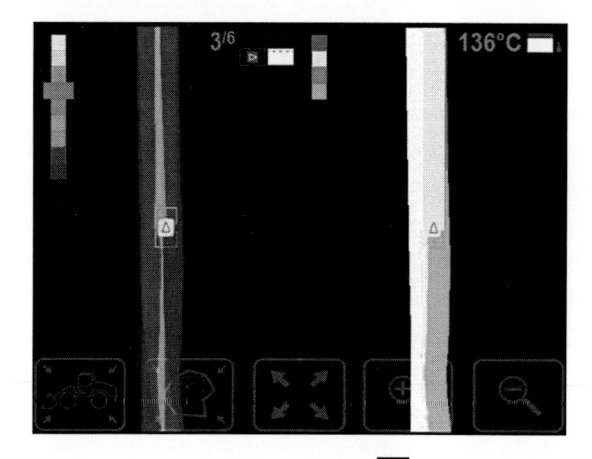

Fig. 4.40 *Tela do dispositivo no rolo*

- Rolo metálico liso: vibratório ou do tipo Tandem (Fig. 4.38), que proporciona boa eficiência, garantida pela compactação de dois tambores em uma só passada.
- Rolos de pneus (Fig. 4.39): é recomendável que possuam dispositivos de automação dos trabalhos, capazes de detectar a temperatura da superfície da pista, contar quantidade de passes em cada ponto e gerar gráficos para o gerenciamento dos serviços (Figs. 4.40 e 4.41).

Além disso, recomenda-se a utilização de produtos químicos especificamente produzidos para a lubrificação dos pneus de rolos, com o intuito de evitar a aderência deles com a massa asfáltica e prolongar sua vida útil. Esses produtos devem ser pulverizados nos pneus, preferencialmente por dispositivos próprios instalados nos rolos (Fig. 4.42).

- *Caminhões basculantes*: em caso de obras cujo tempo de transporte da mistura usinada até a pista seja elevado a ponto de baixar sua tempe-

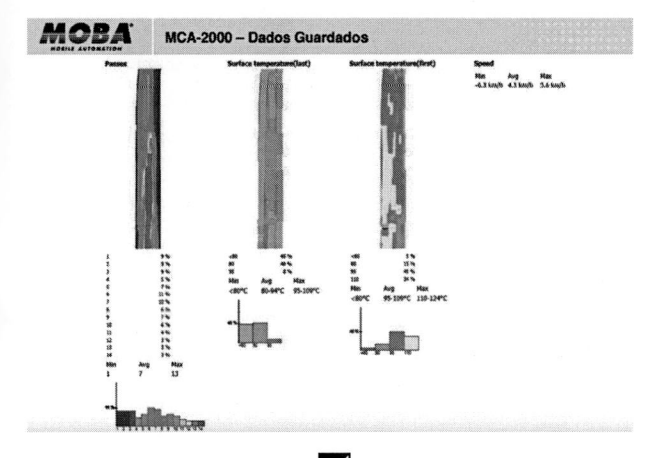

Fig. 4.41 *Gráficos gerados* ◪

Fig. 4.42 *Pulverização automatizada dos pneus do rolo*

ratura a níveis inadequados para a compactação, recomenda-se a utilização de caminhões com caçambas térmicas.

A camada de CAUQ deve ser aplicada sobre a imprimação ou a pintura de ligação. Caso a imprimação tenha sido executada há mais de sete dias, recomenda-se que os Engenheiros, visando conferir um "reforço de aderência", determinem a execução de uma pintura de ligação. Tal serviço deve ser realizado, em regra, sem ônus ao Estado, uma vez que cabe à empreiteira viabilizar todas as condições para que a obra seja executada sem interrupções.

Recomenda-se que os Engenheiros inspecionem pessoalmente as instalações da usina, fixa ou móvel, responsável pelo fornecimento da massa asfáltica. Precisam certificar-se de que todos os equipamentos estão funcionando perfeitamente, observando, em especial, as condições de controle das temperaturas de usinagem e se o traço que foi passado aos operadores corresponde ao indicado em projeto.

Eles precisam também observar os insumos que serão utilizados – se o tipo de CAP disponível corresponde ao indicado em projeto e se os agregados, nos silos frios e nos estoques, possuem todos os requisitos exigidos em norma, conforme já comentado na seção 4.8.1.

É importante ainda verificar se as granulometrias, as densidades reais e os índices de forma dos agregados são compatíveis com aqueles identificados ao tempo da elaboração do traço da mistura. Em caso contrário, sugere-se a elaboração de um novo traço compatível com os agregados disponíveis no momento.

Recomenda-se que os Engenheiros inspecionem as condições da usina para a coleta de amostras dos agregados diretamente nos silos quentes, para a realização diária dos ensaios de granulometria exigidos em norma.

Ainda nessa inspeção, devem alertar os responsáveis pela produção de que os agregados precisam ser aquecidos de 10 °C a 15 °C acima da temperatura indicada em projeto para o ligante (CAP), sem que se ultrapasse o limite de 177 °C. A temperatura de usinagem deve ser a indicada junto com o traço da massa asfáltica e corresponde àquela em que o CAP especificado atinge uma viscosidade preferencialmente entre 75 e 95 segundos.

Antes do início da execução dos serviços, recomenda-se que os Engenheiros inspecionem os equipamentos que serão utilizados. Isso porque o CAUQ, sob pena de insucesso, deve ser compactado enquanto ainda está na temperatura de trabalhabilidade. Assim, os equipamentos devem se encontrar em perfeito estado para que possam executar, sem contratempos, todas as operações.

A temperatura de compactação, mais precisamente, deve ser a indicada junto com o traço da massa asfáltica e corresponde àquela em que o CAP atinge uma viscosidade (Saybolt-Furol) entre 125 e 155 segundos. Compactar massa asfáltica em temperatura abaixo da indicada pode ocasionar a diminuição da resistência à tração e a consequente diminuição do tempo de vida útil da obra, por fadiga da massa. Além disso, provavelmente essa situação resultaria em elevação do percentual de vazios, que também contribuiria para a diminuição do tempo de vida útil da obra. Por outro lado, executar misturas a temperaturas acima da indicada prejudica a compactação, dificultando o atingimento do grau de compactação adequado e ocasionando, muitas vezes, micrométricos desníveis longitudinais que marcam os passes dos rolos.

Visando manter a temperatura da massa asfáltica usinada, os caminhões basculantes que farão o transporte devem ser dotados de lonas.

É recomendável que haja ao menos dois rolos de pneus disponíveis, sendo o primeiro responsável apenas pelo início imediato do adensamento da massa recém-espalhada. Isso porque, caso a temperatura do CAUQ esfrie antes de a compactação ser concluída, a densidade de projeto jamais será atingida. Note-se que a tolerância quanto ao grau de compactação é de até 3% para menos e 1% para mais, ou seja, a densidade compactada deve estar entre 97% e 101% da especificada no traço.

Os pneus do rolo precisam ser constantemente lubrificados, no entanto os Engenheiros devem orientar para que não seja utilizado o óleo diesel, posto que esse produto, ainda que em pequena quantidade, reage com a massa asfáltica, modificando suas características. Conforme já comentado, recomenda-se o uso de produtos químicos especificamente produzidos para a lubrificação dos pneus de rolos, de modo a evitar a aderência destes com a massa asfáltica e prolongar sua vida útil.

Pela mesma razão, a vibroacabadora e os demais equipamentos precisam ser inspecionados quanto a vazamentos de óleo.

Ainda antes da liberação da execução, o Engenheiro Fiscal deve se certificar da presença, no local, da equipe de laboratório que acompanhará os serviços.

A temperatura do CAUQ deve ser aferida ainda em cima do caminhão e após a passagem pela vibroacabadora (Fig. 4.43).

Fig. 4.43 *Aferição da temperatura do CAUQ*

Durante a execução, qualquer carrada de material que chegue a campo em temperatura inferior à indicada em projeto (para amassamento) deve ser prontamente descartada antes de basculada.

Após o espalhamento do material pela vibroacabadora, deve-se verificar, por amostragem, a espessura da camada. Para isso, utiliza-se uma haste de gabarito cuja ponta penetra na camada espalhada e cujo anel deve ficar nivelado com a superfície, conforme mostrado na Fig. 4.44. Note-se que a espessura inspecionada é a de espalhamento, que deve ser, portanto, superior à compactada (projeto).

Para saber exatamente em que espessura deve ser espalhada a massa asfáltica (E_e) para que se garanta a camada

Fig. 4.44 *Controle da espessura de espalhamento do CAUQ*

final na espessura especificada, o Engenheiro Executor deve tomar a espessura compactada (E_c) e as densidades da massa asfáltica espalhada (D_e) e compactada (D_c).

A densidade do material espalhado (D_e) pode ser obtida deixando-se anéis de aço na pista, com diâmetros e alturas determinados com precisão, a serem coletados logo após a passagem da vibroacabadora. Ainda na pista, os anéis devem ser "rasados", de modo a coletar-se em bandejas tão somente a massa asfáltica no interior deles. A densidade D_e será, então, o quociente do peso do material coletado pelo volume do respectivo anel de aço.

Por sua vez, a densidade da massa asfáltica compactada (D_c) é a indicada em seu próprio traço – densidade máxima aparente, determinada com os corpos de prova produzidos para a realização do ensaio Marshall.

Assim, tem-se que, numa determinada área de pista:

Peso do material espalhado = Peso do material compactado

Logo:

Volume espalhado · D_e = Volume compactado · D_c

$$(\text{Área} \cdot E_e) \cdot D_e = (\text{Área} \cdot E_c) \cdot D_c$$

$$E_e = E_c \cdot \frac{D_c}{D_e}$$

Portanto, conforme essa equação, a espessura na qual deve ser espalhado o material (E_e) relaciona-se com a espessura final após a compactação (E_c), na exata proporção da razão de suas densidades (compactada e espalhada).

Especial atenção deve ser tomada nos locais de emenda das faixas de trabalho (longitudinais e transversais), de modo a garantir a existência de ângulos retos nesses pontos, fundamentais para a perfeita aderência e acabamento final. Esses ângulos podem ser obtidos com a passagem de serra de corte nas juntas, porém o procedimento mais eficiente e de menor custo consiste na utilização de formas metálicas como limitadoras do espalhamento da massa asfáltica durante sua execução, conforme mostrado nas Figs. 4.45 a 4.47.

Fig. 4.45 *Forma metálica para CAUQ*

Fig. 4.46 *CAUQ com forma*

Fig. 4.47 *Emenda com ângulo reto*

Qualquer incorreção na distribuição de material deixada pela vibroacabadora deverá ser prontamente retificada manualmente. Caso isso ocorra com muita frequência, o Engenheiro Fiscal deve determinar a paralisação dos serviços até que o problema seja solucionado, uma vez que a correção manual invariavelmente deixa a superfície com textura mais aberta, pois há a segregação dos agregados – a mistura perde a homogeneidade ao ser lançada de uma pá.

Para evitar o escorregamento do material, a compactação deve sempre iniciar-se dos bordos para o eixo, nos trechos em tangente, e do bordo mais baixo para o mais elevado, nos trechos em curva. A norma DNIT 031/2006- -ES recomenda que, em cada passada, o rolo recubra em 50% a passada anterior.

Após a compactação da camada, o tráfego pode ser liberado tão logo se dê o esfriamento da massa asfáltica.

4.8.5 Controle tecnológico

A norma DNIT 031/2006-ES especifica o controle tecnológico a ser realizado em três momentos:

- controle sobre os insumos a serem utilizados;
- controle sobre a massa asfáltica usinada;
- controle sobre a execução da massa asfáltica.

Controle sobre os insumos a serem utilizados

O CAP e os agregados que serão usinados, por força de norma, precisam ser controlados conforme a rotina a seguir.

Quanto ao CAP, os Engenheiros devem orientar a equipe de laboratório para que analise e arquive os certificados emitidos pelos fabricantes ou distribuidores do produto, que contêm os resultados dos seguintes ensaios:

- penetração a 25 °C;
- viscosidade Saybolt-Furol a 135 °C;
- viscosidade Saybolt-Furol a diferentes temperaturas, para o estabelecimento da relação viscosidade × temperatura;
- ponto de fulgor;
- ensaio de espuma;
- susceptibilidade térmica, determinada pelos ensaios de penetração e ponto de amolecimento.

Além do arquivamento dos certificados trazidos em cada carregamento, deve-se repetir, na obra, os referidos ensaios.

Já os agregados a serem utilizados devem ser submetidos aos seguintes ensaios, a serem realizados no canteiro de obras ou no laboratório terceirizado para tal fim:

- Dois ensaios de granulometria do agregado, de cada silo quente, por jornada de 8 h de trabalho.

- Um ensaio de equivalente de areia do agregado miúdo, por jornada de 8 h de trabalho.
- Um ensaio de granulometria do material de enchimento (*filler*), por jornada de 8 h de trabalho.
- *Índice de forma.* Deve-se determinar sua repetição para cada 900 m³ de brita e conferir se os resultados são sempre superiores a 0,5.
- *Adesividade (DNER-ME 078/94).* Deve-se determinar sua repetição na mesma frequência do ensaio de índice de forma. Os Engenheiros precisam averiguar se não houve qualquer deslocamento, ainda que parcial, da película asfáltica da brita. Caso tenha ocorrido deslocamento, devem determinar, conforme o caso, a rejeição do carregamento de ligante asfático, a substituição da pedreira indicada no projeto, ou a utilização de um aditivo melhorador de adesividade.
- *Determinação da abrasão Los Angeles.* Precisa ser repetido para cada 900 m³ de brita. Exige-se que os resultados sejam sempre iguais ou inferiores a 50%.

Conforme já discutido na seção referente ao traço da mistura, o teor de ligante ótimo da mistura é bastante sensível à granulometria desta – em regra, quanto mais fina for a massa asfáltica, maior será o teor de ligante. Desse modo, o percentual de CAP calculado no traço só tem eficácia se a granulometria da mistura usinada permanecer dentro dos limites da faixa de projeto.

Assim, os Engenheiros precisam eventualmente calcular pequenos ajustes nos consumos de cada agregado para a mistura a ser usinada no dia, caso percebam que suas granulometrias no estoque estejam diferentes o suficiente das estudadas no traço para que a massa asfáltica saia da faixa de projeto.

Cálculos semelhantes também devem ser feitos a partir das granulometrias nos silos quentes da usina de asfalto, para a regulagem diária desta.

Além disso, os próprios parâmetros de qualidade trazidos no traço da mistura somente são válidos como referência para a aceitação ou a rejeição dos serviços enquanto os agregados efetivamente utilizados mantiverem as mesmas características daqueles estudados ao tempo da elaboração do traço, mormente no que se refere a granulometrias, densidades reais e índices de forma. Em caso de alterações significativas, os Engenheiros precisam providenciar a substituição do traço.

Controle sobre a massa asfáltica usinada

Os Engenheiros devem inicialmente determinar o controle da temperatura:

- do agregado, no silo quente da usina;
- do ligante, na usina;
- da mistura, no momento da saída do misturador.

A tolerância deve ser de apenas 5 °C, para mais ou para menos, em relação às temperaturas especificadas em projeto.

Além disso, com o material coletado logo após o espalhamento pela vibroacabadora, e para cada 700 m² de pista, deve-se realizar os seguintes ensaios:

- *Porcentagem de ligante na mistura.* A tolerância máxima é de 0,3%, para mais ou para menos.
- *Granulometria.* A mistura deve se enquadrar dentro da faixa especificada em projeto, conforme as tolerâncias mencionadas na Tab. 4.12.
- *Três ensaios Marshall a cada dia de trabalho.* Os resultados devem ser comparados com os parâmetros especificados no traço.
- *Três ensaios de resistência à tração por compressão diametral a cada dia de trabalho.* Os resultados devem ser comparados com os parâmetros especificados no traço.

Quanto à extração do teor de ligante, sugere-se que seja utilizado o método mais preciso possível. Assim, em vez de usar rotarex – equipamento que funciona como centrífuga, separando o CAP do agregado por meio de sucessivos banhos do conjunto com solvente apropriado (tricloroetileno ou percloroetileno) –, recomenda-se a adoção de soxhlet, que evita a perda de finos durante o processo, ou ainda, preferencialmente, de forno NCAT (sigla de National Center for Asphalt Technology).

O forno NCAT, ilustrado na Fig. 4.48, separa o ligante dos agregados por intermédio de altas temperaturas, que evaporam o CAP, ao passo que uma balança interna do equipamento detecta a perda de peso até sua constância. Assim, esse equipamento não só evita a perda dos finos – eventuais perdas de finos por temperatura, além de raras, podem ser automaticamente corrigidas, se detectadas com testes prévios – como também confere automação ao processo (liberando o operador durante quase todo o tempo do ensaio) e menor tempo de realização do teste, que o tornam mais eficiente que o soxhlet. A norma técnica que detalha a realização do ensaio com o forno NCAT é a ASTM D 6307-98.

Quanto aos ensaios Marshall e de resistência à tração por compressão diametral, recomenda-se a utilização de prensas eletrônicas, com células de carga e leitura digital, e automáticas – que controlam com precisão a velocidade do ensaio e têm a capacidade de encerrar o teste no exato momento da ruptura do corpo de prova –, uma vez que as prensas manuais não possibilitam exatidão nos resultados, dada a complexidade de operação, que exige giro da manivela em velocidade constante e correspondente com a especificada em norma e atenção para as leituras no exato momento da ruptura.

Controle sobre a execução da massa asfáltica

Por fim, cumpre ao Engenheiro Fiscal determinar a extração de corpos de prova com uma sonda rotativa, devendo, com as amostras coletadas, verificar as espessuras e os graus de compactação obtidos. As tolerâncias serão de 5% em relação às espessuras e de 3% para menos e 1% para mais em relação ao grau de compactação, devendo a densidade em campo situar-se, portanto, na faixa entre 97% e 101% da densidade máxima estabelecida em projeto. As Figs. 4.49 a 4.51 ilustram esse processo de extração de corpos de prova.

O grau de compactação é a razão entre a densidade aparente da massa asfáltica compactada na pista e a densidade máxima aparente indicada em laboratório para

Fig. 4.48 *(A) Forno NCAT e (B) amostra antes e depois da passagem pelo forno*

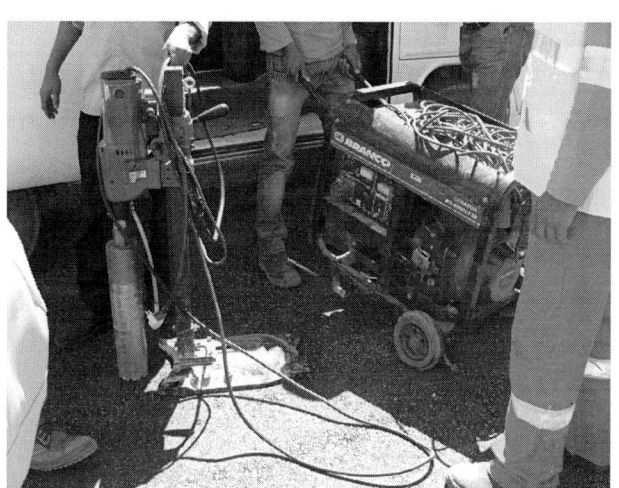

Fig. 4.49 *Extratora de amostras e gerador*

Fig. 4.50 *Extração de corpo de prova*

Fig. 4.51 *Limpeza da amostra*

a mistura, esta última determinada com os corpos de prova produzidos para a realização do ensaio Marshall.

Para aferir a densidade aparente da massa asfáltica compactada na pista, deve-se pesar o corpo de prova extraído com a sonda rotativa ao ar (P_{ar}) e imerso em água (P_i) (Fig. 4.52), de modo que:

$$d = \frac{P_{ar}}{P_{ar} - P_i}$$

Fig. 4.52 *Pesagem hidrostática*

Por intermédio desses mesmos corpos de prova, recomenda-se que o Engenheiro Fiscal confira pessoalmente, com o auxílio de um paquímetro, as espessuras executadas (Fig. 4.53). Sugere-se realizar quatro medidas em cada corpo de prova e calcular a média.

4.8.6 Verificação do produto

Quanto ao alinhamento, recomenda-se que o Engenheiro Fiscal confira pessoalmente, por amostragem, à trena, se as larguras executadas não divergem mais que 5 cm da especificada em projeto.

Fig. 4.53 *Verificação da espessura de camada de CAUQ*

Quanto ao acabamento da superfície, deve-se utilizar duas réguas de alumínio, com comprimentos de 3,00 m e 1,20 m. Colocando-se essas réguas em ângulo reto, sendo uma delas paralela ao eixo da rodovia, em qualquer ponto da pista, não se pode admitir variação da superfície entre dois pontos de contato, de qualquer uma das réguas, superior a 0,5 cm.

Por fim, para o recebimento dos serviços, é recomendável que o Engenheiro Fiscal determine a passagem de um aparelho medidor de irregularidade de superfície (tipo Maysmeter ou similar) – espera-se que o quociente de irregularidade seja sempre igual ou inferior a 35 contagens/km – e avalie a resistência do revestimento à derrapagem. A norma DNIT 031/2006-ES estabelece como parâmetro de aceitação o valor de resistência à derrapagem (VDR) mínimo de 45 (ASTM E 303-93).

4.8.7 Critérios de medição

Salvo se o edital de licitação dispuser em sentido contrário, os quantitativos devem ser apropriados em peso (em t), devendo ser consideradas as dimensões efetivamente executadas, limitadas às seções de projeto.

Para tanto, o Engenheiro Fiscal deve tomar os dados do controle tecnológico – comentados na subseção "Controle sobre a execução da massa asfáltica" (p. 155) – referentes às espessuras e às densidades dos corpos de prova extraídos com sondas rotativas, bem como as medidas de comprimento e largura indicadas no controle geométrico (ver seção 4.8.6).

O volume de CAUQ, portanto, será o produto de seu comprimento por sua largura e espessura médias, sendo todos esses valores limitados às definições de projeto. Tal volume deve, em seguida, ser multiplicado pela densidade média, limitada a 100% da densidade indicada no traço, para obter-se o quantitativo do item de serviço em peso (em t).

Note-se que excessos de largura, espessura e densidade – a menos que, no caso da densidade, se comprove a inadequação do traço de projeto – em relação aos parâmetros de projeto não se compensam para efeito de apropriação do quantitativo total.

A aquisição e o transporte do ligante asfáltico devem ser apropriados em itens específicos de planilha.

4.9 Recuperação de defeitos em revestimentos asfálticos

As patologias ocorrentes em pavimentos costumam evoluir de gravidade muito rapidamente, de modo que, não raramente, entre o período de elaboração do projeto e o da efetiva execução da obra, as soluções concebidas podem não mais ser as recomendáveis em determinados trechos, mormente se entre o projeto e a execução houve a superveniência de uma ou mais estações chuvosas.

Assim, em projetos que exigem a restauração do revestimento asfáltico, recomenda-se que os Engenheiros inspecionem pessoalmente e cuidadosamente o trecho para identificar os segmentos onde podem ser necessárias as seguintes soluções:
- selagem de trincas;
- tapa-buraco;
- remendo profundo;
- fresagem;
- reestabilização de pavimento.

As soluções envolvendo tapa-buraco ou remendo profundo podem ou não ser seguidas de uma camada de recapeamento asfáltico, serviço esse que é sempre obrigatório no caso das soluções de fresagem ou reestabilização de pavimento.

A definição da solução adequada, no momento da execução da obra, é de fundamental importância para que se evite desperdício de dinheiro público com serviços meramente paliativos. Por exemplo, executar tapa-buracos ou remendos profundos em revestimentos já totalmente degradados torna a rodovia uma grande "colcha de retalhos" e ainda a mantém sempre em mau estado de conservação, pois os trechos ainda não "recuperados" formam novos buracos a todo tempo.

Além disso, a evolução natural das patologias pode fazer com que um trecho que, ao tempo do projeto, apresentava apenas desgaste no revestimento comece a desenvolver fissuras e trincas. Se isso ocorrer, por exemplo, o Engenheiro Fiscal não mais deverá autorizar a execução da camada de recapeamento asfáltico se ela não for precedida da fresagem do revestimento antigo.

A norma técnica a ser observada para a execução de recuperações de defeitos em pavimentos asfálticos é a DNIT 154/2010-ES.

4.9.1 Selagem de trincas

A selagem de trincas é uma solução tipicamente paliativa, que agrega uma sobrevida ao pavimento que já começa a dar sinais de fadiga. A selagem, então, evita que águas pluviais penetrem e funcionem como catalisadoras do processo de desagregação do revestimento, formando buracos.

A medida é sempre paliativa por dois motivos: primeiro porque as razões que levaram ao surgimento das fissuras continuarão existindo e contribuindo para o aumento de seu comprimento, ou fazendo com que outras apareçam; segundo porque o material utilizado na selagem não se incorpora perfeitamente ao revestimento antigo, e as sucessivas contrações e dilatações da pista farão com que as trincas voltem a aparecer.

Trata-se, portanto, de uma medida emergencial de baixo custo, eventualmente autorizada pelo órgão público, sendo recomendável que seja seguida da tramitação de processo para a contratação de projeto para a restauração definitiva do trecho.

Recomenda-se que o Engenheiro Fiscal providencie a selagem de trincas apenas enquanto o trecho ainda não apresente sinais de que sua base esteja comprometida (existência de afundamentos), e se avaliar que o revestimento, observado em seu todo, ainda suporta uma vida útil igual ou superior a um ano. Caso contrário, a solução será ineficaz ou inviável economicamente, de modo que se impõe desde já que se trabalhe para a restauração definitiva.

Para a execução do serviço, deve-se inicialmente alargar as trincas com equipamento de corte (larguras próximas a 1 cm) e limpar as áreas utilizando jatos de ar comprimido. Em seguida, prepara-se uma mistura de emulsão asfáltica e areia, ou, preferencialmente, um selante polimerizado, por apresentar melhor ductilidade. Esse material deve então ser aplicado diretamente nas trincas, com o devido cuidado para evitar transbordos excessivos.

O tráfego somente deve ser liberado quando o ligante não mais apresentar aderência. Em caso de urgência, pode-se aplicar um aditivo próprio, que impeça a aderência com os pneus dos veículos.

4.9.2 Tapa-buraco

O serviço de tapa-buraco somente é recomendável quando a patologia ocorre no trecho de modo esparso. Isso significa que o revestimento, como um todo, ainda apresenta um bom estado de conservação – sem mais panelas ou trincas em sequência.

A Fig. 4.54 ilustra uma situação onde essa solução é de fato recomendada. Note-se que o revestimento nas áreas contíguas aos remendos, apesar de envelhecido, não apresenta fissuras nem deformações. Nesse caso, corrigido o problema dos buracos esparsos, nada indica que a patologia voltará a se apresentar nessas áreas, ou seja, o revestimento ainda tem razoável vida útil, o que justifica o investimento nos tapa-buracos.

Fig. 4.54 *Trecho com indicação de tapa-buraco*

Por outro lado, a situação do trecho mostrado na Fig. 4.55 é bastante distinta. Percebe-se que o revestimento está completamente fissurado, e em alguns pontos já se notam afundamentos que denunciam o comprometimento da camada de base. O mau estado das camadas inferiores é evidenciado, também, pelas trincas que já começam a surgir no próprio remendo executado. Note-se ainda que, apesar dos recentes tapa-buracos, o trecho continua danificado e, em breve, novas panelas aparecerão nas regiões circunvizinhas. Nesse caso, a solução mais indicada seria a restauração completa do segmento, e não apenas pontual.

Conforme já comentado, executar tapa-buracos ou remendos profundos em revestimentos já totalmente degradados torna a rodovia uma grande "colcha de retalhos" e ainda a mantém sempre em mau estado de conservação, pois os trechos ainda não "recuperados" formam novos buracos a todo tempo, a exemplo da Fig. 4.56.

Fig. 4.56 *Trecho com má indicação de tapa-buraco*

Assim, recomenda-se que o Engenheiro Fiscal, acompanhado do Engenheiro Executor, inicialmente inspecione o trecho e analise se a solução de tapa-buraco continua sendo a mais indicada para o trecho que se deseja restaurar.

No momento seguinte, acompanhados por ajudantes, devem percorrer a pé todo o trecho e demarcar, com tinta, todas as áreas a serem recuperadas (Fig. 4.57). Para garantir a restauração definitiva do trecho, as dimensões demarcadas devem se prolongar em aproximadamente 30 cm além da área efetivamente degradada.

> **Atenção:** Na ocasião dessa demarcação, recomenda-se que o Engenheiro Fiscal anote, uma a uma, as dimensões das áreas a serem trabalhadas (comprimento e largura). Essas medidas serão utilizadas como parâmetro na ocasião da medição dos serviços.

O perímetro deve ser então recortado de modo a serem obtidas bordas verticais, que garantam a espessura do remendo em toda a área. Conforme já comentado, as camadas de massa asfáltica devem ter espessuras

Fig. 4.55 *Trecho com indicação de restauração de revestimento*

Fig. 4.57 *Demarcação das áreas a serem recuperadas*

equivalentes a no mínimo 1,5 vez o diâmetro da maior brita utilizada no traço, sob pena de não ocorrer um envolvimento mínimo de argamassa, o que provocaria a desagregação do concreto asfáltico. Ora, se as bordas não forem recortadas para os remendos, garantindo-se arestas verticais, nesses pontos haverá espessuras abaixo das mínimas admitidas, o que comprometerá todo o serviço.

Os recortes, dependendo das dimensões das áreas a serem trabalhadas, podem ser executados com picaretas, marteletes, serras corta-pisos com disco diamantado, ou até mesmo pequenas fresadoras. No caso de uso de fresadoras, os Engenheiros precisam orientar suas equipes para que ajustem, manualmente ou com serras de corte, a verticalidade das arestas de entrada e saída do equipamento.

Ressalte-se que, ao utilizar equipamentos, a produtividade do serviço aumenta, o que pressiona para baixo seu preço unitário. Nesse sentido, o Sicro traz preços distintos para tapa-buracos com recortes manuais (composição de código 4915678) e com equipamentos (composição de código 4915757).

O passo seguinte é providenciar a limpeza do local, que poderá ser realizada com vassouras ou, preferencialmente, jatos de ar comprimido. Deve-se eliminar o pó e todo e qualquer material solto.

Em seguida, deve-se aplicar um ligante asfáltico em toda a superfície de contato com a massa asfáltica do remendo, inclusive as arestas verticais. Para a escolha do ligante mais adequado, é necessário observar se o fundo do recorte atingiu a camada de base, deixando o solo exposto. Se isso ocorreu, deve-se optar por imprimar a área, utilizando, consequentemente, um asfalto diluído do tipo CM-30 ou uma EAI, já que se pretende não apenas a adesão entre camadas, mas também a penetração do ligante, que proporciona a estabilização dos finos do solo e a impermeabilização da camada.

A EAI acaba sendo normalmente mais indicada para esse tipo de serviço, não somente por dispensar o uso de querosene (ou outros hidrocarbonetos nessa faixa de destilação) como solvente, mas também por proporcionar penetração mais rápida e menor tempo de liberação da base.

Caso o recorte não tenha atingido a camada de solo, como na Fig. 4.58, o único objetivo do ligante será proporcionar a adesão entre as camadas de revestimento existente e nova (remendo), função equivalente a uma pintura de ligação. Nesse caso, deve-se recomendar a utilização de uma emulsão asfáltica do tipo RR-1C.

Caso se utilize o CM-30 ou a EAI, deve-se aguardar os tempos de penetração e cura antes da aplicação da massa asfáltica (de remendo). Se o ligante a ser usado for o RR-1C, pode-se espalhar a massa asfáltica tão logo haja a ruptura e a cura da emulsão (evaporação da água).

Por sua vez, a massa asfáltica a ser utilizada, conforme as dimensões das áreas a serem tratadas, pode ser do tipo CAUQ ou pré-misturado a frio (PMF). Quando se têm grandes áreas, é recomendável a utilização do CAUQ, posto que garante uma melhor compactação e acabamento. O ligante a ser adquirido, por conseguinte, é normalmente o CAP 50-70, mas pode também ser o CAP 30-45 ou o CAP 85-100, conforme especificado em projeto.

Fig. 4.58 *Emulsão aplicada em tapa-buraco*

Por outro lado, se os remendos forem de pequenas dimensões e bastante esparsos, torna-se difícil a utilização do CAUQ, uma vez que o longo tempo para descarregar uma carrada acabaria por esfriar a massa asfáltica a temperaturas abaixo da mínima exigida para compactação. Nesse caso, pode-se optar pela utilização do PMF, e, por conseguinte, o ligante a ser adquirido deve ser uma emulsão asfáltica do tipo RM-1C, RM-2C ou RL-1C, conforme especificado em projeto. Os Engenheiros precisam, assim, observar todas as especificações da norma técnica DNIT 153/2010-ES, que regulamenta a execução de PMF, em especial quanto aos cuidados com a preparação da mistura.

Uma forma alternativa para executar remendos com CAUQ, mesmo em pequenas e esparsas áreas, é a utilização de caminhões basculantes com caçambas térmicas, que atenuam a perda de temperatura com o tempo.

A massa asfáltica deve, então, ser cuidadosamente espalhada, evitando-se a desagregação do material. Assim, deve-se evitar o lançamento à grande altura da massa (Fig. 4.59), que faz com que a homogeneidade da mistura seja perdida – quando os finos (argamassa) se separam do agregado graúdo.

O Engenheiro Executor precisa orientar a equipe para que a massa seja espalhada numa espessura tal que garanta, após a compactação, o perfeito nivelamento entre as cotas do remendo e do revestimento contíguo já existente. Conforme já comentado na seção 4.8.4, quando se tratou dos procedimentos para a execução de CAUQ, a espessura na qual deve ser espalhada a massa asfáltica relaciona-se com a espessura final compactada de acordo com a seguinte equação:

$$E_e = E_c \cdot \frac{D_c}{D_e}$$

em que:
E_e = espessura de espalhamento;
E_c = espessura compactada;
D_e = densidade do material espalhado na pista;
D_c = densidade máxima determinada no traço.

Assim, a equipe de campo deve medir a profundidade de cada buraco (Fig. 4.60), com o auxílio de trena metálica e régua de alumínio, para que seja multiplicada pelo quociente de D_c por D_e. Essas medidas de profundidade também precisam ser anotadas para efeito de memórias de cálculo das medições dos serviços.

Fig. 4.60 *Medição da profundidade de cada buraco*

A espessura de espalhamento (E_e) (Fig. 4.61) deve então ser controlada por meio de haste metálica de gabarito, com anel de nivelamento ajustável por rosca.

A compactação deve ser executada com rolos compressores – ou, onde impossível, placas vibratórias (sapos mecânicos) –, de modo a garantir um grau de compactação entre 97% e 101% da densidade máxima definida no traço da mistura.

Para conferir maior produtividade aos serviços, o Engenheiro Executor deve orientar para que haja duas frentes de serviço, assim distribuídas:

- *Se os recortes alcançaram a camada de base*: a primeira equipe deve ser encarregada do recorte, da limpeza e da aplicação da imprimação nas áreas, enquanto a segunda, com retardamento de pelo menos 24 h, a depender do tempo total

Fig. 4.59 *Lançamento inadequado do concreto asfáltico*

de penetração e cura do ligante utilizado, fará o espalhamento e a compactação da massa asfáltica. É preciso, nesse caso, redobrar os cuidados com o isolamento dos buracos já imprimados, evitando-se o tráfego sobre eles.

- *Se os recortes não alcançaram a camada de base*: a primeira equipe deve ser encarregada do recorte, enquanto a segunda será subdivida em duas frentes menores – uma vai adiante, fazendo a limpeza e a aplicação da pintura de ligação, ao passo que a outra segue logo atrás, executando o espalhamento e a compactação da massa asfáltica.

Fig. 4.61 *Espalhamento de massa asfáltica em tapa-buraco*

Note-se que, ao final dos serviços, os usuários da rodovia devem perceber que há remendos apenas pela diferença de cor em relação ao revestimento antigo. O remendo deve estar perfeitamente nivelado com a pista existente, de modo que, mesmo fazendo os pneus dos veículos passarem sobre ele, os usuários da rodovia não notem nenhuma saliência ou afundamento (Fig. 4.62).

Fig. 4.62 *Remendos nivelados com a pista*

4.9.3 Remendos profundos

Executa-se remendo profundo quando a panela existente foi decorrente de algum defeito das camadas inferiores do pavimento – borrachudo na base ou na sub-base, por exemplo – ou porque as trincas ou os buracos abertos permitiram o contato da água com essas camadas, danificando-as. Sendo assim, além do revestimento asfáltico, reparam-se também as camadas granulares inferiores (solo, brita ou misturas).

Portanto, os Engenheiros devem seguir todos os procedimentos descritos na seção 4.9.2, acrescentando-se a estes a atenção para a substituição de todo o solo contaminado por brita graduada, a qual deve ser compactada em camadas cujas espessuras não excedam 15 cm.

É preciso ainda garantir o mesmo grau de compactação exigido para as respectivas camadas a serem substituídas, ou seja: 100% do P.I. para as camadas de sub-base e 100% do P.M., ou máxima densificação, para as camadas de base.

4.9.4 Fresagem

Fresagem é o processo de corte de revestimentos asfálticos sem que se atinjam as camadas inferiores de material granular (base e sub-base). Para isso, são utilizados equipamentos específicos para executar uma espécie de raspagem (desbaste) do revestimento na espessura recomendada em projeto.

Os serviços de fresagem são regulamentados pela norma DNIT 159/2011-ES.

Indicações e contraindicações

O Engenheiro Fiscal deve se manter atento para somente autorizar a fresagem quando houver a necessidade de remoção ou desgaste do revestimento asfáltico e exclusivamente nos locais onde não serão executados serviços nas camadas inferiores do pavimento, ou seja, nos locais onde a base precisa permanecer intacta após a remoção do revestimento asfáltico.

Tal cuidado se justifica porque remover o revestimento garantindo-se a integridade da base é uma operação bem mais cara do que a mera remoção, onde se pode atingi-la. Exemplificativamente, ao comparar os custos constantes nas tabelas de referência do DNIT, Sicro, inerentes aos serviços de código 4011479 ("Fresagem contínua de revestimento betuminoso") e 4915667 ("Remoção mecanizada de revestimento betuminoso"), tem-se que o custo da fresagem chega a ser, aproximadamente, três vezes mais alto.

Isso se explica porque, para remover o revestimento sem agredir a camada de base, é necessário promover uma "raspagem", o que proporciona baixas produtividades e leva a altos consumos de dentes de fresa. Trata-se, então, de remover, de cima para baixo, uma camada de material de alta densidade. Bem distinta é a situação quando se permite danificar a camada de base, pois, nesse caso, pode-se fincar os escarificadores de motoniveladoras e demolir o revestimento "puxando-o" de baixo para cima.

Em suma, nos trechos onde serão executados serviços também na base, recomenda-se que o Engenheiro Fiscal oriente para que a remoção do revestimento não seja executada com fresadoras, mas, conforme o caso, com motoniveladoras ou recicladoras, devendo, assim, apropriar o serviço com o custo mais adequado. Nesse caso, deve seguir os procedimentos detalhados na seção 4.9.5.

A fresagem, então, é recomendável nos seguintes casos:

- *Recapeamento asfáltico a ser realizado em trechos cujo revestimento apresenta muitas trincas*: caso não se remova esse revestimento, as trincas serão transferidas rapidamente para a nova camada. Note-se que, dependendo do estado da rodovia após a fresagem, pode haver a necessidade de lançar uma geogrelha para que absorva pequenas movimentações do pavimento, evitando-se a transferência delas à nova camada de revestimento, o que ocasionaria novas fissuras e trincas.
- *Recapeamento asfáltico a ser executado em locais onde não se pode elevar a cota do pavimento*: é uma situação muito comum em vias urbanas, onde, se forem executadas novas camadas de revestimento sem a fresagem das anteriores, a pista pode chegar a atingir cotas mais elevadas que as calçadas.
- *Correção de inclinação de pavimentos*: nesse caso, especificam-se diferentes espessuras de fresagem de um bordo ao outro da pista. Algumas vezes, mormente quando se trata de rodovias a serem duplicadas, esse procedimento é utilizado para inverter o escoamento das águas pluviais, fazendo com que deixem de correr para ambos os bordos e passem a correr apenas para um deles.
- *Reaproveitamento do resíduo fresado para outros fins que não a incorporação à camada de base adjacente*: caso se trate de solução economicamente vantajosa (desde que se ponderem os custos ambientais resultantes), não raramente é mais viável proceder-se ao bota-fora do revestimento (demolido por outros métodos executivos,

conforme tratado na subseção "Remoção do revestimento asfáltico para posterior reestabilização da base", p. 165).

Execução dos serviços

Para a execução dos serviços, é necessário que a empreiteira disponha, no mínimo, dos seguintes equipamentos:

- *máquina fresadora de asfalto* (Fig. 4.63): equipamento automotriz dotado de cilindro fresador, com dentes de corte, e esteira para elevar o material fresado à altura dos caminhões basculantes encarregados da remoção do material;
- *caminhão-tanque*: para abastecer o depósito de água da fresadora, de modo a permitir o contínuo resfriamento dos dentes de corte e o controle da poeira durante os serviços;
- *caminhões basculantes*;
- *vassoura mecânica*: equipamento já comentado na seção 4.5.2.

Fig. 4.63 *Fresadora com caminhão basculante*

Conforme já comentado, as patologias ocorrentes em pavimentos costumam evoluir de gravidade muito rapidamente, de modo que, entre o período de elaboração do projeto e o da efetiva execução da obra, a base do pavimento pode ter sido comprometida devido à penetração de água pelas trincas outrora existentes. Nesse caso, os serviços de fresagem não mais serão indicados, ante a necessidade de reestabilização das camadas granulares.

Além disso, o projeto antigo poderia, por exemplo, ter previsto fresagem descontínua, ou seja, em pequenos segmentos ao longo do trecho, os quais, com o passar do tempo, podem ter se ampliado ou multiplicado.

Enfim, por mais preciso que haja sido o projeto, faz-se necessário que o Engenheiro Fiscal, acompanhado do Engenheiro Executor, ao tempo da obra, inspecione pessoalmente o trecho e demarque todos os segmentos onde é preciso realizar a fresagem. Nessa mesma ocasião, deve anotar, para efeito de medição, as dimensões (comprimento, largura e espessura) de cada área demarcada.

É necessário também dedicar atenção à rugosidade esperada do serviço. Esta deve ser definida em projeto e é garantida pelo espaçamento entre os dentes de corte do cilindro fresador, de modo que a fresagem pode ser de três tipos:

- padrão, com espaçamento de 15 mm;
- fina, com espaçamento de 8 mm;
- micro, com espaçamento entre 2 mm e 3 mm.

O Engenheiro Fiscal deve também avaliar o plano de ataque da empreiteira contratada. É recomendável que não permita a abertura de frentes de serviço de grandes extensões, que impliquem a permanência do trecho por mais de três dias sem recobrimento.

Caso o projeto preveja a reutilização do material a ser fresado, o trecho deve ser varrido antes de serem executados os serviços. Além disso, deve-se alertar a equipe de campo para que controle a velocidade de avanço de modo a se obter um produto com a granulometria requerida.

Após adequado isolamento e sinalização do trecho a ser executado, a empreiteira deve providenciar duas pequenas frentes de serviço: a primeira, utilizando fresadora de pequeno porte, se encarregará de fresar as áreas nos entornos das interferências, tais como bocas de lobo, poços de visita etc., uma vez que os equipamentos de grande porte não podem atuar nesses encontros; já a segunda executará a fresagem, com equipamento de médio ou grande porte, no restante do trecho.

A fresadora deve iniciar os serviços pela borda mais baixa da pista, e a equipe de campo precisa permanecer atenta para o contínuo resfriamento, com água, dos dentes de corte. Concluído o corte, a superfície deve ser varrida com vassouras mecânicas.

Se for necessário liberar o tráfego sobre a superfície fresada, esta deve ainda ser jateada com ar comprimido – em vias urbanas, para evitar poeira excessiva, recomenda-se a lavagem da pista fresada em vez do jateamento de ar comprimido , a fim de eliminar totalmente os pequenos pedriscos, os quais podem provocar acidentes, como a quebra de para-brisas de veículos. Ainda nesse caso, o trecho fresado não deve conter degraus, posto que podem provocar acidentes, principalmente envolvendo motocicletas.

Finalizados os serviços, os Engenheiros precisam observar ainda os seguintes itens:

- A espessura fresada não deve variar mais que 5% em relação à prevista caso se trate de cortes superiores a 5 cm. Se o projeto prever fresagem em espessuras inferiores a 5 cm, a tolerância passa a ser de 10%, para mais ou para menos. Essa espessura deve ser controlada de duas formas: por intermédio de medidas à trena nos bordos, com o auxílio de uma régua de alumínio; e conferindo-se o levantamento topográfico, no eixo das faixas. Devem ser tomadas, no mínimo, três medidas para cada 100 m² de área fresada.
- A declividade transversal, mesmo considerada em pontos isolados, não pode exceder em mais de 20% aquela prevista em projeto.
- A rugosidade da superfície deve corresponder àquela especificada.

Quaisquer inconformidades precisam ser corrigidas antes da medição dos serviços.

4.9.5 Reestabilização de pavimento

Nesta seção, serão abordados os serviços de reabilitação de pavimentos que envolvem operações a serem executadas nas camadas granulares. Isso ocorre exatamente quando se constata que os danos na rodovia não mais se restringem ao revestimento asfáltico.

O Engenheiro Fiscal, então, deve preliminarmente definir com precisão quais serviços serão executados em cada segmento do trecho, especificando, conforme o caso, quais das seguintes soluções serão executadas:

- reestabilização da base em rodovias com revestimento primário;
- reestabilização da base com incorporação do revestimento asfáltico demolido;
- remoção do revestimento asfáltico para posterior reestabilização da base.

Reestabilização da base em rodovias com revestimento primário

Em conformidade com o *Glossário de termos técnicos rodoviários* (DNER, 1997f, p. 233), o revestimento primário é

> uma camada de solo selecionado de boa qualidade, estabilizado, superposta ao leito natural de uma rodovia, para permitir uma superfície de rolamento com características superiores às do solo natural, garantindo melhores condições de tráfego.

Nesse caso, não há revestimento asfáltico (nem de concreto) sobre a base. Trata-se de uma estrada de terra cuja última camada foi executada com material de qualidade superior, que garante um menor desgaste com o tráfego e as intempéries.

Para reestabilizar essa base, basta que se escarifique o trecho – o que pode ser feito com escarificadores acoplados a motoniveladoras – e se reexecute a camada, procedendo-se à homogeneização, ao umedecimento e à compactação, segundo todos os procedimentos já comentados na seção 4.3.2.

É importante, outrossim, que antes de tudo os Engenheiros se certifiquem de que o material existente na base suporta a recompactação sem perder as características mínimas exigidas em norma e no projeto específico, mormente quanto à sua granulometria e CBR. Caso contrário, será necessária a utilização de algum tipo de mistura (brita, areia, cal, cimento etc.) ou até mesmo a substituição da camada.

Note-se, ainda, que não raramente é preciso adicionar um determinado volume de material para retornar a rodovia, eventualmente erodida ou com deformações, às cotas de projeto. Essa adição é chamada coloquialmente de "pinga".

Sugere-se que o Engenheiro Fiscal utilize, para a apropriação desse serviço, a composição de preço do DNIT, Sicro, de código 4915618 ("Recomposição de camada granular do pavimento"). No entanto, ele precisa verificar o quanto de solo será necessário adicionar à base. Isso porque, conforme a composição mostrada na Fig. 4.64, no preço de referência se considera o fornecimento de 100% do volume da base, o que evidentemente jamais será o caso. Note-se que se prevê a escavação e a carga de 0,22 m³ de solo para cada metro quadrado do serviço.

Isso ocorre pois a recomposição da camada granular é apropriada na seção de aterro, enquanto a escavação e a carga devem ser apropriadas na seção de corte. O DNIT está a considerar, então, uma camada de 20 cm de espessura e um empolamento de 10% (densidade máxima aparente seca estimada em 2,0625 t/m³ e densidade *in natura* estimada em 1,875 t/m³).

Assim, o Engenheiro Fiscal precisa ajustar a composição de preços, substituindo o volume de escavação, para inserir a quantidade média do "pinga" por metro quadrado de base. Ressalte-se que essa quantidade pode ser estimada desde o tempo do projeto, tomando-se o nivelamento topográfico do trecho e as cotas projetadas. Em seguida, deve-se também ajustar o momento de transporte desse material à quantidade de escavação corrigida – seja na própria composição, seja no item de serviço específico de planilha, se assim foi orçado.

Note-se, por fim, que a produtividade da equipe considerada na composição deixa claro que estão inclusas no preço a escarificação da camada, a adição do "pinga" e a execução. Nessa composição, o DNIT considera um custo de execução, antes do fator de influência de chuvas (FIC), de R$ 1,4764, bem superior ao custo de R$ 0,7292 indicado na composição de código 4011209, referente à mera regularização de subleito, sem a adição de material complementar, para o mesmo local e data-base.

DNIT **CGCIT**

SISTEMA DE CUSTOS REFERENCIAIS DE OBRAS - SICRO		São Paulo		FIC	0,02838	
Custo Unitário de Referência		Maio/2018		Produção da equipe		472,50 m²
4915618 Recomposição de camada granular do pavimento com material de jazida						Valores em reais (R$)

A - EQUIPAMENTOS		Quantidade	Utilização		Custo Horário		Custo
			Operativa	Improdutiva	Produtivo	Improdutivo	Horário Total
E9605	Caminhão-tanque com capacidade de 6.000 L - 136 kW	1,00000	0,74	0,26	142,6389	45,8849	117,4829
E9518	Grade de 24 discos rebocável de 24"	1,00000	0,48	0,52	2,2783	1,5837	1,9171
E9524	Motoniveladora - 93 kW	1,00000	0,72	0,28	181,7268	79,9115	153,2185
E9762	Rolo compactador de pneus autopropelido de 27 t - 85 kW	1,00000	1,00	0,00	141,9546	64,9594	141,9546
E9685	Rolo compactador pé de carneiro vibratório autopropelido de 11,6 t - 82 kW	2,00000	0,54	0,46	124,0372	55,9181	185,4048
E9577	Trator agrícola - 77 kW	1,00000	0,48	0,52	84,0627	32,3826	57,1890
					Custo horário total de equipamentos		657,1669
B - MÃO DE OBRA		Quantidade	Unidade		Custo Horário		Custo Horário Total
P9824	Servente	2,00000	h		20,2092		40,4184
					Custo horário total de mão de obra		40,4184
					Custo horário total de execução		697,5853
					Custo unitário de execução		1,4764
					Custo do FIC		0,0419
					Custo do FIT		-
C - MATERIAL		Quantidade	Unidade		Preço Unitário		Custo Unitário
					Custo unitário total de material		-
D - ATIVIDADES AUXILIARES		Quantidade	Unidade		Custo Unitário		Custo Unitário
4816007	Escavação e carga de material de jazida com trator de 74,5 kW e carregadeira de 1,53 m³	0,22000	m³		3,0300		0,6666
					Custo total de atividades auxiliares		0,6666
					Subtotal		2,1849
E - TEMPO FIXO		Código	Quantidade	Unidade	Custo Unitário		Custo Unitário
4816007	Escavação e carga de material de jazida com trator de 74,5 kW e carregadeira de 1,53 m³ - Caminhão basculante 6 m³	5914641	0,41250	t	1,3400		0,5528
					Custo unitário total de tempo fixo		0,5528
F - MOMENTO DE TRANSPORTE		Quantidade	Unidade	DMT			Custo Unitário
				LN	RP	P	
4816007	Escavação e carga de material de jazida com trator de 74,5 kW e carregadeira de 1,53 m³ - Caminhão basculante 6 m³	0,41250	tkm	5914314	5914329	5914344	
				Custo unitário total de transporte			
				Custo unitário direto total			2,74

Fig. 4.64 *Composição DNIT para recomposição de revestimento primário*

Reestabilização da base com incorporação do revestimento asfáltico demolido

Ao se reestabilizar a base de uma rodovia que já possui revestimento asfáltico, ainda que danificado, o projeto pode especificar a incorporação ou não desse revestimento à camada de base a ser reexecutada. Essa decisão deve ser amparada por critérios técnicos e econômicos.

Quanto aos aspectos técnicos, deve-se observar:

- *Granulometria*: analisar se a adição do revestimento asfáltico não afetará a granulometria da base a ponto de tirá-la do enquadramento em uma das faixas preconizadas no item 5.1 da norma DNIT 141/2010-ES. Para isso, os Engenheiros devem inicialmente analisar a granulometria do material da base, sem a adição do revestimento. Num segundo momento, devem solicitar que se abra uma janela no pavimento, recolhendo uma amostra de material cuidadosamente composta da camada de base e do revestimento asfáltico exatamente superposto a ela. Ensaiada essa segunda amostra, comparam-se as granulometrias.
- *CBR*: de modo análogo, deve-se analisar o comportamento do CBR do material de base sem a mistura e, depois, com a mistura.

Caso a mistura (material da base adicionado ao revestimento asfáltico) atenda aos requisitos técnicos estabelecidos para a base do novo pavimento projetado, deve-se ainda analisar – caso o material da base (sem a mistura) também atenda aos requisitos – se adicionar o revestimento à base é uma solução mais econômica do que removê-lo e transportá-lo a um bota-fora.

Em suma, entre duas soluções que atendem aos requisitos técnicos, deve-se optar pela mais econômica.

Caso o revestimento existente seja do tipo tratamento superficial, sua incorporação à base é feita por um processo bastante simples. Como ele é composto de britas unidas apenas por um ligante asfáltico, não apresentando, portanto, argamassa que preencha todos os vazios, pode ser demolido com o auxílio até mesmo de escarificadores acoplados a motoniveladoras, sem que necessariamente se lance mão de recicladoras de pavimento – cuja mobilização, caso se tenha pouco volume de serviço, pode não ser economicamente viável.

Após a demolição, os pedaços de brita ainda unidas são naturalmente fragmentados com o gradeamento, durante a fase de homogeneização e umedecimento da mistura. Ou seja, não há a necessidade, conforme comentado, de nenhum equipamento especial no processo.

Por outro lado, se o revestimento existente for uma massa asfáltica – CAUQ, Binder, PMF etc. –, a demolição ainda pode ser executada com motoniveladoras, a depender da espessura da camada; no entanto, os pedaços quebrados evidentemente serão compostos de concreto asfáltico, que não se desagregarão com o simples gradeamento do trecho. Assim, para incorporar o revestimento à base será necessária a utilização de equipamento específico para a reciclagem de pavimentos.

Esses serviços devem ser apropriados em consonância com a base de custos do DNIT, Sicro, composição de custo de código 4011481, ou outras, em caso de adições de outros materiais na mistura, conforme exemplificado na Fig. 4.65.

Remoção do revestimento asfáltico para posterior reestabilização da base

Em trechos que possuem revestimento asfáltico, se a base estiver comprometida, o que é denunciado por deformações ao longo da pista, deve-se proceder à sua reestabilização, que pode ser executada com a incorporação do revestimento (ver subseção anterior) ou após a remoção dessa camada.

A remoção da camada asfáltica pode se dar por dois métodos: fresagem ou demolição simples.

Por ser uma alternativa de alto custo, a fresagem do revestimento, nos trechos onde será também reexecutada a camada de base, só deve ser procedida caso se planeje aproveitar de alguma forma o resíduo da fresa. Assim, caso o Engenheiro Fiscal se defronte com um projeto que especifique a fresagem, com a remoção do material para bota-foras, e a posterior reestabilização da base, é recomendável que cancele esse serviço e promova estudos para que se opte por uma das alternativas a seguir:

- *Incorporar o revestimento betuminoso à base*: essa alternativa deve ser adotada se forem atendidos os requisitos técnicos e econômicos abordados na subseção anterior. Deve-se, portanto, inicialmente realizar ensaios de granulometria e CBR em amostras da base com e sem mistura. Caso o revestimento asfáltico seja do tipo tratamento superficial, essa provavelmente será a melhor alternativa a ser seguida. Em suma, qualquer que seja o tipo de revestimento, se essa alternativa se mostrar tecnicamente possível e economicamente viável, sugere-se que o Engenheiro Fiscal distrate os itens referentes à fresagem e à reestabilização simples da base e passe a seguir os procedimentos comentados na subseção anterior.

SISTEMA DE CUSTOS REFERENCIAIS DE OBRAS - SICRO		São Paulo		FIC	0,01892	
Custo Unitário de Referência		Março/2018		Produção da equipe		92,35 m³
4011481 Reciclagem simples com incorporação do revestimento asfáltico à base (ajustada)						Valores em reais (R$)

A - EQUIPAMENTOS		Quantidade	Utilização		Custo Horário		Custo
			Operativa	Improdutiva	Produtivo	Improdutivo	Horário Total
E9571	Caminhão-tanque com capacidade de 10.000 L - 188 kW	1,00000	0,83	0,17	183,0897	51,4372	160,7088
E9524	Motoniveladora - 93 kW	1,00000	0,53	0,47	181,7268	79,9115	133,8736
E9012	Recicladora a frio - 403 kW	1,00000	1,00	0,00	779,6845	281,9786	779,6845
E9762	Rolo compactador de pneus autopropelido de 27 t - 85 kW	1,00000	0,80	0,20	141,9546	64,9594	126,5556
E9530	Rolo compactador liso autopropelido vibratório de 11 t - 97 kW	1,00000	0,64	0,36	140,0173	60,0510	111,2294
E9685	Rolo compactador pé de carneiro vibratório autopropelido de 11,6 t - 82 kW	1,00000	0,82	0,18	124,0372	55,9181	111,7758
					Custo horário total de equipamentos		1.423,8277
B - MÃO DE OBRA		Quantidade	Unidade		Custo Horário		Custo Horário Total
P9824	Servente	6,00000	h		20,2092		121,2552
					Custo horário total de mão de obra		121,2552
					Custo horário total de execução		1.545,0829
					Custo unitário de execução		16,7307
					Custo do FIC		0,3165
					Custo do FIT		-
C - MATERIAL		Quantidade	Unidade		Preço Unitário		Custo Unitário
M2147	Bits para recicladora	0,10000	un		31,7476		3,1748
M2149	Blocos para recicladora	0,00450	un		1.891,8606		8,5134
M2148	Porta-bits para recicladora	0,01600	un		262,1292		4,1941
					Custo unitário total de material		15,8823
D - ATIVIDADES AUXILIARES		Quantidade	Unidade		Custo Unitário		Custo Unitário
					Custo total de atividades auxiliares		-
					Subtotal		32,9295
E - TEMPO FIXO		Código	Quantidade	Unidade	Custo Unitário		Custo Unitário
					Custo unitário total de tempo fixo		-
F - MOMENTO DE TRANSPORTE		Quantidade	Unidade	DMT			Custo Unitário
				LN	RP	P	
					Custo unitário total de transporte		-
					Custo unitário direto total		32,93

Fig. 4.65 *Composição ajustada para reciclagem de pavimentos*

- *Remover o revestimento por processo de escarificação*: conforme já comentado, a fresagem chega a ser três vezes mais cara que a remoção do revestimento por processo de escarificação, de modo que só deveria ser especificada nos casos enumerados na subseção "Indicações e contraindicações" (p. 161). Note-se que, em regra, nos casos em que a base será posteriormente escarificada e reexecutada, não se justifica o cuidado em remover o revestimento sem danificá-la. Assim, caso não seja tecnicamente recomendável a incorporação do revestimento à base, sugere-se optar pela escarificação e remoção do revestimento.

Se a melhor solução, enfim, for remover o revestimento antes da reexecução da camada, os serviços devem ser apropriados em conformidade com a composição do DNIT, Sicro, de código 4915667 ("Remoção mecanizada de revestimento betuminoso"), mostrada na Fig. 4.66.

SISTEMA DE CUSTOS REFERENCIAIS DE OBRAS - SICRO		São Paulo		FIC	0,00473	
Custo Unitário de Referência		Maio/2018		Produção da equipe		56,53 m³
4915667 Remoção mecanizada de revestimento betuminoso						Valores em reais (R$)

A - EQUIPAMENTOS		Quantidade	Utilização		Custo Horário		Custo
			Operativa	Improdutiva	Produtivo	Improdutivo	Horário Total
E9524	Motoniveladora - 93 kW	1,00000	0,80	0,20	181,7268	79,9115	161,3637
					Custo horário total de equipamentos		161,3637
B - MÃO DE OBRA		Quantidade	Unidade		Custo Horário		Custo Horário Total
P9824	Servente	4,00000	h		20,2092		80,8368
					Custo horário total de mão de obra		80,8368
					Custo horário total de execução		242,2005
					Custo unitário de execução		4,2845
					Custo do FIC		0,0203
					Custo do FIT		-
C - MATERIAL		Quantidade	Unidade		Preço Unitário		Custo Unitário
M3507	Material retirado da pista - revestimento asfáltico	1,00000	m³		-		-
					Custo unitário total de material		-
D - ATIVIDADES AUXILIARES		Quantidade	Unidade		Custo Unitário		Custo Unitário
					Custo total de atividades auxiliares		-
					Subtotal		4,3048
E - TEMPO FIXO		Código	Quantidade	Unidade	Custo Unitário		Custo Unitário
M3507	Material retirado da pista - revestimento asfáltico - Caminhão basculante 6 m³	5914675	2,40000	t	2,8400		6,8160
					Custo unitário total de tempo fixo		6,8160
F - MOMENTO DE TRANSPORTE		Quantidade	Unidade	DMT			Custo Unitário
				LN	RP	P	
M3507	Material retirado da pista - revestimento asfáltico - Caminhão basculante 6 m³	2,40000	tkm	5914314	5914329	5914344	
					Custo unitário total de transporte		
					Custo unitário direto total		11,12

Fig. 4.66 *Composição para remoção de revestimentos asfálticos*

Note-se que se trata de um serviço simples, executado com os escarificadores das motoniveladoras. Diferentemente da fresagem, onde se desbasta o revestimento até atingir-se a cota desejada, na demolição simples o equipamento "puxa" o revestimento de baixo para cima, o que proporciona uma maior produção e dispensa os dentes diamantados.

4.10 Critérios de medição para itens de restauração de pavimentos

Em razão do grande número de variáveis envolvidas na execução desses serviços – tais como tipos e espessuras dos revestimentos; localização das pedreiras, areais e bota-foras; profundidade e densidade das camadas danificadas; conveniência da incorporação de revestimento à base; entre outras –, as tabelas de referência de custo do DNIT, Sicro, não compreendem em um só item todos os custos inerentes às intervenções necessárias, sendo, portanto, quase sempre necessária a junção de diversos itens para a apropriação dos serviços.

Seguem, então, os critérios de medição para cada tipo de intervenção comentada na seção 4.9, sendo elas:
- selagem de trincas;
- tapa-buracos;
- remendos profundos;
- fresagem de revestimento;
- reestabilização de base com bota-fora do revestimento em CAUQ;
- reestabilização de base com incorporação do revestimento em CAUQ;
- reestabilização de base com incorporação do revestimento em tratamentos superficiais.

4.10.1 Selagem de trincas

Recomenda-se que o serviço seja apropriado em litros de mistura efetivamente utilizada na obra. Como referência de custo, tem-se a composição de preço de código 3 S 08 103 50, da antiga base de dados do DNIT, Sicro 2.

Recomenda-se, entretanto, proceder aos devidos ajustes, em face do tipo de ligante utilizado e da forma de aplicação.

A execução do serviço precisa ser supervisionada de modo a evitar transbordos excessivos de material.

4.10.2 Tapa-buracos

As composições de preço do DNIT, Sicro, de códigos 4915678 e 4915757 remuneram tão somente as operações de recorte geométrico e demolição do revestimento asfáltico; limpeza (pulverização) da área; e compactação da massa asfáltica substituta, além dos custos inerentes ao tempo fixo dos caminhões (operações de carga, descarga e manobras para os transportes do material removido e da massa asfáltica de reposição).

Esse item deve ser apropriado em volume (em m^3), como resultado do produto dos comprimentos pelas larguras e espessuras médias de cada ocorrência executada. Ao autorizar a execução do serviço, o Engenheiro Fiscal deve registrar em memória de cálculo própria todos os locais (localização) e dimensões, conforme o procedimento detalhado na seção 4.9.2.

Outros serviços inerentes à operação devem ser remunerados à parte, tais como os apresentados a seguir (os códigos das composições mencionadas são das bases de dados do DNIT, Sicro):

- *Pintura de ligação ou imprimação*: deve-se considerar, para efeito de medição, a área efetivamente imprimada ou pintada. Se o fundo do tapa-buraco atingir a camada granular de pavimento (base), deve-se aplicar a imprimação (composição de código 4011351 ou 4011352, conforme o tipo do ligante). Caso contrário, deve-se aplicar a pintura de ligação (composição de código 4011354 ou 4011353, conforme o ligante tenha ou não polímero).

- *Mistura asfáltica usinada a frio ou a quente*: serviço de códigos diversos no Sicro, em conformidade com faixas granulométricas e demais características, apropriado em volume (em m^3), como resultado do produto do comprimento pela largura e espessura médias de cada buraco. Note-se, inicialmente, que as composições propriamente ditas para tapa-buracos (de código 4915678 ou 4915757) já remuneram a compactação da massa, de modo que se deve editar as composições de referência para a mistura asfáltica a ser fornecida, no intuito de excluir destas os insumos inerentes a essa compactação. Caso se tenham grandes áreas, que proporcionem um rápido descarregamento da massa, viabilizando o emprego de CAUQ, é necessário que os Engenheiros avaliem se nao seria o caso de alterar o item "tapa-buraco" por outros que contemplem uma fresagem mecanizada da superfície e itens subsequentes, também de natureza mecanizada.

- *Transporte da brita e da areia necessárias à usinagem da massa asfáltica*: os Engenheiros precisam utilizar composições que contemplem transporte comercial em caminhões basculantes com capacidades de carga compatíveis com a produtividade em campo e avaliar se o percurso é compreendido por rodovias pavimentadas, em revestimento primário ou em leito natural. Em regra, os maiores equipamentos proporcionam os menores custos unitários de execução, de modo que se deve especificar o caminhão com a maior capacidade de carga possível e compatível com a produtividade em campo – buscar o equilíbrio em custo dos tempos de deslocamentos e descarga. O volume é apropriado na unidade t · km, devendo ser considerados os pesos de cada material e as distâncias entre os locais de fornecimento (pedreiras e areais) e a usina de asfalto. Os pesos por metro cúbico de massa asfáltica são indicados no traço (densidade máxima aparente) e, caso se trate de um orçamento preliminar para efeito de licitação pública, podem ser estimados de acordo com os coeficientes constantes na composição de preço de referência para massa asfáltica.

- *Transporte da massa asfáltica usinada para a pista*: deve-se utilizar a composição específica para o serviço, de código 5914613 ou 5914616, com produtividades devidamente ajustadas em função da capacidade de carga específica do caminhão a ser utilizado. Também se apropria na unidade t · km, devendo-se considerar o peso da massa asfáltica e as distâncias entre a usina e os locais dos remendos. Para determinar o peso da massa asfáltica, os Engenheiros devem multiplicar os volumes dos tapa-buracos (comprimentos × larguras × espessuras médias) pela densidade média da massa asfáltica *compactada*. Essa densidade é indicada no traço da mistura e checada por intermédio de furos de sondagem rotativa (amostragem) para a aferição do grau de compactação.
- *Aquisição e transporte dos ligantes asfálticos*: o traço da massa asfáltica deve indicar o consumo do ligante em t/m³ ou t/t da mistura (nesse caso, os Engenheiros precisam fazer a conversão para metro cúbico de acordo com a densidade da massa compactada). Assim, apropriam-se o fornecimento e o transporte dos insumos asfálticos multiplicando-se o volume da massa asfáltica pelo consumo (em t/m³) do ligante. Quanto ao asfalto diluído utilizado na imprimação (CM-30 ou EAI) ou à emulsão asfáltica (RR-1C) utilizada na pintura de ligação, os Engenheiros devem apropriar as aquisições e os transportes desses insumos de acordo com os consumos indicados em projeto – as composições de preço para os serviços citados sugerem consumos de 1,2 L/m², 1,3 L/m² e 0,45 L/m², respectivamente.

4.10.3 Remendos profundos

As composições de preço do DNIT, Sicro, de códigos 4915692 ou 4915746 remuneram tão somente as operações de recorte geométrico e demolição do revestimento asfáltico e das camadas de material granular (base, sub-base etc.); limpeza da área; e compactação de todas as camadas, além dos custos inerentes ao tempo fixo dos caminhões (operações de carga, descarga e manobras para os transportes do material removido e da massa asfáltica de reposição).

Esse item de serviço deve ser apropriado em volume (em m³), como resultado do produto dos comprimentos pelas larguras e espessuras médias (estas tomadas do topo do revestimento ao fundo da caixa) de cada ocorrência executada. Ao autorizar a execução do serviço, o Engenheiro Fiscal precisa registrar em memória de cálculo própria todos os locais (localização) e dimensões, conforme o procedimento detalhado na seção 4.9.3.

Os demais serviços inerentes à operação devem ser remunerados à parte, tais como os apresentados a seguir (os códigos das composições mencionadas são das bases de dados do DNIT – Sicro):

- *Transporte do material removido para bota-fora*: os Engenheiros precisam utilizar composições que contemplem transporte local em caminhões basculantes com capacidades de carga compatíveis com a produtividade do serviço de restauro e avaliar se o percurso é compreendido por rodovias pavimentadas, em revestimento primário ou em leito natural. O volume é apropriado na unidade t · km, devendo ser considerados os pesos de cada material e as distâncias entre os locais dos remendos e os bota-foras. O peso do material transportado é obtido pela multiplicação do volume extraído pela densidade média da camada – calculada previamente, por amostragem, por intermédio de furos de densidade *in situ*. Caso se trate de orçamento preliminar para efeito de licitação pública, pode-se estimar uma densidade média de 2,0625 t/m³.
- *Fornecimento de brita graduada para reposição das camadas granulares*: independentemente do tipo de material removido, a reposição das camadas granulares deve ser feita com brita graduada. O volume a ser considerado é o efetivamente escavado, descontando-se a camada de revestimento asfáltico.
- *Transporte de brita para reposição das camadas granulares*: é apropriado em t · km. Os Engenheiros precisam considerar o peso do material trans-

portado e a distância entre a pedreira e os locais dos remendos. Para o cálculo do peso da brita, deve-se multiplicar o volume total removido, descontando-se o revestimento asfáltico, pela densidade máxima do material, obtida com o ensaio de compactação. Deve-se também diferenciar os percursos sobre rodovias pavimentadas, em revestimento primário e em leito natural.

- *Imprimação*: deve-se considerar, para efeito de medição, apenas a área efetivamente imprimada.
- *Mistura asfáltica usinada a frio ou a quente*: ver comentários da seção 4.10.2.
- *Transporte da brita e da areia necessárias à usinagem da massa asfáltica*: ver comentários da seção 4.10.2.
- *Transporte da massa asfáltica usinada para a pista*: ver comentários da seção 4.10.2.
- *Aquisição e transporte dos ligantes asfálticos*: ver comentários da seção 4.10.2.

4.10.4 Fresagem de revestimento

Os serviços são apropriados em volume (em m³) de material fresado. Para tanto, o projeto deve determinar a espessura do revestimento a ser fresado.

O Engenheiro Fiscal, juntamente com o Engenheiro Executor, de acordo com as condições locais de execução, deve definir se o serviço é de uma fresagem contínua (código 4011479 do DNIT, Sicro) ou descontínua (código 4011480).

Como auxílio nessa definição, tem-se que as produções de equipes mecânicas para os serviços, encartadas no tomo 4 do volume 12 do *Manual de custos de infraestrutura de transportes do DNIT* (2017), indicam a consideração de um fator de eficiência de 83% para fresagens contínuas (hora operativa de 50 min) e de 41% para fresagens descontínuas (hora operativa de aproximadamente 25 min), em razão do maior tempo demandado, neste caso, para manobras e deslocamentos. Reflexo disso é que a composição de preço para fresagem contínua apresenta uma produção de equipe de 61,51 m³/h, enquanto na de fresagem descontínua essa produção cai para apenas 30,39 m³/h.

As composições 4011479 e 4011480 remuneram os serviços de fresagem e carga do material, devendo o transporte ser apropriado em item à parte, levando em consideração o peso do material fresado e a distância da pista até o bota-fora de destino. Contudo, o transporte pode também ser remunerado no próprio preço unitário da fresagem, se assim optar o Orçamentista. Para calcular o peso do material a ser transportado, recomenda-se que o Engenheiro Fiscal, antes de iniciados os serviços, solicite alguns furos com sonda rotativa para determinar a densidade da camada de revestimento, que deve ser multiplicada, então, por seu volume.

4.10.5 Reestabilização de base com bota-fora do revestimento em CAUQ

Inicialmente, deve-se utilizar a composição de preço do DNIT, Sicro, de código 4915667 ("Remoção mecanizada de revestimento betuminoso"). No entanto, tal composição remunera apenas a demolição e a carga do revestimento.

Esse item de serviço deve ser apropriado em volume (em m³), como resultado do produto do comprimento pela largura e espessura médias do trecho. A espessura média deve ser determinada previamente, mediante a realização de furos com sonda rotativa – que servirão também para o cálculo da densidade da massa asfáltica a ser removida.

Os demais serviços inerentes à operação precisam ser remunerados à parte, tais como os apresentados a seguir (os códigos das composições mencionadas são das bases de dados do DNIT, Sicro):

- *Transporte do material removido para bota-fora*: os Engenheiros precisam utilizar composições que contemplem transporte em caminhões basculantes com capacidades de carga compatíveis com a produtividade do serviço de restauro e avaliar se o percurso é compreendido por rodovias pavimentadas, em revestimento primário ou em leito natural. O volume é apropriado na unidade t · km, devendo ser considerado o peso do revestimento escarificado e as distâncias entre os trechos e os bota-foras. O peso do material transportado é obtido por meio da multiplicação do volume extraído pela densidade média do revestimento, calculada com o auxílio de corpos de prova previamente coletados com sondas rotativas. Caso se trate de orçamento preliminar para efeito de licitação pública, pode-se estimar uma densidade média de 2,40 t/m³.
- *Reestabilização da camada de base*: sugere-se que o Engenheiro Fiscal utilize, para a apropriação desse serviço, a composição de preço do DNIT, Sicro, de código 4915618 ("Recomposição de camada granular do pavimento"). No entanto, precisa verificar se e quanto de solo será necessário adicionar à base ("pinga") para a devolução da cota de greide. Isso porque, conforme mencionado na subseção "Reestabilização da base em rodovias com revestimento primário"

(p. 163), no preço de referência se considera o fornecimento de 100% do volume da base, o que evidentemente jamais será o caso.

- *Transporte do material complementar da jazida à pista*: caso se utilize o material complementar descrito no item anterior, este serve para remunerar seu transporte. É apropriado em t · km, devendo-se considerar o peso do material transportado e a distância entre a jazida e a pista. O peso é sempre calculado a partir do volume e da densidade. Caso se utilize nesse cálculo o volume na seção de corte, deve-se multiplicá-lo pela densidade do solo *in natura*, determinada por furos de densidade *in situ* na jazida. Caso se utilize o volume na seção de aterro, deve-se multiplicá-lo pela densidade máxima, obtida em laboratório por intermédio do ensaio de compactação.
- *Imprimação*: apropria-se a área exatamente sob o revestimento a ser executado, sem considerar folgas de largura.
- *CAUQ*: como o revestimento será executado sobre grandes áreas, recomenda-se o usinado a quente. O CAUQ é apropriado em peso (em t), a partir da multiplicação do volume na pista (comprimento × largura × espessura) pela densidade. A espessura média e a densidade são determinadas pela análise dos corpos de prova extraídos com sondas rotativas (ensaios de laboratório). As composições de referência contemplam a usinagem e a compactação da massa asfáltica, devendo ser medidos à parte o transporte da brita e da areia para a usina e o transporte da massa asfáltica entre a usina e o trecho, bem como o fornecimento e o transporte do ligante asfáltico (CAP).
- *Transporte da brita e da areia necessárias à usinagem da massa asfáltica*: ver comentários da seção 4.10.2.
- *Transporte da massa asfáltica usinada para a pista*: ver comentários da seção 4.10.2.
- *Aquisição e transporte dos ligantes asfálticos*: ver comentários da seção 4.10.2.
- *Sinalização horizontal*: note-se que o revestimento antigo foi demolido para a execução de um novo, de modo que a sinalização deve ser reposta. A pintura de faixas, setas e zebrados é medida em metros quadrados de área efetivamente aplicada, em conformidade com o projeto de sinalização. Por sua vez, tachas e tachões são apropriados por unidade.

4.10.6 Reestabilização de base com incorporação do revestimento em CAUQ

Esses serviços devem ser apropriados em consonância com a base de custos do DNIT, Sicro, composição de custo de código 4011481, ou outras em caso de adições de outros materiais na mistura, com os ajustes já comentados na subseção "Reestabilização da base com incorporação do revestimento asfáltico demolido" (p. 165).

A composição remunera a demolição do revestimento, a escarificação e a reexecução da base, com material incorporado, e inclusive o umedecimento, a homogeneização e a compactação.

Esse item de serviço deve ser apropriado em volume (em m³), como resultado do produto do comprimento pela largura e espessura médias do trecho (revestimento mais base).

Os demais serviços inerentes à operação devem ser remunerados à parte, tais como:

- *Imprimação*: apropria-se a área exatamente sob o revestimento a ser executado, sem considerar folgas de largura.
- *CAUQ*: ver comentários da seção 4.10.5.
- *Transporte da brita e da areia necessárias à usinagem da massa asfáltica*: ver comentários da seção 4.10.2.
- *Transporte da massa asfáltica usinada para a pista*: ver comentários da seção 4.10.2.
- *Aquisição e transporte dos ligantes asfálticos*: ver comentários da seção 4.10.2.
- *Sinalização horizontal*: ver comentários da seção 4.10.5.

4.10.7 Reestabilização de base com incorporação do revestimento em tratamentos superficiais

Quando o revestimento existente é do tipo tratamento superficial, os procedimentos de medição são similares aos já comentados na seção 4.10.6. A diferença é que a composição a ser usada deve ser ajustada para prever apenas a utilização de motoniveladoras – recicladoras evidentemente também podem ser empregadas, desde que ajudem ocasionalmente na redução dos custos –, posto que a demolição do revestimento se dá por um processo bastante simples, uma vez que ele é composto apenas de britas unidas por emulsão asfáltica, não se tratando, pois, de um concreto asfáltico.

Esse item de serviço deve ser apropriado em volume (em m³), como resultado do produto do comprimento pela largura e espessura médias do trecho (revestimento mais base).

Os demais serviços inerentes à operação devem ser remunerados à parte, tais como:
- *Imprimação*: apropria-se a área exatamente sob o revestimento a ser executado, sem considerar folgas de largura.
- *CAUQ ou tratamento superficial*: conforme definição do projeto.
- *Transporte da brita e da areia necessárias à usinagem da massa asfáltica ou de britas para o tratamento superficial*: conforme definição do projeto.
- *Transporte da massa asfáltica usinada para a pista*: caso o projeto especifique CAUQ como revestimento substituto.
- *Aquisição e transporte dos ligantes asfálticos*: ver comentários da seção 4.10.2.
- *Sinalização horizontal*: ver comentários da seção 4.10.5.

4.11 Aquisição de ligantes asfálticos
4.11.1 Breve histórico

Inicialmente, os custos referentes à aquisição e ao transporte dos ligantes asfálticos eram embutidos nos preços de execução dos serviços de pavimentação.

As planilhas orçamentárias não continham itens específicos para a aquisição e o transporte de CAP, por exemplo. Este era orçado dentro da composição de preços para a execução de CAUQ – ou outros serviços que porventura utilizassem esse ligante –, como quaisquer outros insumos necessários.

Tais serviços eram reajustados pelo mesmo índice setorial da Fundação Getulio Vargas (FGV), que corrigia os demais itens da etapa de pavimentação rodoviária, como sub-base, base etc.

No entanto, em 2002, as crises no Oriente Médio provocaram expressivas altas no preço do petróleo, de modo que o índice setorial da FGV passou a não mais refletir as variações de custo dos ligantes asfálticos – principais integrantes do preço dos serviços de imprimação e revestimentos asfálticos, entre outros.

A FGV criou, então, um índice específico para reajustar a aquisição dos ligantes asfálticos, e os órgãos públicos, por sua vez, passaram a orçar a aquisição e o transporte desses insumos em itens autônomos nas planilhas orçamentárias, facilitando, assim, os procedimentos de reajustes de preços.

Em 2003, o DNIT firmou um grande contrato com a Petrobras – contrato TT-045/2003-00 – e passou a fornecer diretamente os ligantes asfálticos a determinadas obras. Assim, esses insumos deixaram de ser adquiridos pelas empreiteiras, que apenas os requisitavam ao DNIT, o qual, por sua vez, autorizava seu fornecimento pela Petrobras, pagando-a diretamente.

Em 2007, o Tribunal de Contas da União (TCU), julgando ser mais vantajoso financeiramente para a União adquirir os ligantes asfálticos diretamente da produtora, proferiu o Acórdão nº 2.649/2007-Plenário, determinando que o DNIT utilizasse o contrato com a Petrobras para fornecer diretamente os ligantes asfálticos a *todas* as suas obras.

Sentindo-se prejudicadas com tal medida, as distribuidoras de asfalto, por intermédio da Associação Brasileira das Empresas Distribuidoras de Asfaltos (Abeda), impetraram um embargo de declaração ao referido acórdão, alegando, entre outros pontos, que a aquisição dos ligantes pelas empreiteiras seria mais econômica do que contratá-los diretamente com a Petrobras, posto que a livre concorrência no mercado de distribuição pressionava os preços para patamares inferiores àqueles constantes no contrato TT-045/2003-00.

Nesse mesmo processo, a Abeda apresentou diversos documentos que demonstravam os preços efetivamente praticados entre as empreiteiras e as distribuidoras de asfalto, que eram menores que os praticados entre o DNIT e a Petrobras, e alegou ainda que o BDI incidente sobre esses fornecimentos era de apenas 6%, na maioria dos casos. Provou, pois, que o contrato com a Petrobras era desvantajoso para a Administração Pública.

Em consequência disso, em 2008 o TCU reviu sua decisão e emitiu um novo Acórdão, dessa vez de nº 1.077/2008, que determinava exatamente o contrário da decisão anterior, de modo que o DNIT deveria abster-se de utilizar o contrato com a Petrobras e contratar a aquisição dos ligantes por intermédio das empreiteiras.

No entanto, determinou-se que o DNIT deveria promover estudos para fundamentar um novo BDI que incidiria especialmente sobre a aquisição de ligantes asfálticos. Enquanto isso não fosse feito, ele deveria ser limitado a 15%.

O TCU determinou ainda que a Agência Nacional do Petróleo, Gás Natural e Biocombustíveis (ANP) divulgasse periodicamente os preços efetivos e regionalizados de aquisição de ligantes asfálticos praticados no mercado, para que servissem de parâmetro aos contratos do DNIT. Dessa forma, os Engenheiros Orçamentistas, ao elaborarem as planilhas orçamentárias das obras, no que tange à aquisição de ligantes asfálticos, precisam aplicar o BDI diferenciado de 15% incidente sobre os preços de custos divulgados pela ANP, acrescidos, se for o caso, do Imposto sobre Circulação de Mercadorias e Serviços (ICMS) incidente no local, bem como do Programa de Integração Social (PIS) e da Contribuição para o Financiamento da Seguridade Social (Cofins).

4.11.2 Procedimentos

Ante o exposto, o Engenheiro Fiscal precisa sempre se certificar de que os preços unitários constantes na planilha orçamentária da obra para a aquisição de ligantes asfálticos atendem aos limites máximos impostos pelo Acórdão do TCU nº 1.077/2008-Plenário. Para tanto, ele deve tomar como base de custo os preços regionalizados divulgados pela ANP – a partir de 2013, essa agência passou a divulgar os preços médios dos ligantes praticados em cada unidade da Federação –, aplicando diretamente sobre esses valores o BDI máximo de 15%.

Note-se que os preços divulgados pela ANP incluem todos os impostos, à exceção do ICMS, do PIS/Pasep e da Cofins. No caso do ICMS, trata-se de um imposto estadual, sujeito, portanto, às alíquotas e bases de cálculo estabelecidas localmente. Logo, é importante que os Engenheiros se informem sobre a legislação pertinente ao Estado onde a obra está sendo executada (sugere-se contato direto com as próprias distribuidoras locais de ligantes asfálticos). No Estado de Mato Grosso, apenas a título de ilustração, não se incide ICMS sobre as operações envolvendo a aquisição de ligantes asfálticos utilizados em rodovias, por força da seguinte legislação:

- *nas operações interestaduais*: Lei Estadual nº 7.098/98, art. 1º, inciso III;
- *nas operações internas*: Decreto nº 2.230, de 11 de novembro de 2009, art. 1º, que alterou na íntegra o art. 31 do Anexo VIII do Decreto nº 1.944, de 6 de outubro de 1989 (inserido por intermédio do art. 1º, X, do Decreto nº 317, de 4 de junho de 2007).

Caso constate que os preços contratados foram superiores ao limite, o Engenheiro Fiscal deve comunicar o fato ao gestor do contrato para que as providências cabíveis possam ser tomadas no sentido de convocar as empreiteiras para procederem às devidas repactuações de preço.

Registre-se ainda que a relação das distribuidoras de asfalto autorizadas pela ANP a exercer a atividade, incluindo suas localizações, pode ser consultada no site da agência (http://www.anp.gov.br/distribuicao-e-revenda/distribuidor/asfaltos/relacao-dos-distribuidores-bases-e-cessoes-de-espaco).

A decisão do TCU, em princípio, não vincula os Estados da Federação. Perceba-se, no entanto, que os Estados normalmente mantêm convênios com o DNIT para a execução de obras rodoviárias. E, nesses casos, quando há a aplicação de dinheiro da União, ainda que com contrapartida do Estado, o DNIT está obrigado a seguir a decisão do TCU.

Seria incoerente, portanto, se o Estado seguisse a determinação do TCU quando houvesse dinheiro federal envolvido e não o fizesse no caso de dinheiro exclusivamente estadual. Como se poderia responder à seguinte pergunta: qual o preço de mercado para a aquisição de um determinado ligante asfáltico? Se não seguisse a determinação do TCU para obras com recursos 100% estaduais, o Governo do Estado teria então que reconhecer que haveria dois preços de parâmetro, sendo o maior praticado quando a obra fosse contratada com recursos diretos do contribuinte do Estado.

Atente-se que o fato de as empreiteiras continuarem executando obras rodoviárias com o DNIT, mesmo após a imposição do BDI diferenciado para a aquisição dos ligantes asfálticos, demonstra que os preços de mercado podem ser limitados a estes. Impedidos, portanto, estão quaisquer Estados de contratar a aquisição desses insumos a preços superiores aos da ANP (acrescidos do BDI máximo de 15%), não em razão do acórdão do TCU, mas porque, hoje, eles seriam considerados como "acima do mercado" (sobrepreços).

4.11.3 Critérios de medição

Os ligantes asfálticos devem ser apropriados em peso (em t) em função dos consumos dos insumos (CM-30, EAI, RR-1C, RR-2C, CAP etc.) aplicados aos quantitativos dos serviços correlatos (imprimação, pintura de ligação, tratamentos superficiais, CAUQ etc.) efetivamente executados e limitados às seções especificadas em projeto.

Não são apropriáveis, portanto, perdas de materiais ou utilizações em taxas superiores às determinadas em projeto.

Por outro lado, se o controle tecnológico indicar a utilização desses ligantes em taxas inferiores às especificadas, deve-se medir tão somente o que foi executado, desde que isso não comprometa a qualidade do serviço, ou seja, desde que as taxas reais estejam dentro das tolerâncias admitidas em normas, pois, caso contrário, o próprio serviço deve ser rejeitado, implicando sua reexecução.

A seguir, passa-se aos comentários acerca dos procedimentos específicos para a medição dos principais tipos de ligante utilizados.

Asfalto diluído do tipo CM-30 ou EAI

É o ligante utilizado nos serviços de imprimação. O consumo desse insumo, para efeito de medição, é limitado por duas condições:

- *a taxa de aplicação previamente determinada*: conforme comentado na seção 4.5.1, antes de autorizarem o início dos serviços, os Engenheiros devem definir em campo as taxas de ligante a serem aplicadas sobre cada material de base a ser utilizado na obra;

- *a taxa de aplicação efetivamente executada*: aferida no controle tecnológico, conforme os procedimentos comentados na seção 4.5.3.

Assim, mede-se a taxa efetivamente executada, desde que seja igual ou inferior à taxa de aplicação previamente definida. Esse consumo deve, portanto, ser multiplicado pelo quantitativo medido para o serviço de imprimação.

Note-se que, em face da necessidade de sobrelargura de aplicação, necessária para a garantia de taxa plena em toda a largura nos acostamentos, haverá sempre um consumo extra de ligante. Essa sobrelargura corresponde, em cada semiplataforma, como já comentado na seção 4.5.2, ao dobro do espaçamento entre os bicos do caminhão espargidor de asfalto. Consequentemente, a quantidade de ligante a ser necessariamente desperdiçada equivale ao produto dessa sobrelargura pela extensão do trecho e pela metade da taxa efetivamente aplicada na pista que, por sua vez, é limitada à taxa ideal (ver seção 4.5.2).

As taxas são definidas em litros por metro quadrado ou toneladas por metro quadrado, e sua densidade é próxima a 1,0 kg/L.

Sublinhe-se que taxas inferiores às previamente definidas somente devem ser medidas se não comprometerem a qualidade do serviço, ou seja, desde que estejam dentro da tolerância admitida em norma, pois, caso contrário, o próprio serviço precisa ser rejeitado, implicando sua reexecução.

Emulsão asfáltica do tipo RR-1C

É o ligante utilizado nos serviços de pintura de ligação. Para apropriar o quantitativo, o Engenheiro Fiscal deve multiplicar a área já calculada de pintura de ligação pelo consumo desse insumo, que deve ser o efetivamente aplicado – aferido por intermédio das bandejas deixadas na pista, conforme o procedimento comentado na seção 4.6.2 –, limitado àquele indicado em projeto.

Note-se que as taxas são definidas em litros por metro quadrado ou toneladas por metro quadrado. Pode-se considerar, para efeito de medição, que a densidade é igual a 1,0 kg/L.

Sublinhe-se que taxas inferiores às previamente definidas somente devem ser medidas se não comprometerem a qualidade do serviço, ou seja, desde que estejam dentro da tolerância admitida em norma, pois, caso contrário, o próprio serviço precisa ser rejeitado, implicando sua reexecução.

Emulsão asfáltica do tipo RR-2C

Em obras rodoviárias, a principal utilização do RR-2C ocorre na execução de tratamentos superficiais. O consumo desse material, para efeito de medição, é limitado por duas condições:

- *a taxa de aplicação previamente determinada*: conforme comentado na subseção "Determinação das taxas de aplicação do ligante asfáltico" (p. 139), antes do início dos serviços, os Engenheiros precisam definir, com o auxílio de uma caixa dosadora, a taxa de ligante a ser aplicada na obra;
- *a taxa de aplicação efetivamente executada*: aferida no controle tecnológico, conforme os procedimentos comentados na seção 4.7.3.

Assim, mede-se a taxa efetivamente executada, desde que seja igual ou inferior à taxa de aplicação previamente definida. Esse consumo deve, portanto, ser multiplicado pelo quantitativo medido para o serviço de tratamento superficial.

Pela mesma razão de necessidade de sobrelargura na aplicação do ligante, conforme já comentado na subseção "Asfalto diluído do tipo CM-30 ou EAI" (p. 172), haverá um consumo extra da emulsão para os tratamentos superficiais, de modo análogo ao mencionado naquela seção.

As taxas são definidas em litros por metro quadrado ou toneladas por metro quadrado, e sua densidade é próxima a 1,0 kg/L.

Sublinhe-se que taxas inferiores às previamente definidas somente serão medidas se não comprometerem a qualidade do serviço, ou seja, desde que estejam dentro da tolerância admitida em norma, pois, caso contrário, o próprio serviço deve ser rejeitado, implicando sua reexecução.

CAP e emulsão asfáltica do tipo RM-1C

O CAP é utilizado em massa asfáltica usinada a quente – como CAUQ, PMQ, Binder etc. –, enquanto o RM-1C é usado na fabricação de massas asfálticas frias – como PMF, CAUF etc.

Nesses casos, a quantidade do ligante asfáltico a ser medida é determinada pela seguinte equação:

$$Q_L = V_m \cdot D_m \cdot T_L$$

em que:

V_m = volume da massa asfáltica executada;
D_m = densidade da massa asfáltica;
T_L = taxa de ligante no traço da mistura.

O volume da massa é o obtido pela simples multiplicação das dimensões executadas (comprimento × largura × espessura média), limitadas aos parâmetros de projeto.

A densidade da massa (D_m) é auferida mediante ensaios realizados nos corpos de prova extraídos com sonda rotativa, que consistem na pesagem destes ao ar (P_{ar}) e submersos em água (P_s). Assim, a densidade é determinada pela seguinte equação:

$$D_m = \frac{P_{ar}}{P_{ar} - P_s}$$

A taxa de ligante, por sua vez, é determinada pelo ensaio padronizado na norma DNER-ME 053/94. Em apertada síntese, o procedimento consiste em inserir o corpo de prova – extraído com sonda rotativa e, antes de iniciar o ensaio, aquecido e fragmentado em pequenos pedaços –, junto com solvente (tricloroetileno ou percloroetileno), em um equipamento extrator de betume, que girará a mistura a uma velocidade de 3.600 rpm, de modo a separar o betume dos agregados da mistura. Uma forma alternativa, conforme já descrito na subseção "Controle sobre a massa asfáltica usinada" (p. 154), é a utilização de forno NCAT (norma ASTM D 6307-98).

Assim, considera-se tanto a densidade quanto a taxa de ligante efetivamente executadas, desde que sejam iguais ou inferiores às previamente determinadas no traço da mistura.

Sublinhe-se que resultados inferiores aos previamente definidos somente serão medidos se não comprometerem a qualidade do serviço, ou seja, desde que estejam dentro das tolerâncias admitidas em norma, pois, caso contrário, o próprio serviço precisa ser rejeitado, implicando sua reexecução.

4.12 Placas de concreto

As placas de concreto numa rodovia acumulam um duplo papel: servem ao mesmo tempo como base e revestimento. Sob placas de concreto, portanto, em regra não há camada de base, mas apenas de sub-base – normalmente de concreto rolado, posto que não pode apresentar expansibilidade nem ser bombeável.

Além disso, recomenda-se que os Engenheiros realizem ensaios específicos no subleito, de modo a verificarem se o coeficiente de recalque atende aos requisitos de projeto. Tal controle deve ser realizado a cada 100 m, conforme os procedimentos descritos na norma DNIT 055/2004-ME, ou mediante ensaios de CBR em quantidade suficiente para que o coeficiente de recalque seja determinado por intermédio de curvas de correlação.

A sub-base, por sua vez, deve ser revestida com uma película impermeabilizante, que pode ser de dois tipos:
- pintura asfáltica com emulsão catiônica de ruptura média ou rápida, com taxa especificada em projeto, que pode variar entre 0,8 L/m² e 1,6 L/m²;
- membrana plástica flexível, com espessura entre 0,2 mm e 0,3 mm.

Na verdade, é recomendável que o projeto preveja cumulativamente os dois revestimentos, uma vez que a pintura asfáltica ajudará no processo de cura da sub-base, enquanto a membrana plástica confere maior proteção contra águas que eventualmente penetrem pelas placas (por fissuras, juntas desgastadas, emendas com o acostamento etc.). Note-se que é fundamental prevenir qualquer bombeamento de finos da sub-base.

As placas, normalmente, são constituídas de concreto simples, sem armadura. No entanto, excepcionalmente, há também soluções concebidas em concreto armado.

Atualmente, utilizam-se vibroacabadoras automotrizes de formas metálicas deslizantes, o que confere uma maior produtividade ao serviço em comparação com a época em que se concretavam, uma a uma, as placas de concreto.

Nesta seção, pois, serão comentados os procedimentos para a execução e a fiscalização de pavimento rígido com equipamento de formas deslizantes, serviço regulamentado pela norma DNIT 049/2013-ES, conforme as seguintes etapas:
- procedimentos básicos de execução;
- controle tecnológico;
- controle geométrico.

4.12.1 Procedimentos básicos de execução

Para a execução dos serviços, é necessário que a empreiteira disponha, no mínimo, dos seguintes equipamentos:
- *Vibroacabadora de formas deslizantes* (Fig. 4.67): equipamento automotriz que recebe o concreto (normalmente basculado) dos caminhões, deixando-o uniformemente espalhado, vibrado e nivelado na cota de projeto.
- *Caminhões basculantes*: devido ao grande volume de concreto a ser transportado e à velocidade requerida de descarga, recomenda-se a utili-

Fig. 4.67 *Vibroacabadora de concreto*

zação de caminhões basculantes. No entanto, caminhões-betoneira podem ser necessários em situações excepcionais (quando o tempo de transporte do concreto, entre a usina e o trecho, for superior a 30 minutos, por exemplo).
- *Ponte de serviço* (Fig. 4.68): plataforma de apoio para diversos serviços complementares durante a concretagem, usada quando a plataforma compreende duas ou mais faixas de tráfego.

Fig. 4.68 *Ponte de serviço para concretagem de placas*

- *Máquinas de serrar juntas com discos diamantados* (Fig. 4.69).
- *Compressor de ar*: para limpeza de juntas.

Fig. 4.69 *Máquina de serrar juntas*

- *Vibradores de concreto a combustível*: para eventuais correções de pequenas falhas após a passagem da vibroacabadora.

No mais, considerando que os projetos costumam trazer especificação de acostamentos em concretos asfálticos, normalmente nivelados à pista em placas de concreto de cimento Portland, sugere-se a execução de sonorizadores que alertem os usuários dos limites da pista, prevenindo-os contra acidentes em caso de sonolência.

Tais sonorizadores podem ser executados na sinalização horizontal contínua de bordo ou com pequenas fresas regulares no concreto asfáltico, como se percebe na Fig. 4.70.

Fig. 4.70 *Sonorizador com fresa em acostamento*

Para melhor compreensão, os procedimentos serão tratados em quatro subseções, que correspondem também em campo às quatro fases do serviço, quais sejam:
- preparação das barras de transferência e de ligação;
- concretagem propriamente dita das placas;
- execução das juntas;
- tratamento de cura.

Ressalte-se que a norma DNIT 049/2013-ES exige a execução prévia de todos os procedimentos em um trecho experimental definido no projeto de engenharia. Esses procedimentos serão obrigatoriamente acompanhados pelos Engenheiros responsáveis pela obra e pela elaboração do projeto. Caberá ao Engenheiro Fiscal a elaboração de um relatório com as observações pertinentes para que o sucesso obtido no trecho experimental seja alcançado em toda a extensão da obra.

Preparação das barras de transferência e de ligação

Antes de iniciados quaisquer procedimentos de concretagem, deve-se cuidar para que sejam produzidas as barras de transferência e de ligação (Fig. 4.71).

Fig. 4.71 *Barras de transferência na placa de concreto*

As barras de transferência previnem para que a constante passagem dos pneus dos veículos sobre as extremidades contíguas de duas placas de concreto não gere em ambas um esforço de movimento vertical (deformação), o que provocaria o surgimento de uma patologia denominada esborcinamento, que consiste na quebra das extremidades das placas de concreto (Fig. 4.72).

Fig. 4.72 *Esborcinamento*

O comprimento, a bitola, o espaçamento e a profundidade das barras de transferência precisam ser indicados em projeto. Não obstante, o *Manual de pavimentos rígidos* do DNIT (2005) traz dados orientativos, apresentados na Tab. 4.15.

Tab. 4.15 Parâmetros para barras de transferência (aço CA-25)

Espessura da placa (cm)	Diâmetro (cm)	Comprimento (mm)	Espaçamento (mm)
Até 17,0	20	460	300
17,5-22,0	25	460	300
22,5-30,0	32	460	300
> 30,0	40	460	300

Fonte: DNIT (2005, p. 157).

Elas devem então ser colocadas nos locais que coincidam exatamente com as juntas transversais das placas de concreto – a equipe de topografia deve marcar previamente os locais de fixação das treliças de apoio das barras, deixando pontos de tinta na sub-base, além dos limites laterais das placas – e na profundidade determinada no projeto. Para isso, as barras são amarradas em apoios, que as sustentam na profundidade requerida, e fixadas sobre a sub-base à espera da concretagem (Figs. 4.73 e 4.74). Recomenda-se redobrar a atenção quanto a essa fixação, posto que, se não ficar bem firme, a treliça pode ser empurrada na passagem da vibroacabadora, ocasionando futuro esborcinamento no local.

Fig. 4.73 *Fixação de barras de transferência*

Fig. 4.74 *Barras de transferência em espera*

Cada barra precisa ser pintada e lubrificada (engraxada – Fig. 4.75) em uma das metades mais 2 cm de seu comprimento, de modo que nessa metade, que será envolvida por uma das placas, a barra fique solta do concreto, enquanto a outra metade, não lubrificada, fique perfeitamente aderida. Tal situação possibilitará a movimentação, sem trincas, das placas de concreto, em razão das dilatações e contrações durante o dia.

Fig. 4.75 *Barras de transferência engraxadas*

As barras de transferência devem ser colocadas também nos locais onde haja juntas de construção não coincidentes com as juntas de contração. Nesse caso, terão também comprimentos pintados e engraxados.

As barras de ligação, por sua vez, situam-se ao longo das juntas longitudinais do pavimento e são inseridas na profundidade requerida, durante a concretagem, por um dispositivo adaptado à vibroacabadora, conforme se percebe na Fig. 4.76.

Antes do início da concretagem, portanto, todas as barras de ligação, que não são engraxadas, já devem estar cortadas.

Fig. 4.76 *Inserção das barras de ligação*

Concretagem das placas

No caso de placas armadas, as telas devem ser fixadas conforme as especificações de projeto, devendo distar no mínimo 5 cm da superfície e, no máximo, meia altura da espessura da placa. Elas devem distar, ainda, 5 cm de qualquer bordo.

O concreto deve ser sempre produzido ou adquirido de centrais misturadoras gravimétricas, ou seja, que possibilitam a execução do traço por pesagens dos materiais. Para tanto, as balanças devem ser periodicamente aferidas e a umidade da areia, verificada a cada duas horas, de modo a proceder-se aos devidos ajustes de peso.

Devido ao grande volume de concreto a ser transportado e à velocidade requerida de descarga, recomenda-se a utilização de caminhões basculantes.

Os Engenheiros precisam tomar as providências necessárias para que o tempo entre a dosagem e o lançamento do concreto não ultrapasse 30 minutos. Caso seja impossível efetuar o lançamento dentro desse prazo, deve-se encomendar um traço com incorporação de aditivo retardador de pega, podendo-se, nesse caso, tolerar um tempo de até 60 minutos até o lançamento – sugere-se ainda, nesses casos, determinar que o transporte do concreto seja efetuado com o auxílio de caminhões-betoneira. Ultrapassados esses períodos, o concreto deve ser descartado.

Note-se que o concreto será executado em formas deslizantes, de modo que o traço deverá especificar um *slump* que permita a trabalhabilidade em campo, ou seja, não se poderá ter um concreto excessivamente plástico, posto que deve manter a firmeza de suas arestas (laterais das placas) logo após a passagem do equipamento – recomenda-se que esse abatimento não seja superior a 60 mm. Para tanto, a equipe de laboratório deve ser orientada para que controle o *slump* de todas as carradas antes do basculamento do concreto, rejeitando qualquer uma que não atenda aos requisitos do projeto (Figs. 4.77 e 4.78).

Fig. 4.77 *Moldagem do* slump

Fig. 4.78 *Medição do* slump

> **Atenção:** Não devem ser admitidos acréscimos de água ao concreto após sua saída da central de produção.

As cotas do pavimento devem ser marcadas pela equipe de topografia por intermédio de um fio-guia lateral, no qual se apoia o sensor da vibroacabadora (apalpador eletrônico), o qual, ao deslizar sobre o fio-guia, movimenta as réguas regularizadoras e acabadoras da máquina, para que deixem o concreto pronto nas cotas definidas (Fig. 4.79).

Fig. 4.79 *Sensor da vibroacabadora deslizando sobre fio-guia lateral*

Os caminhões com o concreto poderão trafegar sobre a sub-base para que possam alimentar a vibroacabadora, no entanto, antes disso, os Engenheiros precisam consultar a empresa projetista para se certificarem de que a sub-base, na obra específica, realmente suporta o tráfego dos caminhões carregados. Em caso contrário, ainda que haja produtividades menores, devem fazer com que os caminhões trafeguem pelas laterais da pista, realizando a descarga pelas extremidades da máquina.

Deve-se planejar a concretagem de modo a se ter uma produção suficiente e regular para garantir que a vibroacabadora avance em velocidade constante. Além disso, uma equipe de operários deve providenciar para que o concreto seja descarregado em toda a largura do equipamento e em quantidade suficiente para evitar a ocorrência de falhas em pontos esparsos.

Uma equipe de pedreiros deve acompanhar todo o serviço, cuidando para que as falhas deixadas pela vibroacabadora sejam imediatamente tratadas com o lançamento manual complementar de concreto e vibração, com vibradores sobressalentes a combustível (Fig. 4.80). Essas falhas podem ser constatadas com a passagem constante de réguas de alumínio (de 3 m de comprimento), que denunciam saliências e depressões. Os pedreiros deverão também proceder, sempre que necessário, ao acabamento superficial das placas de concreto, mormente nas laterais.

Fig. 4.80 *Correção manual na lateral da placa*

As correções podem ser executadas por pedreiros que se deslocam nas pontes de serviço. Essas mesmas pontes servem de apoio para a equipe que deve se encarregar de produzir ranhuras na superfície das placas – que proporcionarão melhor aderência com os pneus – ainda antes do início da pega do concreto.

Para produzir as ranhuras, a norma recomenda a utilização dos seguintes dispositivos, em ordem decrescente de eficácia:
- pentes de fios metálicos;
- vassouras de fios metálicos (Fig. 4.81);
- vassouras de fios de *nylon*;
- tubos metálicos providos de mossas e saliências;
- tiras ou faixa de lona.

Desde que especificadas em projeto, essas ranhuras podem ser deixadas no sentido longitudinal da pista

(Fig. 4.82), o que facilita sua execução por lonas puxadas pela própria vibroacabadora.

As concretagens devem ser programadas para serem encerradas em locais coincidentes com as juntas de contração, evitando-se, assim, as juntas intermediárias de execução. Caso isso eventualmente ocorra, barras de transferência devem ser deixadas no local.

Fig. 4.81 *Execução de ranhuras com vassoura de fios metálicos*

Fig. 4.82 *Ranhuras executadas no sentido longitudinal*

Execução das juntas

Em até 24 h após a concretagem, deve-se providenciar a serragem das juntas transversais e longitudinais – o ideal é que esse procedimento seja realizado tão logo o concreto suporte o peso do operário com o equipamento, de modo que se garanta uma maior produtividade e menores custos. Esse corte promoverá a indução das juntas de dilatação e contração exatamente nesses pontos, conforme se verifica na Fig. 4.83.

Para tanto, a equipe de topografia deverá marcar os locais com precisão, uma vez que não serão admitidos desvios de alinhamento superiores a 5 mm – conforme já comentado, deve-se tomar como referência a mesma marcação já deixada em momento anterior à fixação das treliças de apoio às barras de transferência.

Fig. 4.83 *Junta transversal induzida pelo corte*

Após a cura do concreto, executa-se a selagem das juntas. Mas, antes disso, a primeira providência é limpá-las, de preferência com jatos de ar comprimido.

As juntas podem ser seladas, conforme definido em projeto, com dois tipos de materiais: um material de enchimento, que deve ser fincado no corte, diminuindo o volume existente; e um produto selante propriamente dito (polimerizado), aplicado sobre esse material até o nível da superfície.

Tratamento de cura

Imediatamente após a concretagem, e visando evitar a formação de fissuras ocasionadas pela perda brusca de água, a equipe de campo deve ser orientada a iniciar os procedimentos de cura.

Inicialmente, enquanto nenhuma carga puder ainda ser posta sobre o pavimento, deve ser aplicada a cura química, lançando-se um composto líquido apropriado, numa taxa que varia entre 0,35 L/m² e 0,50 L/m² (Fig. 4.84). Esse composto deve ser aplicado não somente na superfície superior das placas, como também nas laterais.

Fig. 4.84 *Aplicação de cura química em placa de concreto*

Após 24 h, e desde que já tenha havido a serragem das juntas, toda a superfície deverá ser recoberta, durante mais seis dias, com um dos seguintes produtos, conforme a norma DNIT 049/2013-ES: água; lençol plástico; e geotêxteis. Caso esses materiais precisem ser removidos ou substituídos, tudo deve ser planejado para que o trabalho seja concluído em, no máximo, 30 minutos.

Finda a cura, todas as placas de concreto devem ser numeradas (à tinta), de modo a permitir sua identificação e referência para quaisquer serviços futuros.

4.12.2 Controle tecnológico

Ao especificar o traço do concreto, o Projetista deve detalhar:

- o tipo do cimento a ser utilizado;
- a resistência característica à tração na flexão;
- o consumo do cimento, que não deve ser inferior a 350 kg/m³;
- o consumo (em peso) dos agregados;
- a(s) dimensão(ões) da(s) brita(s), limitada(s) a um terço da espessura da placa ou a 38 mm, o que for menor;
- o fator água/cimento (A/C), que não deve ser superior a 0,50 L/kg;
- o abatimento (*slump*), de no máximo 60 mm;
- o teor de ar (NBR NM 47:2002), que não deve ser superior a 4%.

Constatando a ausência de qualquer um desses dados, os Engenheiros precisam solicitar ao Projetista a complementação das especificações.

Durante a concretagem, a equipe de laboratório deverá moldar, a cada 5.000 m² de concreto, no mínimo 32 exemplares de corpos de prova, sendo que cada exemplar deve representar amassadas diferentes e ser constituído de dois corpos de prova prismáticos (Fig. 4.85).

Fig. 4.85 *Forma para corpos de prova prismáticos*

Os corpos de prova prismáticos deverão ser rompidos para indicar a resistência característica à tração na flexão.

De cada amassada, o Engenheiro Fiscal deve comparar os dados das resistências à tração na flexão, devendo considerar como a resistência característica do exemplar aquela que apresentar o *maior* valor.

De posse das resistências de cada exemplar, os Engenheiros precisam calcular a resistência média (Fck_m) e seu desvio padrão. E, a partir desses dados, devem calcular a resistência característica estatística do trecho (Fck_{est}), de acordo com a seguinte fórmula:

$$Fck_{est} = Fck_m - k \cdot s$$

em que:
k = coeficiente de distribuição de Student;
s = desvio padrão dos resultados.

Os valores de k serão tão menores quanto maior for o número de exemplares ensaiados, conforme a Tab. 4.16.

Como se percebe, quanto maior é o número de exemplares, maior é a certeza quanto ao resultado final e, por conseguinte, menor é a constante (k) que será multiplicada ao desvio padrão (s). Assim, quanto mais exemplares forem moldados, menor será a parcela subtraída da resistência média (Fck_m) no cálculo da resistência a ser considerada para o trecho (Fck_{est}).

O desvio padrão (s), por sua vez, é calculado pela seguinte expressão:

$$s = \sqrt{\frac{\sum_{i=1}^{n}(x_i - \overline{x})^2}{n-1}}$$

em que:
n = quantidade de exemplares;
x_i = resistência característica considerada para cada exemplar;
$\overline{x}$ = média das resistências de todos os exemplares.

Note-se que, quanto menos dispersos forem os resultados dos ensaios – diferença se aproximando de zero –, menor será o desvio padrão, o que também diminui o fator a ser subtraído da resistência média (Fck_m), implicando, por conseguinte, um maior valor para a resistência característica estatística do trecho (Fck_{est}).

Observe-se que isso ocorre porque desvios padrões mais baixos indicam maior uniformidade dos resultados e, portanto, maior grau de certeza quanto aos procedimentos realizados (tanto em campo quanto em laboratório). Assim, se ocorresse a hipótese do desvio padrão ser igual a zero, o Fck_{est} atingiria seu valor máximo possível, ou seja, seria igual ao Fck_m.

Tab. 4.16 Coeficiente de distribuição de Student

Exemplares	Quantidade de exemplares moldados											
	6	7	8	9	10	12	15	18	20	25	30	32	> 32
k	0,920	0,906	0,896	0,889	0,883	0,876	0,868	0,863	0,861	0,857	0,854	0,842	0,842

Apenas a título de ilustração, tome-se o exemplo a seguir.

Questão prática 4.4

Executados 5.000 m² de placas de concreto – que foram projetadas para uma resistência característica à tração na flexão de 4,5 MPa –, foram moldados seis exemplares, cujos resultados foram os apresentados na Tab. 4.17.

Tab. 4.17 Controle tecnológico exemplificativo de concretagem

Exemplar	Resistências características à tração na flexão (MPa)		
	CP 1	CP 2	Considerada
1	4,3	4,4	4,4
2	4,4	4,5	4,5
3	4,6	4,8	4,8
4	4,5	4,7	4,7
5	4,9	4,8	4,9
6	4,7	4,6	4,7

Os dados da última coluna correspondem, para cada exemplar, ao maior dos valores das resistências de seus corpos de prova. Esses serão os resultados a serem considerados para cada exemplar e, por conseguinte, utilizados nos cálculos seguintes.

O passo seguinte será calcular a média e o desvio padrão dessas resistências – 4,4; 4,5; 4,8; 4,7; 4,9; e 4,7, todos expressos em MPa. A média (Fck_m) será, portanto, igual a 4,67 MPa. Por sua vez, o desvio padrão (s), calculado com a fórmula também já citada, $s = \sqrt{[\sum_{i=1}^{n}(x_i - \overline{x})^2]/n - 1)}$, será igual a 0,19.

Aplicando, por fim, esses dados na fórmula para determinar o Fck_{est} ($Fck_{est} = Fck_m - k \cdot s$), que é a resistência estatística do trecho executado, e considerando, conforme a tabela dos coeficientes de distribuição de Student (Tab. 4.16), $k = 0,92$, tem-se:

$Fck_{est} = 4,67 - 0,92 \times 0,19 \rightarrow Fck_{est} = 4,5$ MPa (MPa)

O resultado, portanto, demonstra que o trecho estudado atendeu ao requisito de projeto.

Caso os resultados obtidos apontem para a rejeição do trecho, deve-se proceder a uma retroanálise do pavimento, tomando-se os dados de resistência e as espessuras efetivamente existentes.

Para isso, deve-se selecionar as placas com os piores resultados no controle tecnológico e extrair no mínimo seis corpos de prova prismáticos que serão ensaiados à tração na flexão, recalculando-se a resistência característica estatística do concreto em campo.

A espessura a ser adotada, por sua vez, será a oriunda do controle geométrico.

Com esses dados, o pavimento deve ser recalculado, verificando-se se atende ou não aos esforços a que será submetido. Caso realmente não atenda a eles, o órgão contratante deverá adotar, conforme o caso, uma das duas soluções a seguir:

- reforço do pavimento;
- demolição e reconstrução do pavimento.

Nenhuma dessas alternativas deve ensejar, no entanto, ônus financeiro ao Estado, sendo todos os custos de responsabilidade da empreiteira contratada.

4.12.3 Controle geométrico

Três pontos devem ser verificados pelo Engenheiro Fiscal: largura, espessura e irregularidade longitudinal.

A largura pode ser facilmente verificada com o auxílio de trena e não pode variar mais que 1%, para mais ou para menos, daquela definida em projeto.

A espessura é checada com os nivelamentos topográficos, donde se observam as diferenças de cotas de pavimento e sub-base, tomadas nos mesmos pontos.

Nenhuma espessura, individualmente considerada, poderá ser menor, em mais de 1 cm, que a projetada. Caso isso ocorra, como já comentado na seção anterior, deve-se coletar corpos de prova para a aferição da resistência característica estatística e proceder-se à retroanálise do pavimento, utilizando-se os dados reais de resistência e espessura.

Se os dados ainda continuarem sinalizando pela rejeição do serviço, o órgão contratante deverá, de modo análogo, optar por uma das duas soluções já anteriormente comentadas, quais sejam:

- reforço do pavimento;
- demolição e reconstrução do pavimento.

Lembre-se, porém, de que nenhuma dessas alternativas deve ensejar ônus financeiro ao Estado, sendo todos os custos de responsabilidade da empreiteira contratada.

4.12.4 Critérios de medição

De acordo com o *Manual de custos de infraestrutura de transportes* do DNIT (2017, v. 4, p. 23, grifo nosso):

> Os serviços de pavimento de concreto *devem ser medidos em toneladas*, em função da mistura efetivamente aplicada na pista, e incluem os custos referentes à mão de obra, equipamentos, materiais, usinagem, espalhamento e compactação.
>
> Os custos associados ao transporte dos insumos devem ser apropriados em composições de custos específicas.

Em que pese a orientação de caráter geral para a apropriação das quantidades em peso (em t), as diferenças de densidade entre traços de concreto, oriundas da utilização de agregados de naturezas diversas, são em geral pouco relevantes em relação ao custo final do produto – sendo mais impactantes, na verdade, os consumos de cimento e os eventuais aditivos utilizados. Além disso, o serviço em si normalmente não é voltado para a correção de irregularidades. Sendo assim, não se vislumbram maiores inconvenientes em realizar medições por volume de execução (em m³), o que, por outro lado, propicia maior facilidade em campo.

O fato é que, apesar da orientação de seu *Manual de custos*, o próprio DNIT apresenta composições de referência que calculam os preços unitários por unidade de volume, como é o caso dos serviços de códigos 4011532 e

DNIT   **CGCIT**

SISTEMA DE CUSTOS REFERENCIAIS DE OBRAS - SICRO — São Paulo — Maio/2018 — FIC 0,00946 — Produção da equipe 124,50 m³
Custo Unitário de Referência
4011533 Pavimento de concreto com formas deslizantes - areia e brita comerciais
Valores em reais (R$)

A - EQUIPAMENTOS		Quantidade	Utilização		Custo Horário		Custo
			Operativa	Improdutiva	Produtivo	Improdutivo	Horário Total
E9526	Retroescavadeira de pneus - 58 kW	1,00000	0,83	0,17	97,8977	48,9492	89,5765
E9589	Texturizadora/cura - 44,8 kW	1,00000	0,72	0,28	129,9695	72,2342	113,8036
E9588	Vibroacabadora de concreto com formas deslizantes - 205 kW	1,00000	0,83	0,17	493,6635	211,2569	445,6544
					Custo horário total de equipamentos		649,0345

B - MÃO DE OBRA		Quantidade	Unidade	Custo Horário	Custo Horário Total
P9801	Ajudante	1,00000	h	22,1288	22,1288
P9805	Armador	1,00000	h	24,1266	24,1266
P9821	Pedreiro	6,00000	h	24,2684	145,6104
P9824	Servente	14,00000	h	20,2092	282,9288
				Custo horário total de mão de obra	474,7946
				Custo horário total de execução	1.123,8291
				Custo unitário de execução	9,0267
				Custo do FIC	0,0854
				Custo do FIT	-

C - MATERIAL		Quantidade	Unidade	Preço Unitário	Custo Unitário
M0003	Aço CA 25		kg	4,3979	-
M0004	Aço CA 50		kg	3,8637	-
M2152	Aditivo de cura para concreto	1,00000	kg	7,4178	7,4178
M0075	Arame recozido 18 BWG		kg	4,6746	-
M1377	Treliça nervurada com 3 barras longitudinais e 2 diagonais sinusoidais		kg	1,9781	-
				Custo unitário total de material	7,4178

D - ATIVIDADES AUXILIARES		Quantidade	Unidade	Custo Unitário	Custo Unitário
4011537	Serragem de juntas em pavimento de concreto, limpeza e enchimento com selante a frio		m	9,7000	-
6416090	Usinagem para pavimento de concreto com formas deslizantes - areia e brita comerciais	1,00000	m³	225,4800	225,4800
				Custo total de atividades auxiliares	225,4800
				Subtotal	242,0099

E - TEMPO FIXO		Código	Quantidade	Unidade	Custo Unitário	Custo Unitário
M0003	Aço CA 25 - Caminhão carroceria 15 t	5914655	0,00000	t	25,0200	-
M0004	Aço CA 50 - Caminhão carroceria 15 t	5914655	0,00000	t	25,0200	-
M2152	Aditivo de cura para concreto - Caminhão carroceria 15 t	5914655	0,00100	t	25,0200	0,0250
M1377	Treliça nervurada com 3 barras longitudinais e 2 diagonais sinusoidais - Caminhão carroceria 15 t	5914655	0,00000	t	25,0200	-
6416090	Usinagem para pavimento de concreto com formas deslizantes - areia e brita comerciais - Caminhão basculante para concreto 7 m³	5919540	2,40000	t	2,0300	4,8720
					Custo unitário total de tempo fixo	4,8970

F - MOMENTO DE TRANSPORTE		Quantidade	Unidade	DMT			Custo Unitário
				LN	RP	P	
M0003	Aço CA 25 - Caminhão carroceria 15 t	0,00000	tkm	5914449	5914464	5914479	
M0004	Aço CA 50 - Caminhão carroceria 15 t	0,00000	tkm	5914449	5914464	5914479	
M2152	Aditivo de cura para concreto - Caminhão carroceria 15 t	0,00100	tkm	5914449	5914464	5914479	
M1377	Treliça nervurada com 3 barras longitudinais e 2 diagonais sinusoidais - Caminhão carroceria 15 t	0,00000	tkm	5914449	5914464	5914479	
6416090	Usinagem para pavimento de concreto com formas deslizantes - areia e brita comerciais - Caminhão basculante para concreto 7 m³	2,40000	tkm	5914315	5914330	5914345	
				Custo unitário total de transporte			
				Custo unitário direto total			246,91

Fig. 4.86 *Composição DNIT 4011533*

4011533, sendo a primeira para os casos de areia extraída e brita produzida e a segunda para quando areia e brita forem adquiridas no mercado (Fig. 4.86).

Nessas composições, percebe-se que os custos inerentes ao fornecimento e aplicação das barras de transferência e de ligação, à confecção das treliças nervuradas e à serragem e fornecimento do material para as juntas aparecem zerados, sendo necessário que os Engenheiros Orçamentistas calculem seus respectivos consumos por metro cúbico de placa de concreto, em conformidade com as especificações de cada projeto, fazendo-os então serem parte integrante do custo de execução do pavimento de concreto.

Por outro lado, as composições estimam, por padrão, um consumo de aditivo de cura para concreto da ordem de 1 kg/m³. De modo análogo, por padrão de referência, também está prevista no custo final da placa de concreto, por intermédio da composição auxiliar de código 6416090 (usinagem do concreto), a utilização de aditivo incorporador de ar (consumo de 0,09 kg/m³) e de aditivo plastificante e retardador de pega (consumo de 1,2 kg/m³). Assim, os Engenheiros Orçamentistas precisam fazer os devidos ajustes, caso os consumos de projeto forem diferentes e, principalmente, se o traço dispensar o uso de um ou mais desses itens.

Em face disso, nenhum desses itens pode ser objeto de medição em separado ou de aditivo de preço durante a fase de execução das obras.

Ressalte-se ainda que o *Manual de custos rodoviários* do DNIT (2003, p. 23), referente ao antigo Sicro 2, determinava que "no custo do cimento a granel, deveria estar incluído o custo do transporte da fábrica até a usina". Essa diretriz foi alterada pelo *Manual de custos de infraestrutura de transportes* (DNIT, 2017, v. 10, conteúdo 2, p. 34), orientador do novo Sicro, que passou a determinar que "os custos associados ao transporte dos insumos devem ser apropriados em composições de custos específicas".

Para medir os transportes (em t · km) de areia, brita e cimento, deve-se multiplicar o volume de concreto já levantado para as placas pelos respectivos consumos (em kg por metro cúbico de placa), que constam no traço do concreto – a composição do DNIT de código 6416090 estima um consumo de areia da ordem de 700,5 kg/m³, de britas da ordem de 1.116 kg/m³, e de cimento da ordem de 380 kg/m³. Daí, é feita a multiplicação pelas respectivas distâncias de transporte.

Já o quantitativo do transporte (em t · km) do concreto usinado para a pista é obtido pela multiplicação do volume apropriado para as placas por sua densidade (em conformidade com o traço específico), que é de aproximadamente 2,40 t/m³. Daí, é feita a multiplicação pela respectiva distância de transporte.

Por fim, em conformidade com a norma DNIT 049/2013-ES, não serão apropriados quantitativos de serviço superiores aos indicados no projeto.

5
Serviços de drenagem e proteção do corpo estradal

Durante a execução da obra, muitas vezes se revelam situações não previstas em projeto, ou previstas de modo diverso. Em função disso, os Engenheiros devem ficar atentos às ocorrências que exijam a inclusão de dispositivos de drenagem não previstos ou alteração das dimensões ou tipos de dispositivos projetados. Note-se que até mesmo fatos ocorridos posteriormente à elaboração dos projetos – edificações novas no entorno, alterações em canais, assentamento de redes de esgoto, drenagem pluvial etc. – podem também ser responsáveis por tais mudanças e até mesmo justificar a exclusão de determinados dispositivos.

Por essa razão, é necessário que os Engenheiros Executores e Fiscais detenham conhecimento básico acerca do funcionamento dos diversos dispositivos, de modo a estarem aptos a promover as alterações que se fizerem necessárias, evitando que projetos inadequados sejam seguidos à risca.

Nesta seção serão tecidos comentários gerais acerca dos serviços de drenagem e proteção do corpo estradal e especificados os devidos procedimentos mínimos de fiscalização, no que tange aos seguintes tópicos:

- drenos;
- colchões drenantes;
- bueiros e galerias;
- poços de visita e bocas de lobo;
- sarjetas e valetas;
- meios-fios;
- entradas e descidas d'água;
- proteção vegetal;

A Fig. 5.1 ilustra exemplificativamente esses diversos dispositivos.

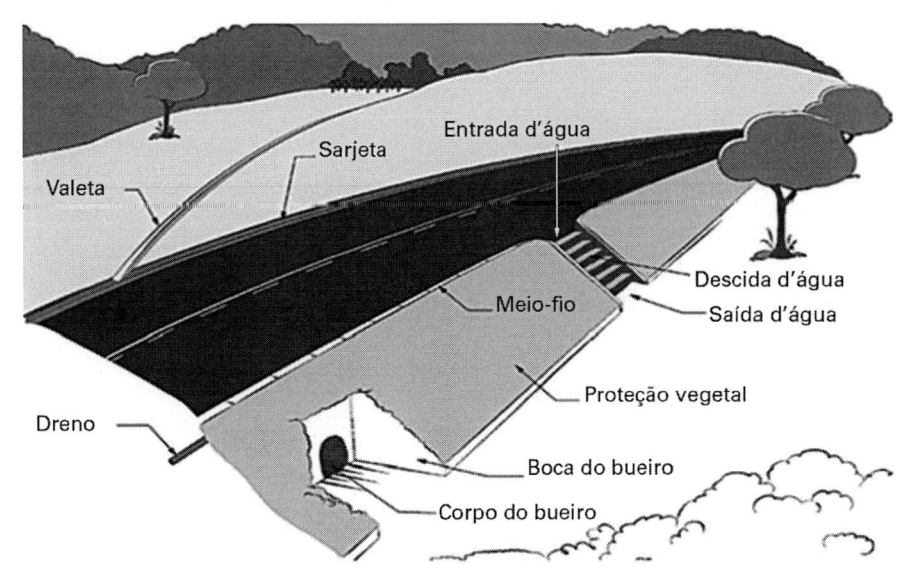

Fig. 5.1 *Dispositivos de drenagem*

5.1 Drenos

Conforme se percebe na Fig. 5.2, há diversas formas de entrada da água nos pavimentos.

Para enfrentar o problema, há duas espécies básicas de drenos em rodovias: os que trabalham impedindo a entrada de água no pavimento – drenos subterrâneos profundos e colchões drenantes, entre outros – e os que retiram a água dele – drenos subsuperficiais, longitudinais, transversais e laterais de base.

A Fig. 5.3 demonstra a seção típica de um dreno com seus vários elementos.

De acordo com o projeto, em determinadas situações, parte desses elementos pode ser dispensada, tais como o selo de argila ou até mesmo o tubo.

Os drenos, rasos ou profundos, que não utilizam tubulação para o escoamento das águas são chamados de "cegos". Nesses casos, a água percola livremente pela seção drenante (brita ou areia).

Os comentários desta seção foram então dispostos na seguinte sequência:

- tipos de dreno;
- procedimentos básicos de execução;
- controle tecnológico;
- critérios de medição.

5.1.1 Tipos de dreno

Os tipos mais comuns de dreno são os subsuperficiais (rasos) e os subterrâneos.

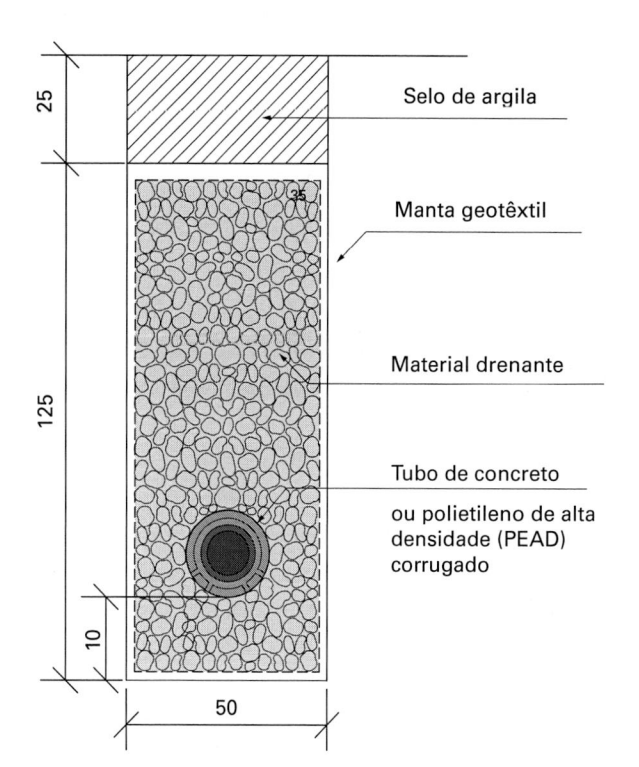

Fig. 5.3 *Seção de dreno tipo DPS 07*

Drenos subsuperficiais (rasos)

Têm a finalidade de retirar a água existente nas camadas mais permeáveis do pavimento – normalmente bases mais abertas como macadame, brita graduada, solo-brita, entre outras –, impedindo-a de penetrar nas camadas mais impermeáveis, o que comprometeria a integridade do pavimento. São, portanto, rasos e se situam dentro do pavimento ou subjacente a ele.

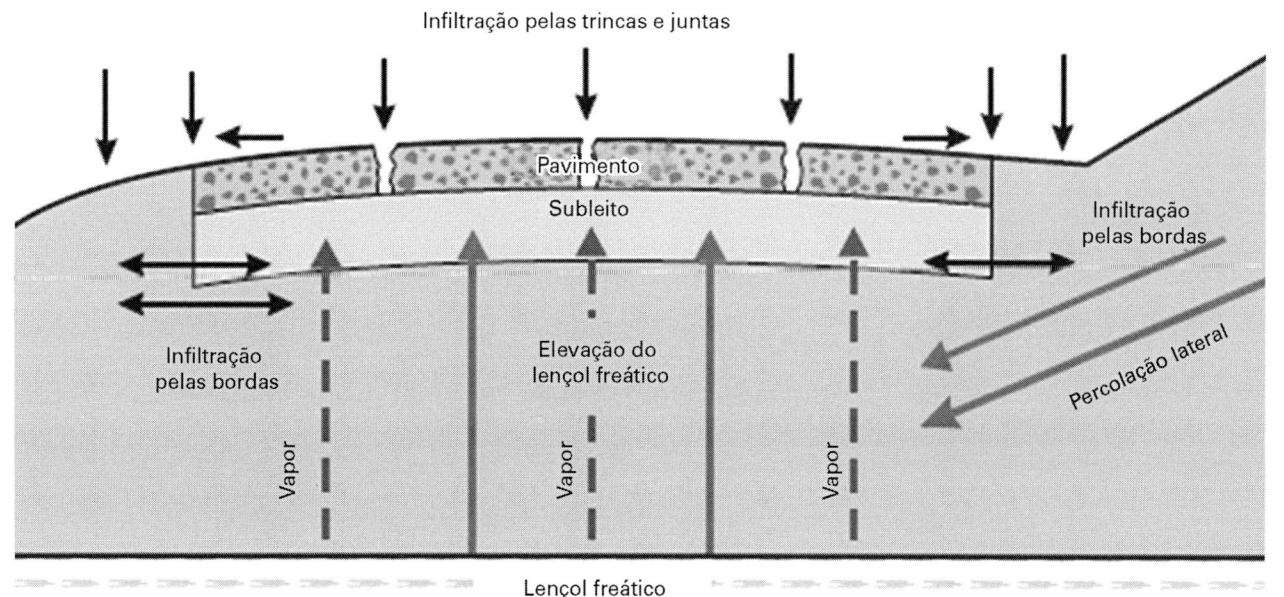

Fig. 5.2 *Formas de infiltração d'água nas rodovias*
Fonte: Silvana Maria Rosso

Os tipos dos dispositivos e suas dimensões variam em função da topografia do terreno, da permeabilidade das camadas e da quantidade de água a ser retirada. Assim, o sistema de drenagem subsuperficial pode incluir um ou mais dos dispositivos a seguir.

Drenos rasos longitudinais

São instalados ao lado da camada permeável do pavimento (normalmente a base) e abaixo de sua face superior, para receber a água que ali percola, destinando-a para fora do pavimento, conforme a Fig. 5.4.

Drenos rasos transversais

Os drenos transversais, conforme a Fig. 5.5, são utilizados em situações de curvas verticais, nos casos em que o volume d'água que percola pela base, devido ao trecho em aclive ou declive, não consegue ser devidamente escoado para os drenos longitudinais.

A água recolhida pelos drenos transversais é, então, conduzida aos drenos longitudinais.

Drenos laterais de base

Quando o limite da capacidade de escoamento dos drenos longitudinais é atingido antes do ponto final de deságue, faz-se necessária a construção dos drenos laterais de base.

Como mostrado na Fig. 5.6, esses drenos possibilitam recolhimentos parciais do volume do dreno longitudinal, destinando as águas para um local onde não comprometa a integridade do pavimento.

Fig. 5.4 *Dreno subsuper longitudinal*

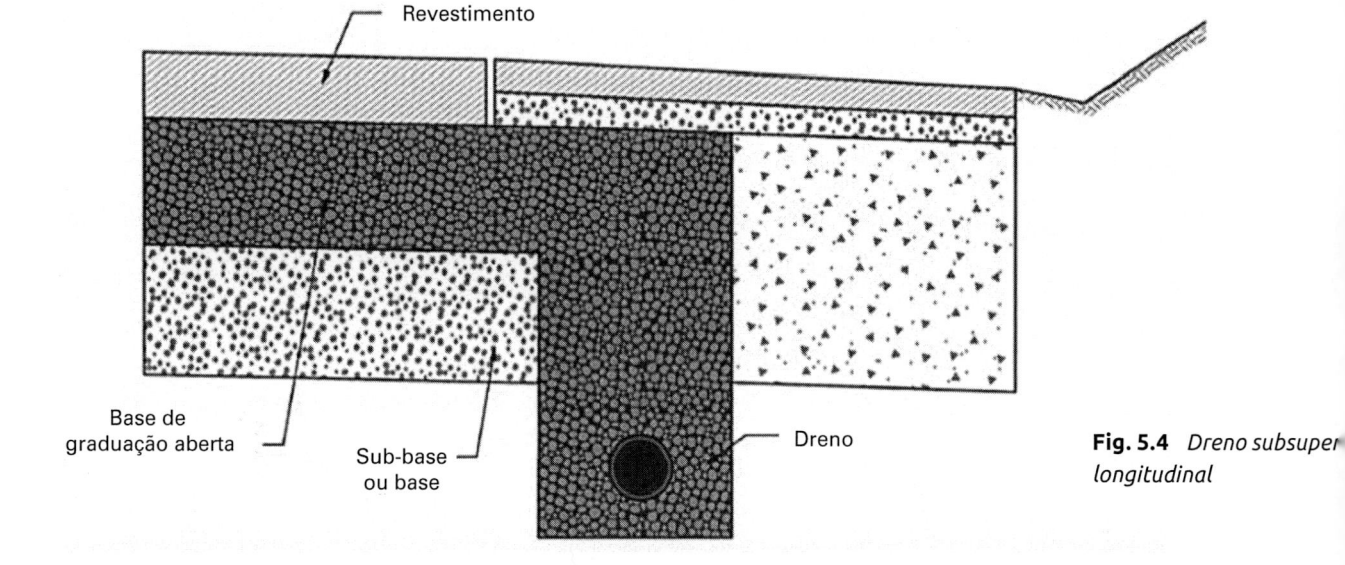

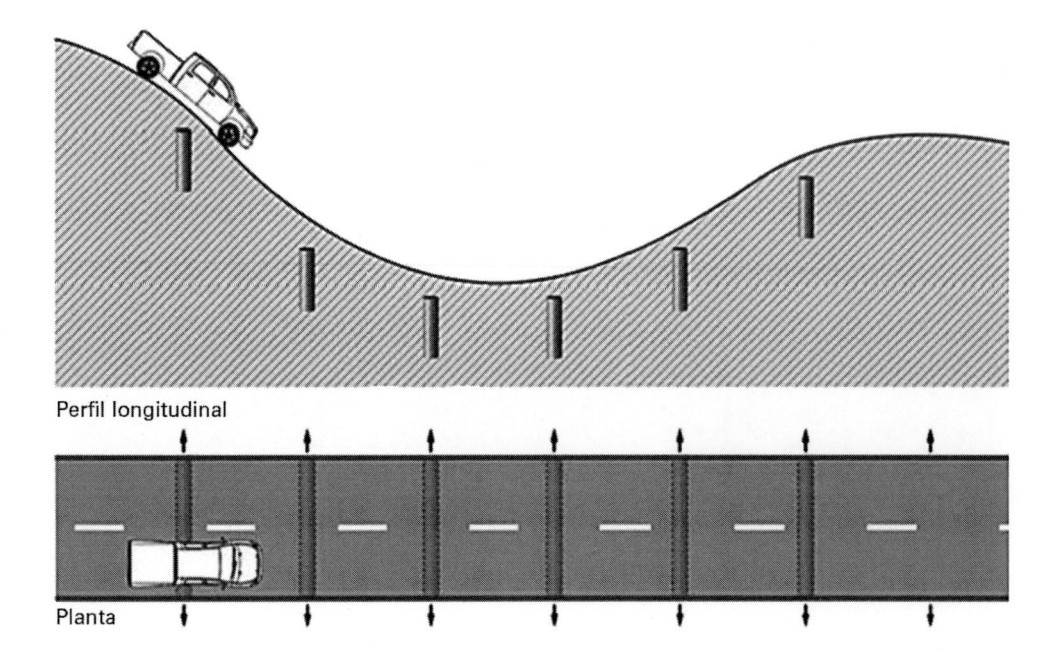

Fig. 5.5 *Dreno subsuper transversal*

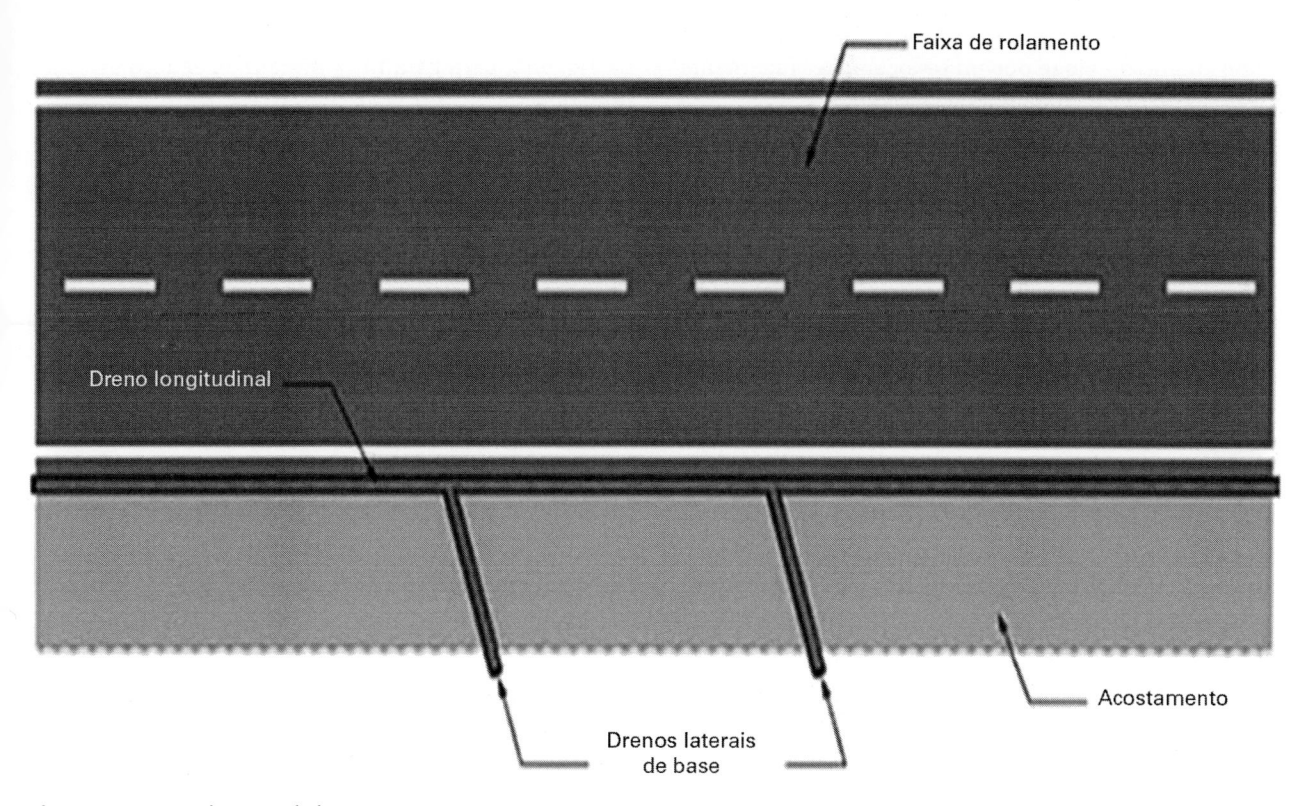

Fig. 5.6 *Drenos laterais de base*

Drenos subterrâneos (profundos)
Os drenos subterrâneos profundos, ilustrados na Fig. 5.7, são construídos visando interceptar o fluxo d'água do terreno natural que adentraria nas camadas do pavimento. Eles normalmente são construídos em profundidades entre 1,50 m e 2,00 m.

5.1.2 Procedimentos básicos de execução
As valas devem ser escavadas nas dimensões e declividades indicadas em projeto – devendo estas ser iguais ou superiores a 0,5%.

Para tanto, normalmente são utilizadas retroescavadeiras, que são equipamentos de pequeno porte, bastante

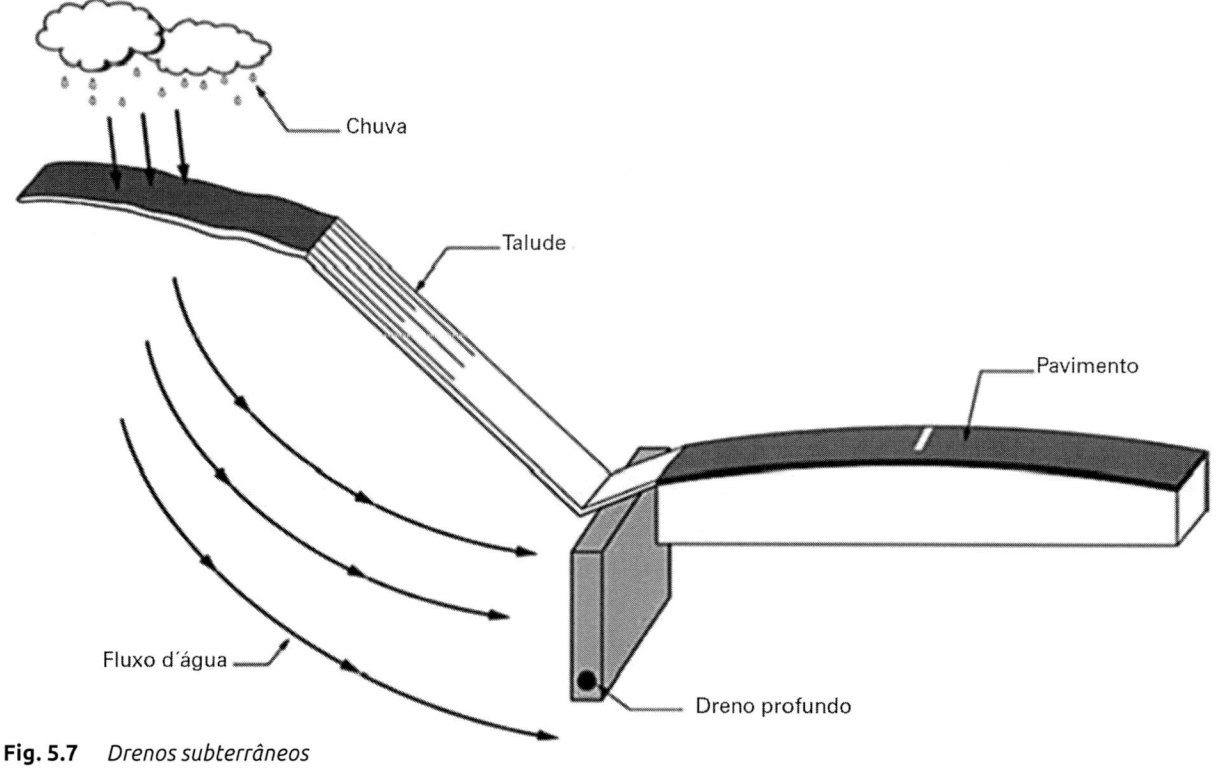

Fig. 5.7 *Drenos subterrâneos*

versáteis – servem para pequenas escavações e para carregamentos – e que podem se locomover facilmente entre os trechos de uma obra (Fig. 5.8).

Para linhas de dreno de longas extensões, deve-se construir caixas de passagem no máximo a cada 80 m, de modo a possibilitar as limpezas e manutenções posteriores.

Concluída a escavação, deve-se proceder à colocação da manta de geotêxtil especificada, que servirá como um filtro – possibilitando a passagem da água, mas impedindo a entrada das partículas finas do solo adjacente –, protegendo o dreno de colmatações que reduziriam sua vida útil.

Caso o dreno projetado preveja a utilização de tubos, seu berço deve ser devidamente compactado (com compactadores vibratórios), visando conferir a estabilidade necessária para que eles não sofram qualquer tipo de recalque.

A inclinação da tubulação deve ser controlada por gabaritos nivelados pela equipe de topografia a cada 10 m – controla-se a distância vertical entre o gabarito deixado e a geratriz superior do tubo.

Os tubos, caso sejam de concreto, devem ser assentados sempre com a bolsa na direção da cota mais elevada. Colocado o primeiro tubo, deve-se tamponá-lo até a conclusão do serviço, de modo a evitar obstruções durante os trabalhos. A argamassa utilizada para o rejuntamento deve ser de cimento e areia no traço 1:4.

Instalada a tubulação, procede-se ao enchimento da seção com o material indicado (Fig. 5.9), fechando-se, em seguida, a manta de geotêxtil e executando-se o selo de argila – se assim for especificado.

Note-se que a Fig. 5.9 apresenta um dreno subsuperficial longitudinal, com tubo de polietileno de alta densidade (PEAD).

Dependendo da estabilidade do solo escavado, pode-se fazer necessária a utilização de gabaritos de madeira no momento do enchimento do dreno, conforme mostrado na Fig. 5.10, para garantir a perfeita execução da seção projetada.

Fig. 5.8 *Retroescavadeira*

Fig. 5.9 *Enchimento de dreno subsuperficial*

Fig. 5.10 *Enchimento de dreno com gabarito*

Caso o projeto preveja o enchimento das valas com areia, esta deve ser devidamente adensada com água. Para tanto, coloca-se a areia até a metade da altura projetada e adiciona-se tanta água quanto necessário para que o material se torne estabilizado. Repete-se então o processo até o atingimento da cota final.

É importante que o Engenheiro Fiscal somente autorize o fechamento das valas após a inspeção de sua conformidade.

Nas extremidades dos drenos, devem ser executados os dispositivos de saída previstos no projeto, de maneira a destinar a água para o local mais adequado, evitando-se erosões.

Recomenda-se também a instalação de mourões de madeira ou concreto para sinalizar as extremidades dos drenos subterrâneos, a fim de facilitar sua localização futura para as devidas manutenções.

5.1.3 Controle tecnológico

Em atenção aos requisitos das normas DNIT 015/2006-ES e DNIT 016/2006-ES, os Engenheiros devem inspecionar a granulometria dos agregados utilizados no enchimento dos drenos.

No caso de drenos projetados com tubos, o Engenheiro Fiscal deve ainda proceder a uma inspeção visual, bem como determinar a realização dos ensaios devidos, observando as orientações a seguir.

Tubos de concreto

Na inspeção visual, o Fiscal deve observar a conformidade de três condições:

- não pode haver trincas no corpo nem na boca dos tubos;
- os planos das extremidades dos tubos devem estar em esquadro com o eixo longitudinal;
- as dimensões dos tubos devem atender aos parâmetros da Tab. 5.1.

Os tubos que não atenderem a qualquer uma dessas condições devem ser, de pronto, descartados.

Aqueles aceitos na inspeção visual devem ser agrupados em lotes de no máximo 200 unidades. De cada lote serão selecionados quatro tubos para a realização dos seguintes ensaios:

- *permeabilidade*: realizado em dois tubos, em conformidade com a norma da ABNT NBR 8890:2007;
- *absorção*: realizado em dois tubos, em conformidade com a norma da ABNT NBR 8890:2007;
- *compressão diametral*: realizado em dois tubos (os mesmos utilizados no ensaio de absorção), em conformidade com a norma da ABNT NBR 8890:2007.

Nenhum tubo pode apresentar absorção superior a 6% de sua massa seca. Quanto à resistência e à permeabilidade, os resultados devem atender aos requisitos mínimos da Tab. 5.2.

Tab. 5.2 Resistência e permeabilidade de tubos de concreto para drenos

Diâmetro interno		Resistência média (método dos três cutelos)	Permeabilidade mínima do encaixe
pol	cm	kg/cm	L/min/cm
4	10,2	14,9	0,5
6	15,2	16,4	0,7
8	20,3	19,3	1,0
10	25,4	20,8	1,3
12	30,5	22,3	1,5
15	38,1	26,0	1,9
19	48,3	29,8	2,3
21	53,3	32,8	2,6
24	61	35,7	3,0

Caso os resultados não atendam a esses requisitos, os ensaios devem ser repetidos em amostras com o dobro das unidades anteriores. Se um dos resultados obtidos na repetição ainda não satisfizer aos requisitos mínimos, todo o lote deve ser rejeitado.

Tubos PEAD

Em conformidade com a norma DNIT 093/2006-EM, caso a obra demande *menos que 130 barras ou rolos de tubos PEAD*, o controle sobre esses insumos poderá ser apenas visual/dimensional. Nesse caso, o Engenheiro Fiscal deve selecionar amostras do material, proceder às avaliações e analisar os resultados de acordo com os parâmetros trazidos na Tab. 5.3.

A segunda amostra somente é coletada caso os resultados da primeira não sejam conclusivos pela aceitação ou rejeição direta do lote.

Conforme os resultados das inspeções na primeira amostra, o lote será diretamente aceito se a quantidade de barras/rolos defeituosos for igual ou menor que o número indicado na coluna "Ac-1" da Tab. 5.3. Por outro lado, se a quantidade de barras/rolos defeituosos for igual ou superior ao número indicado na coluna "Rej-1", o lote deverá

Tab. 5.1 Parâmetros para a inspeção visual de tubos de concreto para drenos

Diâmetro interno		Espessura do tubo		Comprimento		Profundidade mínima de encaixe (cm)
pol	cm	Mínima (cm)	Tolerância (cm)	Mínimo (cm)	Tolerância (cm)	
4	10,2	2,5	0,2	30	0,3	2,2
6	15,2	2,5	0,2	30	0,3	2,5
8	20,3	3,2	0,2	30	0,6	3,2
10	25,4	3,5	0,2	45	0,6	3,3
12	30,5	3,8	0,2	45	0,6	3,8
15	38,1	4,4	0,2	45	0,6	3,8
19	48,3	5,1	0,2	90	0,6	4,8
21	53,3	5,7	0,3	90	0,6	5,1
24	61	6,4	0,3	90	0,6	6,4

Tab. 5.3 Amostragem para a inspeção visual em tubos PEAD

Tamanho do lote (barras/rolos)	Tamanho da amostra		Número de barras/rolos defeituosos			
	1ª amostra	2ª amostra	1ª amostra		2ª amostra	
			Ac-1	Rej-1	Ac-2	Rej-2
30 a 130	3	3	0	2	1	2
131 a 500	5	5	0	3	3	4
501 a 2.500	8	8	1	4	4	5
2.501 a 10.000	13	13	2	5	6	7

ser prontamente descartado. Caso não ocorra nenhuma dessas situações, a segunda amostra deve ser coletada.

Acumulando as quantidades de unidades defeituosas das duas amostras, o Engenheiro Fiscal deve aceitar o lote se essa quantidade for igual ou menor que o número indicado na coluna "Ac-2". Por outro lado, deve rejeitar o lote se a quantidade acumulada de unidades defeituosas for igual ou superior ao número indicado na coluna "Rej-2".

De acordo com a norma DNIT 093/2006-EM, na inspeção visual, o Fiscal deve observar se as superfícies dos tubos apresentam cor e aspecto uniforme e se são isentas de corpos estranhos, bolhas, rachaduras ou outros defeitos visuais que indiquem descontinuidade do composto ou do processo de extrusão que comprometa o desempenho do tubo.

Quanto às dimensões, em cada unidade da amostra o Fiscal deve averiguar o atendimento aos parâmetros trazidos na Tab. 5.4.

Cada diâmetro deve ser considerado como a média de duas medidas ortogonais tomadas com o auxílio de um paquímetro. Os diâmetros externos e internos devem ser medidos como ilustrado na Fig. 5.11.

Ainda em conformidade com a norma DNIT 093/2006--EM, caso a obra demande a utilização de 130, ou mais, barras ou rolos de tubos PEAD, além do controle visual/dimensional comentado anteriormente, o Engenheiro Fiscal deverá, dos lotes aprovados, selecionar outras amostras dos insumos para ensaios destrutivos, analisando os resultados de acordo com os parâmetros trazidos na Tab. 5.5.

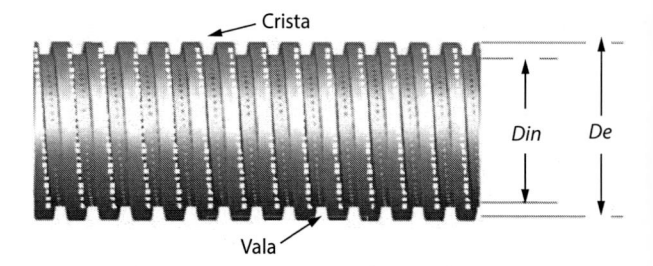

Fig. 5.11 *Perfil de tubo PEAD*

Os critérios para aceitação ou rejeição dos lotes, com os resultados de conformidade e não conformidade da primeira ou da segunda amostra, são os mesmos já comentados para a inspeção visual/dimensional.

Em laboratório, então, são realizados os seguintes ensaios:

- *Compressão diametral*: ensaio realizado de acordo com a NBR 14272:1999. Submetidos a uma deformação igual ou superior a 50% de seu diâmetro externo, os tubos não podem apresentar trincas visíveis a olho nu.
- *Resistência ao impacto*: ensaio realizado de acordo com a NBR 14262:1999. Imediatamente após o impacto, os tubos não podem apresentar variação de diâmetro externo superior a 15%.
- *Classe de rigidez*: ensaio realizado de acordo com a ISO 9969:2007. Os tubos devem apresentar classe de rigidez maior ou igual a 6.000 Pa.
- *Teor de negro de fumo*: ensaio realizado de acordo com a NBR 14685:1999, apenas nos tubos pretos, pigmentados com negro de fumo.

Tab. 5.4 Dimensões e tolerâncias para a inspeção em tubos PEAD

Diâmetro nominal (*DN*)	Tubo dreno		Luva de emenda e tampão da extremidade	
	Diâmetro externo *De* (mm)	Diâmetro interno *Din* (mm)	Comprimento *L* mínimo	Diâmetro interno *Dim* mínimo
80	80 ± 3,0	60,0	140	74
100	101,6 ± 3,0	80,0	145	92
170	170,0 ± 3,0	130,0	155	155
230	230,0 ± 3,0	190,0	190	205

Tab. 5.5 Amostragem para ensaios destrutivos em tubos PEAD

Tamanho do lote (barras/rolos)	Tamanho da amostra		Número de barras/rolos defeituosos			
			1ª amostra		2ª amostra	
	1ª amostra	2ª amostra	Ac-1	Rej-1	Ac-2	Rej-2
130 a 500	1	–	0	1	–	–
201 a 2.500	3	3	0	2	1	2
2.501 a 10.000	5	5	0	2	1	2

5.1.4 Critérios de medição

Os drenos devem ser medidos em metros lineares, acompanhando as declividades do terreno.

Os serviços a seguir geralmente estão inclusos nos preços unitários para a execução dos drenos, nos casos em que se fizerem necessários. Não obstante, recomenda-se em cada caso a consulta à composição de preço correspondente, pois, eventualmente, um ou outro item pode não estar contemplado.

- Escavação das valas.
- Aquisições e assentamentos dos tubos e mantas de geotêxtil.
- Formas de madeira, quando o projeto prevê material de proteção para os tubos, como é o caso dos drenos tipo dps-03 e dps-04.
- Aquisições de areia e brita e enchimento das valas.
- Fornecimento do solo e compactação dos selos de argila.

Assim, normalmente os seguintes serviços devem ser objeto de medição em separado, desde que tais custos não tenham sido inseridos pelo Engenheiro Orçamentista, ao tempo da licitação, nos próprios preços unitários dos itens para a execução dos drenos (vide composições de preços):

- transportes comerciais dos tubos, areias, britas etc.;
- caixas coletoras e de passagem.

Os dispositivos projetados normalmente seguem o padrão predeterminado no *Álbum de projetos-tipo de dispositivos de drenagem* (DNIT, 2018a), onde constam as seções transversais de todos os tipos de dreno padronizados pelo DNIT e quadros com as indicações dos consumos médios dos serviços e insumos necessários em cada caso, como os transcritos nas Tabs. 5.6 e 5.7.

Os Engenheiros Fiscais podem, portanto, utilizar-se dessas referências na elaboração de orçamentos e memórias de cálculo – estas no caso dos itens de escavações e formas.

5.2 Colchões drenantes

Muitas vezes, faz-se necessário que o corpo estradal seja composto de camadas que permitam, em graus maiores ou menores, a percolação de água em seu interior.

Tal solução, por vezes, é aplicada às camadas superiores do pavimento, como base e sub-base. É o caso, por exemplo, de rodovias ou vias urbanas situadas em áreas sujeitas a elevada precipitação pluviométrica e deficientes sistemas de drenagem. Nessas condições, pode ocorrer de o pavimento ficar muito tempo em con-

Tab. 5.6 Consumos médios em drenos longitudinais profundos

Descrição	Unidade	Consumos médios							
		DPS 01	DPS 02	DPS 03	DPS 04	DPS 05	DPS 06	DPS 07	DPS 08
Escavação classificada	m³/m	0,75	0,75	0,90	0,90	0,75	0,75	0,75	0,75
Material filtrante	m³/m	0,59	0,69	0,59	0,71	–	–	–	–
Material drenante	m³/m	–	–	–	–	0,62	0,75	0,56	0,69
Material de proteção	m³/m	–	–	0,13	0,13	–	–	–	–
Selo de argila	m³/m	0,10	–	0,12	–	0,13	–	0,13	–
Tubo de PVC perfurado o = 15 cm	m/m	1,00	1,00	–	–	–	–	–	–
Tubo de concreto ou PEAD corrugado	m/m	–	–	1,00	1,00	–	–	1,00	1,00
Manta geotêxtil	m²/m	–	–	–	–	3,70	4,30	3,70	4,30
Forma de madeira	m²/m	–	–	0,88	0,88	–	–	–	–

Tab. 5.7 Consumos médios em drenos subsuperficiais

Descrição	Unidade	DPS 01	DPS 02	DPS 03	DPS 04
Escavação	m³/m	0,75	0,75	0,90	0,90
Manta geotêxtil	m³/m	0,59	0,69	0,59	0,71
Material drenante	m³/m	–	–	–	–
Material filtrante	m³/m	–	–	0,13	0,13
Tubo de concreto ou PEAD corrugado	m/m	–	–	1,00	1,00

tato com a água, que acaba por penetrar por juntas ou trincas do revestimento. Assim, se a camada de base for impermeável, a umidade permanecerá depositada por um período maior e acabará provocando instabilidades, recalques e perdas de material.

Entre as bases mais drenantes, pode-se citar, em ordem decrescente: macadame (seco, hidráulico ou betuminoso), brita graduada e solo-brita. Nesses casos, é recomendável executar um dreno subsuperficial longitudinal para recolher a água dessas camadas e destiná-la ao locais mais apropriados (sobre drenos subsuperficiais, ver seção 5.1.1).

Há outras situações, porém, em que as camadas drenantes precisam estar localizadas em cotas mais profundas. Nesses casos, costuma-se chamá-las de colchões drenantes.

A indicação do colchão drenante pode se dar por três razões:
- o contato ou a proximidade das camadas inferiores do pavimento com o lençol freático;
- o contato permanente ou sazonal com uma região alagadiça;
- a transição entre camadas superiores mais permeáveis e camadas inferiores impermeáveis.

Note-se que, diferentemente da solução para as camadas de base e sub-base, a execução de colchões drenantes muitas vezes é uma decisão tomada no transcorrer da obra, posto que os projetos não raramente deixam de prever a situação que exigiria a execução dessa solução, seja por terem sido elaborados sem os devidos cuidados com as sondagens necessárias, seja porque os pontos críticos realmente escaparam às prospecções realizadas.

Em razão disso, os Engenheiros devem estar atentos a essas situações e avaliar, em cada caso, a necessidade ou não da execução de camadas drenantes, bem como estabelecer suas espessuras.

Caso o colchão drenante seja executado em virtude do contato ou da proximidade das camadas inferiores do pavimento com o lençol freático, sua espessura deve ser suficiente para que se estenda, conforme mostrado na Fig. 5.12, até a cota em que não mais se tenha o risco de a camada de solo sobre o lastro drenante ser atingida pelas águas subterrâneas.

Raciocínio similar deve ocorrer quando o colchão drenante é executado em razão do contato permanente ou sazonal com uma região alagadiça. Trata-se de um fato bastante comum em regiões de relevo muito plano, que dificulta a drenagem, e sujeitas a extensas temporadas de fortes chuvas, como é o caso, por exemplo, do Pantanal mato-grossense.

Nessas regiões, portanto, ante a impossibilidade de drenagem eficaz, é preciso conviver com o problema da água em contato, por longos períodos, com o maciço da estrada. O colchão drenante, então, funciona como uma camada pela qual a água pode percolar livremente sem que comprometa a estabilidade do aterro em solo executado em camadas logo acima. Dessa forma, a espessura do lastro drenante também deve ser suficiente para atingir a cota máxima da lâmina de água verificada nos tempos de cheia.

Ressalte-se que, em ambos os casos, é pré-requisito essencial que se garanta a estabilidade do próprio colchão drenante, uma vez que, se ele recalcar, trará consigo todo o maciço terroso, o qual, além das fissuras provocadas pelo movimento em si, ainda passará a entrar em contato direto com a água do lençol freático ou da região circunvizinha.

Assim, é preciso que o lastro drenante seja assentado sobre um terreno que tenha a capacidade mínima

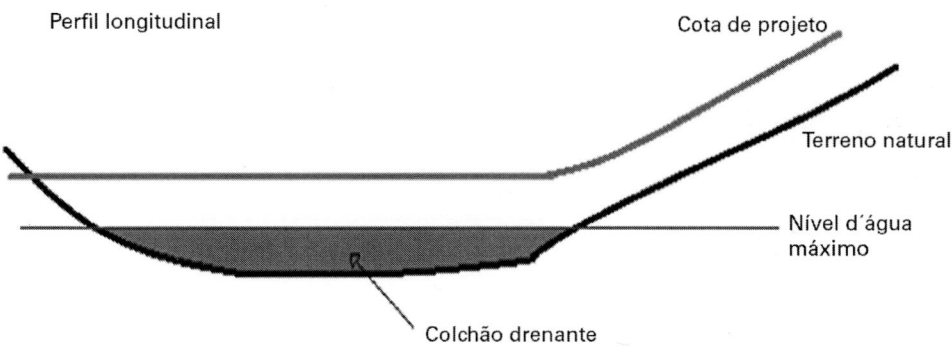

Fig. 5.12 *Colchão drenante em função de lençol freático*

de suporte (CBR) estabelecida em projeto. Se for o caso, o material de má qualidade deve ser previamente removido.

A terceira indicação para a utilização de colchões drenantes se dá quando ocorre a transição entre camadas superiores mais permeáveis e camadas inferiores impermeáveis. Nesses casos, a pequena quantidade de água que sempre percola, em sentido vertical, pelo corpo de aterro encontra resistência numa camada impermeável e ali começa a se depositar.

É o que ocorre, por exemplo, quando se executam cortes até se atingir uma camada de rocha. Ora, nessas condições a água que consegue penetrar no pavimento desce pelas camadas superiores e se acumula, retida, na interface com a rocha sã. É necessário, portanto, que seja executada uma camada drenante nessa área, por vezes ligada a um dreno longitudinal, que promoverá o escoamento desta até os locais apropriados.

Perceba-se que, no exemplo citado, a camada drenante terá ainda outra função, qual seja, a de regularização do terreno (em rocha) para o aterro posterior.

O material normalmente utilizado nos colchões drenantes é a brita (rachão) ou a areia, a depender dos preços desses insumos na região (decisão econômica) e das demais condições locais. A título de exemplo, a areia em geral pode ser usada como camada de regularização para cortes em rochas, mas muitas vezes não pode ser empregada em outros fins porque precisa estar confinada – a camada de areia não pode ter taludes livres – para garantir suporte ao aterro posterior.

As Figs. 5.13 e 5.14 ilustram o espalhamento de camadas drenantes de rocha e areia.

A execução da camada drenante consiste no espalhamento e na compactação dos materiais, de modo

Fig. 5.14 *Colchão drenante em areia*

que fiquem perfeitamente estabilizados. A norma DNIT 108/2009-ES deve ser seguida no que tange à execução de aterros em rochas – procedimento já comentado na seção 3.6.2.

Os volumes devem ser apropriados em metros cúbicos e levantados na seção de aterro por intermédio de nivelamentos topográficos, os quais são realizados antes e depois da execução da camada, específicos para tal fim.

Caso os custos dos transportes da pedra ou da areia não hajam sido expressamente previstos nas composições de preço para a execução da camada drenante, os quantitativos desses serviços devem ser apropriados (em t · km) e medidos em itens específicos da planilha orçamentária.

5.3 Bueiros e galerias

A execução de bueiros é regulamentada pelas normas DNIT 023/2006-ES (bueiros tubulares), DNIT 024/2004-ES (bueiros metálicos) e DNIT 025/2004-ES (bueiros celulares). As galerias urbanas de águas pluviais, por sua vez, são regulamentadas pela norma DNIT 030/2004-ES.

A função dos bueiros é permitir que as águas pluviais sigam seu curso natural, atravessando o corpo de aterro. As Figs. 5.15 e 5.16 mostram, respectivamente, um bueiro tubular em construção e um bueiro celular em operação.

As galerias, por sua vez, servem para o escoamento canalizado das águas recolhidas até o destino final mais conveniente, definido em projeto. A Fig. 5.17 exibe a construção de uma galeria em tubos de concreto.

Os bueiros são compostos do corpo e das bocas. As bocas são as extremidades que servem para captar (montante) ou dissipar (jusante) as águas, evitando a formação de erosões nos taludes do corpo de aterro adjacente.

Conforme sua posição em relação ao eixo da rodovia, os bueiros podem ser normais, quando o eixo dos tubos é

Fig. 5.13 *Colchão drenante em rocha*

Fig. 5.15 *Bueiro tubular em construção*

Fig. 5.16 *Bueiro celular em operação*

Fig. 5.17 *Construção de galeria em tubos de concreto*

ortogonal ao eixo da pista, ou esconsos, quando o ângulo formado pelo encontro desses eixos é diferente de 90°.

Visando conferir estabilidade – evitando que pequenos recalques no subleito provoquem movimentações nos tubos ou nas placas que desencadeariam vazamentos –, os corpos dos bueiros são sempre assentados sobre um berço, normalmente executado em concreto simples, armado ou ciclópico, conforme especificado em projeto. A resistência mínima à compressão especificada em norma é de 15 MPa aos 28 dias.

Em rodovias, normalmente são utilizados bueiros com três tipos de corpos: tubulares, celulares e metálicos.

5.3.1 Bueiros e galerias tubulares

Os bueiros tubulares consistem no assentamento de tubos pré-moldados de concreto rejuntados com argamassa. De acordo com a vazão de água à qual estarão submetidos, podem apresentar uma ou mais linhas de tubos, de diversos diâmetros, normalmente variando entre 60 cm e 1,50 m. Assim, atribuem-se as seguintes siglas, de acordo com a quantidade de linhas de tubos dos corpos dos bueiros:

- BSTC: bueiro simples tubular de concreto;
- BDTC: bueiro duplo tubular de concreto;
- BTTC: bueiro triplo tubular de concreto.

A Fig. 5.18 apresenta um exemplo de bueiro do tipo BDTC.

Fig. 5.18 *Bueiro duplo tubular de concreto (BDTC)*

Os tubos devem ser fabricados em concreto simples (CS) – utilizados apenas em galerias – ou concreto armado (CA), sempre com resistência mínima à compressão de 15 MPa aos 28 dias.

De acordo com a quantidade de aço em sua estrutura, o DNIT classifica os tubos de concreto para bueiros em quatro classes:

- *tubos* CA-1: indicados para aterros com altura de até 3,5 m;
- *tubos* CA-2: indicados para aterros com altura de até 5,0 m;
- *tubos* CA-3: indicados para aterros com altura de até 7,0 m;

- *tubos CA-4*: indicados para aterros com altura de até 8,5 m.

As dimensões dos berços e das bocas variam conforme a quantidade de linhas de tubos e o diâmetro e a esconsidade dos bueiros. O DNIT (2018a) padronizou diversos projetos no *Álbum de projetos-tipo de dispositivos de drenagem*, de modo que os Engenheiros Fiscais devem consultar as tabelas dispostas nos desenhos 6.1 e 6.3 a 6.9 daquela publicação, que relacionam as dimensões e os quantitativos (forma e concreto) de cada dispositivo.

Para o assentamento dos tubos, o Engenheiro Fiscal deve exigir a construção de cruzetas, locadas e niveladas pela equipe de topografia, espaçadas em no máximo 5 m, a fim de garantir o perfeito alinhamento e nivelamento dos tubos. Tal trabalho deve preceder inclusive a execução dos berços.

Em rodovias, os bueiros normalmente são executados ao nível do terreno natural e antes mesmo da execução do aterro. No entanto, caso seja necessária alguma escavação – situação muito comum no caso de execução de galerias –, esta deve ter largura mínima superior a 60 cm além da largura projetada para o berço, de modo a garantir espaço para a fixação de formas.

Os tubos somente devem ser assentados após a cura do berço, e de maneira que o fluxo de água escoe no sentido da bolsa para a ponta. O rejuntamento deve ser procedido com argamassa de cimento e areia ao traço mínimo de 1:4, em toda a circunferência do tubo, para evitar vazamentos.

Antes de autorizarem quaisquer serviços de execução de bueiros, os Engenheiros devem analisar os projetos, procurando ver qual o recobrimento de aterro previsto para cada bueiro. Tal recobrimento não pode ser inferior a 1,5 vez o diâmetro do tubo, contado a partir da geratriz superior dele.

Na inspeção dos tubos, é preciso observar a conformidade das seguintes condições:
- não pode haver trincas no corpo nem na boca dos tubos;
- os planos das extremidades dos tubos devem estar em esquadro com o eixo longitudinal;
- o comprimento útil do tubo não deve divergir em mais de 20 mm daquele declarado pelo fabricante;
- a espessura do tubo não deve divergir mais de 5 mm para menos ou 10 mm para mais daquela declarada pelo fabricante;
- o diâmetro interno do tubo não deve divergir, para mais ou para menos, além de 1% do declarado pelo fabricante, e este, por sua vez, não deve divergir mais que 3% do diâmetro nominal do tubo.

Caso a quantidade adquirida de tubos de mesma classe e diâmetro ultrapasse 200 unidades, o Engenheiro Fiscal precisa exigir a realização de ensaios de compressão diametral e permeabilidade, tomando-se uma amostra de quatro unidades para cada lote de cem tubos.

5.3.2 Bueiros celulares

Os bueiros celulares são executados em concreto armado, moldados *in loco* ou pré-fabricados em placas. Desse modo, permitem maior área de seção transversal para o escoamento de maior volume d'água.

De forma análoga aos bueiros tubulares, atribuem-se as seguintes siglas aos bueiros celulares de concreto, de acordo com a quantidade de células:
- *BSCC*: bueiro simples celular de concreto;
- *BDCC*: bueiro duplo celular de concreto;
- *BTCC*: bueiro triplo celular de concreto.

A Fig. 5.19 apresenta um exemplo de bueiro do tipo BSCC.

Fig. 5.19 *Bueiro simples celular de concreto (BSCC)*

As formas que sustentam as paredes internas devem receber tratamento adequado (desmoldantes) para garantir um mínimo de rugosidade na superfície. Caso contrário, deve-se revesti-las com argamassa de cimento e areia ao traço de 1:3.

Todo o serviço de locação e nivelamento deve ser realizado pela equipe de topografia, visando assegurar a perfeita localização, cota e declividade. Caso escavações sejam necessárias, a largura da cava deve superar a do berço, no mínimo, em 1 m.

O berço do bueiro deve ser executado sobre terreno firme e estável, e, se for necessário, os Engenheiros precisam providenciar a substituição ou o tratamento de solo (estaqueamento, por exemplo, em casos extremos).

Ressalte-se que o berço do bueiro não deve servir de laje de fundo. Esta deve ser concretada, de acordo com as especificações próprias de projeto, após a cura do concreto do berço, deixando-se em espera a ferragem de ligação com as paredes (a serem concretadas em etapa seguinte).

Por se tratar de estruturas contínuas de concreto armado, os bueiros devem ser executados deixando-se juntas de dilatação a cada 10 m, no máximo. As juntas são deixadas com o auxílio de réguas de madeira e isopor e, depois, rejuntadas com mistura quente de cimento asfáltico e cimento. Também são admitidas juntas comerciais do tipo Fungenband ou similar.

O reaterro deve ser executado com equipamento de pequeno porte (sapos mecânicos) até serem atingidos 60 cm acima da laje superior do bueiro, dando-se sequência com equipamentos de maior porte. Esse valor de 60 cm é estimativo, sendo preciso que cada projeto disponha a esse respeito, tendo em vista as diversas condições locais de carga, subleito e dimensionamento dos dispositivos. Também em casos de limitação de cotas de greide, soluções especiais podem ser adotadas, como reforços no dimensionamento das peças, por exemplo.

É recomendável que o Engenheiro Fiscal inspecione as dimensões das seções transversais e das espessuras das paredes em dois momentos subsequentes: imediatamente antes da concretagem – caso haja qualquer distorção, deve suspender o serviço e alertar a empreiteira responsável – e após a desmoldagem.

As seções transversais não devem divergir das especificadas em projeto em mais de 1%, enquanto as espessuras das paredes não podem variar mais que 10% quando comparadas às projetadas.

Quanto à resistência do concreto, deve-se seguir o plano de amostragem planejado, moldando-se corpos de prova para o ensaio de resistência à compressão e analisando-se o resultado de acordo com o tratamento estatístico já descrito na seção 4.12.2.

A empreiteira contratada deve elaborar um plano de amostragem que traduza o risco que pretende correr de ver rejeitado pela fiscalização um serviço que, de fato, foi bem executado. Assim, de acordo com os coeficientes de distribuição de Student, quanto maior o número de exemplares, menor o risco de rejeição estatística dos serviços.

Caso o controle tecnológico inicial aponte para uma situação de não conformidade, o Engenheiro Fiscal deverá solicitar que a empreiteira contratada realize, a suas expensas, ensaios não destrutivos – com esclerômetro de impacto – visando aferir a resistência real do concreto. Se os resultados negativos se confirmarem, o Engenheiro Projetista precisa ser notificado para elaborar um parecer formal, concluindo pela aprovação ou rejeição da estrutura executada. Os custos dessa retroanálise devem ser suportados pela empreiteira contratada, uma vez que se trata de uma tentativa de se aproveitarem os serviços executados, sem a necessidade de demolição imediata da obra.

5.3.3 Bueiros metálicos

Os bueiros metálicos, compostos de chapas corrugadas de aço fixadas com parafusos, são normalmente especificados em duas situações:

- quando se pretende deixar uma passagem sob a rodovia – nesse caso, pode-se também optar por bueiros celulares ou pontilhões;
- quando se precisa inserir um bueiro numa rodovia já existente sem a interrupção do tráfego, normalmente em casos de serviços emergenciais.

Por serem mais leves e flexíveis, os bueiros metálicos prescindem de fundação robusta (Fig. 5.20). As bocas, por sua vez, podem ser construídas em concreto armado, por intermédio de processo convencional.

Para a execução com penetração em aterro já existente, sem que seja necessário interromper o tráfego, utiliza-se o método construtivo conhecido como *tunnel liner* (Figs. 5.21 e 5.22).

Esse método consiste basicamente na escavação gradual do solo, no sentido de jusante a montante, com a imediata instalação da seção parcial do bueiro, que já passa a servir de apoio e proteção para a escavação do trecho seguinte. Essa solução possibilita a execução de bueiros com diâmetro variando de 1,20 m a 5,00 m, podendo ser também de seção elipsoidal ou lenticular.

Fig. 5.20 *Bueiro metálico*

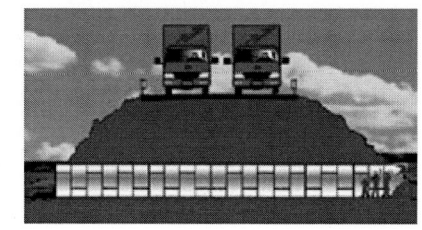

Fig. 5.21 Tunnel liner
Fonte: catálogo da Armco Staco (fabricante de bueiro metálico).

Fig. 5.22 Tunnel liner *em execução*

Antes de autorizar qualquer serviço, o Engenheiro Fiscal deve solicitar as sondagens para avaliar o tipo de solo a ser escavado, uma vez que solos com baixa estabilidade ou resistência ao escorregamento podem demandar cuidados construtivos adicionais. Além disso, em função do nível do lençol freático, pode ser necessário providenciar seu rebaixamento.

Os Engenheiros devem também pesquisar informações de cadastramento da região, visando identificar possíveis interferências, como redes de água, esgoto, gás, telefonia etc. Ainda que haja tais interferências, a solução (bueiro metálico) permite planejar desvios ou enfrentamentos diversos dessas situações.

Caso o local e as condições de serviço do bueiro vislumbrem o risco de corrosão da estrutura, será necessário solicitar que as chapas sejam fornecidas já revestidas com epóxi.

Entre as chapas justapostas, devem ser colocadas tiras de feltro, comprimidas pelo aparafusamento das peças, de modo a impedir o vazamento d'água do bueiro.

O espaço existente entre o bueiro e o solo deve ser preenchido com argamassa de solo-cimento, a fim de dificultar a corrosão da chapa.

As seções transversais não devem divergir das especificadas em projeto em mais de 1%, enquanto as espessuras das paredes não podem variar mais que 10% quando comparadas às projetadas.

O controle tecnológico do concreto utilizado, por sua vez, deve ser procedido de forma idêntica à já comentada na seção 5.3.2.

5.3.4 Critérios de medição

As tabelas de referência do DNIT, Sicro, trazem preços distintos para a execução de corpos e bocas de bueiros. Isso porque o corpo do bueiro é medido em metros lineares, enquanto as bocas são apropriadas por unidade.

Note-se, ainda, que há preços específicos para bueiros simples, duplos e triplos, de modo que não se deve multiplicar por dois ou três o comprimento dos corpos dos bueiros duplos ou triplos, respectivamente.

Da mesma forma, as tabelas de referência trazem preços para os diversos tipos de bocas de bueiros previamente definidas pelo DNIT (2018a), conforme o tipo de corpo (BSTC, BDTC ou BTTC) e a esconsidade de cada bueiro.

O Engenheiro Fiscal deve observar se a composição de preço apresentada pelo licitante vencedor ou aquela do orçamento básico incluem os custos referentes aos transportes de areia e brita para o concreto e à confecção dos tubos. Caso contrário, eles devem ser apropriados em itens específicos de planilha, a menos que o custo unitário considerado para a aquisição desses insumos já contemple o respectivo transporte.

O transporte local dos tubos também deve ser desconsiderado caso se opte pela aquisição dos tubos pré-fabricados (em vez de sua confecção no local da obra) e as condições do trecho possibilitem que eles sejam transportados pelo fabricante até o local específico de cada bueiro (em vez de utilizar-se um estoque no canteiro central).

Em qualquer caso, não será considerado, para efeito de medição, o transporte dos tubos pré-moldados entre a fábrica e o canteiro de obras, posto que tal custo já deve ser diluído no preço do insumo. Note-se que a aquisição dos tubos pré-moldados é uma opção executiva da empreiteira contratada, que só deve ser utilizada, obviamente, se for mais econômica do que a produção dos tubos no próprio canteiro de obras, conforme previsto nas composições de referência do DNIT.

Os corpos de bueiros devem ser medidos acompanhando-se a declividade do terreno.

No caso de bueiros metálicos, o preço unitário já inclui o fornecimento e a aplicação da argamassa de solo-cimento utilizada no preenchimento dos espaços entre a superfície externa das chapas e o solo. Trata-se de uma exigência posta pela norma DNIT 024/2004-ES; não obstante, as composições de preço padrão do Sicro não contemplam tais custos, de modo que o Orçamentista deve orçá-los em item específico da planilha, justificando expressamente a medida para deixar claro a todos os licitantes que não devem considerar esses custos no preço unitário do item "bueiro metálico".

Por outro lado, os transportes das chapas metálicas entre a fábrica e o canteiro de obras (salvo se no orçamento as chapas foram cotadas CIF – *cost, insurance and freight*) e entre o depósito e o local do bueiro (salvo se tal custo foi agregado pelo Orçamentista, na composição de preço unitário, ao preço do serviço) devem ser medidos separadamente, bem como quaisquer outros cuidados acessórios, como escoramentos, rebaixamentos de lençol freático etc.

5.4 Sarjetas e valetas

São dispositivos construídos para o escoamento das águas pluviais e que podem ser de concreto-cimento ou até mesmo protegidos com simples recobrimento vegetal.

Enquanto as sarjetas são construídas ao lado das pistas de rolamento para recolher, portanto, as águas que caem sobre o pavimento ou escoam pelos taludes (Fig. 5.23), as valetas se situam nas cristas dos cortes ou nos pés dos aterros, servindo para impedir o acesso da água aos taludes, comprometendo sua estabilidade (Fig. 5.24).

As valetas têm sempre forma trapezoidal, ao passo que as sarjetas, por normalmente escoarem menores volumes d'água, podem ter forma trapezoidal ou triangular.

Fig. 5.23 *Sarjeta*

Fig. 5.24 *Valeta de proteção de corte*

Em função de suas formas, localização e tipo de revestimento, o *Álbum de projetos-tipo de dispositivos de drenagem*, do DNIT (2018a), traz diversas nomenclaturas para as sarjetas e valetas padronizadas pelo órgão:

- STC: sarjeta triangular de concreto (oito tipos);
- STG: sarjeta triangular de grama (quatro tipos);
- SZC: sarjeta trapezoidal de concreto (dois tipos);
- SZG: sarjeta trapezoidal de grama (dois tipos);
- SCC: sarjeta de canteiro central de concreto (quatro tipos);
- VPA: valeta de proteção de aterro (quatro tipos);
- VPC: valeta de proteção de corte (quatro tipos).

A norma DNIT 018/2006-ES especifica que o concreto utilizado tenha resistência mínima à compressão de 15 MPa aos 28 dias. Caso o revestimento seja em grama, deverão ser especificadas espécies típicas da região, podendo também ser empregado o processo de hidrossemeadura, caso seja vantajoso economicamente.

As sarjetas somente poderão ser executadas após a conclusão dos serviços de pavimentação nas áreas adjacentes que impliquem movimentação de equipamento que possa vir a danificá-las.

De acordo com a seção de projeto, as sarjetas devem ser escavadas, sempre manualmente, em profundidade compatível com sua altura e espessura. As valetas, por sua vez, em função de sua dimensão transversal e comprimento, podem ser escavadas por processo manual ou mecânico. Após as escavações, o fundo necessita ser devidamente compactado, a fim de receber o concreto do revestimento.

Visando garantir as seções e as espessuras de projeto, o Engenheiro Fiscal precisa solicitar a confecção de gabaritos de madeira, que devem ser colocados com espaçamento máximo de 3,0 m. O Fiscal deve conferir, por amostragem, a exatidão dos gabaritos.

Instalados os gabaritos, deve-se lançar o concreto em áreas alternadas e, após o início de sua cura, eles devem ser retirados, de modo que esses segmentos já concretados sirvam de limites e guias para o lançamento do concreto nas áreas restantes. A norma exige juntas de dilatação, em argamassa asfáltica, a cada 12,0 m, no máximo.

Nos casos de revestimento em grama, os Engenheiros devem orientar para que o solo seja devidamente adubado e a grama – sempre de raízes profundas – seja periodicamente irrigada, sendo de responsabilidade da empreiteira contratada a recomposição de quaisquer falhas verificadas, até o completo brotamento do revestimento.

A água recolhida pelas sarjetas ou valetas deve ser destinada a locais adequados, para impedir a formação de qualquer processo erosivo.

As seções transversais não devem divergir das especificadas em projeto em mais de 1%, enquanto as espessuras das paredes não podem variar mais que 10% quando comparadas às projetadas.

5.4.1 Critérios de medição

No preço unitário do serviço, em regra, já estão incluídas as operações de escavação e reaterro do material nas áreas contíguas aos dispositivos. Também já se encontra embutido no preço unitário, no caso de revestimento vegetal, o custo de obtenção da grama.

O comprimento a ser apropriado deve considerar os aclives e declives do terreno.

Quanto ao transporte da grama, as composições de referência do DNIT, Sicro, trazem a previsão do custo, mas, como a distância pode variar de obra para obra, o preço aparece zerado, para ser inserido pelo Engenheiro Orçamentista de acordo com o caso concreto. Nesse caso, o Engenheiro Fiscal deve averiguar se a composição de preço de referência para a licitação ou aquela apresentada pela empreiteira contratada contemplaram tal custo. Em caso negativo, ele deve ser apropriado em item específico de planilha. O mesmo ocorre quanto ao transporte de solos, seja para fornecimento, seja para bota-fora.

5.5 Meios-fios

Os meios-fios têm a função de conduzir a água pluvial precipitada sobre o pavimento, em segmentos de aterro, até locais apropriados para sua descida – entradas e descidas d'água –, evitando, assim, erosões nos taludes (Fig. 5.25).

Esses dispositivos são normalmente executados em concreto de cimento Portland – a norma DNIT 020/2006-ES também permite a utilização de concreto asfáltico –, podendo ser pré-moldados ou moldados in loco, com

Fig. 5.25 *Meio-fio*

formas convencionais ou equipamento de formas deslizantes (extrusora). O concreto empregado deve apresentar resistência à compressão igual ou superior a 15 MPa aos 28 dias.

Caso sejam concretados in loco com formas convencionais, deve-se, após a escavação e a execução da base de brita para apoio, fazer o lançamento do concreto de modo alternado, fixando-se as formas a cada 3,0 m (nos trechos em tangente) ou a cada 1,0 m (nos trechos em curva). Iniciada a cura, retiram-se as formas da parte anterior e posterior e instalam-se as formas laterais dos segmentos alternados restantes, concretando-as em seguida, de modo que os segmentos já concretados sirvam de limite para os seguintes. A norma exige juntas de dilatação, executadas com argamassa asfáltica, a cada 12,0 m, no máximo.

Se o processo construtivo é o de formas deslizantes, o concreto – que deve ter *slump* diferenciado para possibilitar o serviço – é lançado com o auxílio de uma extrusora, que conduz continuamente a forma metálica (Fig. 5.26). Ainda assim, faz-se necessário interromper a concretagem a cada 12,0 m, para a execução das juntas de dilatação (argamassa asfáltica).

Fig. 5.26 *Execução de meio-fio com formas deslizantes*

Caso se opte pela utilização de peças pré-moldadas, estas deverão ter comprimento máximo de 1,0 m – e ainda reduzido nos trechos em curva – e ser rejuntadas com argamassa de cimento e areia ao traço de 1:3.

Visando garantir maior sustentação, o Engenheiro Fiscal deve orientar para que sejam executados apoios em concreto magro a cada 3,0 m, no máximo. Tal providência deve ser dispensada quando se tratar de meios-fios escorados em toda a sua extensão por solo, ou calçadas.

As espessuras dos dispositivos não podem variar mais que 10% quando comparadas às projetadas.

5.5.1 Critérios de medição

No preço unitário do serviço, em regra, já estão incluídas as operações de escavação do solo.

Nas composições de preços referenciais do Sicro, não mais se encontram embutidos os custos dos lastros e apoios de concreto magro para a sustentação dos meios-fios. Caso eles sejam necessários, o Engenheiro Fiscal deve analisar se a composição de preço apresentada pela empreiteira contempla efetivamente tais custos – note-se ainda que o preço unitário proposto pela empreiteira deve obedecer aos critérios de aceitabilidade estipulados no edital de licitação – e, se for o caso, providenciar termo aditivo para fazer a alteração do preço unitário, para incluir esses custos ou, ainda conforme o caso, incluir os custos complementares como itens novos na planilha orçamentária.

O comprimento a ser apropriado deve considerar os aclives e declives do terreno.

Devem-se apropriar em itens específicos os eventuais transportes de solos para bota-foras.

5.6 Entradas e descidas d'água

Trata-se de dispositivos para recolher as águas pluviais conduzidas pelos meios-fios e destiná-las a local apro-

Fig. 5.27 *Entrada e descida d'água*

Fig. 5.28 *Descida d'água em degraus*

priado, onde não ofereçam risco de erosão aos taludes (Figs. 5.27 e 5.28).

Em função de sua localização e funcionamento, o *Álbum de projetos-tipo de dispositivos de drenagem*, do DNIT (2018a), traz diversas nomenclaturas para as entradas e descidas d'água padronizadas pelo órgão:

- EDA: entrada para descida d'água (dois tipos);
- DAR: descida d'água de aterros tipo rápido (quatro tipos);
- DCD: descida d'água de cortes em degraus (quatro tipos);
- DAD: descida d'água de aterros em degraus (18 tipos).

Caso o volume a ser escoado pelas descidas d'água seja elevado ou, ainda, estas tenham grande altura de queda, é conveniente executá-las em degraus, que dissipam a energia da água, evitando a formação de erosões nas saídas. Em todo caso, o Engenheiro Fiscal, visando à mesma finalidade, deve orientar para que nas saídas sejam cravadas no concreto diversas pedras rachão (ou sejam executados dispositivos similares em concreto), que receberão o impacto da água, diminuindo sua velocidade (Fig. 5.29).

As descidas d'água podem ser executadas com concreto moldado *in loco*, ou em peças pré-fabricadas – neste caso, devem ser rejuntadas com argamassa de cimento e areia ao traço 1:3. O concreto utilizado deve apresentar resistência mínima à compressão de 15,0 MPa aos 28 dias.

As seções transversais não devem divergir das especificadas em projeto em mais de 1%, enquanto as espessuras das paredes não podem variar mais que 10% quando comparadas às projetadas.

5.6.1 Critérios de medição

Nos preços unitários dos serviços, em regra, já estão incluídas as operações de escavação e reaterro do solo.

Fig. 5.29 *Dissipadores de energia na saída d'água*

As entradas d'água devem ser apropriadas por unidade executada, conforme o tipo especificado em projeto. Já as descidas d'água são medidas por metro linear, e o comprimento a ser apropriado deve considerar os aclives e declives do terreno.

5.7 Proteção vegetal

Visando evitar os danos causados por erosões nos taludes de cortes e aterros e no canteiro central, bem como nas áreas que foram utilizadas como empréstimos ou caminhos de serviço, entre outras, os órgãos públicos devem exigir a adequada proteção vegetal desses locais, minimizando, assim, os impactos das águas pluviais diretamente na superfície trabalhada.

Objetivos diversos, entretanto, deve-se ter quanto à proteção das áreas localizadas no interior da faixa de domínio e daquelas que foram usadas provisoriamente, apenas durante a execução do serviço.

Para as primeiras, o escopo deve ser unicamente o da proteção em si dos locais de utilização permanente da rodovia, evitando seu desgaste e o consequente comprometimento da própria rodovia. Nesse caso, deve-se especificar, entre as espécies vegetais capazes de oferecer a devida proteção, aquelas que são economicamente mais vantajosas – normalmente são as mais comuns e abundantes em cada região. Ressalte-se: o objetivo é apenas proteger adequadamente os locais, da forma mais econômica possível.

Nesse sentido, o Engenheiro Fiscal deve permanecer atento para realizar quaisquer alterações de especificações que, ao tempo de execução da obra, se mostrem menos vantajosas em relação a outras soluções possíveis e disponíveis. Isso pode envolver, por exemplo, desde a substituição de espécies vegetativas até a adoção de métodos executivos diferentes (plantação de mudas, placas de grama ou hidrossemeadura).

Por outro lado, quando se trata das áreas fora da faixa de domínio, deve-se procurar não apenas proporcionar uma proteção contra erosões, mas também restabelecer, tanto quanto possível, a vegetação original, reconformando ambientalmente a região. Nesse caso, os Engenheiros devem procurar atender às exigências dos órgãos ambientais, mormente as dispostas nos Estudos de Impacto Ambiental (EIA) e no Relatório de Impacto Ambiental (Rima), bem como às ressalvas eventualmente existentes nas licenças ambientais.

A norma técnica pertinente a esses serviços é a DNIT 102/2009-ES.

Em todos os casos, a proteção vegetal consiste basicamente no tratamento inicial da superfície a ser plantada – aragem ou abertura de cavas para mudas, no caso de taludes –, adubação, plantio e irrigação até a completa germinação.

No caso de mudas em taludes, os Engenheiros devem orientar para que sejam abertos sulcos com aproximadamente 20 cm de diâmetro e profundidade de 15 cm, espaçados entre 70 cm e 1,0 m. Os sulcos são dispensados quando se especificam gramas em placas, que são fixadas ao solo por estacas.

O processo de irrigação deve ser repetido, em regra, a cada cinco dias, até a completa germinação. A quantidade de água recomendada em norma para cada irrigação é de 10 L/m^2.

A norma especifica ainda uma adubação de cobertura após seis meses da semeadura, com a aplicação de 50 kg/ha de fósforo e 25 kg/ha de potássio.

A proteção vegetal pode ser executada também pelo processo denominado hidrossemeadura. Esse método consiste basicamente na utilização de uma solução composta de fertilizantes, sementes e adesivo (para ajudar na fixação ao solo, sobretudo em locais íngremes), industrialmente preparada para ser jateada, de um caminhão-tanque, nos taludes de corte, aterros ou outros locais.

Antes do jateamento, a superfície do solo deve ser devidamente preparada com ranhuras ou sulcos, para auxiliar a fixação da solução, conforme mostrado na Fig. 5.30.

As Figs. 5.31 e 5.32 ilustram o equipamento, um caminhão-pipa adaptado, e o aspecto do local após a germinação dos espécimes lançados.

O processo de hidrossemeadura não dispensa as sucessivas irrigações nem a mencionada adubação de cobertura, após seis meses. Nesse caso, pode-se utilizar, alternativamente, adubação foliar líquida, diluindo-se o fertilizante em água.

O Engenheiro Fiscal deve vistoriar periodicamente os trechos executados, alertando para a correção de eventuais falhas.

Fig. 5.30 *Preparação de talude para hidrossemeadura*

Fig. 5.31 *Caminhão para hidrossemeadura*

Fig. 5.32 *Talude com hidrossemeadura*

5.7.1 Critérios de medição

As composições de preços unitários das tabelas de referência do DNIT, Sicro, contemplam, ordinariamente, os custos de irrigação contínua das áreas executadas. Assim, caso o serviço seja executado em períodos chuvosos do ano, que dispensem, portanto, a irrigação, o Engenheiro Fiscal deverá providenciar um termo aditivo de preços para excluir da planilha os itens de serviços licitados e incluir outros similares, acrescentando à descrição o termo "exclusive irrigação" e retirando os insumos referentes a essa atividade, notadamente os caminhões-tanques. Tal providência representará uma economia de aproximadamente 20% do custo do serviço.

A área a ser apropriada deve corresponder à efetivamente plantada, considerando-se as inclinações dos taludes, aclives ou declives do terreno.

Por força de norma, deve-se apropriar 50% da área plantada após a conclusão do processo inicial (preparação do terreno, adubação, plantio e primeira irrigação), ficando o restante da área a ser remunerada tão somente depois da total germinação dos espécimes, sem que haja qualquer falha ou vazios, o que normalmente ocorre entre 120 e 150 dias após o plantio.

6
Serviços de sinalização

6.1 Aspectos preliminares

A sinalização das rodovias é classificada em dois grandes grupos: sinalização horizontal e sinalização vertical. O primeiro diz respeito aos serviços executados diretamente na superfície do pavimento, como pinturas de faixas, setas e zebrados, instalação de tachas e tachões, entre outros. O segundo compreende a instalação de placas, pórticos, balizadores etc.

Por se tratar de itens de rápida execução, eles podem ser executados apenas após a conclusão de toda a pavimentação, evitando, assim, mobilizações e desmobilizações desnecessárias dos equipamentos e pessoal envolvido – até porque normalmente se trata de serviços terceirizados a empresas especializadas.

Caso a rodovia seja revestida com produtos asfálticos (CAUQ, areia asfáltica usinada a quente – ou AAUQ –, tratamentos superficiais etc.), deve-se guardar um intervalo de tempo entre a conclusão do revestimento e a pintura, possibilitando a cura do produto e, com isso, evitando que a evaporação ou a oxidação dos subprodutos do betume venham a prejudicar a aderência ou provocar escurecimento da tinta. Tal intervalo pode se estender de dois a sete dias, a depender do tipo de betume utilizado.

Se a sinalização for aplicada sobre placas de concreto, o tempo mínimo de espera deve ser de 30 dias, fazendo-se ainda necessária a prévia aplicação de uma tinta preta para garantir o contraste na pista.

Não obstante, é importante que os Engenheiros observem o disposto no art. 88 do Código Brasileiro de Trânsito, Lei nº 9.503/97:

> Art. 88. Nenhuma via pavimentada poderá ser entregue após sua construção, ou reaberta ao trânsito após a realização de obras ou de manutenção, enquanto não estiver devidamente sinalizada, vertical e horizontalmente, de forma a garantir as condições adequadas de segurança na circulação.

Assim, ainda que concluída a pavimentação da rodovia ou da via urbana, ela somente deve ser liberada ao tráfego após a devida sinalização, tanto horizontal quanto vertical, devendo-se para isso, conforme comentado, aguardar o lapso mínimo de tempo para a cura do revestimento.

Caso seja absolutamente necessária a liberação do tráfego imediatamente após a conclusão do revestimento, os Engenheiros devem providenciar um cronograma detalhado dos serviços, de modo que a empresa de sinalização esteja mobilizada para fazer a pintura das faixas tão logo o revestimento seja concluído. Nesse caso, deve-se utilizar uma sinalização provisória (menor espessura), a ser substituída, em breve espaço de tempo (poucos meses), pela definitiva.

Note-se que o fato de ser provisória não significa que a sinalização seja executada sem padrões de qualidade – a norma DNIT 100/2009-ES traz os parâmetros de retrorrefletividade inclusive para sinalização provisória.

Ressalte-se, ainda, que tal solução somente deve ser aprovada em caso de absoluta necessidade e urgência, posto que implicará investimento financeiro em uma sinalização que não será definitiva. Para isso, portanto, o Engenheiro Fiscal deve registrar o fato em livro diário de obras, justificando expressamente a decisão tomada, para que possa ser analisada, futuramente, pelos órgãos de controle interno e externo.

Quanto à sinalização vertical, esta pode ser providenciada e executada com antecedência ou concomitantemente à pavimentação da rodovia.

6.2 Sinalização horizontal

Os serviços são regulamentados pela norma DNIT 100/2009-ES.

Antes de autorizar a execução dos serviços, os Engenheiros devem observar a largura especificada para as faixas a serem pintadas e, de acordo com a velocidade diretriz da rodovia, verificar se o projeto está de acordo com a resolução do Contran de nº 236/2007, que aprova o volume 4 do *Manual brasileiro de sinalização de trânsito*, o qual, por sua vez, estabelece os parâmetros apresentados na Tab. 6.1.

Em nenhuma hipótese deverá o Engenheiro Fiscal autorizar a execução da pintura em largura menor que a estabelecida na Tab. 6.1, sob pena de atentar contra a segurança dos usuários da via.

Tab. 6.1 Largura das faixas de acordo com a velocidade diretriz

Velocidade – v (km/h)	Largura da linha (m)
v < 80	0,10*
v ≥ 80	0,15

*Pode ser utilizada largura de até 0,15 m em casos em que estudos de engenharia indiquem a necessidade, por questões de segurança.

O Fiscal deve ainda requerer previamente que um equipamento retrorrefletômetro (Fig. 6.1) seja disponibilizado pela empresa de sinalização para a medição da retrorrefletividade da sinalização no sétimo dia após a execução.

Em conformidade com a norma DNIT 100/2009-ES, a sinalização deve ter as seguintes cores:

a) *amarelas* – destinadas à regulamentação de fluxos de sentidos opostos, aos controles de estacionamento e paradas e à demarcação de obstáculos transversais à pista (lombadas físicas);
b) *brancas* – usadas para a regulamentação de fluxos de mesmo sentido, para a delimitação das pistas destinadas à circulação de veículos, para regular movimentos de pedestres e em pinturas de setas, símbolos e legendas;
c) *vermelha* – usadas para demarcar ciclovias ou ciclofaixas e para inscrever uma cruz, como o símbolo indica-

Fig. 6.1 *Retrorrefletômetro horizontal*

tivo de local reservado para estacionamento ou parada de veículos, para embarque/desembarque de pacientes. Exemplos de uso: em travessias urbanas, no caso das ciclovias ou ciclofaixas, e em locais às margens das rodovias, como estacionamentos de hospitais e clínicas, no caso da cruz vermelha;
d) *azul* – inscrever símbolo indicativo de local reservado para estacionamento ou parada de veículos para embarque/desembarque de portadores de deficiências físicas. Aplicada em locais às margens de rodovias, como estacionamentos de restaurantes e postos de abastecimento;
e) *preta* – usada apenas para propiciar contraste entre o pavimento, especialmente o de concreto, e a sinalização a ser aplicada.

Os Engenheiros, sobretudo em casos de projetos muito antigos, devem avaliar se o volume médio diário de veículos da via (VMD) corresponde àquele considerado ao tempo de projeto. Alterações significativas podem causar inclusive mudanças na escolha das tintas especificadas, uma vez que, de acordo com a norma citada, elas são indicadas conforme os parâmetros da Tab. 6.2.

Os Engenheiros devem também se manter atentos quanto ao estado da pista e às condições de temperatura, vento e umidade.

A pista deve estar seca e limpa, para não dificultar a perfeita aderência da tinta. Não pode estar chovendo, a umidade do ar deve estar menor que 90% – a água impediria a aderência da tinta ao pavimento, fazendo com

Tab. 6.2 Tipos de tinta em função do VMD

Volume de tráfego	Provável vida útil da sinalização	Material
≤ 2.000	1 ano	Estireno/acrilato ou estireno butadieno
2.000-3.000	2 anos	Acrílica
3.000-5.000	3 anos	Termoplástico tipo *spray*
> 5.000	5 anos	Termoplástico tipo extrudado

que ela escorresse – nem deve estar ventando demasiadamente – o vento poderia espalhar a tinta jateada dos bicos do caminhão, subtraindo a precisão da largura e diminuindo a espessura aplicada.

A temperatura da pista no momento da execução deve se situar entre 5 °C e 40 °C, o que significa que os Engenheiros deverão limitar os horários da pintura àqueles que não comprometam esse parâmetro.

Atendidos todos esses requisitos, deve-se providenciar a adequada sinalização para o isolamento da área a ser pintada, iniciando-se então os serviços.

A pintura das faixas deve ser procedida com equipamento com compressor de ar, pistola, sequenciador automático e capaz de jatear em uma só passada a tinta e as esferas de vidro (Figs. 6.2 e 6.3).

Antes da execução, recomenda-se que o Engenheiro Fiscal inspecione o caminhão de aplicação, observando em especial:

- o funcionamento do velocímetro e do tacógrafo para aferição e manutenção da velocidade de aplicação;
- o quadro de instrumentos e as válvulas para regulagem, controle e acionamento;
- a limpeza das mangueiras e pistolas;
- o sistema sequenciador para atuação automática das pistolas na pintura de eixos tracejados.

Os Engenheiros devem ainda conferir os seguintes pontos:

- *Largura pintada e comprimento e espaçamento dos trechos de faixas intercaladas.* A tolerância deve ser de 5%, para mais ou para menos, em relação às medidas especificadas em projeto. As medidas deverão ser tomadas com o auxílio de trena metálica.
- *Espessura executada.* Deve ser conferida com o auxílio de uma chapa de folha de flandres e um medidor de espessura (em alumínio). A tinta deve ser coletada na chapa, junto à saída do equipamento aplicador, durante a pintura, sem

Fig. 6.2 *Veículo para pintura de faixas*

Fig. 6.3 *Jateamento de tinta e esfera de vidro*

a aspersão das esferas de vidro. Sobre cada amostra, o Engenheiro Fiscal deve pressionar o medidor de espessura, aferindo, assim, as espessuras úmidas (Fig. 6.4). Deve-se coletar uma amostra a cada 300 m² de pintura, e sobre cada amostra deve-se tomar dez medidas de espessuras, considerando-se como espessura da amostra a média dessas medidas. A tolerância deve ser de 5%, para mais ou para menos, em relação às medidas especificadas em projeto.

Caso o projeto especifique a espessura seca – o que é bastante recomendável –, a espessura úmida equivalente deve ser determinada pela seguinte equação:

$$E_u = \frac{E_s \cdot 100}{SV}$$

em que:

E_u = espessura úmida;
E_s = espessura seca;
SV = percentual de sólidos por volume.

O percentual de sólidos por volume varia de fabricante para fabricante e também conforme

Fig. 6.4 *Medidor de espessuras úmidas de tintas*

as diversas linhas de produtos de cada um. Essa característica representa a quantidade de materiais não voláteis na tinta (principalmente pigmentos e resina) e está, portanto, diretamente relacionada com o rendimento de cada produto. O Engenheiro Fiscal deve, então, buscar essa informação nos dados técnicos da tinta específica que está sendo utilizada na obra.

É recomendável a especificação em projeto da espessura seca exatamente porque existem no mercado tintas mais ou menos diluídas (SV menores e maiores, respectivamente), de modo que cada uma proporciona um rendimento diferente. Ora, aplicar a mesma quantidade de uma tinta mais diluída, evidentemente, vai gerar uma espessura seca menor e, em consequência, uma menor durabilidade da pintura. Especificando-se então, ao tempo do projeto, a espessura seca, a empreiteira contratada, ao tempo da obra, poderá escolher a tinta que usará, entre as fornecidas por diversos fabricantes, desde que aplique uma quantidade (espessura úmida) compatível com seu correspondente percentual de sólidos por volume (SV). O Engenheiro Fiscal deve rejeitar o serviço se verificar que a espessura aferida foi menor ou maior que a especificada. Note-se que, se espessuras menores diminuem a durabilidade da pintura, por proporcionarem maior desgaste, espessuras maiores podem ocasionar perda de retrorrefletividade, uma vez que as microesferas de vidro poderiam submergir completamente na tinta, perdendo sua eficácia.

- *Microesferas de vidro.* O Engenheiro Fiscal deve inspecionar as microesferas que serão utilizadas na pintura. Em conformidade com a norma DNER-EM 373/2000, elas devem ser:

limpas, claras, redondas, incolores [...]. No máximo 3% em massa podem ser quebradas ou conter partículas de vidro não fundido e elementos estranhos, e, no máximo 30% em massa, podem ser fragmentos ovoides, deformados, geminados ou com bolhas gasosas.

Note-se que o controle da taxa de microesferas que será aplicada é realizado, em campo, pela utilização de determinada quantidade de sacos (unidades) do produto. Assim, até em atendimento à norma DNER-PRO 132/94, o Engenheiro Fiscal deve inspecionar as embalagens, verificando:

- se estão em bom estado de conservação – se não apresentam sinais de armazenamento impróprio ou exposição a intempéries, óleo etc.;
- se estão bem vedados – não apresentando sinais de vazamento;
- se a quantidade (peso) de microesferas corresponde à declarada na embalagem.

O local pintado deverá ser mantido isolado do tráfego até a completa secagem da tinta, que demora aproximadamente 30 min.

Sete dias após a sinalização, o Engenheiro Fiscal deve solicitar da empresa executora um equipamento retrorrefletômetro para aferir a retrorrefletividade inicial da pintura, a qual, em cumprimento à norma DNIT 100/2009-ES, deve atender aos seguintes parâmetros:

a) 250 mcd./m^2/lx: para medida mínima de sinalização definitiva para a cor branca;
b) 150 mcd./m^2/lx: para medida mínima de sinalização provisória para a cor branca;
c) 150 mcd./m^2/lx: para medida mínima de sinalização definitiva na cor amarela;
d) 100 mcd./m^2/lx: para medida mínima de sinalização provisória para a cor amarela.

Caso, por qualquer motivo, não seja possível realizar a aferição da retrorrefletividade no sétimo dia, o Engenheiro Fiscal deverá adotar como parâmetro de avaliação o valor interpolado, numa relação linear, entre a retrorrefletividade inicial (estabelecida na norma) e a residual de 130 mcd./m^2/lx (ou 100 mcd./m^2/lx, no caso de vias urbanas), considerada no final da vida útil da sinalização, de acordo com o tipo de tinta utilizado e o VMD (ver Tab. 6.2).

Antes de iniciar o ensaio, o Fiscal deverá ligar o retrorrefletômetro sobre a placa de aferição do equipamento – que o acompanha na maleta de transporte – e verificar se a leitura da retrorrefletividade corresponde à indicação da placa. Caso contrário, outro equipamento deverá ser solicitado em sua substituição.

O Engenheiro Fiscal deve definir uma estação de aferição a cada 500 m de faixa sinalizada. Nela deve realizar dez leituras de retrorrefletividade em pontos distantes 50 cm entre si. A retrorrefletividade de cada estação será considerada como sendo a média dessas medidas, descartando-se, para isso, a maior e a menor leitura. O processo deve se repetir para cada uma das faixas sinalizadas (eixo, bordos e faixas adicionais, se houver).

A avaliação das retrorrefletividades não deve ser realizada sob chuva ou condições de umidade. A pista deve estar limpa nos locais das estações definidas.

6.2.1 Critérios de medição

As pinturas de faixas, setas e zebrados são medidas em metros quadrados de área efetivamente pintada, conforme o projeto de sinalização.

Para realizar uma supervisão *pessoal* dos quantitativos apropriados pela sua equipe, o Engenheiro Fiscal deve executar os seguintes procedimentos:

- As faixas contínuas laterais devem ser medidas tomando-se as estacas de início e final do trecho sinalizado. Multiplica-se, ao final, o comprimento obtido pela largura de pintura.
- Com o auxílio de um equipamento de GPS, deve-se medir os trechos em faixas contínuas, simples ou duplas, no eixo da rodovia – multiplica-se, então, o comprimento de cada tipo pela respectiva largura de pintura.
- Nos trechos com sinalização intercalada no eixo, deve-se contar a quantidade de unidades e, ao final, multiplicá-la pelo seu comprimento e largura.

Todos os procedimentos podem ser realizados de uma só vez, orientando-se o motorista do veículo a não ultrapassar a velocidade de 60 km/h e a parar o carro a cada mudança de padrão de pintura no eixo, para as devidas anotações (comprimento e/ou quantidade de ocorrências intercaladas) numa prancheta.

As tachas e os tachões são medidos por unidades instaladas.

6.3 Sinalização vertical

Os serviços são regulamentados pela norma DNIT 101/2009-ES.

Além dessa norma, os Engenheiros devem observar o disposto nas resoluções do Contran de nº 180/2005, 243/2007 e 486/2014, que aprovam, respectivamente, os volumes 1, 2 e 3 do *Manual brasileiro de sinalização de trânsito*, que tratam da sinalização vertical de regulamentação, advertência e indicação (Fig. 6.5), mormente no que tange:

- formatos das placas;
- cores dos fundos, orlas, tarjas, letras etc.;
- dimensões das placas;
- dimensões dos elementos (orlas, letras, símbolos etc.);
- posicionamento na via (afastamento do bordo, alturas das placas e ângulo de instalação em relação ao eixo da rodovia).

Fig. 6.5 *Placas de regulamentação, advertência e indicação*

Após o recebimento das placas – e, preferencialmente, antes de suas instalações –, o Fiscal deve requerer que um equipamento retrorrefletômetro, apropriado para leituras de sinalização vertical (Fig. 6.6), seja disponibilizado pela empresa de sinalização para a aferição das retrorrefletividades.

Fig. 6.6 *Retrorrefletômetro vertical*

Os parâmetros para a aceitação dos serviços, em cumprimento à norma DNIT 101/2009-ES, devem ser os trazidos pela norma ABNT NBR 14644, mediante o método estabelecido pela American Society for Testing and Materials (ASTM), ASTM E 810 (*Standard test method for coefficient of retroreflection of retroreflective sheeting*), e variam conforme a cor e o tipo de película especificada em projeto, bem como quanto às características do retrorrefletômetro utilizado (ângulos de observação e de entrada). As Tabs. 6.3 a 6.8 demonstram os diversos valores, todos expressos em cd./m^2/lx, e não mais em milicandelas, como na sinalização horizontal.

6.3.1 Critérios de medição

As placas são medidas em metros quadrados, em conformidade com a superfície efetivamente sinalizada. No preço unitário já estão inclusos os custos de fornecimento e instalação, inclusive os suportes, parafusos e demais materiais utilizados.

Tab. 6.3 Retrorrefletividade em películas tipo I-A

Ângulo de observação	Ângulo de entrada	Branca	Amarela	Laranja	Verde	Vermelha	Azul	Marrom
0,2	−4	70	50	25	9,0	14,0	4,0	1,0
0,2	30	30	22	7	3,5	6,0	1,7	0,3
0,5	−4	30	25	13	4,5	7,5	2,0	0,3
0,5	30	15	13	4	2,2	3,0	0,8	0,2

Tab. 6.4 Retrorrefletividade em películas tipo I-B

Ângulo de observação	Ângulo de entrada	Branca	Amarela	Laranja	Verde	Vermelha	Azul	Marrom
0,2	−4	140	100	60	30	30	10	5
0,2	30	60	36	22	10	12	4	2
0,5	−4	50	33	20	9	10	3	2
0,5	30	28	20	12	6	6	2	1

Tab. 6.5 Retrorrefletividade em películas tipo II

Ângulo de observação	Ângulo de entrada	Branca	Amarela	Laranja	Verde	Vermelha	Azul	Marrom
0,1	−4	300	200	120	54	54	24,0	14,0
0,1	30	180	120	72	32	32	14,0	10,0
0,2	−4	250	170	100	45	45	20,0	12,0
0,2	30	150	100	60	25	25	11,0	8,5
0,5	−4	95	62	30	15	15	7,5	5,0
0,5	30	65	45	25	10	10	5,0	3,5

Tab. 6.6 Retrorrefletividade em películas tipo III-A

Ângulo de observação	Ângulo de entrada	Branca	Amarela	Laranja	Verde	Vermelha	Azul	Marrom
0,1	−4	850	675	400	85	200	45	34
0,1	30	400	350	160	40	74	22	14
0,2	−4	600	450	250	80	110	40	24
0,2	30	275	200	110	32	48	20	10
0,5	−4	200	160	100	20	45	9	8
0,5	30	100	80	50	10	26	5	3

Tab. 6.7   Retrorrefletividade em películas tipo III-B

Ângulo de observação	Ângulo de entrada	Laranja	Amarela
0,1	-4	350	-
0,1	30	120	-
0,2	-4	200	240
0,2	30	185	120
0,5	-4	90	80
0,5	30	50	50

Tab. 6.8   Retrorrefletividade em películas tipo III-C

Ângulo de observação	Ângulo de entrada	Branca	Amarela	Laranja	Verde	Vermelha	Azul
0,1	-4	2.000	1.300	800	360	360	160
0,1	30	1.100	740	440	200	200	88
0,2	-4	700	470	280	120	120	56
0,2	30	400	270	160	72	72	32
0,5	-4	160	110	64	28	28	13
0,5	30	75	51	30	13	13	6

Quando se trata de pórticos e semipórticos (Figs. 6.7 e 6.8), estes são medidos por unidades instaladas. No seu preço estão inclusos o fornecimento da estrutura metálica, bem como sua fixação, inclusive base de concreto. As placas a serem fixadas na estrutura devem ser medidas em separado, de acordo com a área da superfície sinalizada.

Fig. 6.7   Pórtico de sinalização em rodovia

Fig. 6.8   Semipórtico em rodovia

7
Recebimento da obra

O art. 73, inciso I, alíneas *a* e *b*, da Lei n° 8.666/93 estabelece os prazos de 15 dias e 90 dias para a emissão dos termos de recebimento provisório e definitivo, respectivamente.

Legalmente, o termo de recebimento provisório pode ser emitido pelo próprio Engenheiro Fiscal da obra, enquanto o termo definitivo deve ser elaborado pelo Engenheiro Fiscal ou por uma comissão especialmente designada para tal fim. Em qualquer caso, o termo de recebimento deve ser assinado pelo contratante e pelo contratado.

É certo, porém, que, apesar de representar uma quitação do objeto contratado, o termo de recebimento não exime a empreiteira contratada da responsabilidade objetiva sobre quaisquer vícios construtivos ocultos que se revelem, nos termos do art. 618 do Código Civil, durante o prazo irredutível de cinco anos, a contar exatamente da data de emissão do termo de recebimento. Tal responsabilidade emana também do art. 73 da Lei de Licitações e Contratos (Lei n° 8.666/93), que assim dispõe:

> § 2° O recebimento provisório ou definitivo não exclui a responsabilidade civil pela solidez e segurança da obra ou do serviço, nem ético-profissional pela perfeita execução do contrato, dentro dos limites estabelecidos pela lei ou pelo contrato.

Não obstante, para realizar o recebimento da obra, o Engenheiro Fiscal deve vistoriar minuciosamente os serviços executados, anotando qualquer falha que diga respeito a incompletude do objeto ou vícios construtivos aparentes. Todas as pendências, então, devem ser transcritas e anexadas em um ofício de notificação à empresa contratada, para que, no prazo estabelecido – estipulado pelo Engenheiro Fiscal, tendo em vista a natureza e os quantitativos dos serviços que precisam ser executados –, providencie a conclusão do objeto ou as reparações necessárias.

Visando analisar, com a devida precisão, a estrutura do pavimento e a regularidade do revestimento, é bastante recomendável que o Engenheiro Fiscal solicite uma avaliação deflectométrica do trecho, com o auxílio de um veículo com deflectômetro de impacto, ou *falling weight deflectometer* (FWD – Fig. 7.1), ou viga Benkelman (para obras de menores extensões), bem como os estudos visando definir o índice internacional de irregularidade do revestimento, ou *international roughness index* (IRI).

Fig. 7.1 *Equipamento FWD*

A realização de tais análises como condição para o recebimento da obra já se trata de uma providência recomendada pelo Tribunal de Contas da União, por intermédio do Acórdão nº 328/2013.

> 9.1 determinar ao Departamento Nacional de Infraestrutura de Transportes (DNIT) que, no prazo de 90 (noventa) dias, apresente ao TCU estudo que defina parâmetros mínimos de aceitabilidade de obras rodoviárias de construção, adequação e restauração, contemplando obrigatoriamente os seguintes aspectos:
> 9.1.1 exigência de ensaios deflectométricos e de irregularidade longitudinal, sem prejuízo de outros ensaios que forem considerados necessários;
> 9.1.2 procedimento administrativo a ser adotado no recebimento provisório e definitivo das obras dentro de sua competência, de modo a aferir objetivamente os critérios de aceitabilidade dos serviços;

O FWD é um método de medição da deflexão dos pavimentos que possibilita a análise da estrutura do pavimento em um curto espaço de tempo, quando comparado aos levantamentos realizados com vigas Benkelman.

O FWD aplica uma carga dinâmica ao pavimento, por intermédio da queda de uma massa padrão sobre uma placa circular que registra a pressão sobre o pavimento, e mede o deslocamento elástico gerado em resposta pela superfície do pavimento, consistente no retorno desta ao estado inicial (antes de submetida ao impacto), após a suspensão da carga.

Para pavimentos de base granular revestidos com CAUQ, são esperadas deflexões entre 30 e 50×10^{-2} mm, e, para revestimentos com tratamentos superficiais, deflexões da ordem de 80×10^{-2} mm.

Conforme a definição de Bernucci et al. (2006), "a irregularidade longitudinal é o somatório dos desvios da superfície de um pavimento em relação a um plano de referência ideal de projeto geométrico que afeta a dinâmica do veículo". O IRI, portanto, é expresso em m/km, quando se analisam os desvios existentes na pista, quando comparada ao plano estabelecido no projeto.

A determinação desse índice pode ser feita pela equipe de topografia, mediante um levantamento altimétrico realizado nas trilhas de rodas da rodovia, tomando-se pontos espaçados a cada 50 cm. No entanto, o custo dessa operação, em virtude do tempo despendido, é bastante elevado, sendo recomendável, portanto, a contratação de empresa especializada que realize o trabalho mecanicamente com o auxílio de equipamentos como, por exemplo, o Maysmeter (Fig. 7.2), que são capazes de medir os desvios de superfície pelo processamento dos deslocamentos verticais entre o eixo e a carroceria do veículo, percorrendo o trecho a uma velocidade de até 80 km/h.

Recomenda-se, em princípio, que todos os trechos de pavimentos novos que apresentarem IRI acima de 2,5 (média entre 1,5 e 3,5, conforme gráfico da Fig. 7.3) sejam devidamente corrigidos pela empreiteira responsável, correndo às suas expensas todas as análises subsequentes aos serviços de restauração, visando garantir a efetividade das intervenções.

O gráfico da Fig. 7.3, fruto do estudo desenvolvido por Sayers e Karamihas (1998), demonstra faixas de variação de IRI normalmente verificadas em diversos tipos de pavimento.

Não obstante, a norma DNIT 031/2006-ES traz um parâmetro de aceitação ligeiramente superior, no que considera aceitável IRIs de até 2,7.

No mais, a mesma norma supracitada traz a exigência de avaliação da resistência do revestimento à derrapagem, estabelecendo como parâmetro de aceitação o VDR mínimo de 45 (ASTM E 303). Já a norma DNIT 035/2018-ES, que versa sobre microrrevestimentos asfálticos, estabelece o VDR mínimo de 50. Enfim, cabe à equipe encarregada do recebimento da obra observar os parâmetros de aceitação indicados na norma técnica inerente ao tipo de revestimento executado.

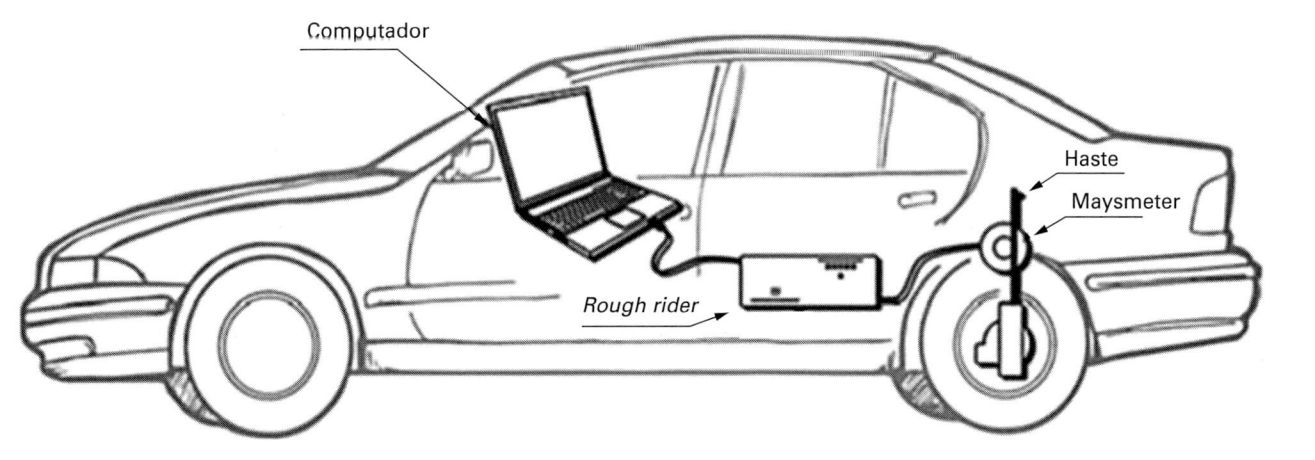

Fig. 7.2 *Esquema de levantamento de IRI com Maysmeter*

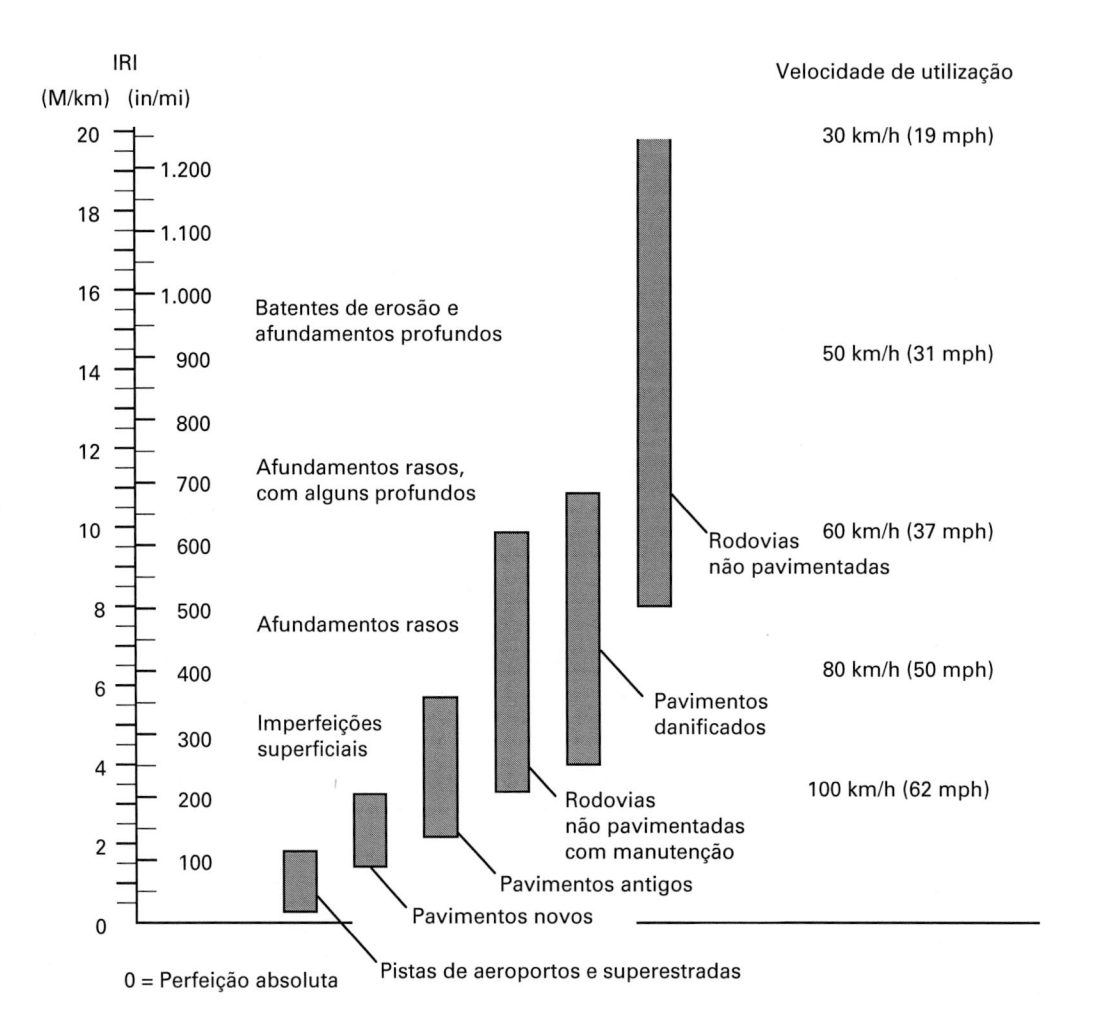

Fig. 7.3 *Faixas de variação do IRI de acordo com o estado dos pavimentos*

Após o termo de recebimento da obra, recomenda-se que o órgão contratante realize anualmente uma avaliação da qualidade do pavimento, seguindo as recomendações contidas na orientação técnica OT-IBR 003/2011, do Instituto Brasileiro de Auditoria de Obras Públicas (Ibraop), notificando a empreiteira responsável, se for o caso, para eventuais reparações de serviços, nos termos dessa norma.

Bibliografia

AASHTO – AMERICAN ASSOCIATION OF STATE HIGHWAY AND TRANSPORTATION OFFICIALS. *Guide for design of pavement structures*. Washington, 1993.

ABNT – ASSOCIAÇÃO BRASILEIRA DE NORMAS TÉCNICAS. NBR 6118: projeto de estruturas de concreto – procedimentos. Rio de Janeiro, 2007a.

ABNT – ASSOCIAÇÃO BRASILEIRA DE NORMAS TÉCNICAS. NBR 8890: tubo de concreto de seção circular para águas pluviais e esgotos sanitários – requisitos e métodos de ensaio. Rio de Janeiro, 2007b.

ABNT – ASSOCIAÇÃO BRASILEIRA DE NORMAS TÉCNICAS. NBR 14262: tubos de PVC – verificação da resistência ao impacto. Rio de Janeiro, 1999a.

ABNT – ASSOCIAÇÃO BRASILEIRA DE NORMAS TÉCNICAS. NBR 14272: tubos de PVC – verificação da compressão diametral. Rio de Janeiro, 1999b.

ABNT – ASSOCIAÇÃO BRASILEIRA DE NORMAS TÉCNICAS. NBR 14644: sinalização vertical viária – películas – requisitos. Rio de Janeiro, 2001.

ABNT – ASSOCIAÇÃO BRASILEIRA DE NORMAS TÉCNICAS. NBR 14644: sinalização vertical viária – películas – requisitos. Rio de Janeiro, 2007c.

ABNT – ASSOCIAÇÃO BRASILEIRA DE NORMAS TÉCNICAS. NBR 14685: sistemas de subdutos de polietileno para telecomunicações – determinação do teor de negro-de-fumo. Rio de Janeiro, 1999c.

ABNT – ASSOCIAÇÃO BRASILEIRA DE NORMAS TÉCNICAS. NBR 14723: sinalização horizontal viária – avaliação da retrorrefletividade. Rio de Janeiro, 2005.

ABNT – ASSOCIAÇÃO BRASILEIRA DE NORMAS TÉCNICAS. NBR NM 47:2002: concreto – determinação do teor de ar em concreto fresco – método pressiométrico. Rio de Janeiro, 2002.

ABNT – ASSOCIAÇÃO BRASILEIRA DE NORMAS TÉCNICAS. NBR NM 76:1998: cimento Portland – determinação da finura pelo método de permeabilidade ao ar (método Blaine). Rio de Janeiro, 1998.

ADIF – ADMINISTRADOR DE INFRAESTRUCTURAS FERROVIARIAS. *Instrucciones y recomendaciones para redacción de proyectos de plataforma* – IGP-1.2. Recomendaciones sobre las cuñas de transición. 2011.

ANP – AGÊNCIA NACIONAL DO PETRÓLEO, GÁS NATURAL E BIOCOMBUSTÍVEIS. *Preços de distribuição de produtos asfálticos*. Disponível em: <http://www.anp.gov.br/?pg=64937&m=&t1=&t2=&t3=&t4=&ar=&ps=&cachebust=1363207337770>. Acesso em: 13 mar. 2013.

ANP – AGÊNCIA NACIONAL DO PETRÓLEO, GÁS NATURAL E BIOCOMBUSTÍVEIS. Resolução nº 36, de 13 de novembro de 2012. Regulamenta as especificações das emulsões asfálticas para pavimentação e as emulsões asfálticas catiônicas modificadas por polímeros elastoméricos. Brasília, DF, 2012.

ANP – AGÊNCIA NACIONAL DO PETRÓLEO, GÁS NATURAL E BIOCOMBUSTÍVEIS. Resolução nº 668, de 15 de fevereiro de 2017. Revoga atos normativos em desacordo com o arcabouço regulatório da ANP. Brasília, DF, 2017.

ARMCO STACO. *Catálogo do produto Tunnel Liner*. Disponível em: <http://www.armcostaco.com.br/armco/upload/download/folder_TL_novaID.pdf>. Acesso em: 13 mar. 2013.

ASTM – AMERICAN SOCIETY FOR TESTING AND MATERIALS. *ASTM D 6307-98*: asphalt content of hot-mix asphalt by ignition method. West Conshohocken, 1998.

ASTM – AMERICAN SOCIETY FOR TESTING AND MATERIALS. *ASTM E 303:1993*: test method for measuring surface frictional properties using the British pendulum tester. West Conshohocken, 1993.

ASTM – AMERICAN SOCIETY FOR TESTING AND MATERIALS. *ASTM E 810:1991*: test method for coefficient of retroreflection of retroreflective sheeting. West Conshohocken, 1991.

BAETA, A. P. *Orçamento e controle de preços de obras públicas*. São Paulo: Pini, 2012.

BERNUCCI, L. B. et al. *Pavimentação asfáltica*: formação básica para engenheiros. Rio de Janeiro: Petrobras; Abeda, 2006.

BHTRANS – EMPRESA DE TRANSPORTES E TRÂNSITO DE BELO HORIZONTE S.A. *Especificações técnicas de sinalização horizontal do município de Belo Horizonte*. Belo Horizonte, 2011.

BHTRANS – EMPRESA DE TRANSPORTES E TRÂNSITO DE BELO HORIZONTE S.A. *Especificações técnicas de sinalização vertical do município de Belo Horizonte*. Belo Horizonte, 2013.

BRASIL. Acórdão nº 328/2013-Plenário, de 27 de fevereiro de 2013. Qualidade de Obras Públicas Rodoviárias. Avaliação Estrutural e Funcional. Disponível em: <https://contas.tcu.gov.br/juris/Web/Juris/ConsultarTextual2/Jurisprudencia.faces?anoAcordao=2013&colegiado=PLENARIO&numeroAcordao=328&>. Acesso em: 13 mar. 2013.

BRASIL. Acórdão nº 632/2012-Plenário, de 21 de março de 2012. Adoção de Orientação Técnica do editada pelo Instituto Brasileiro de Auditoria de Obras Públicas – IBRAOP. Determinação à SEGECEX para dar ciência às unidades jurisdicionadas. Disponível em: <https://contas.tcu.gov.br/juris/Web/Juris/ConsultarTextual2/Jurisprudencia.faces?colegiado=PLENARIO&numeroAcordao=632&anoAcordao=2012>. Acesso em: 13 mar. 2013.

BRASIL. Acórdão nº 1.077/2008-Plenário, de 11 de junho de 2008. Alteração de deliberação embargada. Disponível em: <https://contas.tcu.gov.br/juris/Web/Juris/ConsultarTextual2/Jurisprudencia.faces?anoAcordao=2008&colegiado=PLENARIO&numeroAcordao=1077&>. Acesso em: 13 mar. 2013.

BRASIL. *Cartilha de licenciamento ambiental*. Brasília: TCU, 2004.

BRASIL. Decreto nº 9.587, de 27 de novembro de 2018. Instala a Agência Nacional de Mineração. Brasília, 2018.

BRASIL. Lei nº 8.666, de 21 de junho de 1993. *Lei de licitações e contratos administrativos*. Brasília, 1993.

BRASIL. Lei nº 9.503, de 23 de setembro de 1997. *Código de Trânsito Brasileiro*. Brasília, 1997.

BRASIL. Lei nº 9.605, de 12 de fevereiro de 1998. Sanções penais e administrativas derivadas de condutas e atividades lesivas ao meio ambiente. Brasília, 1998.

BRASIL. Lei nº 10.406, de 10 de janeiro de 2002. *Código Civil*. Brasília, 2002.

BRASIL. Ministério do Trabalho. Portaria MTB nº 3.214, de 8 de junho de 1978. Institui, entre outras, a NR 18. Brasília, 1978a.

BRASIL. Portaria MTB nº 3.214, de 8 de junho de 1978, com redação dada pela Portaria SIT nº 228, de 24 de maio de 2011. Institui, entre outras, a NR 19. Brasília, 1978b.

BRASIL. Projeto de Lei nº 6.814/2017. Institui normas para licitações e contratos da Administração Pública e revoga a Lei nº 8.666, de 21 de junho de 1993, a Lei nº 10.520, de 17 de julho de 2002, e dispositivos da Lei nº 12.462, de 4 de agosto de 2011. Brasília, DF: Senado, 2017.

BRASIL. Tribunal de Contas da União (TCU). Acórdão nº 2.649/2007-Plenário, de 5 de dezembro de 2007. *Representação*. 2007. Disponível em: <https://contas.tcu.gov.br/juris/Web/Juris/ConsultarTextual2/Jurisprudencia.faces?colegiado=PLENARIO&numeroAcordao=2649&anoAcordao=2007>. Acesso em: 13 mar. 2013.

CALTRANS – CALIFORNIA DEPARTMENT OF TRANSPORTATION. *Standard specifications*. Sacramento: Department of Transportation Publication Distribution Unit, 2006.

CAT® grade control for hydraulic excavators: overview. 2013. 1 vídeo (1 min 29 s). Publicado pelo canal Cat® Products. Disponível em: <https://www.youtube.com/watch?v=ImqvzKEOe6M>. Acesso em: 16 abr. 2019.

CAT® grade with assist: introduction. 2015a. 1 vídeo (2 min 5 s). Publicado pelo canal Cat® Products. Disponível em: <https://www.youtube.com/watch?v=LD16cCZOZio>. Acesso em: 16 abr. 2019.

CAT® slope assist for dozers: production study. 2015b. 1 vídeo (3 min 7 s). Publicado pelo canal Cat® Products. Disponível em: <https://www.youtube.com/watch?v=lw0-hn0r--I>. Acesso em: 16 abr. 2019.

CATERPILLAR. *Manual de produção Caterpillar*. 39. ed. Peoria, EUA, 2009.

CNP – CONSELHO NACIONAL DE PETRÓLEO. Resolução nº 07, de 6 de setembro de 1988. Dispõe sobre as especificações das Emulsões Asfálticas Catiônicas. Brasília, 1988.

CONAMA – CONSELHO NACIONAL DO MEIO AMBIENTE. Resolução nº 237 de 19 de dezembro de 1997.

CONFEA – CONSELHO FEDERAL DE ENGENHARIA E AGRONOMIA. Decisão normativa nº 106, de 17 de abril de 2015.

CONFEA – CONSELHO FEDERAL DE ENGENHARIA E AGRONOMIA. Resolução nº 1.024, de 21 de agosto de 2009.

CONTRAN – CONSELHO NACIONAL DE TRÂNSITO. *Manual brasileiro de sinalização de trânsito: sinalização horizontal*. 1. ed. Brasília, 2007a. v. 4.

CONTRAN – CONSELHO NACIONAL DE TRÂNSITO. *Manual brasileiro de sinalização de trânsito: sinalização vertical de advertência*. 1. ed. Brasília, 2007b. v. 2.

CONTRAN – CONSELHO NACIONAL DE TRÂNSITO. *Manual brasileiro de sinalização de trânsito: sinalização vertical de indicação*. 1. ed. Brasília, 2014a. v. 3.

CONTRAN – CONSELHO NACIONAL DE TRÂNSITO. *Manual brasileiro de sinalização de trânsito: sinalização vertical de regulamentação*. 2. ed. Brasília, 2007c. v. 1.

CONTRAN – CONSELHO NACIONAL DE TRÂNSITO. Resolução nº 180, de 26 de agosto de 2005. Aprova o Vol. 1 do Manual brasileiro de sinalização do trânsito. Brasília, 2005.

CONTRAN – CONSELHO NACIONAL DE TRÂNSITO. Resolução nº 236, de 11 de maio de 2007. Aprova o Vol. 4 do Manual brasileiro de sinalização do trânsito. Brasília, 2007d.

CONTRAN – CONSELHO NACIONAL DE TRÂNSITO. Resolução nº 243, de 22 de junho de 2007. Aprova o Vol. 2 do Manual brasileiro de sinalização do trânsito. Brasília, 2007e.

CONTRAN – CONSELHO NACIONAL DE TRÂNSITO. Resolução nº 486, de 7 de maio de 2014. Aprova o Vol. 3 do Manual brasileiro de sinalização do trânsito. Brasília, 2014b.

DAER/RS – DEPARTAMENTO AUTÔNOMO DE ESTRADAS DE RODAGEM. *Tabelas de Preços utilizadas no DAER*. Disponível em: <http://www3.daer.rs.gov.br/precos/precos.htm>. Acesso em: 13 mar. 2013.

DERSA – DESENVOLVIMENTO RODOVIÁRIO S.A. ET-Q00/015: depósito de materiais excedentes. São Paulo, 1997.

DNER – DEPARTAMENTO NACIONAL DE ESTRADAS DE RODAGEM. *Diretrizes básicas para elaboração de estudos e projetos rodoviários*. Rio de Janeiro: IPR, 1999a.

DNER – DEPARTAMENTO NACIONAL DE ESTRADAS DE RODAGEM. *DNER-EM 036/95*: cimento Portland – recebimento e aceitação – especificação de material. Rio de Janeiro, 1994a.

DNER – DEPARTAMENTO NACIONAL DE ESTRADAS DE RODAGEM. *DNER-EM 363/97*: asfaltos diluídos tipo cura média – especificação de material. Rio de Janeiro, 1997a.

DNER – DEPARTAMENTO NACIONAL DE ESTRADAS DE RODAGEM. *DNER-EM 367/97*: material de enchimento para misturas betuminosas – especificação de material. Rio de Janeiro, 1997b.

DNER – DEPARTAMENTO NACIONAL DE ESTRADAS DE RODAGEM. *DNER-EM 373/2000*: microesferas de vidro retrorrefletiva para sinalização horizontal rodoviária – especificação de material. Rio de Janeiro, 2000.

DNER – DEPARTAMENTO NACIONAL DE ESTRADAS DE RODAGEM. *DNER-ES 282/97*: terraplenagem – aterros – especificação de serviço. Rio de Janeiro, 1997c.

DNER – DEPARTAMENTO NACIONAL DE ESTRADAS DE RODAGEM. *DNER-ES 307/97*: pavimentação – pintura de ligação. Rio de Janeiro, 1997d.

DNER – DEPARTAMENTO NACIONAL DE ESTRADAS DE RODAGEM. *DNER-ES 385/99*: pavimentação – concreto asfáltico com polímero – especificação de serviço. Rio de Janeiro, 1999b.

DNER – DEPARTAMENTO NACIONAL DE ESTRADAS DE RODAGEM. *DNER-ME 005/95*: emulsão asfáltica – determinação da peneiração – método de ensaio. Rio de Janeiro, 1994b.

DNER – DEPARTAMENTO NACIONAL DE ESTRADAS DE RODAGEM. *DNER-ME 029/94*: solos – determinação de expansibilidade – método de Ensaio. Rio de Janeiro, 1994c.

DNER – DEPARTAMENTO NACIONAL DE ESTRADAS DE RODAGEM. *DNER-ME 035/98*: agregados – determinação da abrasão "Los Angeles" – método de ensaio. Rio de Janeiro, 1998a.

DNER – DEPARTAMENTO NACIONAL DE ESTRADAS DE RODAGEM. *DNER-ME 043/95*: misturas betuminosas a quente – ensaio Marshall – método de ensaio. Rio de Janeiro, 1995a.

DNER – DEPARTAMENTO NACIONAL DE ESTRADAS DE RODAGEM. *DNER-ME 049/94*: solos – determinação do Índice de Suporte Califórnia utilizando amostras não trabalhadas – método de ensaio. Rio de Janeiro, 1994d.

DNER – DEPARTAMENTO NACIONAL DE ESTRADAS DE RODAGEM. *DNER-ME 051/94*: solos – análise granulométrica – método de ensaio. Rio de Janeiro, 1994e.

DNER – DEPARTAMENTO NACIONAL DE ESTRADAS DE RODAGEM. *DNER-ME 052/94*: solos e agregados miúdos – determinação da umidade com emprego do "speedy" – método de ensaio. Rio de Janeiro, 1994f.

DNER – DEPARTAMENTO NACIONAL DE ESTRADAS DE RODAGEM. *DNER-ME 053/94*: misturas betuminosas – percentagem de betume – método de ensaio. Rio de Janeiro, 1994g.

DNER – DEPARTAMENTO NACIONAL DE ESTRADAS DE RODAGEM. *DNER-ME 054/97*: equivalente de areia – método de ensaio. Rio de Janeiro, 1997f.

DNER – DEPARTAMENTO NACIONAL DE ESTRADAS DE RODAGEM. *DNER-ME 078/94*: agregado graúdo – adesividade a ligante betuminoso – método de ensaio. Rio de Janeiro, 1994h.

DNER – DEPARTAMENTO NACIONAL DE ESTRADAS DE RODAGEM. *DNER-ME 080/94*: solos – análise granulométrica por peneiramento – método de ensaio. Rio de Janeiro, 1994i.

DNER – DEPARTAMENTO NACIONAL DE ESTRADAS DE RODAGEM. *DNER-ME 082/94*: solos – determinação do limite de plasticidade – método de ensaio. Rio de Janeiro, 1994j.

DNER – DEPARTAMENTO NACIONAL DE ESTRADAS DE RODAGEM. *DNER-ME 083/98*: agregados – análise granulométrica – método de ensaio. Rio de Janeiro, 1998b.

DNER – DEPARTAMENTO NACIONAL DE ESTRADAS DE RODAGEM. *DNER-ME 084/95*: agregado miúdo – determinação da densidade real – método de ensaio. Rio de Janeiro, 1995b.

DNER – DEPARTAMENTO NACIONAL DE ESTRADAS DE RODAGEM. *DNER-ME 086/94*: agregados – determinação do índice de forma – método de ensaio. Rio de Janeiro, 1994k.

DNER – DEPARTAMENTO NACIONAL DE ESTRADAS DE RODAGEM. *DNER-ME 091/98*: concreto – ensaio de compressão de corpos-de-prova cilíndricos – método de ensaio. Rio de Janeiro, 1998c.

DNER – DEPARTAMENTO NACIONAL DE ESTRADAS DE RODAGEM. *DNER-ME 117/94*: mistura betuminosa – determinação da densidade aparente – método de ensaio. Rio de Janeiro, 1994l.

DNER – DEPARTAMENTO NACIONAL DE ESTRADAS DE RODAGEM. *DNER-ME 122/94*: solos – determinação do limite de liquidez – método de referência e método expedito – método de ensaio. Rio de Janeiro, 1994m.

DNER – DEPARTAMENTO NACIONAL DE ESTRADAS DE RODAGEM. *DNER-ME 129/94*: solos – compactação utilizando amostras não trabalhadas – método de ensaio. Rio de Janeiro, 1994n.

DNER – DEPARTAMENTO NACIONAL DE ESTRADAS DE RODAGEM. *DNER-ME 201/94*: solo-cimento – compressão axial de corpos-de-prova cilíndricos – método de ensaio. Rio de Janeiro, 1994o.

DNER – DEPARTAMENTO NACIONAL DE ESTRADAS DE RODAGEM. *DNER-ME 202/94*: solo-cimento – moldagem e cura de corpos-de-prova cilíndricos – método de ensaio. Rio de Janeiro, 1994p.

DNER – DEPARTAMENTO NACIONAL DE ESTRADAS DE RODAGEM. *DNER-ME 216/94*: solo-cimento – determinação da relação entre o teor de umidade e a massa específica aparente – método de ensaio. Rio de Janeiro, 1994q.

DNER – DEPARTAMENTO NACIONAL DE ESTRADAS DE RODAGEM. *DNER-PRO 132/94*: inspeção visual de embalagens de microesferas de vidro retrorrefletivas – procedimento. Rio de Janeiro, 1994r.

DNER – DEPARTAMENTO NACIONAL DE ESTRADAS DE RODAGEM. *Glossário de termos técnicos rodoviários*. Rio de Janeiro: IPR, 1997g.

DNER – DEPARTAMENTO NACIONAL DE ESTRADAS DE RODAGEM. *Manual de pavimentação*. Rio de Janeiro: IPR, 1996.

DNIT – DEPARTAMENTO NACIONAL DE INFRAESTRUTURA DE TRANSPORTE. *Álbum de projetos-tipo de dispositivos de drenagem*. 5. ed. Rio de Janeiro: 2018a.

DNIT – DEPARTAMENTO NACIONAL DE INFRAESTRUTURA DE TRANSPORTE. *DNIT 015/2006-ES*: drenagem – drenos subterrâneos – especificação de serviço. Rio de Janeiro, 2006a.

DNIT – DEPARTAMENTO NACIONAL DE INFRAESTRUTURA DE TRANSPORTE. *DNIT 016/2006-ES*: drenagem – drenos sub-superficiais – especificação de serviço. Rio de Janeiro, 2006b.

DNIT – DEPARTAMENTO NACIONAL DE INFRAESTRUTURA DE TRANSPORTE. *DNIT 017/2006-ES*: drenagem – drenos sub-horizontais – especificação de serviço. Rio de Janeiro, 2006c.

DNIT – DEPARTAMENTO NACIONAL DE INFRAESTRUTURA DE TRANSPORTE. *DNIT 018/2006-ES*: drenagem – sarjetas e valetas – especificação de serviço. Rio de Janeiro, 2006d.

DNIT – DEPARTAMENTO NACIONAL DE INFRAESTRUTURA DE TRANSPORTE. *DNIT 020/2006-ES*: drenagem – meios-fios e guias – especificação de serviço. Rio de Janeiro, 2006e.

DNIT – DEPARTAMENTO NACIONAL DE INFRAESTRUTURA DE TRANSPORTE. *DNIT 021/2004-ES*: drenagem – entradas e descidas d'água – especificação de serviço. Rio de Janeiro, 2004a.

DNIT – DEPARTAMENTO NACIONAL DE INFRAESTRUTURA DE TRANSPORTE. *DNIT 022/2006-ES*: drenagem – dissipadores de energia – especificação de serviço. Rio de Janeiro, 2006f.

DNIT – DEPARTAMENTO NACIONAL DE INFRAESTRUTURA DE TRANSPORTE. *DNIT 023/2006-ES*: drenagem – bueiros tubulares de concreto – especificação de serviço. Rio de Janeiro, 2006g.

DNIT – DEPARTAMENTO NACIONAL DE INFRAESTRUTURA DE TRANSPORTE. *DNIT 024/2004-ES*: drenagem – bueiros metálicos sem interrupção do tráfego – especificação de serviço. Rio de Janeiro, 2004b.

DNIT – DEPARTAMENTO NACIONAL DE INFRAESTRUTURA DE TRANSPORTE. *DNIT 025/2004-ES*: drenagem – bueiros celulares de concreto – especificação de serviço. Rio de Janeiro, 2004c.

DNIT – DEPARTAMENTO NACIONAL DE INFRAESTRUTURA DE TRANSPORTE. *DNIT 030/2004-ES*: drenagem – dispositivos de drenagem pluvial urbana – especificação de serviço. Rio de Janeiro, 2004d.

DNIT – DEPARTAMENTO NACIONAL DE INFRAESTRUTURA DE TRANSPORTE. *DNIT 031/2006-ES*: pavimentos flexíveis – concreto asfáltico – especificação de serviço. Rio de Janeiro, 2006h.

DNIT – DEPARTAMENTO NACIONAL DE INFRAESTRUTURA DE TRANSPORTE. *DNIT 035/2018-ES*: pavimentação asfáltica – microrrevestimento asfáltico – especificação de serviço. Rio de Janeiro, 2018b.

DNIT – DEPARTAMENTO NACIONAL DE INFRAESTRUTURA DE TRANSPORTE. *DNIT 049/2009-ES*: pavimento rígido – execução de pavimento rígido com equipamento de forma deslizante – especificação de serviço. Rio de Janeiro, 2009a.

DNIT – DEPARTAMENTO NACIONAL DE INFRAESTRUTURA DE TRANSPORTE. *DNIT 049/2013-ES*: pavimento rígido – execução de pavimento rígido com equipamento de forma deslizante – especificação de serviço. Rio de Janeiro, 2013a.

DNIT – DEPARTAMENTO NACIONAL DE INFRAESTRUTURA DE TRANSPORTE. *DNIT 055/2004-ME*: pavimento rígido – prova de carga estática para determinação do coeficiente de recalque de subleito e sub-base em projeto e avaliação de pavimentos – método de ensaio. Rio de Janeiro, 2004e.

DNIT – DEPARTAMENTO NACIONAL DE INFRAESTRUTURA DE TRANSPORTE. *DNIT 093/2006-EM*: tubo dreno corrugado de polietileno de alta densidade PEAD para drenagem rodoviária – especificação de material. Rio de Janeiro, 2006i.

DNIT – DEPARTAMENTO NACIONAL DE INFRAESTRUTURA DE TRANSPORTE. *DNIT 100/2009-ES*: obras complementares – segurança no tráfego rodoviário – sinalização horizontal – especificação de serviço. Rio de Janeiro, 2009b.

DNIT – DEPARTAMENTO NACIONAL DE INFRAESTRUTURA DE TRANSPORTE. *DNIT 101/2009-ES*: obras complementares – segurança no tráfego rodoviário – sinalização vertical – especificação de serviço. Rio de Janeiro, 2009c.

DNIT – DEPARTAMENTO NACIONAL DE INFRAESTRUTURA DE TRANSPORTE. *DNIT 102/2009-ES*: proteção do corpo estradal – proteção vegetal – especificação de serviço. Rio de Janeiro, 2009d.

DNIT – DEPARTAMENTO NACIONAL DE INFRAESTRUTURA DE TRANSPORTE. *DNIT 104/2009-ES*: terraplenagem – serviços preliminares – especificação de serviço. Rio de Janeiro, 2009e.

DNIT – DEPARTAMENTO NACIONAL DE INFRAESTRUTURA DE TRANSPORTE. *DNIT 105/2009-ES*: terraplenagem – caminhos de serviço – especificação de serviço. Rio de Janeiro, 2009f.

DNIT – DEPARTAMENTO NACIONAL DE INFRAESTRUTURA DE TRANSPORTE. *DNIT 106/2009-ES*: terraplenagem – cortes – especificação de serviço. Rio de Janeiro, 2009g.

DNIT – DEPARTAMENTO NACIONAL DE INFRAESTRUTURA DE TRANSPORTE. *DNIT 107/2009-ES*: terraplenagem – empréstimos – especificação de serviço. Rio de Janeiro, 2009h.

DNIT – DEPARTAMENTO NACIONAL DE INFRAESTRUTURA DE TRANSPORTE. *DNIT 108/2009-ES*: terraplenagem – aterros – especificação de serviço. Rio de Janeiro, 2009i.

DNIT – DEPARTAMENTO NACIONAL DE INFRAESTRUTURA DE TRANSPORTE. *DNIT 136/2010-ME*: pavimentação asfáltica – misturas asfálticas – determinação da resistência à tração por compressão diametral – método de ensaio. Rio de Janeiro, 2010a.

DNIT – DEPARTAMENTO NACIONAL DE INFRAESTRUTURA DE TRANSPORTE. *DNIT 137/2010-ES*: pavimentação – regularização do subleito – especificação de serviço. Rio de Janeiro, 2010b.

DNIT – DEPARTAMENTO NACIONAL DE INFRAESTRUTURA DE TRANSPORTE. *DNIT 138/2010-ES*: pavimentação – reforço do subleito – especificação de serviço. Rio de Janeiro, 2010c.

DNIT – DEPARTAMENTO NACIONAL DE INFRAESTRUTURA DE TRANSPORTE. *DNIT 139/2010-ES*: pavimentação – sub-base estabilizada granulometricamente – especificação de serviço. Rio de Janeiro, 2010d.

DNIT – DEPARTAMENTO NACIONAL DE INFRAESTRUTURA DE TRANSPORTE. *DNIT 140/2010-ES*: pavimentação – sub-base de solo melhorado com cimento – especificação de serviço. Rio de Janeiro, 2010e.

DNIT – DEPARTAMENTO NACIONAL DE INFRAESTRUTURA DE TRANSPORTE. *DNIT 141/2010-ES*: pavimentação – base estabilizada granulometricamente – especificação de serviço. Rio de Janeiro, 2010f.

DNIT – DEPARTAMENTO NACIONAL DE INFRAESTRUTURA DE TRANSPORTE. *DNIT 142/2010-ES*: pavimentação – base de solo melhorado com cimento – especificação de serviço. Rio de Janeiro, 2010g.

DNIT – DEPARTAMENTO NACIONAL DE INFRAESTRUTURA DE TRANSPORTE. *DNIT 143/2010-ES*: pavimentação – base de solo-cimento – especificação de serviço. Rio de Janeiro, 2010h.

DNIT – DEPARTAMENTO NACIONAL DE INFRAESTRUTURA DE TRANSPORTE. *DNIT 144/2010-ES*: pavimentação – imprimação com ligante asfáltico convencional – especificação de serviço. Rio de Janeiro, 2010i.

DNIT – DEPARTAMENTO NACIONAL DE INFRAESTRUTURA DE TRANSPORTE. *DNIT 144/2012-ES*: pavimentação – imprimação com ligante asfáltico – especificação de serviço. Rio de Janeiro, 2012a.

DNIT – DEPARTAMENTO NACIONAL DE INFRAESTRUTURA DE TRANSPORTE. *DNIT 144/2014-ES*: pavimentação – imprimação com ligante asfáltico – especificação de serviço. Rio de Janeiro, 2014.

DNIT – DEPARTAMENTO NACIONAL DE INFRAESTRUTURA DE TRANSPORTE. *DNIT 145/2010-ES*: pavimentação – pintura de ligação com ligante asfáltico convencional – especificação de serviço. Rio de Janeiro, 2010j.

DNIT – DEPARTAMENTO NACIONAL DE INFRAESTRUTURA DE TRANSPORTE. *DNIT 145/2012-ES*: pavimentação – pintura de ligação com ligante asfáltico – especificação de serviço. Rio de Janeiro, 2012b.

DNIT – DEPARTAMENTO NACIONAL DE INFRAESTRUTURA DE TRANSPORTE. *DNIT 146/2010-ES*: pavimentação – tratamento superficial simples com ligante asfáltico convencional – especificação de serviço. Rio de Janeiro, 2010k.

DNIT – DEPARTAMENTO NACIONAL DE INFRAESTRUTURA DE TRANSPORTE. *DNIT 146/2012-ES*: pavimentação – tratamento superficial simples – especificação de serviço. Rio de Janeiro, 2012c.

DNIT – DEPARTAMENTO NACIONAL DE INFRAESTRUTURA DE TRANSPORTE. *DNIT 147/2010-ES*: pavimentação – tratamento superficial duplo com ligante asfáltico convencional – especificação de serviço. Rio de Janeiro, 2010l.

DNIT – DEPARTAMENTO NACIONAL DE INFRAESTRUTURA DE TRANSPORTE. *DNIT 147/2012-ES*: pavimentação – tratamento superficial duplo – especificação de serviço. Rio de Janeiro, 2012d.

DNIT – DEPARTAMENTO NACIONAL DE INFRAESTRUTURA DE TRANSPORTE. *DNIT 148/2010-ES*: pavimentação – tratamento superficial triplo com ligante asfáltico convencional – especificação de serviço. Rio de Janeiro, 2010m.

DNIT – DEPARTAMENTO NACIONAL DE INFRAESTRUTURA DE TRANSPORTE. *DNIT 148/2012-ES*: pavimentação – tratamento superficial triplo – especificação de serviço. Rio de Janeiro, 2012e.

DNIT – DEPARTAMENTO NACIONAL DE INFRAESTRUTURA DE TRANSPORTE. DNIT 159/2011-ES: pavimentos asfálticos – fresagem a frio – especificação de serviço. Rio de Janeiro, 2011b.

DNIT – DEPARTAMENTO NACIONAL DE INFRAESTRUTURA DE TRANSPORTE. *DNIT 160/2012-ME*: solos – determinação da expansibilidade – método de ensaio. Rio de Janeiro, 2012f.

DNIT – DEPARTAMENTO NACIONAL DE INFRAESTRUTURA DE TRANSPORTE. *DNIT 153/2010-ES*: pavimentação asfáltica – pré-misturado a frio com emulsão catiônica convencional – especificação de serviço. Rio de Janeiro, 2010n.

DNIT – DEPARTAMENTO NACIONAL DE INFRAESTRUTURA DE TRANSPORTE. *DNIT 154/2010-ES*: pavimentação asfáltica – recuperação de defeitos em pavimentos asfálticos – especificação de serviço. Rio de Janeiro, 2010o.

DNIT – DEPARTAMENTO NACIONAL DE INFRAESTRUTURA DE TRANSPORTE. *DNIT 156/2011-ME*: emulsão asfáltica – determinação da carga da partícula – método de ensaio. Rio de Janeiro, 2011a.

DNIT – DEPARTAMENTO NACIONAL DE INFRAESTRUTURA DE TRANSPORTE. *DNIT 159/2011-ES*: pavimentos asfálticos – fresagem a frio – especificação de serviço. Rio de Janeiro, 2011b.

DNIT – DEPARTAMENTO NACIONAL DE INFRAESTRUTURA DE TRANSPORTE. *DNIT 164/2013-ME*: solos – compactação utilizando amostras não trabalhadas – método de ensaio. Rio de Janeiro, 2013b.

DNIT – DEPARTAMENTO NACIONAL DE INFRAESTRUTURA DE TRANSPORTE. *DNIT 165/2013-EM*: emulsões asfálticas para pavimentação – especificação de material. Rio de Janeiro, 2013c.

DNIT – DEPARTAMENTO NACIONAL DE INFRAESTRUTURA DE TRANSPORTE. *DNIT 172/2016-ME*: solos – determinação do Índice de Suporte Califórnia utilizando amostras não trabalhadas – método de ensaio. Rio de Janeiro, 2016.

DNIT – DEPARTAMENTO NACIONAL DE INFRAESTRUTURA DE TRANSPORTE. *ISF-211*: instrução de serviço ferroviário – projeto de terraplenagem. Rio de Janeiro, 2015.

DNIT – DEPARTAMENTO NACIONAL DE INFRAESTRUTURA DE TRANSPORTE. *Manual de custos de infraestrutura de transportes*. 1. ed. Brasília, 2017.

DNIT – DEPARTAMENTO NACIONAL DE INFRAESTRUTURA DE TRANSPORTE. *Manual de custos rodoviários.* 3. ed. Rio de Janeiro, 2003.

DNIT – DEPARTAMENTO NACIONAL DE INFRAESTRUTURA DE TRANSPORTE. *Manual de drenagem de rodovias.* 2. ed. Rio de Janeiro, 2006j.

DNIT – DEPARTAMENTO NACIONAL DE INFRAESTRUTURA DE TRANSPORTE. *Manual de estudos de tráfego.* Rio de Janeiro, 2006k.

DNIT – DEPARTAMENTO NACIONAL DE INFRAESTRUTURA DE TRANSPORTE. *Manual de pavimentos rígidos.* 2. ed. Rio de Janeiro, 2005.

DNIT – DEPARTAMENTO NACIONAL DE INFRAESTRUTURA DE TRANSPORTE. *Manual de sinalização rodoviária.* 3. ed. Rio de Janeiro, 2010p.

DNIT – DEPARTAMENTO NACIONAL DE INFRAESTRUTURA DE TRANSPORTE. *Memorando circular nº 12/2012/DIREX.* 2012g. Disponível em: <http://dnit.gov.br/custos-e-pagamentos/custos-e-pagamentos-1/copy_of_MemorandoCircularn122012DIREX.pdf>. Acesso em: 5 jul. 2019.

DNIT – DEPARTAMENTO NACIONAL DE INFRAESTRUTURA DE TRANSPORTE. *Tabelas de custos do Sicro 2.* 2013d. Disponível em: <http://www.dnit.gov.br/servicos/sicro>. Acesso em: 13 mar. 2013.

DNIT – DEPARTAMENTO NACIONAL DE INFRAESTRUTURA DE TRANSPORTE. *Tabelas de custos do Sicro para o Estado de São Paulo – maio de 2018.* 2018c. Disponível em: <http://dnit.gov.br/custos-e-pagamentos/sicro/sudeste/sao-paulo/2018/maio/maio-2018>. Acesso em: 16 abr. 2019.

DNPM – DEPARTAMENTO NACIONAL DE PRODUÇÃO MINERAL. *Anuário mineral brasileiro.* Brasília, 2010.

DNPM – DEPARTAMENTO NACIONAL DE PRODUÇÃO MINERAL. *Anuário mineral estadual – São Paulo 2015.* Brasília, 2016.

DNPM – DEPARTAMENTO NACIONAL DE PRODUÇÃO MINERAL. *Universo da mineração brasileira.* Brasília, 2007.

ESPÍRITO SANTO. Tribunal de Contas do Estado. Resolução TC nº 227/2011, de 25 de agosto de 2011. Disponível em: <https://www.tce.es.gov.br/wp-content/uploads/2018/08/Res227-2011-Controle-Interno-guia.pdf>. Acesso em: 31 mar. 2019.

FHWA – FEDERAL HIGHWAY ADMINISTRATION. *Manual on uniform traffic control devices for streets and highways.* Washington, 2009.

FHWA – FEDERAL HIGHWAY ADMINISTRATION. *Standard specifications for construction of roads and bridges on federal highways projects.* Washington, 2014.

GOIÁS. Tribunal de Contas do Estado. Resolução normativa nº 006/2017, de 21 de junho de 2017. Disponível em: <http://www.tce.go.gov.br/ConsultaProcesso/AbraPDF-key=71282192260214156102247134170215151203289108197103200288193125223139186158168154278123292203190 2>. Acesso em: 31 mar. 2019.

IBRAOP – INSTITUTO BRASILEIRO DE AUDITORIA DE OBRAS PÚBLICAS. *OT-IBR 001/2006:* projeto básico. Florianópolis, 2006.

IBRAOP – INSTITUTO BRASILEIRO DE AUDITORIA DE OBRAS PÚBLICAS. *OT-IBR 003/2011:* garantia quinquenal de obras públicas. Florianópolis, 2011.

INMET – INSTITUTO NACIONAL DE METEOROLOGIA. *Banco de dados meteorológicos para ensino e pesquisa – BDMEP.* Disponível em: <http://www.inmet.gov.br/portal/index.php?r=bdmep/bdmep>. Acesso em: 13 mar. 2013.

ISO – INTERNACIONAL ORGANIZATION FOR STANDARDIZATION. *ISO 9969:2007:* thermoplastics pipes – determination of ring stiffness. Geneva, 2007.

LARSEN, J. *Tratamento superficial na conservação e construção de rodovias.* Rio de Janeiro: Abeda, 1985.

MATO GROSSO. Decreto nº 317, de 4 de junho de 2007. Introduz alterações no regulamento do ICMS e dá outras providências. Cuiabá, 2007.

MATO GROSSO. Decreto nº 1.944, de 6 de outubro de 1989. Aprova o regulamento do Imposto sobre Operações Relativas à Circulação da Mercadorias e sobre Prestações de Serviços de Transporte Interestadual e Intermunicipal e de Comunicação – ICMS. Cuiabá, 1989.

MATO GROSSO. Decreto nº 2.230, de 11 de novembro de 2009. Introduz alterações no regulamento do ICMS e dá outras providências. Cuiabá, 2009.

MATO GROSSO. Lei nº 7.098, de 30 de dezembro de 1998. Consolidação de leis do ICMS. Cuiabá, 1998.

MATO GROSSO. Secretaria de Estado de Transporte e Pavimentação Urbana (SETPU). *Custos de obras rodoviárias.* Disponível em: <http://www.sinfra.mt.gov.br/TNX/index2.php?sid=93>. Acesso em: 13 mar. 2013.

MATO GROSSO. Tribunal de Contas do Estado. Resolução nº 10 de 2011. Aprova o "Manual de procedimentos de auditoria em obras de edificações destinadas a instituições de ensino". Disponível em: <http://www.tce.mt.gov.br/legislacao?categoria=12>. Acesso em: 13 mar. 2013.

MATO GROSSO. Tribunal de Contas do Estado. Resolução normativa nº 39/2016-TP, de 20 de dezembro de 2016. Disponível em: <https://www.tce.mt.gov.br/protocolo/decisao/num/183822/ano/2016/num_decisao/39/ano_decisao/2016>. Acesso em: 31 mar. 2019.

PARANÁ. Departamento de Estradas de Rodagem. *DER/PR ES-OC 01/05:* obras complementares – sinalização horizontal com tinta à base de resina livre, retrorrefletiva – especificação de serviço rodoviário. Curitiba, 2005.

PARANÁ. Tribunal de Contas do Estado. Resolução nº 04/2006, de 23 de novembro de 2006. Disponível em: <http://www1.tce.pr.gov.br/multimidia/2006/11/pdf/00001067.pdf>. Acesso em: 31 mar. 2019.

PERNAMBUCO. Tribunal de Contas do Estado. Resolução TC nº 0003/2009, de 1º de abril de 2009. Disponível em: <http://www2.tce.pe.gov.br/internet.old/index.php/r2009/1437-resolucao-t-c-n-0003-2009>. Acesso em: 8 abr. 2019.

ROSSO, S. M. Pista seca. *Téchne*, set. 2007. Disponível em: <http://www.revistatechne.com.br/engenharia-civil/126/artigo61998-1.asp>. Acesso em: 13 mar. 2013.

SÃO PAULO. Departamento de Estradas de Rodagem. *DER/SP ET-DE-L00/020*: sinalização horizontal acrílica à base de água – especificação técnica. São Paulo, 2006a.

SÃO PAULO. Departamento de Estradas de Rodagem. *DER/SP ET-DE-Q00/005*: depósito de materiais excedentes – especificação técnica. São Paulo, 2006b.

SATCC – SOUTHERN AFRICA TRANSPORT AND COMMUNICATIONS COMMISSION. *Standard specifications for road and bridge works*. Maputo, 1998.

SAYERS, M. W.; KARAMIHAS, S. M. *The little book of profiling*: basic information about measuring and interpreting road profiles. The Regent of the University of Michigan. 1998.

SENÇO, W. *Manual de técnicas de pavimentação*. São Paulo: Pini, 2001. v. 2.

TOCANTINS. Tribunal de Contas do Estado. Instrução normativa nº 5/2012, de 13 de junho de 2012. Disponível em: <https://www.tce.to.gov.br/sitephp/aplic/legislacao/docs/instrucaoNormativa/2012/IN005_2012.pdf>. Acesso em: 31 mar. 2019.

Sobre o autor

Elci Pessoa Júnior é Engenheiro Civil pela Escola Politécnica da Universidade de Pernambuco, Pós-Graduado em Auditoria de Obras Públicas pela Universidade Federal de Pernambuco e Bacharel em Direito, pela Faculdade de Direito do Recife, também da UFPE.

Antes de ingressar no Tribunal de Contas do Estado de Pernambuco foi Engenheiro Rodoviário pela Construtora Queiroz Galvão S/A.

É Engenheiro Consultor da New Roads e Consultor Internacional do NIRAS-IP CONSULT GmbH (Alemanha), para supervisão de Obras Rodoviárias.

É Engenheiro Consultor do Tribunal de Contas do Estado de Santa Catarina, para Auditoria em Obras Rodoviárias e Pavimentação Urbana.

É coautor do livro "Auditoria de Engenharia, uma contribuição do Tribunal de Contas do Estado de Pernambuco" e Autor de diversos artigos publicados em ENAOPs e SINAOPs (Encontros Técnicos e Simpósios relacionados a Auditoria de Obras Públicas), bem como em Congressos diversos.

Foi Consultor Técnico do TCE-MT, para Auditoria de Obras Rodoviárias.

Foi Consultor Técnico do Tribunal de Contas do Distrito Federal – TCDF para Auditoria em Obras de Pavimentação Urbana e Rodoviárias

Foi ainda Consultor Técnico da Secretaria Extraordinária da Copa do Mundo FIFA 2014 – SECOPA-MT, para obras de mobilidade urbana.

Elaborou o Manual de Procedimentos para Auditoria em Obras Rodoviárias do Tribunal de Contas do Estado de Mato Grosso e coordenou a elaboração do Manual de Procedimentos para Auditoria em Obras de Edificações daquele mesmo Tribunal.

Foi o Coordenador/Relator da Orientação Técnica do IBRAOP – Instituto Brasileiro de Auditoria de Obras Públicas, que disciplina as garantias quinquenais de obras públicas – OT-IBR 003/2011.

Foi Coordenador/Relator do Grupo de trabalho que elabora Procedimentos Nacionais para Auditorias em Obras Rodoviárias.

Fig. 2.4 *Solos diversos em pátio de secagem*

Obra: _____

Quadro de acompanhamento físico

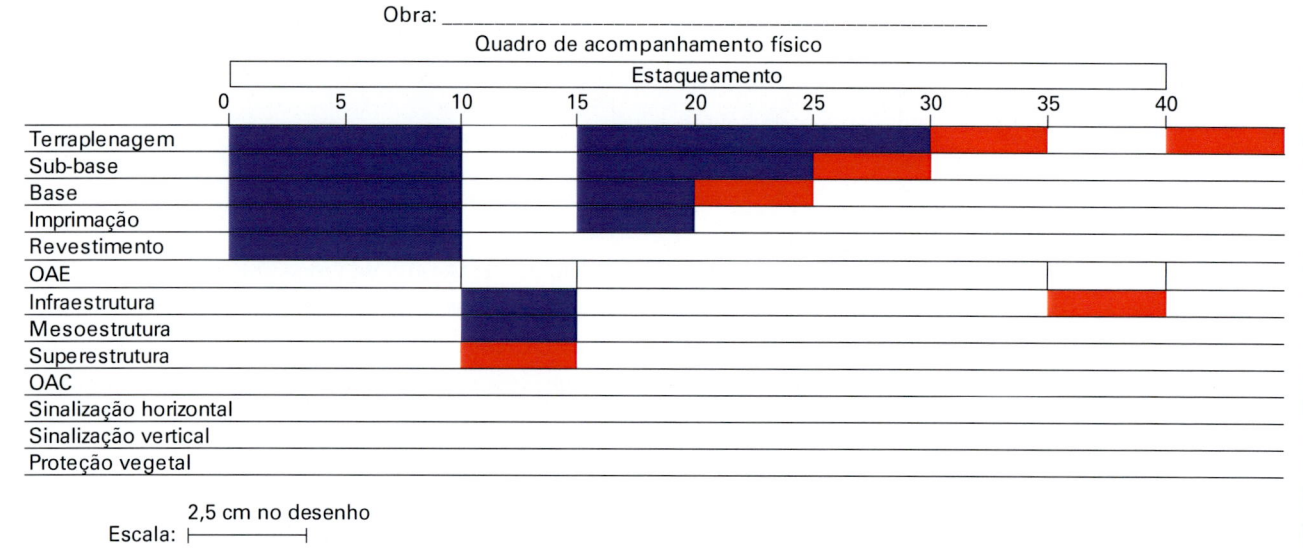

Estaqueamento	0	5	10	15	20	25	30	35	40
Terraplenagem									
Sub-base									
Base									
Imprimação									
Revestimento									
OAE									
Infraestrutura									
Mesoestrutura									
Superestrutura									
OAC									
Sinalização horizontal									
Sinalização vertical									
Proteção vegetal									

Escala: 2,5 cm no desenho / 100 m na pista

Fig. 2.50 *Quadro de acompanhamento físico de obra*

Fig. 3.6 *Rodovia vicinal a ser alargada e pavimentada*

Fig. 3.11 *Blocos de rocha solta (2ª categoria)*

Fig. 3.26 *Furo de densidade in situ em empréstimo*

Fig. 3.44 *Viga Benkelman*

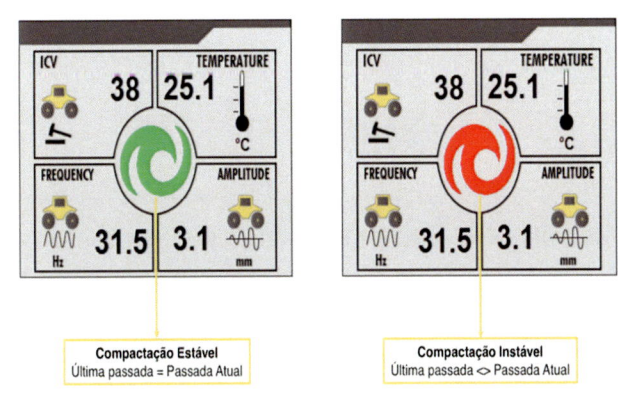

Fig. 3.43 *Telas de dispositivo de automação para rolos*
Fonte: Patrícia Herrera Diez/Mobile Automation (Moba).

Fig. 4.16 *Espalhando o ligante*

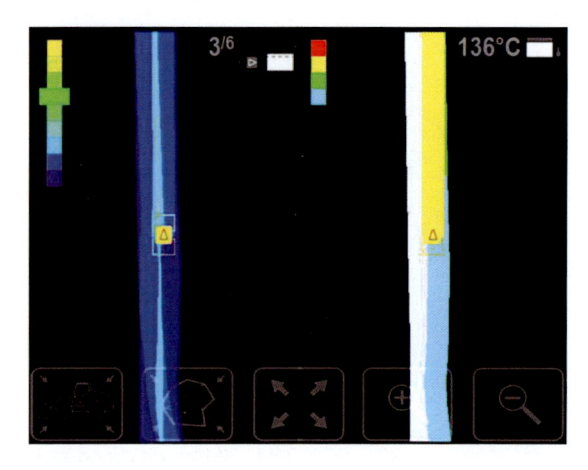

Fig. 4.40 Tela do dispositivo no rolo

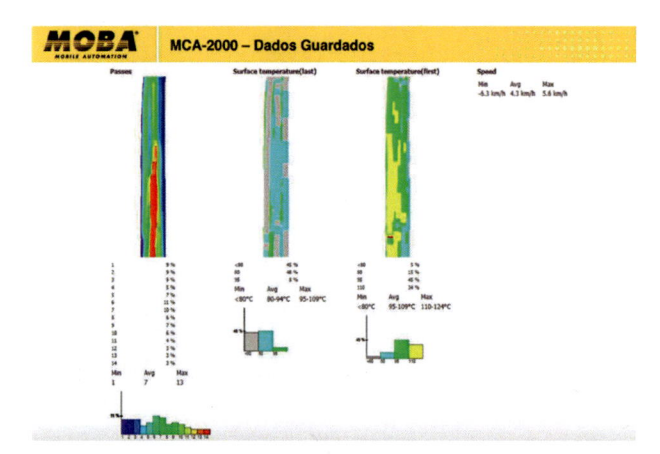

Fig. 4.41 Gráficos gerados

Fig. 4.62 Remendos nivelados com a pista

Fig. 4.75 Barras de transferência engraxadas

Fig. 5.32 Talude com hidrossemeadura

Fig. 6.5 Placas de regulamentação, advertência e indicação

Fig. 6.7 Pórtico de sinalização em rodovia

Fig. 6.8 Semipórtico em rodovia